한국교원대학교 융합교육연구소 추천 도서

수학교사와 학생을 위한

Geogebra와 수학의 시각화

저자 민은기 | 이경수

Geogebra를

활용한 수업자료 제작과

수학문제 탐구활동

지오북스

Geogebra와 수학의 시각화

초판인쇄 2017년 6월 24일
초판발행 2017년 6월 24일

지 은 이 민은기, 이경수

펴 낸 곳 지오북스
주 소 서울시 중구 퇴계로41길 39, 3층 302호(정암프라자)
등 록 2016년 10월 1일 제571-92-00230호
전 화 02)2263-6414 | **팩스** 02)2268-9481
이 메 일 emotion-books@naver.com
홈페이지 www.emotionbooks.co.kr

ISBN 979-11-87541-13-4
값 25,000원

이 도서의 국립중앙도서관 출판예정도서목록(CIP)은 서지정보유통지원시스템 홈페이지(http://seoji.nl.go.kr)와 국가자료공동목록시스템(http://www.nl.go.kr/kolisnet)에서 이용하실 수 있습니다. (CIP제어번호 : CIP2017014377

목 차
CONTENTS

제2장 Geogebra를 활용한 기하와 함수 / 19

제3장 Geogebra를 활용한 통계 / 73

머리말

Geogebra는 기하, 대수, 통계 등 수학 분야에서 사용하는 다양한 개념들을 시각적으로 표현해 줌으로써 학습자가 수학에 대해 더욱 친숙함을 느낄 수 있도록 도움을 주는 교육용 소프트웨어입니다. 이 소프트웨어는 수학을 학습하는 학생들과 수학을 지도하는 선생님들에게 있어 많은 장점을 지니고 있습니다. 첫째로 점, 선과 같은 수학적 대상들을 원하는 방식으로 다룰 수 있는 다양한 도구들과 기하, 벡터, 미적분, 통계, 금융 등 각 분야별로 특수한 개념들을 처리해 주는 함수들이 소프트웨어 내에 잘 정의되어 있습니다. 이러한 도구와 함수는 수학의 추상적인 개념들을 구체적인 대상으로 표현하는 과정에 도움을 주어 기하의 작도, 움직이는 그래프, 확률과 통계에 관한 실험 등 수학에서 직면할 수 있는 여러 문제 상황들을 시각적으로 표현하는 것을 가능하게 합니다. 둘째로 Geogebra는 사용자 중심의 편리한 환경으로 구성되어 있어 이 소프트웨어를 처음 접하는 사용자라도 짧은 시간 안에 기본 기능들을 습득해 나갈 수 있습니다. 특히 도구에 그려진 그림과 기능을 간추려 놓은 이름은 소프트웨어의 기본적인 사용법을 별도로 익힐 필요가 없게 할 만큼 매우 직관적입니다. 이러한 도구는 모두 합쳐 70여개나 되지만 종류별로 잘 분류되어 있어 필요한 도구를 찾아 쓰기도 매우 편리합니다. 셋째로 Geogebra는 전 세계의 사용자에게 무료로 배포되는 오픈소스 소프트웨어입니다. 비영리 사용자라면 무료로 자유롭게 사용할 수 있으며, 학교 현장에서도 Geogebra 공식 홈페이지를 통해 언제든지 무료로 다운받아 사용할 수 있습니다. 이 밖에도 Symbolic 계산 기능이나 스프레드시트를 이용한 데이터 처리 기능 등 수학을 표현하는데 있어 매우 유용한 기능들이 담겨 있습니다. 이처럼 수학적으로 강력한 기능을 가진 Geogebra는 현재에도 세계 여러 나라에 있는 개발자들에 의해 지속적으로 성능이 향상되고 있습니다. 본 책은 그동안 수업을 하며 Geogebra를 사용한 경험들과 수학과 선생님들을 대상으로 진행한 자격연수, 직무연수 내용을 바탕으로 제작하였습니다. 이 책의 Chapter는 기하와 함수, 통계, 문제탐구, 방과후활동, 연구활동으로 분류하였고 각 Chapter마다 주제별로 내용을 구성함으로써 순서에 상관없이 필요한 부분을 참고하여 실습할 수 있도록 하였습니다. 다만 뒷부분으로 갈수록 Geogebra의 고급기능이 더 많이 사용되고, 설명이 축약되는 경향이 있습니다. 그러므로 Geogebra를 처음 접하는 사용자이거나 익숙하지 않은 단계의 사용자라면 책의 앞부분의 내용들로 어느 정도 숙련의 과정을 거친 후에 뒷부분 내용을 실습해 볼 것을 권장합니다. 책을 보시는 분들이 최대한 불편함을 느끼지 않도록 오탈자 혹은 문장의 문맥들을 수차례 점검하였습니다. 그러나 저자의 부족함으로 인해 아직도 찾지 못한 오류가 여전히 더 있을 것이라 생각하고 있습니다. 행여나 그러한 부분이 발견되더라도 너그럽게 이해해 주시면 감사하겠습니다. 마지막으로 책이 출판되기까지 내용의 타당성과 문장에서의 오류들을 신중히 검토해 주신 강원과학고등학교 조영익 선생님, 세종과학예술영재학교 장선명 선생님, KAIST 수리과학과에 재학 중인 제자 김동률 학생, KAIST 전산학부에 재학 중인 제자 김현수 학생에게 감사드립니다. 그리고 각종 연수과정에서 연수내용에 귀 기울여 주시고 적절한 피드백을 해주신 여러 선생님들께 다시 한 번 감사의 말씀을 드립니다. 이 책에 실려진 내용들이 이 책을 보시는 모든 분들에게 조금이나마 도움이 될 수 있기를 진심으로 희망합니다.

https://ggbm.at/gsARCQs5

책자료실(지오지브라 튜브)

제 1 장

Geogebra의 시작

Geogebra와 수학의 시각화

1.1 프로그램 설치

windows 8에 설치하는 것을 기준으로 하겠습니다. windows 10이나 windows 7의 경우도 비슷한 과정으로 설치할 수 있습니다.

1.1.1 Java 설치

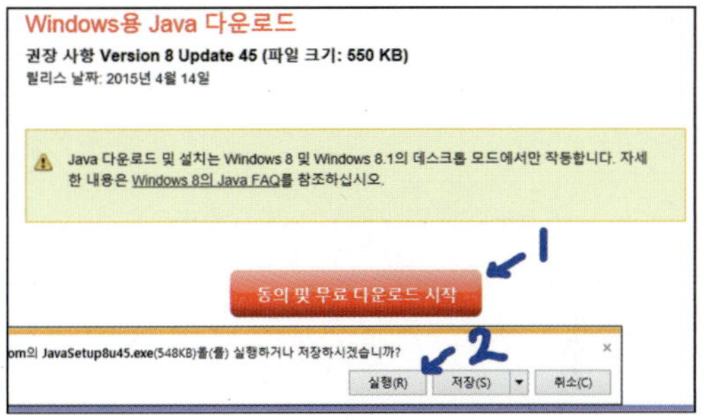

Explorer 주소창에 `www.java.com` 이라고 입력합니다. 무료 Java 다운로드를 선택합니다. 동의 및 무료 다운로드 시작을 선택합니다. 하단의 실행을 선택합니다.

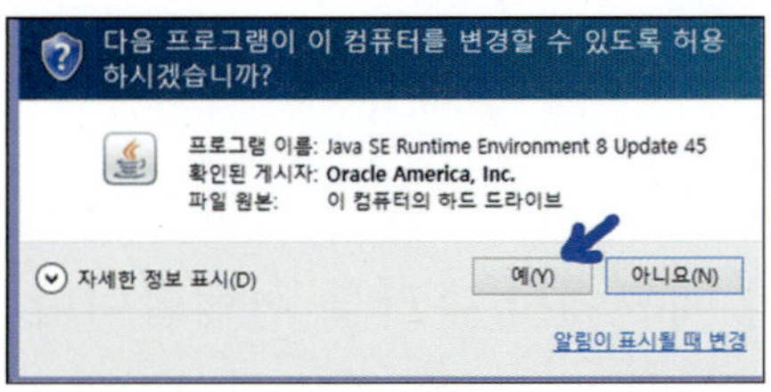

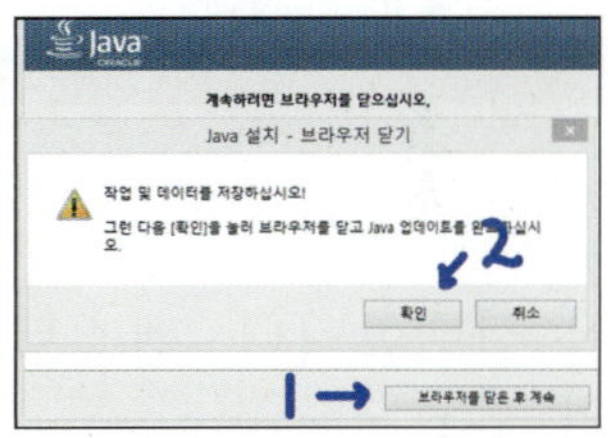

사용자 계정 컨트롤이 나오면 예를 선택합니다. Java 설치 - 시작에서 설치를 선택합니다. Java 설치 - 브라우저 닫기가 나타나면 브라우저를 닫은 후에 계속을 선택합니다. 그리고 확인을 선택합니다.

 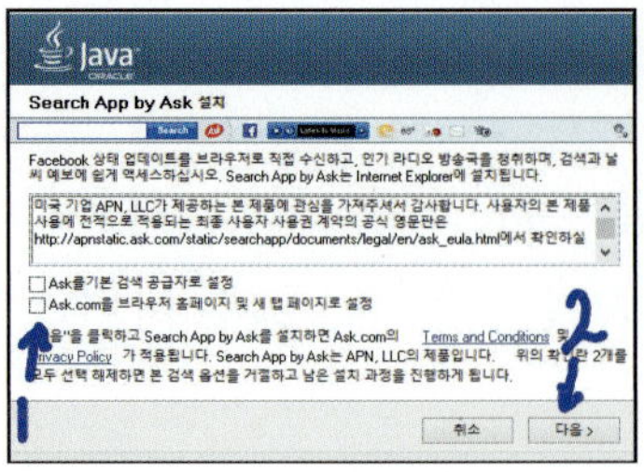 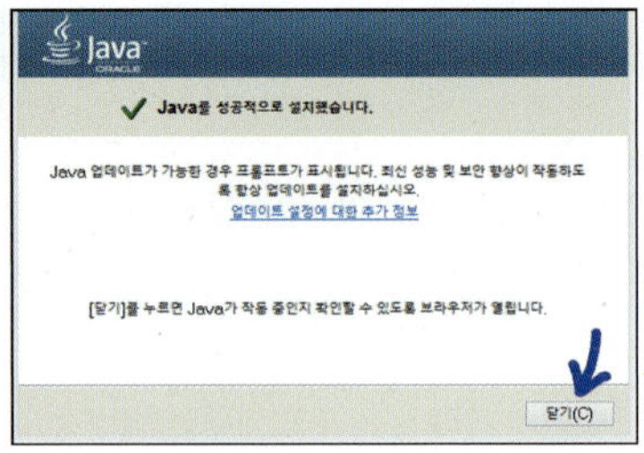

Java 설치 - 시작에 설치를 선택합니다. Java 설치에 체크상자를 모두 해제하고 다음을 선택합니다. 잠시 후 Java 설치 - 완료가 나타나면 닫기를 선택합니다.

1.1.2 기본 입력 언어를 Microsoft 입력기로 변경

Windows 7을 기준으로 설명합니다. 기본 입력 언어가 Microsoft 입력기로 되어 있는지 확인해야 합니다. 확인 및 변경하는 방법은 다음과 같습니다.

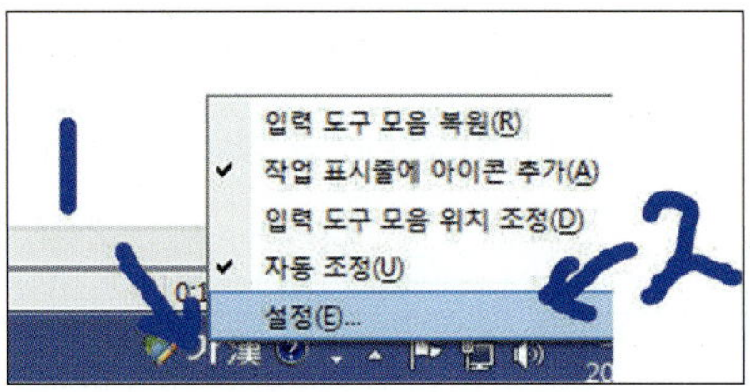

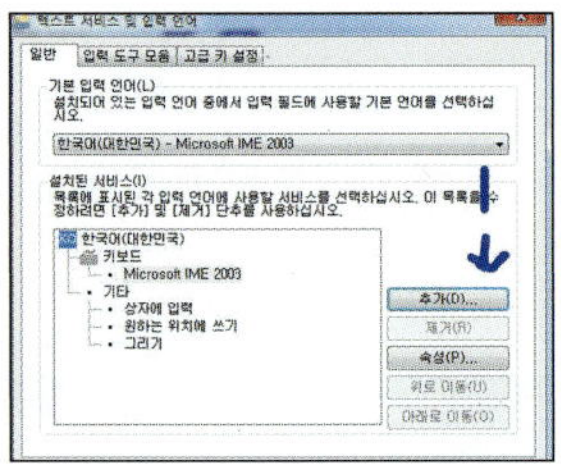 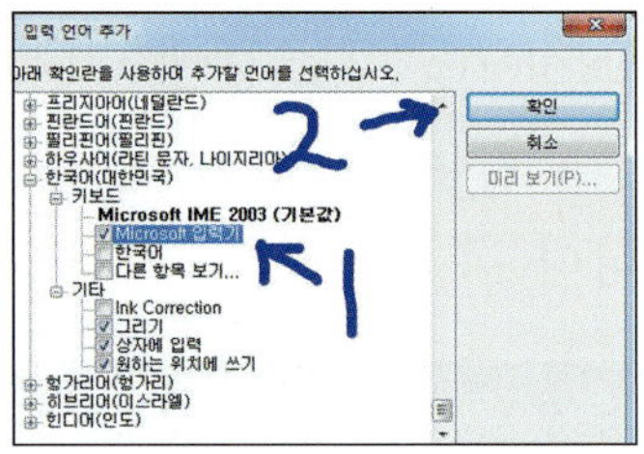

그림의 화살표 1에 마우스를 위치시키고 오른쪽 마우스 버튼을 클릭하고 설정을 선택합니다. 텍스트 서비스 및 입력 언어창의 메뉴에서 추가를 선택합니다. 한국어(대한민국)의 키보드에 Microsoft 입력기의 체크상자를 체크한 후 확인을 선택합니다.

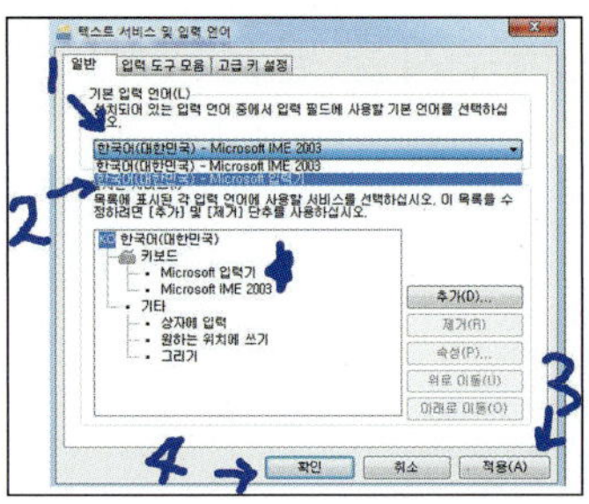 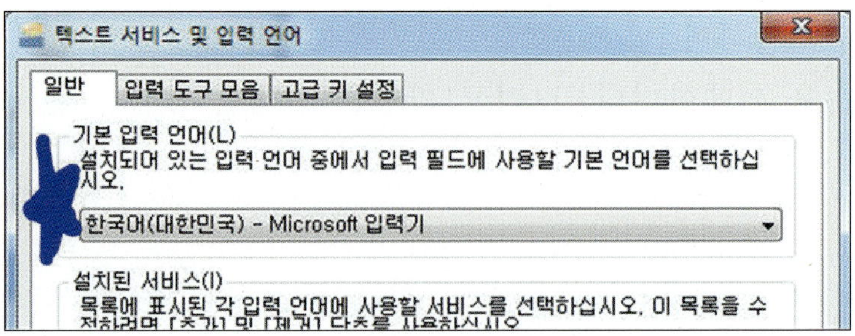

기본 입력 언어를 Microsoft 입력기로 바꾼 후 확인을 선택합니다. 텍스트 서비스 및 입력 언어창이 닫힙니다. 다시 텍스트 서비스 및 입력 언어창으로 들어가서 기본 입력 언어가 Microsoft 입력기로 바뀐 걸 확인했다면 성공한 것입니다.

1.1.3 Geogebra 설치

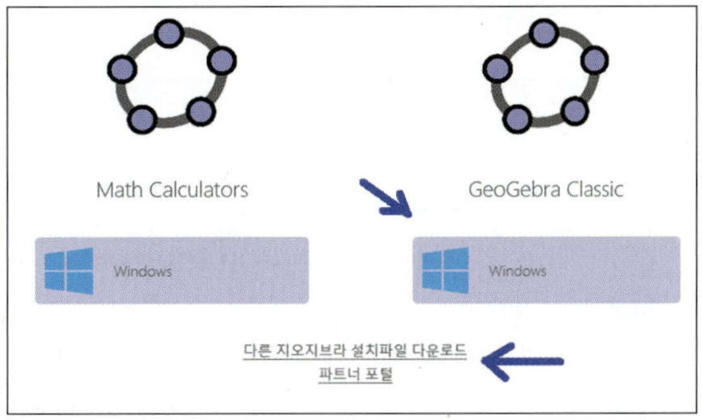

Explorer 주소창에 `www.geogebra.org` 라고 입력하고 다운로드를 선택합니다. 주의할 것은 화면의 왼쪽의 Math Calculators 에 있는 windows를 선택하면 앱 버전으로 실행이 됩니다. 이 책에서 사용하는 Geogebra는 데스크톱 버전이므로 오른쪽의 Geogebra Classic에 있는 windows를 선택하셔야 합니다. 만약에 없다면 화면 하단에 다른 지오지브라 설치파일 다운로드를 선택합니다.

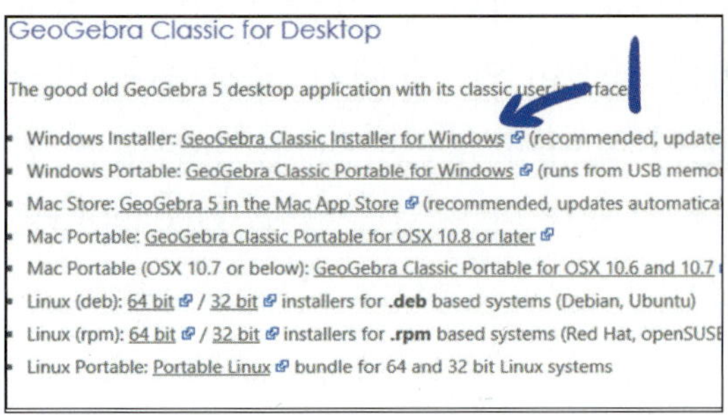

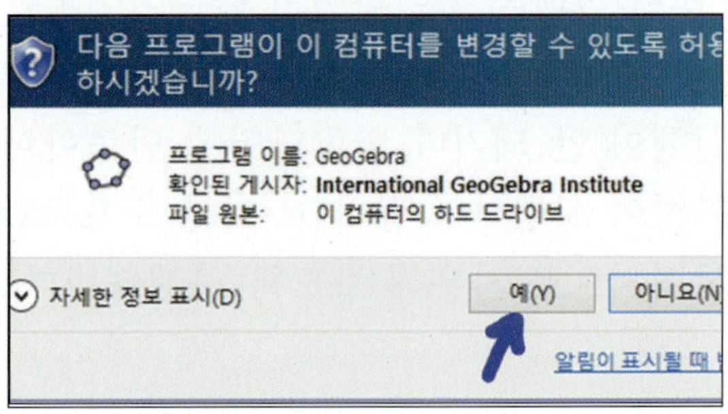

웹 페이지 하단 쪽으로 내려가면 Geogebra Classic for Desktop이 있습니다. Windows installer : Geogebra Classic installer for Windows를 선택하고 실행을 선택합니다. 사용자 계정 컨트롤에서 예를 선택합니다.

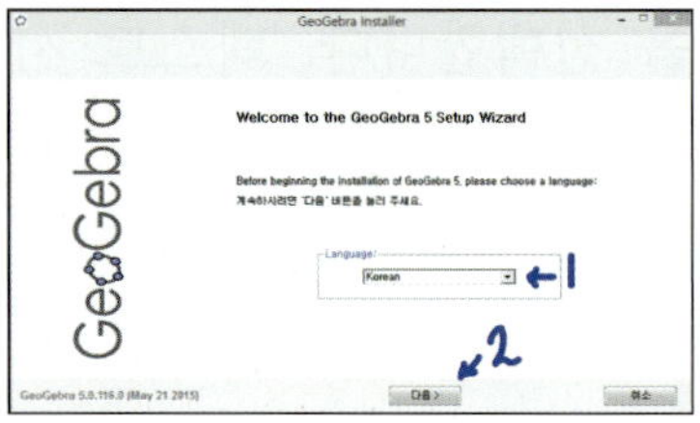
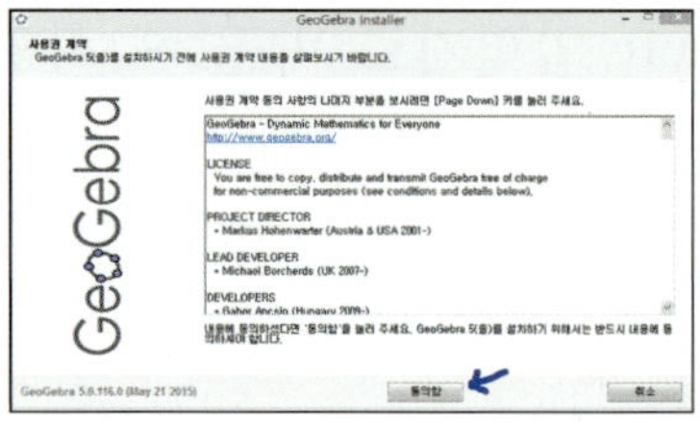
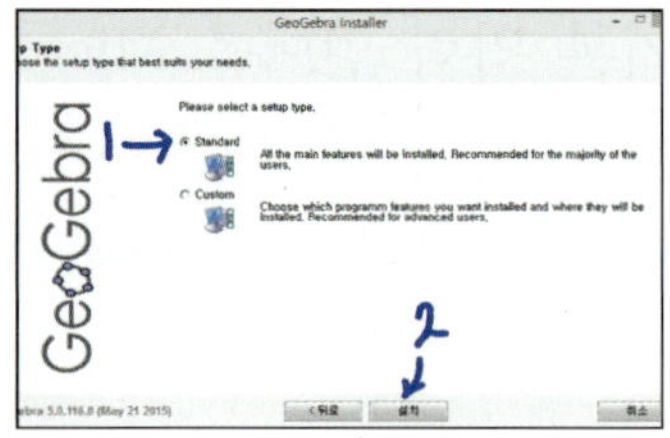

Korean을 선택하고 다음을 선택합니다. 동의함을 선택합니다. Standard를 선택하고 설치를 선택합니다.

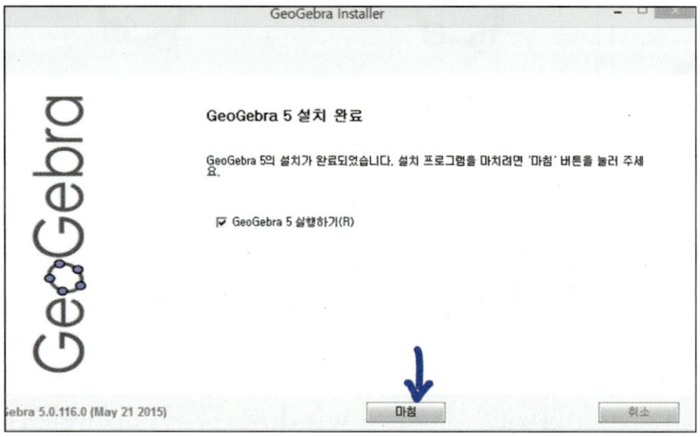

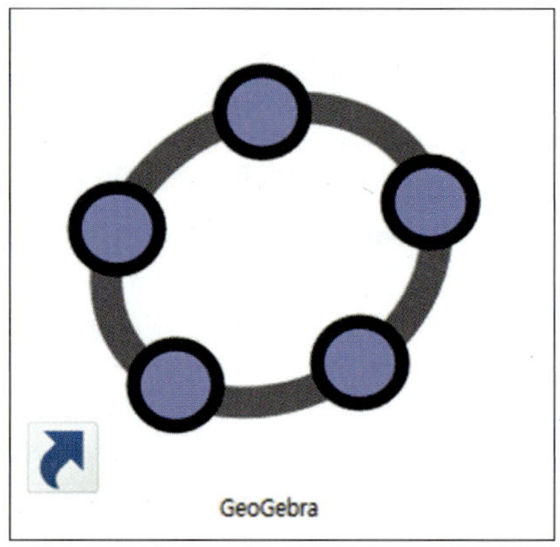

Geogebra 5의 설치가 완료되었습니다. 마침을 선택합니다. 이제 바탕화면에 Geogebra의 단축아이콘이 생성되어 있는 것을 볼 수 있습니다. 앞으로 Geogebra의 실행은 바탕화면의 단축아이콘을 선택하면 됩니다. 가끔 windows 업데이트나 java 업데이트로 인하여 단축아이콘 실행이 안 될 때가 있습니다. 만약 실행이 안 되거나 바탕화면에 단축아이콘이 보이지 않는다면 위의 과정을 반복하여 실행하면 됩니다. 기본 소프트웨어 설치가 다 끝났습니다. Geogebra를 본격적으로 사용해 보도록 하겠습니다.

참고사항 : GeoGebra 5.0.363.0-3D (03 June 2017) 를 사용하여 책을 작성했습니다. Geogebra의 최신버전 설치시 메뉴가 많이 바뀌었다고 생각하시면 아래 주소를 입력하여 책을 집필할 당시의 버전을 사용하여 실습을 하시고 기능을

익히시기 바랍니다.

[GeoGebra 5.0.363.0-3D (03 June 2017) 설치파일]
https://goo.gl/YvjsCV (From Home Page)
https://goo.gl/n69yEl (From Google Drive)

1.2 Geogebra의 도구와 기본창

1.2.1 도구상자

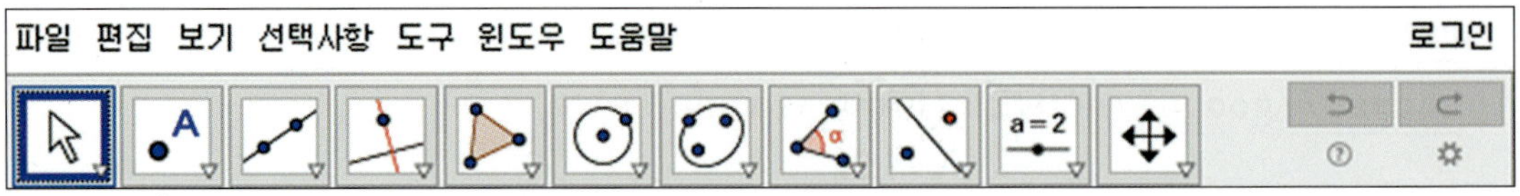

Geogebra에서 상단의 아이콘들은 수학적 대상들을 만들거나 제어하는 기능을 가진 도구 상자들입니다. Geogebra 5.0 버전에는 70여개의 도구들이 정의되어 있는데, 이들은 비슷한 기능을 가진 도구들끼리 묶여서 각각의 도구상자에 담겨 있습니다. 기본적으로 11개의 도구상자들이 있고, 왼쪽의 도구상자부터 차례대로 이동 도구, 점 도구, 선 도구, 특별한 선 도구, 다각형 도구, 원과 호 도구, 원뿔 곡선 도구, 측정 도구, 특별한 대상 도구, 상호작용 대상 도구, 일반 도구입니다. 이 때, 사용자가 새로운 도구를 만들면 가장 오른쪽에 사용자 설정 도구가 추가로 나타나게 됩니다.

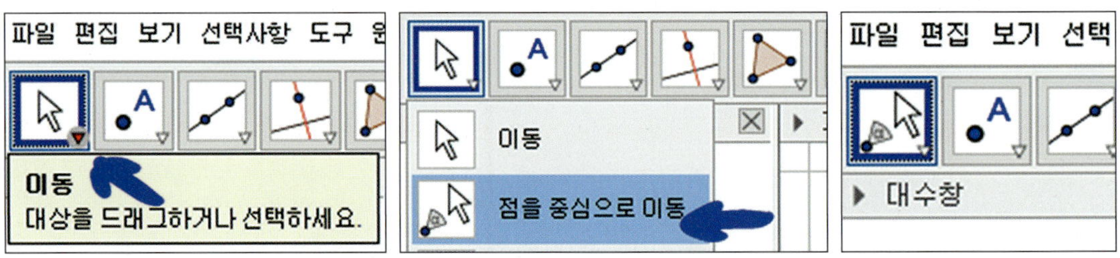

도구 상자마다 대표성을 띄는 도구가 있습니다. 이들 도구는 기본적으로 화면에 나타나 있습니다. 만일 화면에 나타나 있지 않은 다른 도구를 사용하려면 도구 상자를 열어 해당하는 도구를 선택해 주어야 합니다. 도구 상자를 여는 방법은 도구 상자 오른쪽 아래 부분의 작은 역삼각형을 클릭하면 됩니다. 예를 들어 그림처럼 '이동' 도구 상자를 열었을 때, '점을 중심으로 이동' 도구를 선택하면 화면에 나타나는 도구가 새로 선택한 도구로 바뀌게 됩니다.

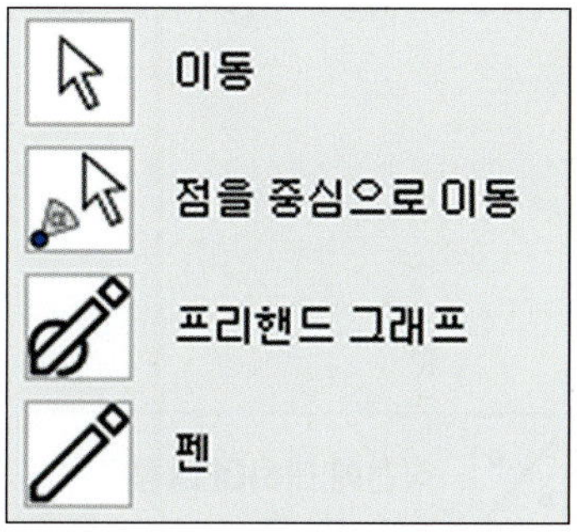
이동
점을 중심으로 이동
프리핸드 그래프
펜

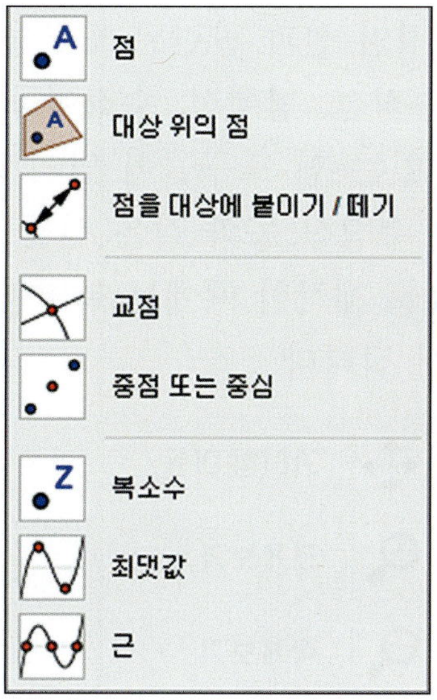
점
대상 위의 점
점을 대상에 붙이기 / 떼기
교점
중점 또는 중심
복소수
최댓값
근

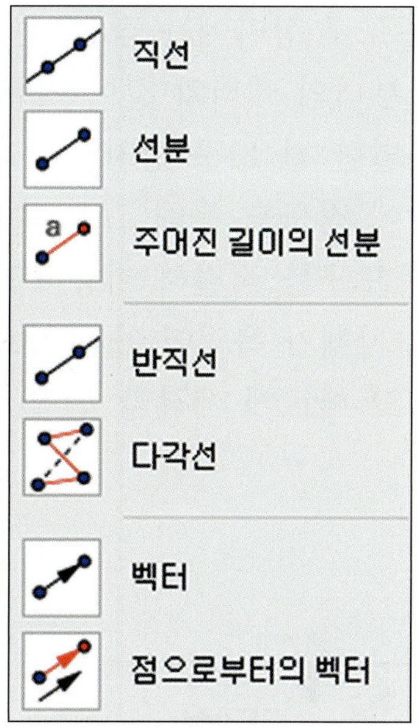
직선
선분
a
주어진 길이의 선분
반직선
다각선
벡터
점으로부터의 벡터

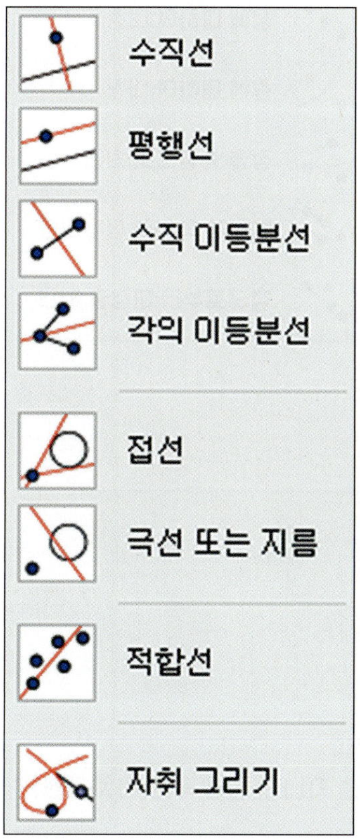
수직선
평행선
수직 이등분선
각의 이등분선
접선
극선 또는 지름
적합선
자취 그리기

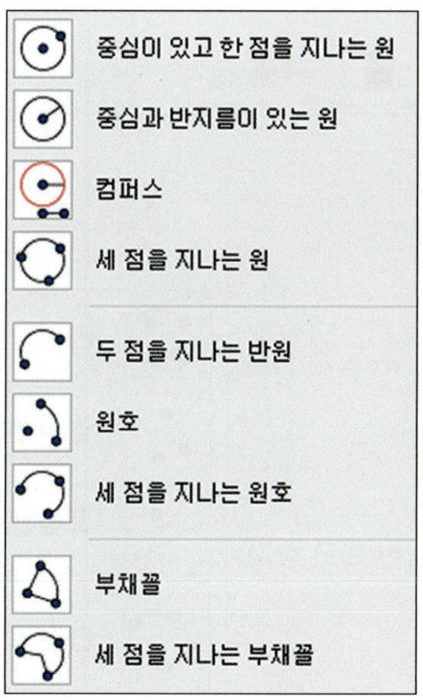
중심이 있고 한 점을 지나는 원
중심과 반지름이 있는 원
컴퍼스
세 점을 지나는 원
두 점을 지나는 반원
원호
세 점을 지나는 원호
부채꼴
세 점을 지나는 부채꼴

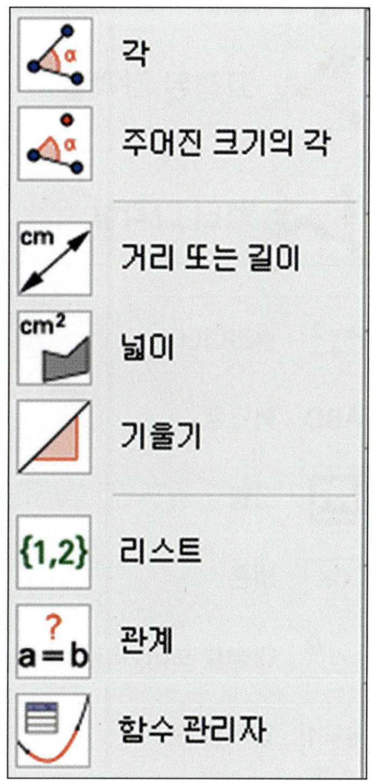
α
각
α
주어진 크기의 각
cm
거리 또는 길이
cm2
넓이
기울기
{1,2}
리스트
?
a=b
관계
함수 관리자

선 도구 상자에는 직선, 선분, 주어진 길이의 선분, 반직선, 다각선, 벡터, 점으로부터의 벡터와 같이 기본적인 선과 관련된 도구들이 담겨 있습니다. 그리고 특별한 선 도구 상자에는 수직선, 평행선, 수직이등분선, 각의 이등분선 등과 같이 작도를 통해 그릴 수 있는 선 도구들이 담겨 있습니다. 물론 선 도구와 원 도구를 적절히 이용하면 수직선 등과 같은 선들을 모두 그릴 수 있지만 작도 자체가 목적이 아닌 자료를 제작할 때에는 특별한 선 도구를 이용하면 보다 쉽고 빠르게 제작할 수 있게 됩니다.

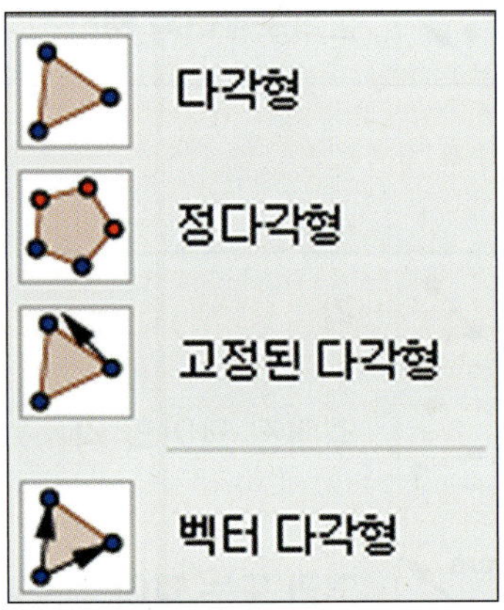

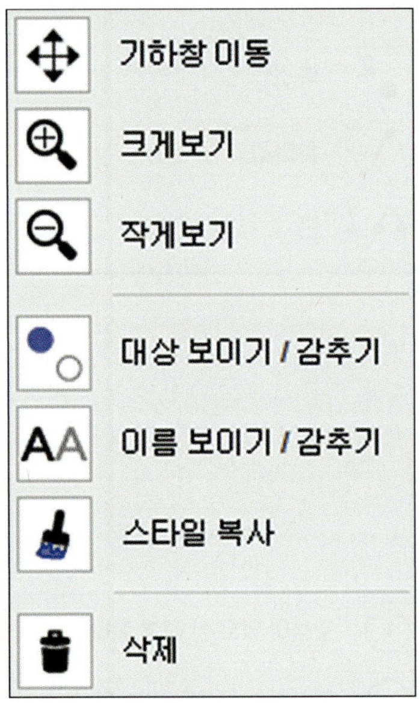

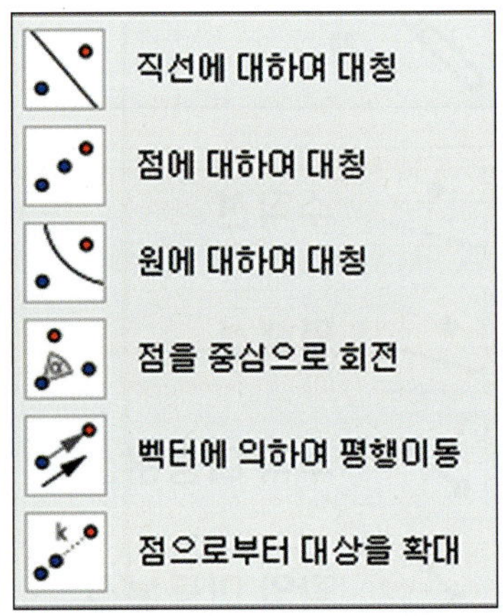

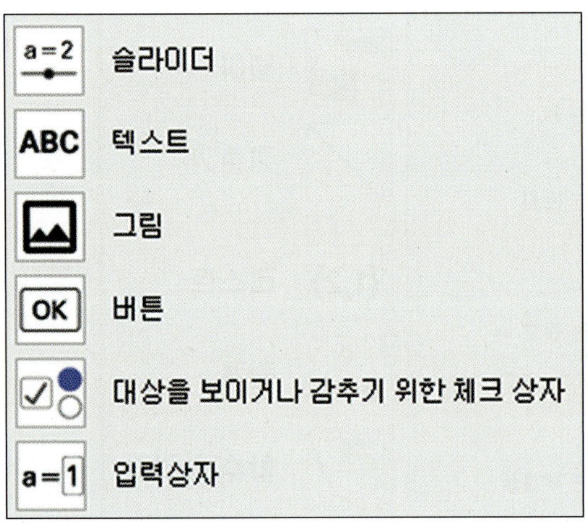

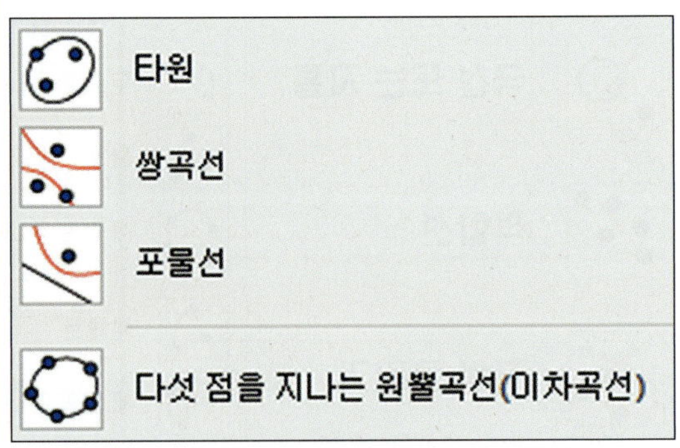

그 이외에 슬라이더, 텍스트, 버튼, 대상을 보이거나 감추기 위한 체크 상자, 입력상자와 같은 특별한 기능을 가진 도구들이 있습니다. 이러한 도구들의 사용방법은 이 책의 실습과정에서 하나씩 알아가 보도록 하겠습니다.

1.2.2 기하창

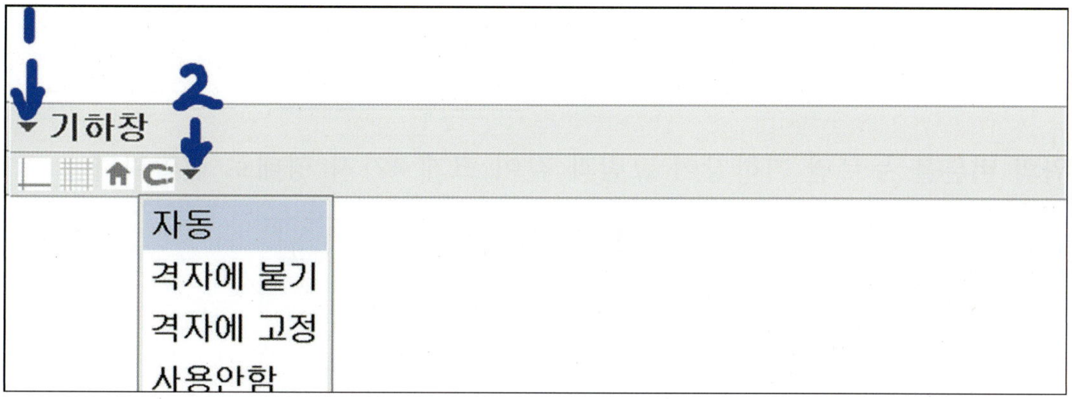

기하창은 기하적인 대상이 그려지는 공간입니다. 1번 화살표를 선택하면 기하창에 좌표축과 격자를 표시할 수 있는 버튼이 있고 기본 시점으로 돌아가기 버튼과 2번 화살표를 클릭하면 점 부착 스타일을 정할 수 있는 리스트 박스가 있습니다.

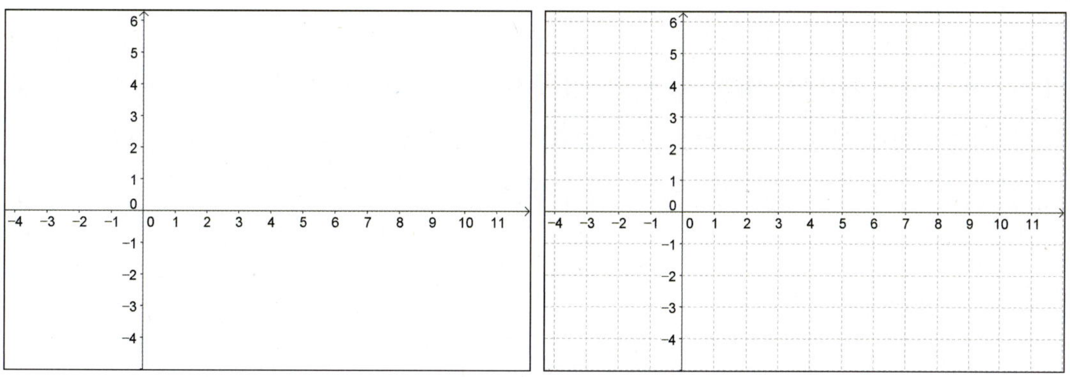

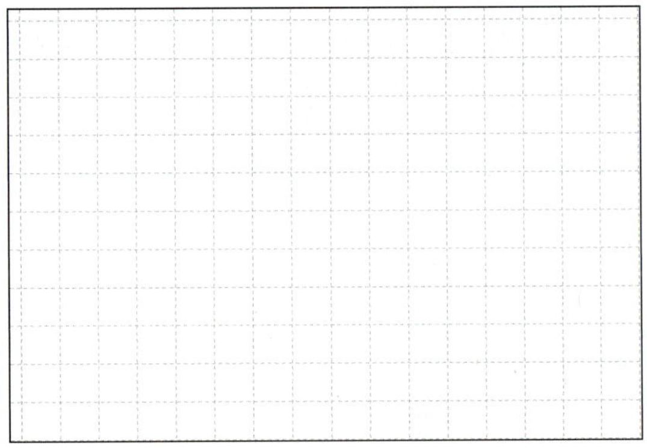

위의 버튼을 누르면 기하창이 그림과 같이 크게 4가지 형태로 변합니다.

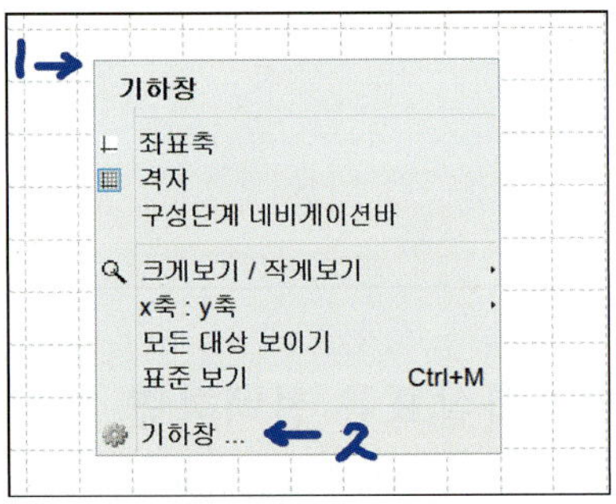

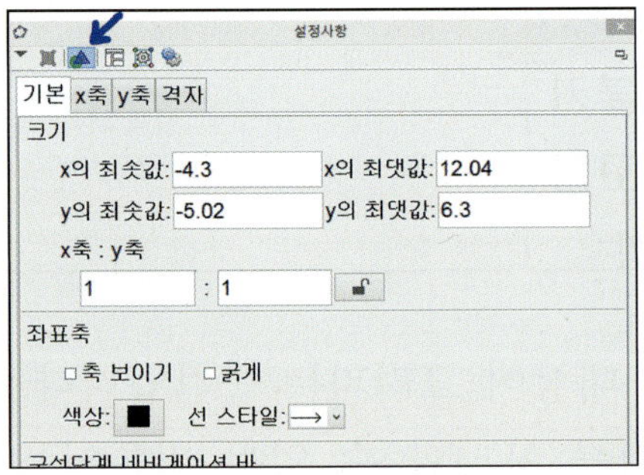

세부 조정을 통하여 좌표축과 격자의 형태를 바꿀 수 있습니다. 기하창에서 오른쪽 마우스 버튼을 클릭하고 메뉴가 나오면 기하창을 선택합니다. 설정사항 - 기하창 버튼을 선택하면 축과 격자의 모양을 메뉴를 통하여 조절할 수 있습니다. 설정사항 - 기하창 버튼 옆으로 설정사항 - 화면배치 버튼, 설정사항 - 기본설정 버튼, 설정사항 - 고급설정 버튼이 있습니다. 이 부분을 통하여 Geogebra의 설정을 사용자의 입맛에 맞게 바꾸실 수 있습니다.

1.2.3 대수창

기하창에 나타난 기하적인 대상을 대수적으로 표현 하는 대수창이 있습니다.

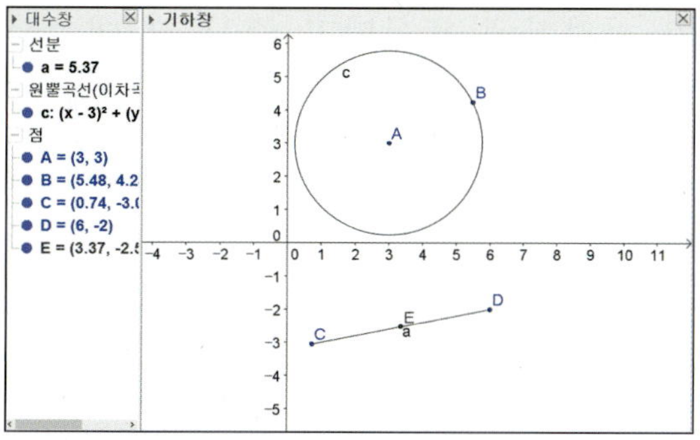

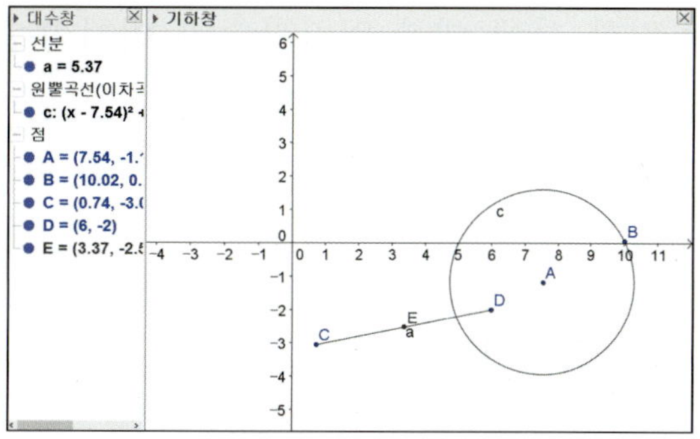

그림처럼 '원' 도구, '선분' 도구, '중점 또는 중심' 도구를 이용하여 기하적인 대상을 만들어 보면 즉시 기하적인 표현이 대수창에 대수적 표현으로 나타나는 것을 볼 수 있습니다. '이동' 도구를 사용하여 원과 선을 움직여 보십시오. 움직이는 순간 대수창의 식과 좌표들이 실시간으로 바뀌는 것을 볼 수 있습니다. 지금 하신 것은 기하적인 대상을 동적으로 살펴보실 수 있는 간단한 예입니다.

1.2.4 입력창

대수창과 기하창 아래에 입력이란 부분이 있습니다.

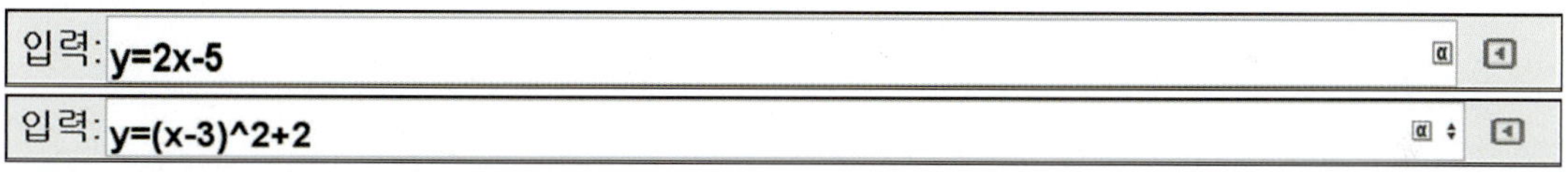

입력창에 일차함수의 식 $y = 2x - 5$ 를 입력하고 [Enter]를 누릅니다. 이차함수의 식 $y = (x - 3)$^$2 + 5$ 을 입력하고 [Enter]를 누릅니다.

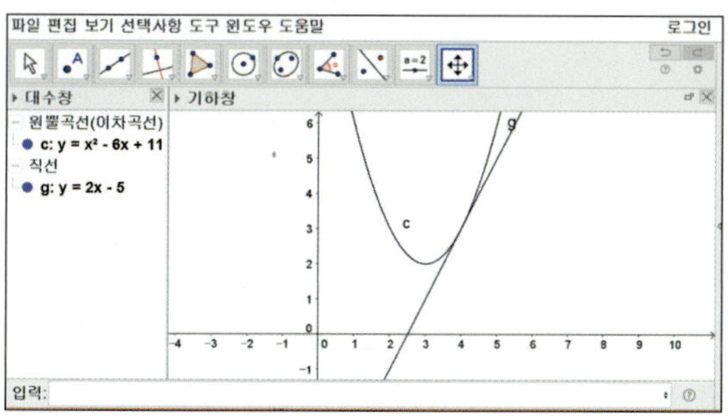

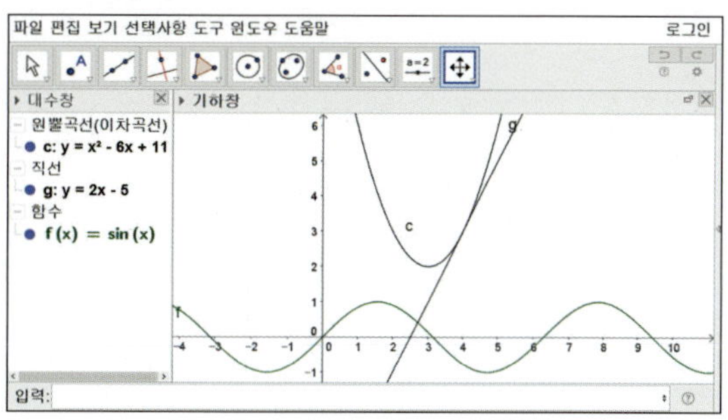

입력한 식에 대한 일차함수와 이차함수가 기하창에 표시되고 즉시 그 대수적 인 표현이 대수창에 나타납니다. 포물선이 원뿔곡선의 하나라고 대수창에 쓰여 있습니다. 이 소프트웨어를 익힌 학생들의 수학 지식이 넓어지는 기회가 됩니다.

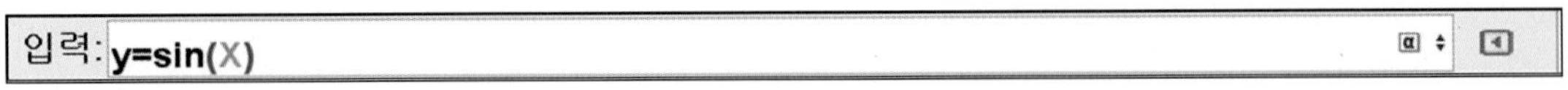

입력창에 삼각함수 y = sin(x)를 입력하고 [Enter]를 누릅니다. 기하창에 삼각함수의 그래프가 그려지고 대수창에 삼각함수의 대수식이 생성된 것을 볼 수 있습니다.

1.3 Geogebra의 확장창

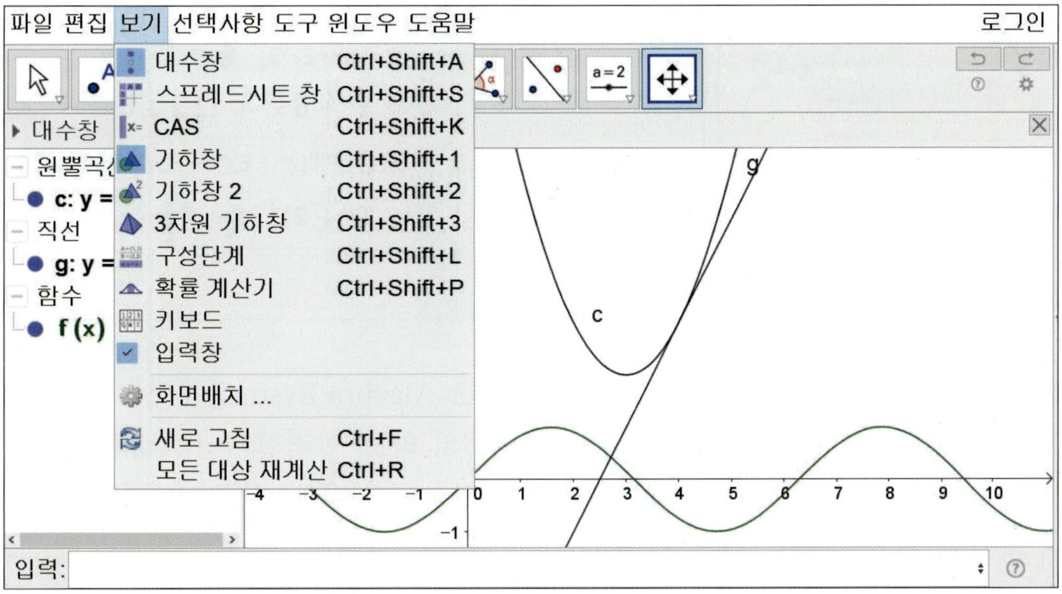

상단메뉴의 보기를 선택합니다. 대수창과 기하창 외에 스프레드시트창, CAS, 기하창 2, 3차원 기하창, 구성단계 그리고 확률 계산기 등이 나타납니다. 스프레드시트창은 간단히 말해서 Excel과 비슷하다고 할 수 있습니다. 수치데이터를 입력해 놓는 곳이라고 생각하면 됩니다. 간단한 통계처리도 할 수 있습니다. CAS(Computer Algebra System)창은 계산기라 생각하면 되는데, symbolic 계산(기호연산)이 가능합니다. 이것을 통해서 미분, 적분, 전개 그리고 인수분해를 할 수 있습니다. 구성단계창은 Geogebra를 사용한 순서가 표시되는 곳이라 생각하면 됩니다. 이것을 이용하면 쉽게 프리젠테이션을 할 수도 있습니다. 여러 창들 중 CAS 창과 스프레드시트 창에 대하여 알아보도록 하겠습니다.

1.3.1 CAS(Computer Algebra System) 창

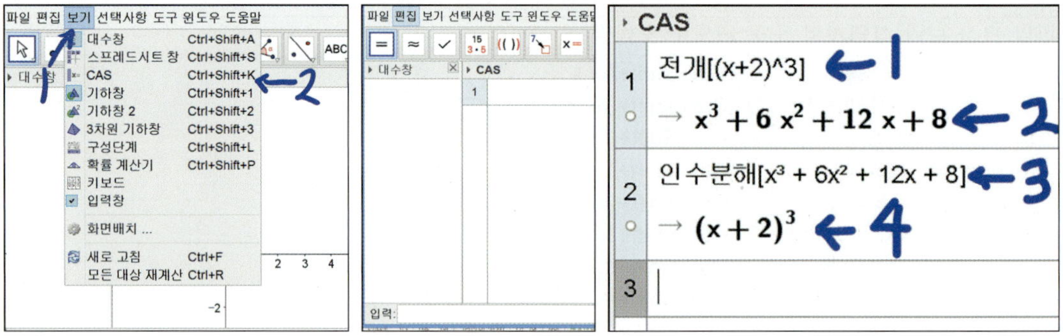

Geogebra에 보기를 선택하고 CAS(Computer Algebra System)를 선택합니다. CAS창이 하나 만들어 집니다. 전개[(x + 2)^3] 라고 입력합니다. [Enter]를 누르면 결과가 나오는 것을 볼 수 있습니다. 결과에 마우스 왼쪽 버튼을 클릭하여 복사합니다. 결과로 나온 것을 다시 입력하지 않아도 됩니다. 인수분해[를 입력한 후 마우스 왼쪽 버튼을 클릭하여 붙이기를 선택합니다.]을 입력한 후 [Enter]를 누르면 결과가 나옵니다.

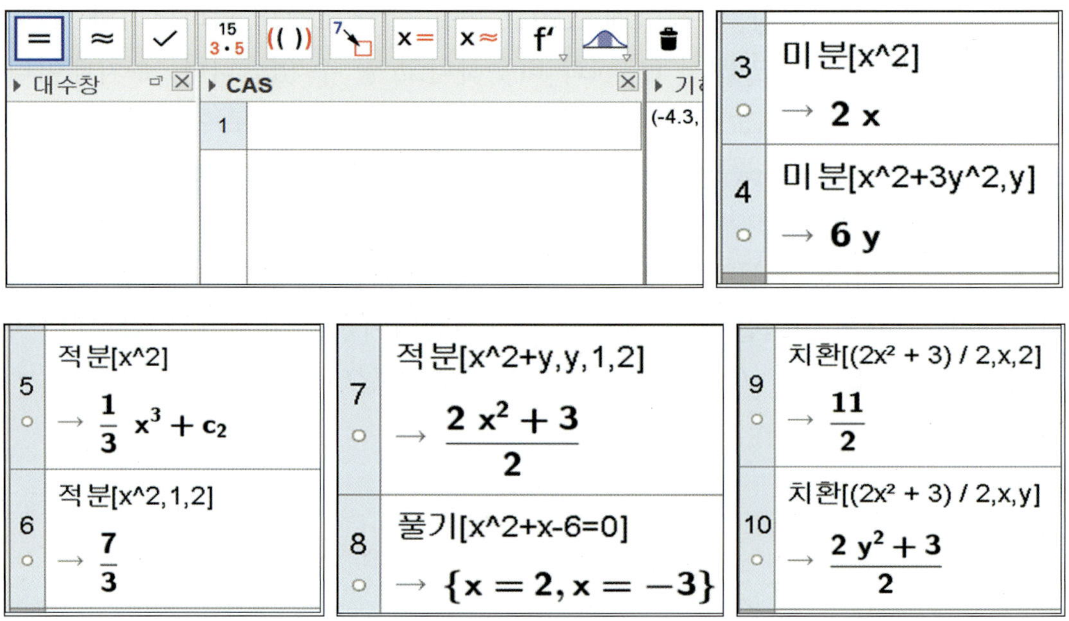

CAS 창에 도구를 활용할 수도 있습니다. 또는 직접 입력하여 결과를 확인할 수 있습니다. 미분, 편미분, 부정적분, 정적분, 편적분, 풀기, 치환 또는 대입을 하실 수 있습니다. 또한 수치적으로 풀기 기능도 있습니다.

1.3.2 스프레이드시트 창

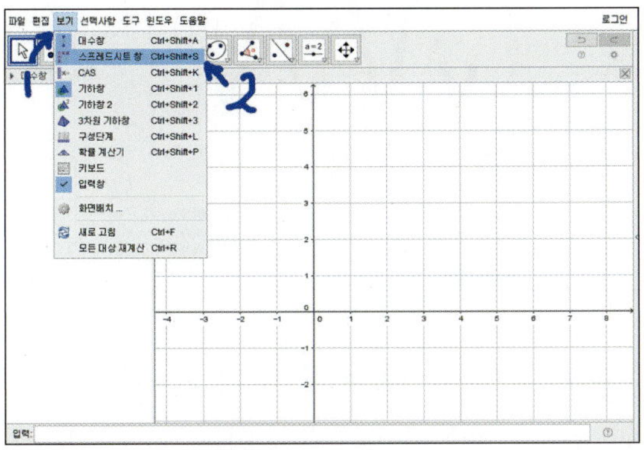

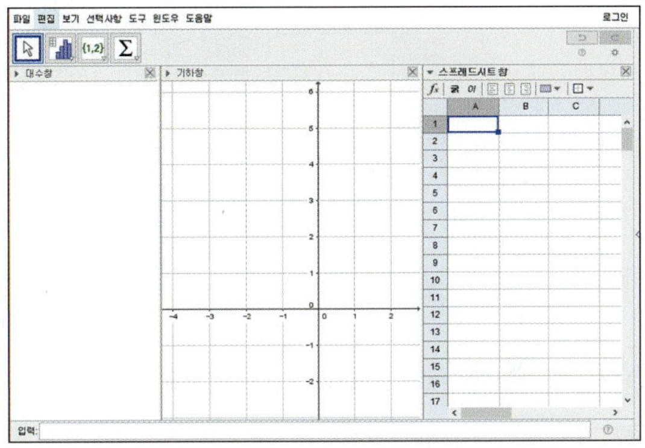

Geogebra에 보기를 선택하고 스프레드시트 창을 선택합니다. 스프레드시트 창이 나타나는 것을 보실 수 있습니다. 엑셀의 자료는 2013년 강원과학고등학교에서 별을 관측하면서 얻은 별의 시간과 위치에 관한 자료입니다.

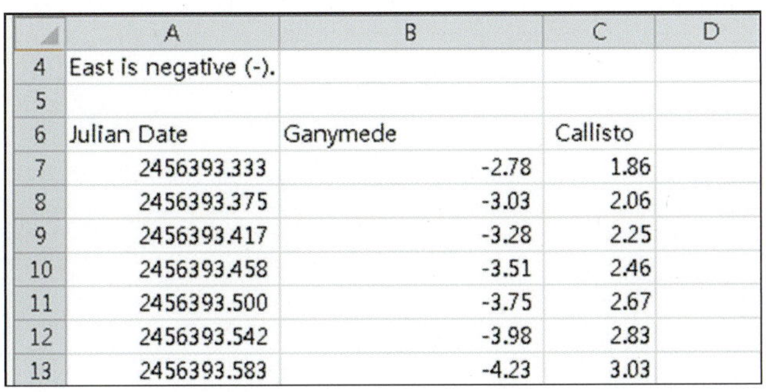

	A	B	C	D
4	East is negative (-).			
5				
6	Julian Date	Ganymede	Callisto	
7	2456393.333	-2.78	1.86	
8	2456393.375	-3.03	2.06	
9	2456393.417	-3.28	2.25	
10	2456393.458	-3.51	2.46	
11	2456393.500	-3.75	2.67	
12	2456393.542	-3.98	2.83	
13	2456393.583	-4.23	3.03	

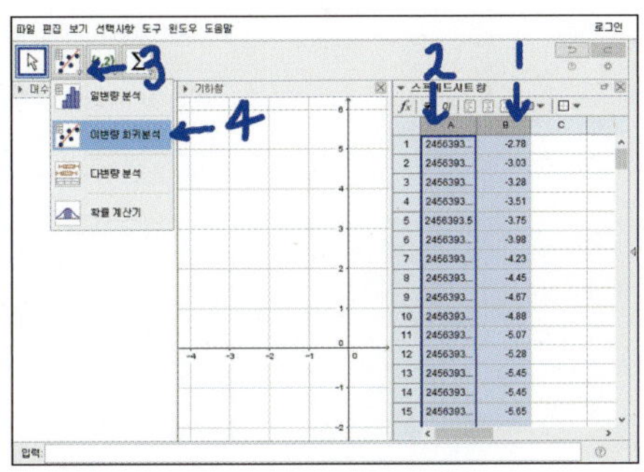

http://min7014.iptime.org/math/2016011335.xls

https://goo.gl/E3gpJQ

https://www.geogebra.org/m/HR5SjFWd

엑셀자료를 스프레드시트 창에 복사해 놓습니다. [Ctrl]를 누른 상태에서 B열과 A열을 차례로 선택합니다. '이변량 회귀분석' 도구를 선택합니다.

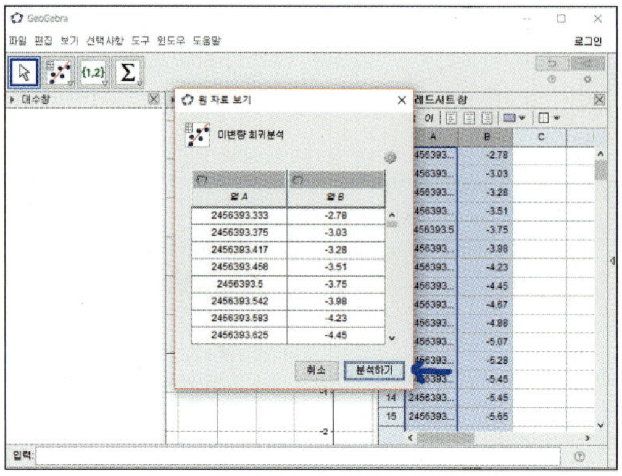

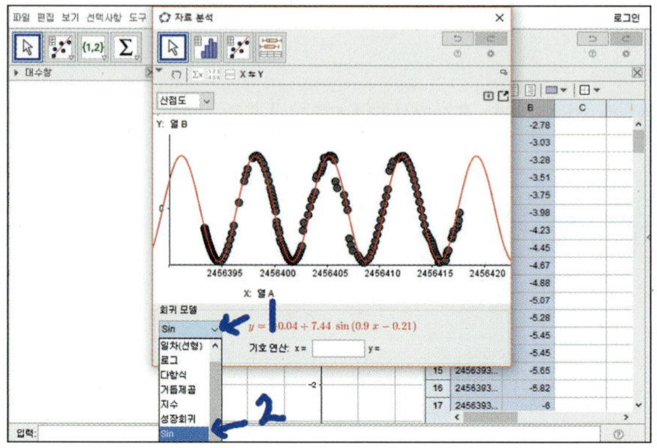

분석하기를 선택합니다. 자료 분석 창에 회귀모델을 자료에 맞게 선택하시면 회귀모델 식과 그래프가 위의 그림에서와 같이 자동으로 생성되는 것을 보실 수 있습니다. 자료를 분석하는 과학 분야에서 유용하게 쓸 수 있는 기능일 것입니다.

제 2 장

Geogebra를 활용한 기하와 함수

Geogebra와 수학의 시각화

2.1 예각에 대한 사인법칙

2.1.1 Geogebra로 수업자료 만들기

사인법칙 수업자료를 Geogebra를 사용하여 만들어 보겠습니다.

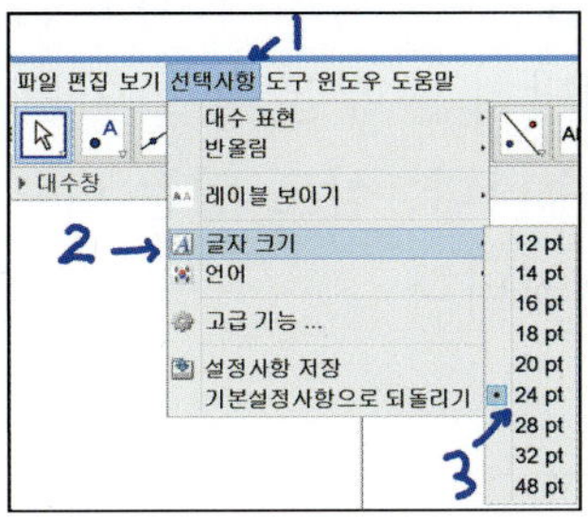

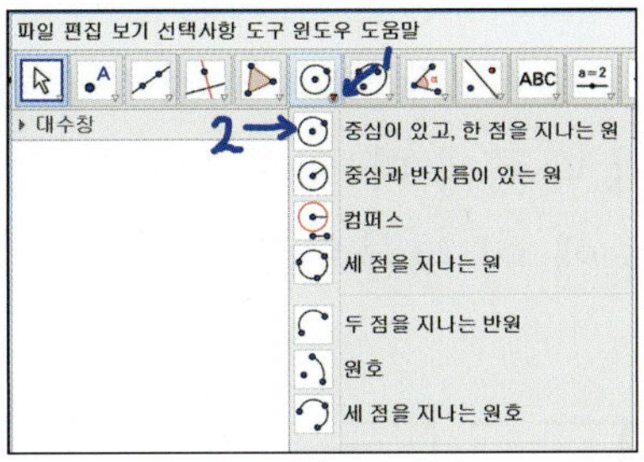

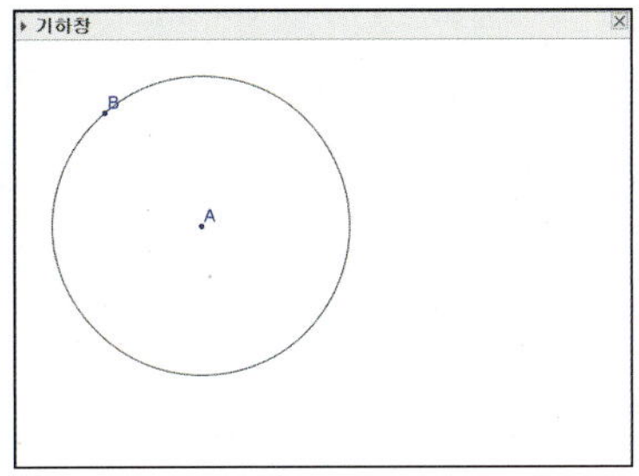

기하창에 격자와 좌표축을 보이지 않게 합니다. Geogebra 창에서 맨 위쪽 항목에 선택사항, 글자 크기, 24 pt를 차례대로 선택합니다. '중심이 있고 한 점을 지나는 원' 도구를 선택하고 중심이 될 위치를 선택하고 적당한 거리를 띄워 원 위의 한 점이 될 위치를 선택하면 원이 작도됩니다.

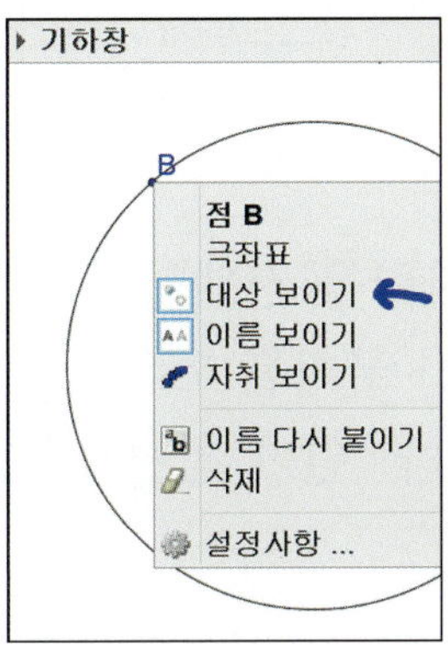

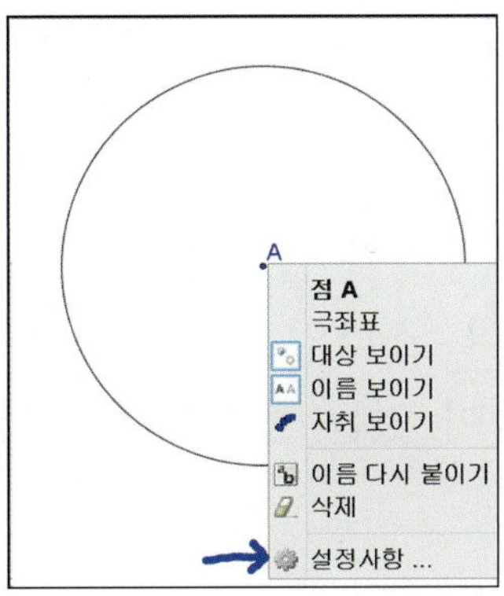

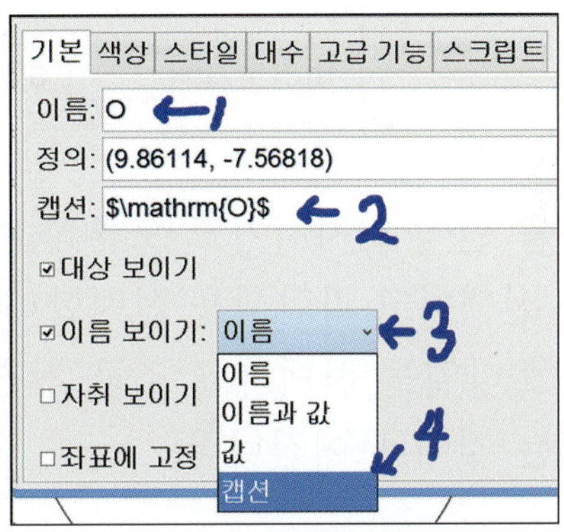

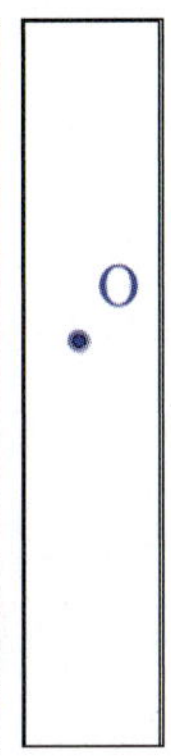

점 B에 오른쪽 마우스를 클릭하고 대상 보이기를 선택하면 점 B가 화면에서 사라집니다. 또 점 A에 오른쪽 마우스 클릭하고, 설정사항을 선택하여 이름에 O, 캡션에는 O을 입력합니다. 이름 보이기의 리스트 박스를 선택하여 캡션을 선택하면 점 A가 로만체 점 O로 바뀌게 됩니다. 설정사항 창을 설명하겠습니다. 이름은 대상의 실제 이름입니다. 캡션은 별명이라고 생각하면 됩니다. 또한 캡션에 넣은 `$\mathrm{O}$`은 TeX에서 쓰는 수식입니다. 이름 보이기는 표시할 대상에 대한 이름, 이름과 값, 값 또는 캡션을 표시할지 정하는 부분입니다. TeX을 어렵게 생각할 필요는 없습니다. 단지 한글에서 쓰는 수식에서 '\'만 추가됐다고 생각하면 됩니다. 또 수식의 시작과 끝이 '$'로 되어 있습니다. 정의는 말 그대로 대상을 정의하는 부분입니다. 정의가 좌표인 경우 좌표를 바꾸면, 대상의 좌표도 바뀝니다. 정의에 해당하는 부분에 쓰이는 정의는 자동으로 만들어 주기 때문에 다 외울 필요는 없습니다. 심도 있는 Geogebra의 사용을 위해서 나중에 이 부분도 고치게 될 것입니다.

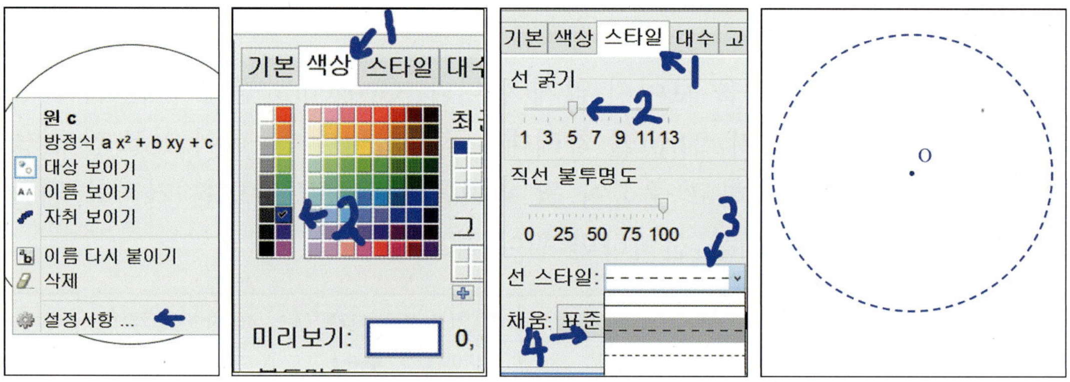

마우스를 원에 위치시키고 오른쪽 마우스를 클릭하고 설정사항을 선택합니다. 색상을 선택하고 파란색을 선택합니다. 스타일을 선택하고 선 굵기를 5로 합니다. 선 스타일을 선택하고 조금 간격이 있는 점선으로 합니다. 원이 점선으로 표시되는 것이 보여집니다.

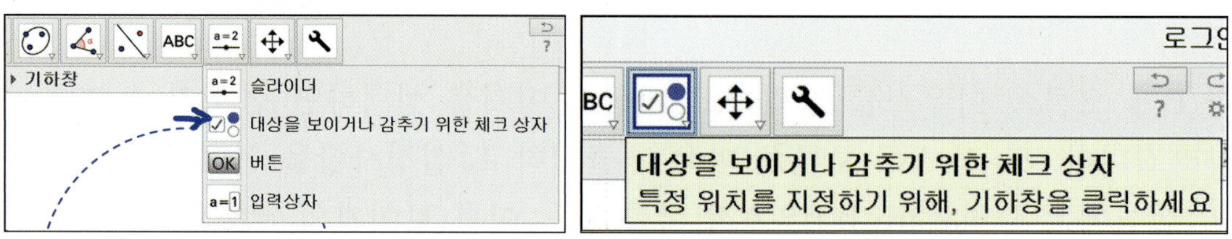

'대상을 보이거나 감추기 위한 체크상자' 도구를 선택합니다.

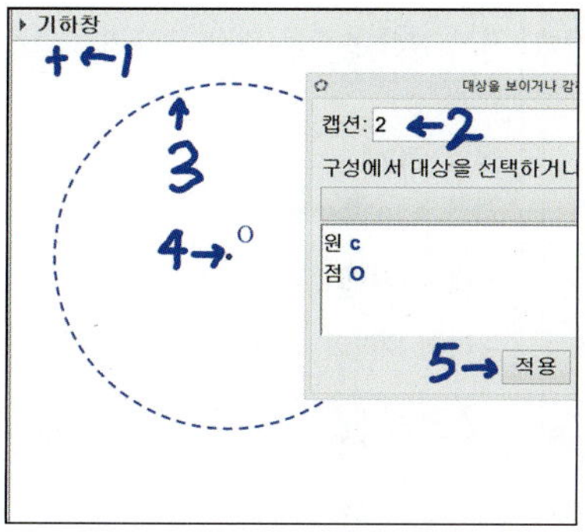

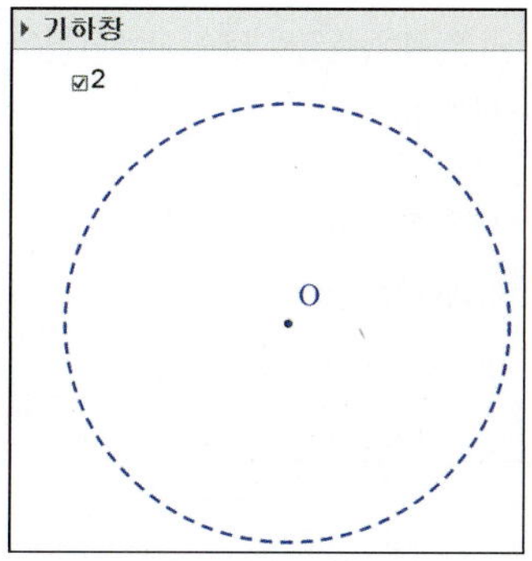

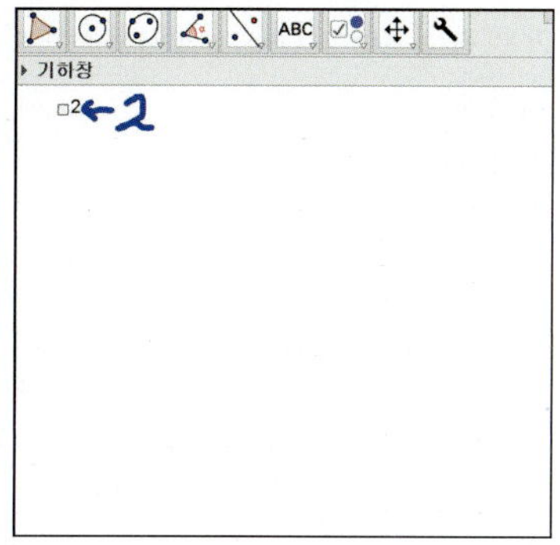

기하창의 왼쪽 상단 십자표시한 부분을 선택하면 대상을 보이거나 감추기 위한 체크상자 세부설정이 나옵니다. 캡션에 2를 쓰고 원과 원의 중심 O를 선택한 후 적용을 누릅니다. 2가 쓰여 있는 체크상자가 나타납니다. 체크가 없어지면서 원과 원의 중심이 사라지는 것을 볼 수 있습니다.

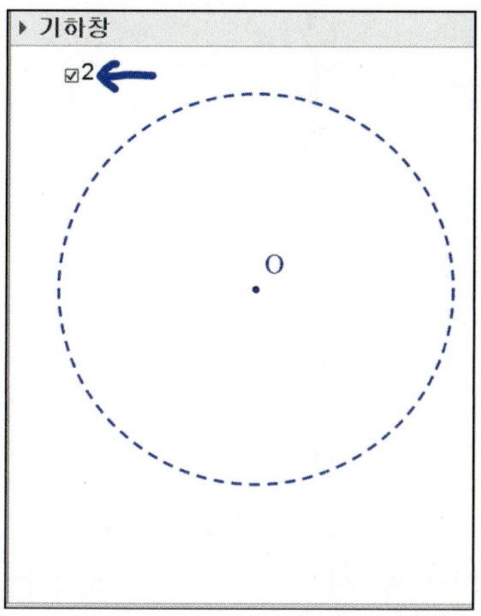

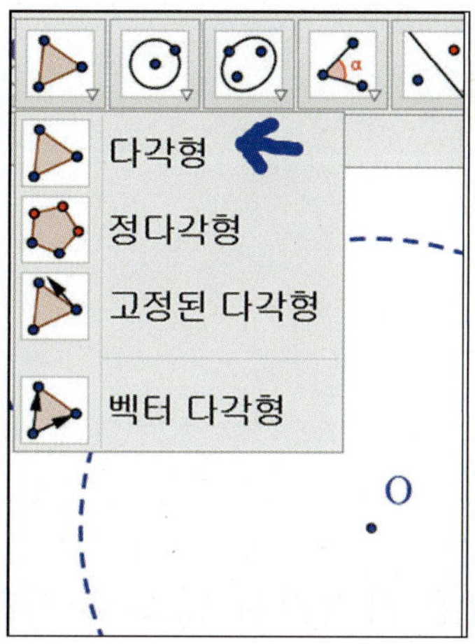

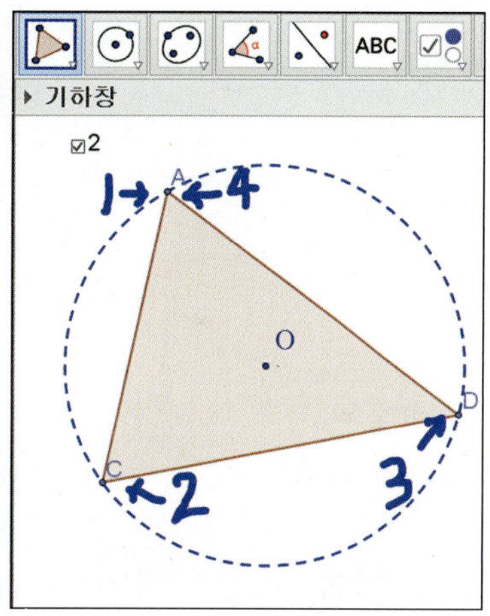

체크상자 2를 체크합니다. '다각형' 도구를 선택합니다. 원에 커서를 올리고 원이 진해질 때, 세 점을 차례로 찍고 다시 처음 찍었던 점을 선택하면 삼각형이 만들어집니다.

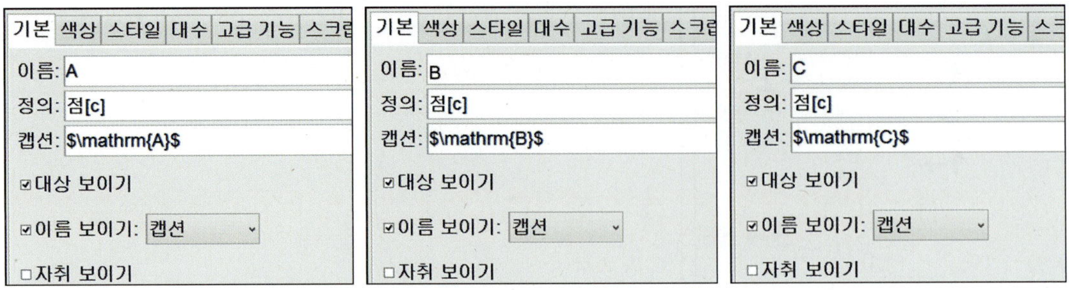

각각의 점 A, 점 C, 점 D의 설정의 기본에서 점 A의 캡션을 A으로, 점 C의 이름을 B로 캡션을 B로, 점 D의 이름을 C로 캡션을 C로 입력하여 점의 이름과 캡션을 바꿉니다. 그리고 이름 보이기에 리스트 박스를 캡션으로 선택하면 수식에서 쓰는 로만체로 바뀌는 것을 볼 수 있습니다.

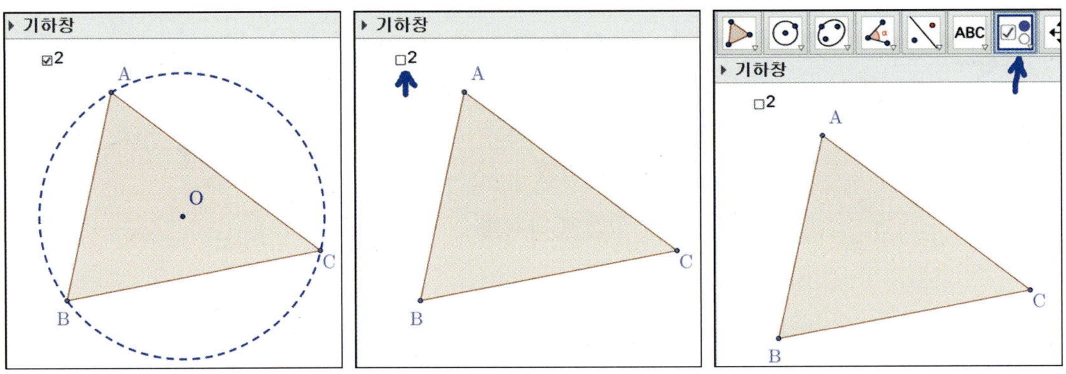

점의 이름이 삼각형이나 원에 가려지지 않도록 적당히 위치시킵니다. 체크상자 2를 선택하여 일단 원을 보이지 않게 합니다. '대상을 보이거나 감추기 위한 체크상자' 도구를 선택합니다.

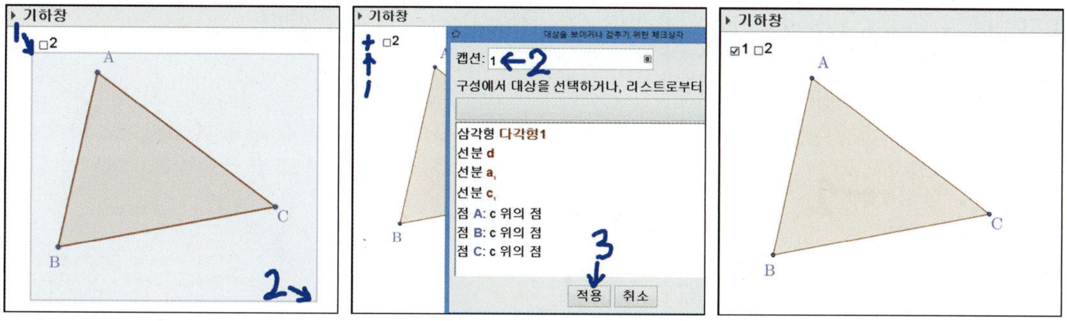

이번에는 마우스 왼쪽 버튼을 클릭한 상태로 드래그를 해서 삼각형 ABC를 선택합니다. 왼쪽 상단 십자 표시한 곳을 선택하면 대상을 보이거나 감추기 위한 체크상자창이 나타나고 삼각형을 구성하는 요소가 이미 선택된 상태로 나옵니다. 캡션에 1을 쓰고 적용을 누르면 기하창에 체크상자 1이 보입니다.

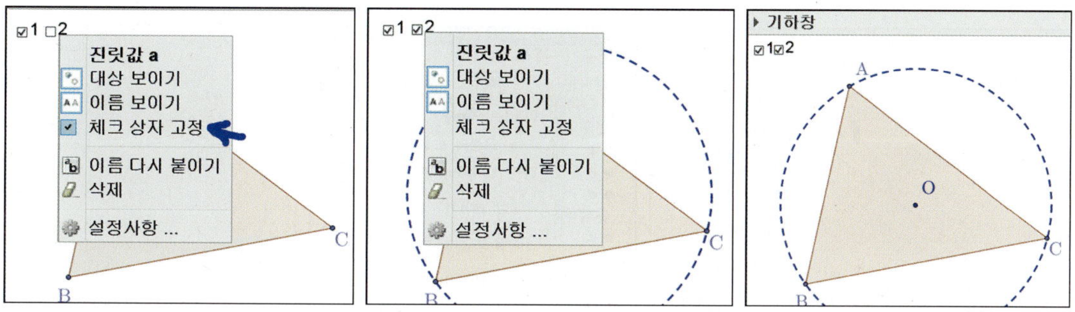

체크상자를 이동하려면 체크상자에서 오른쪽 마우스 버튼을 클릭하여 메뉴가 나오면 체크 상자 고정을 선택하여 체크 상자 고정의 체크를 해제 합니다. 그리고 체크상자를 원하는 위치에 위치해 놓습니다. 또는 오른쪽 마우스 버튼을 클릭한 상태로 원하는 위치에 드래그해서 옮겨놓으면 됩니다.

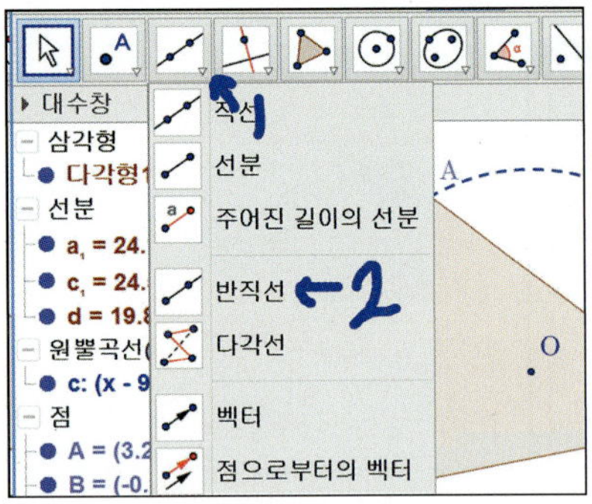

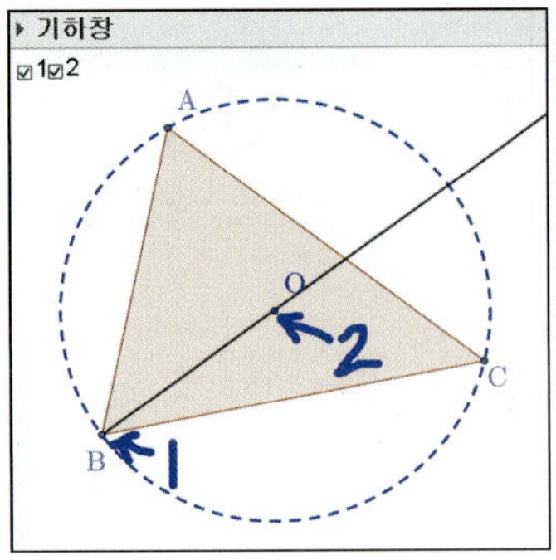

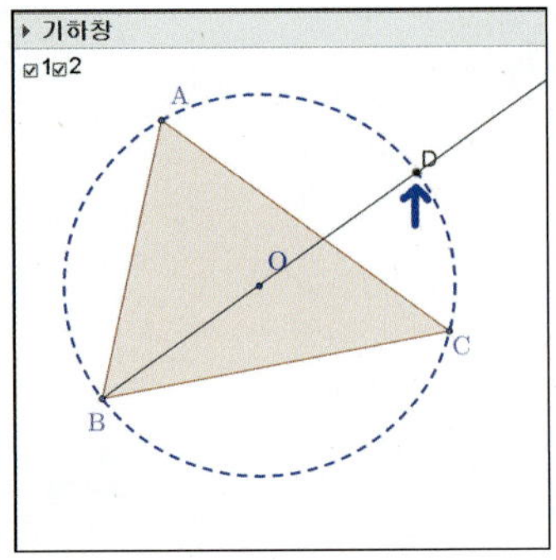

'반직선' 도구를 선택합니다. 점 B를 선택하고 점 O를 선택하면 반직선이 그려집니다. '점' 도구를 선택한 후에 원과 반직선의 교차하는 부분에 마우스를 위치시키고 원과 반직선이 동시에 진해질 때 교차하는 부분을 선택합니다. 점 D가 표시됩니다.

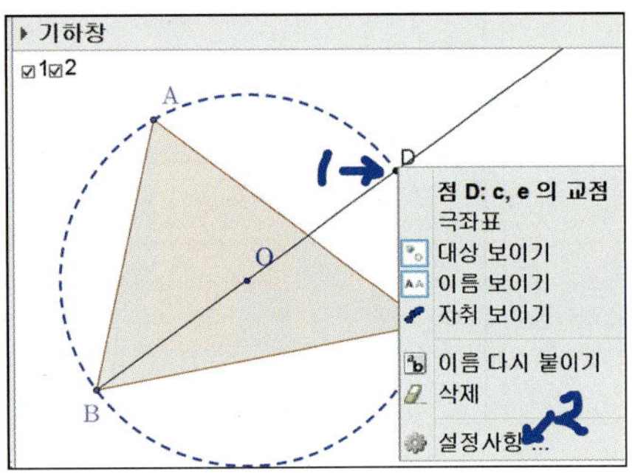

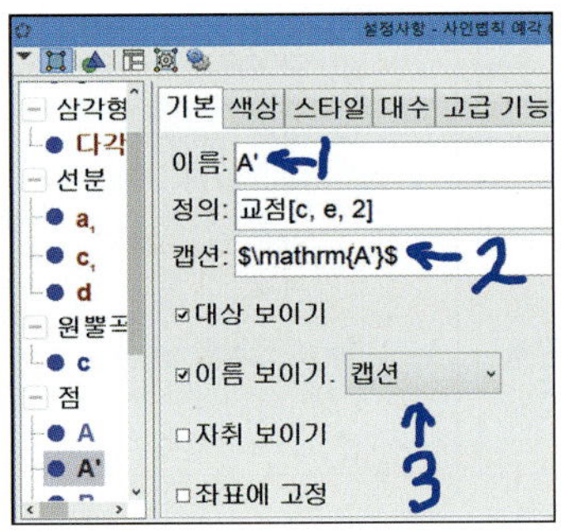

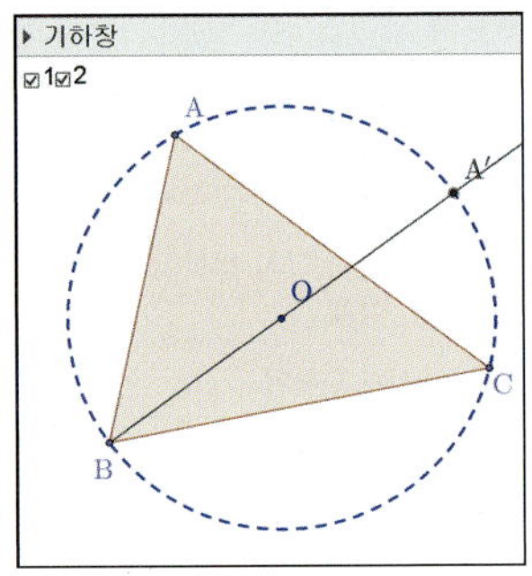

점 D에 오른쪽 마우스 버튼을 클릭하고 설정사항을 선택합니다. 기본에 이름을 A′로 바꾸고 캡션에 $\mathrm{A'}$을 입력하고 이름 보이기를 캡션으로 선택해 놓습니다. 기하창의 점 D가 점 A′으로 바뀌었습니다.

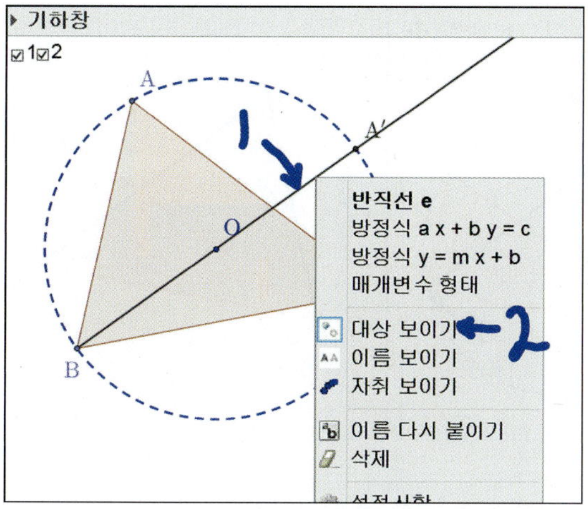

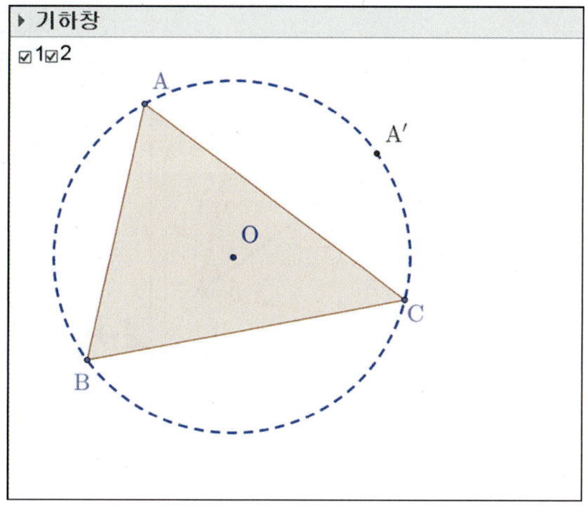

점 A′를 찍기 위해서 반직선을 그린 것이므로 반직선에 마우스를 위치시키고 오른쪽 마우스를 클릭한 후 대상 보이기를 선택하여 반직선을 보이지 않게 합니다.

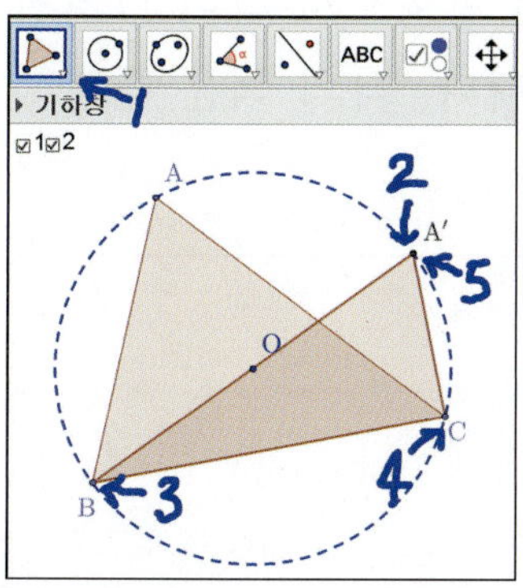

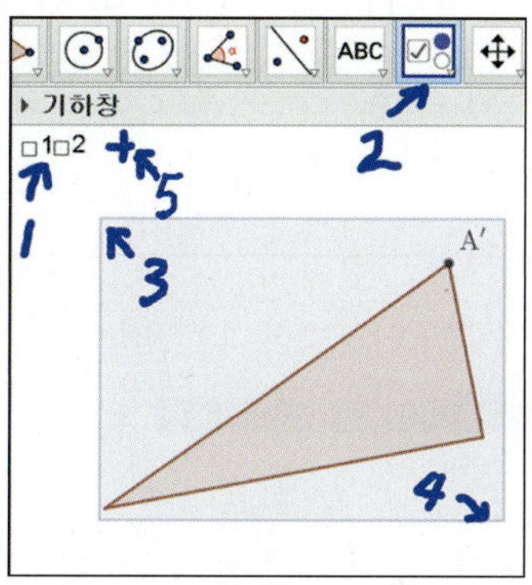

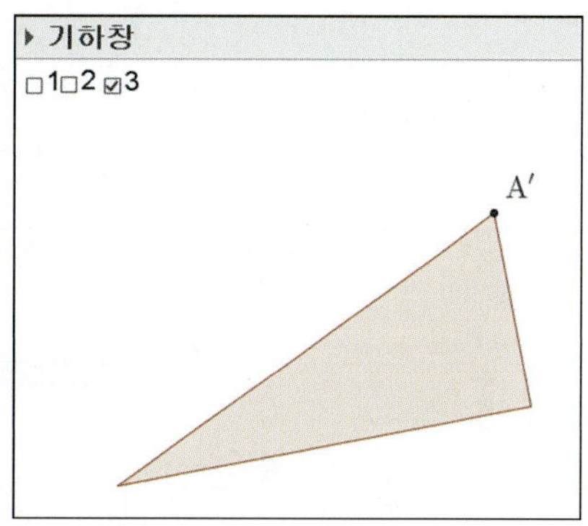

'다각형' 도구를 사용하여 삼각형 A′BC를 만듭니다. 체크상자 1, 2를 체크하여 체크를 보이지 않게 하고 '대상을 보이거나 감추기 위한 체크상자' 도구를 사용하여 삼각형 A′BC에 대한 체크상자 3을 만듭니다.

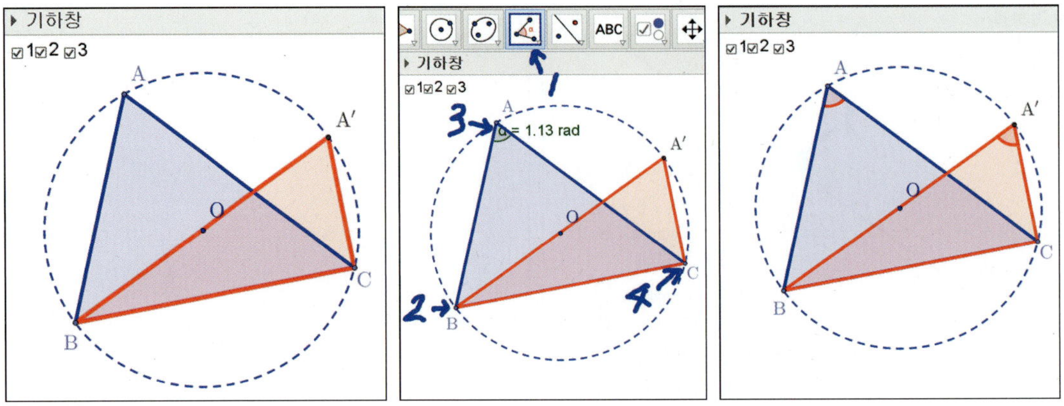

1, 2를 다시 체크합니다. 똑같은 색의 삼각형이 두 개 생겼습니다. 삼각형 ABC는 파란색으로 하고 삼각형 A′BC는 자주색으로 만들고 선의 굵기를 9로 바꿉니다. '각' 도구를 선택합니다. 차례로 점 B, 점 A, 점 C를 선택하면 각 A가 그려집니다. 각을 만들 때 선택 순서를 꼭 지켜야 합니다. 차례로 점 C, 점 A, 점 B를 선택하면 둔각쪽 각이 그려집니다. 항상 반시계 방향으로 각이 그려진다고 생각하면 됩니다. 같은 방법으로 각 A′를 생성합니다. 각의 색은 빨간색으로 합니다. 각의 이름을 보이지 않게 합니다.

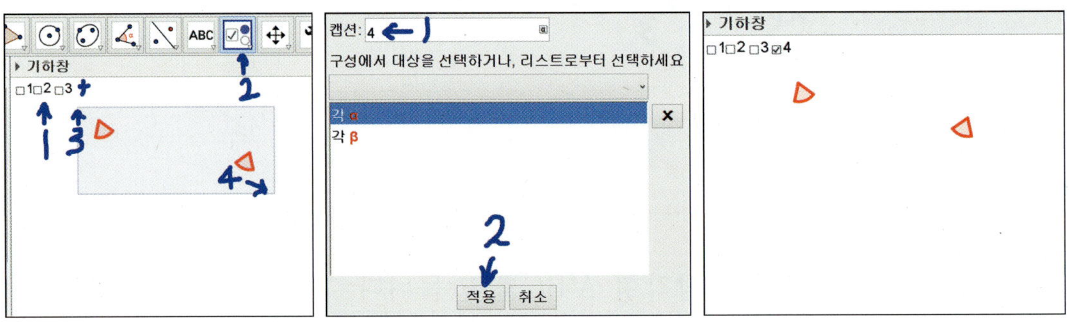

체크상자 1, 2, 3의 체크를 보이지 않게 하고 두 개의 각에 대한 체크상자 4를 만듭니다.

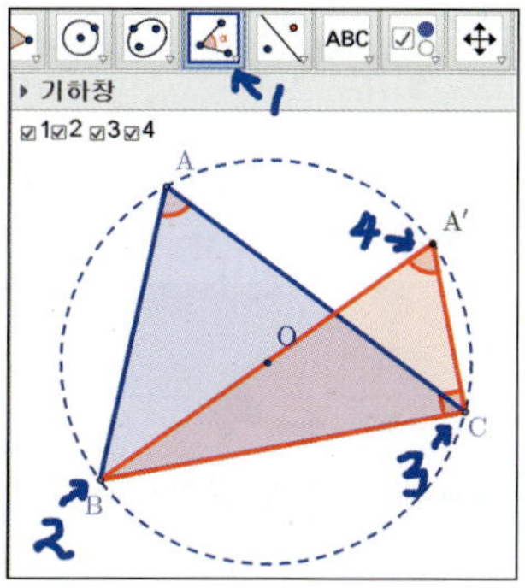
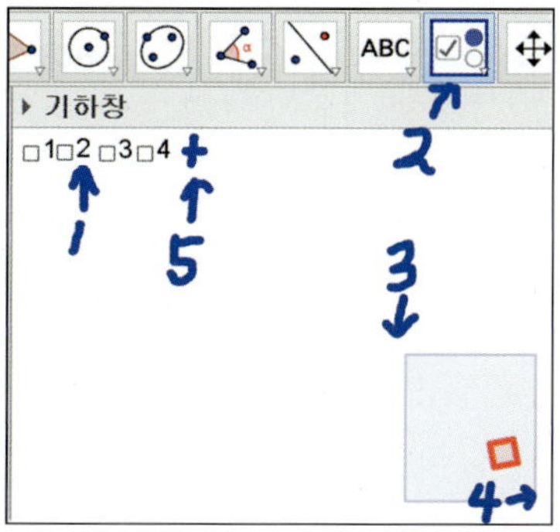
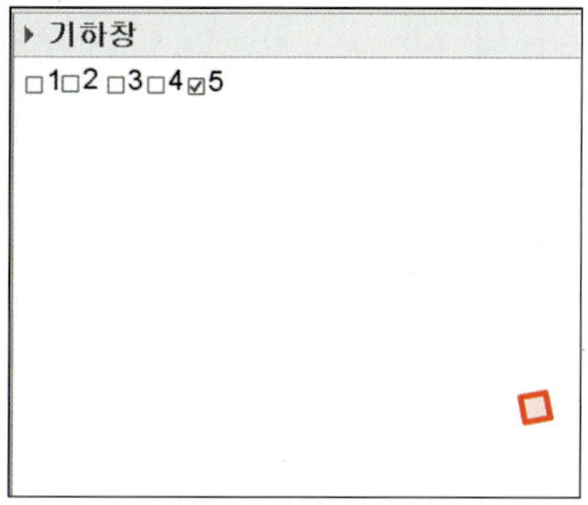

'각' 도구를 선택하여 각 A′CB를 만듭니다. 자동으로 직각의 경우 직각 표시가 됩니다. 체크상자 1, 2, 3, 4의 체크를 보이지 않게 하고, 직각에 대한 체크상자 5를 만듭니다.

도형에 관련된 문제를 낼 때에는 선분의 길이를 점선으로 표현해야 하는 경우가 많이 있습니다. Geogebra에서는 길이를 점선으로 표현하는 도구는 별도로 없습니다. 하지만 원호를 응용하여 선분의 길이를 표현할 수 있습니다. 그러나 여러 단계를 거쳐서 그림을 그려야 하는 불편함이 있습니다. 그런데 이러한 불편함을 보완하는 기능이 있습니다. 바로 도구를 만들 수 있는 기능입니다. 지금부터 길이를 나타내는 도구를 만들어 보겠습니다.

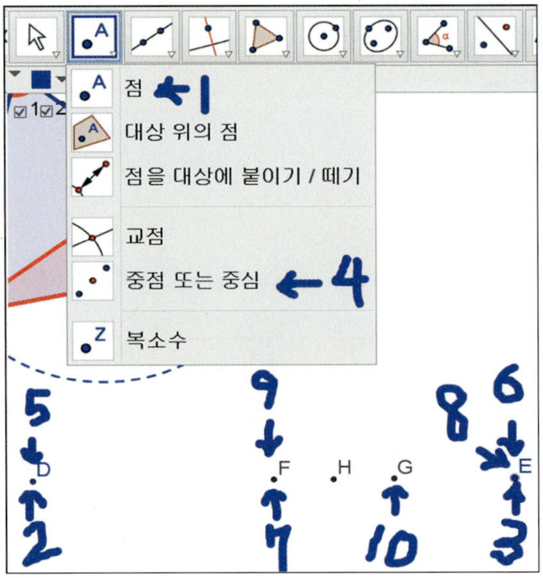

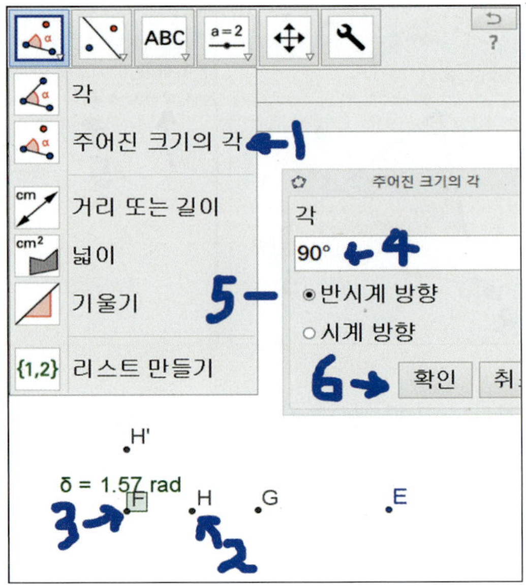

'점' 도구를 사용하여 점 D와 점 E를 그려줍니다. '중점 또는 중심' 도구를 사용하여 차례로 점 D와 점 E를 선택하여 점 F를 작도합니다. '중점 또는 중심' 도구를 사용하여 차례로 점 F와 점 E를 선택하여 점 G를 작도합니다. '중점 또는 중심' 도구를 사용하여 차례로 점 F와 점 G를 선택하여 점 H를 작도합니다. '주어진 크기의 각' 도구를 선택하고 차례로 점 H와 점 F를 선택합니다. 주어진 크기의 각이란 상자가 만들어지면 90°를 입력합니다. °(도)표시를 지우면 안 됩니다. 90으로 입력하면 90 라디안으로 인식합니다. 반시계 방향을 선택하고 확인을 선택하여 점 H′를 작도합니다.

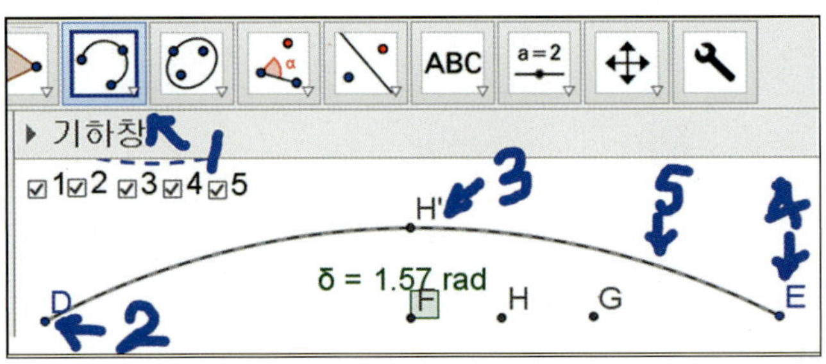

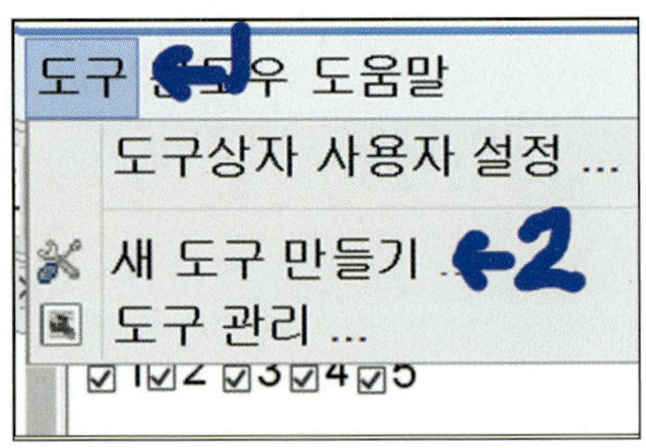

'세 점을 지나는 원호' 도구를 선택하고 차례로 점 D, 점 H′, 점 E를 선택하여

호 DH′E를 만들고, 호 DH′E를 점선으로 만듭니다. 도구를 선택하고 새 도구 만들기를 선택합니다.

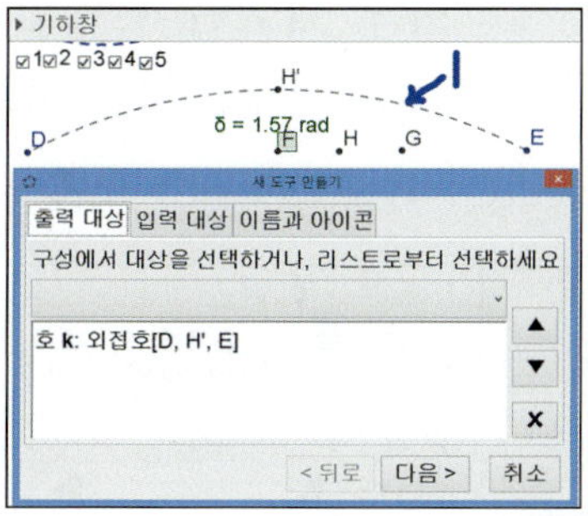

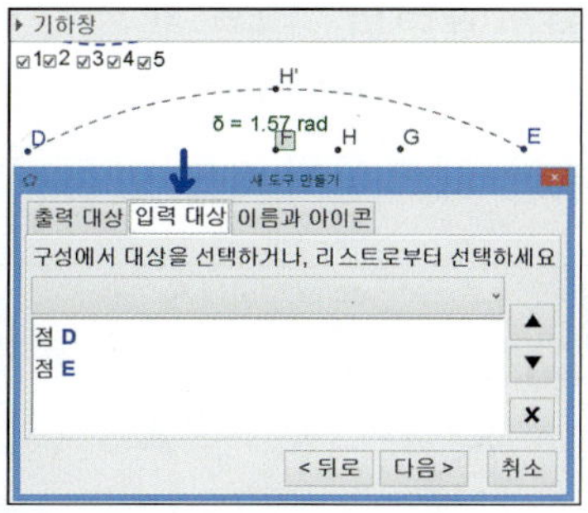

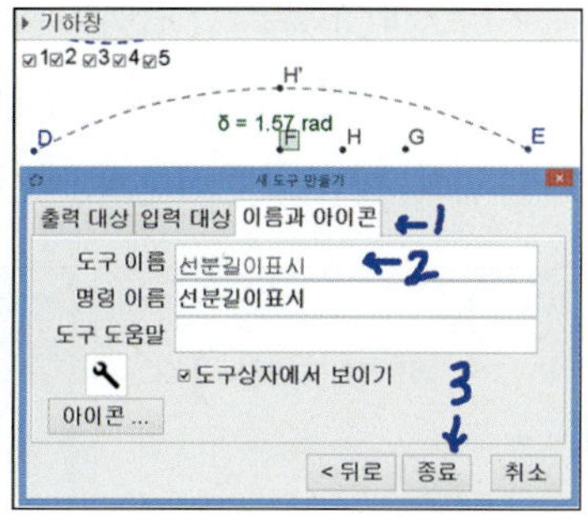

새 도구 만들기의 세부 설정사항이 나타납니다. 호 DH′E를 선택하면 출력 대상에 호가 선택되는 것을 볼 수 있습니다. 입력 대상을 선택합니다. 두 점이 보입니다. 지금 만드는 도구를 사용하여 두 점을 선택하면 호가 만들어 진다는 의미로 생각하면 됩니다. 선분의 양 끝점을 선택하면 선분의 길이를 표현할 수 있다는 의미입니다. 이름과 아이콘을 선택하고 '선분길이표시'라고 입력한 후 종료를 누릅니다. 확인을 선택합니다. 그러면 새 도구가 만들어진 것을 볼 수 있습니다. 이제 임시적으로 만든 호를 삭제합니다.

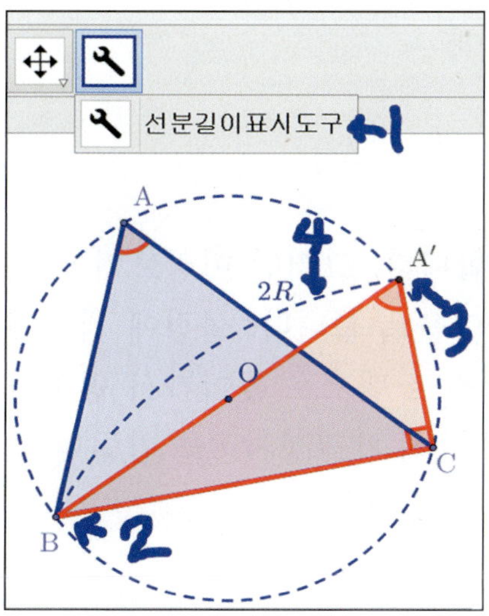

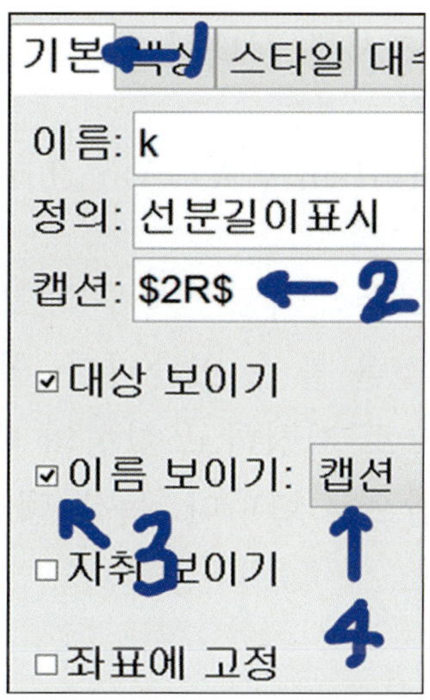

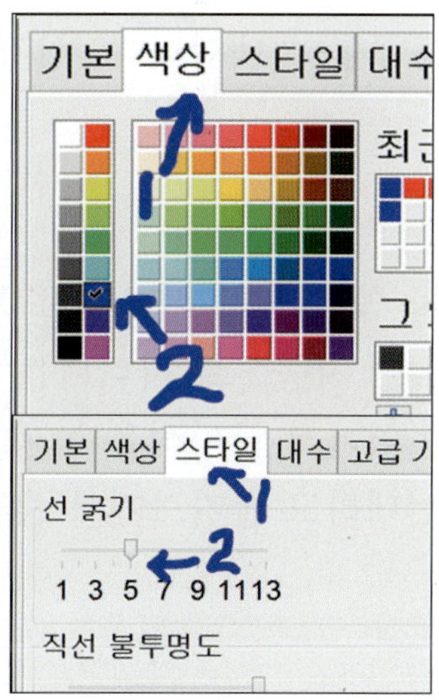

이제 여러 단계를 걸쳐서 만든 '선분길이표시' 도구를 사용해 보겠습니다. 점 B, 점 A′를 차례로 선택합니다. 길이를 표시할 호가 보입니다. 호의 설정사항의 기본에서 캡션에 $2R$ 입력합니다. 이름 보이기를 체크하고 캡션을 선택합니다. 색상을 선택 후 파란색을 선택합니다. 스타일을 선택 후 선 굵기를 9로 조절합니다. 그리고 호에 대한 체크상자 6을 만듭니다.

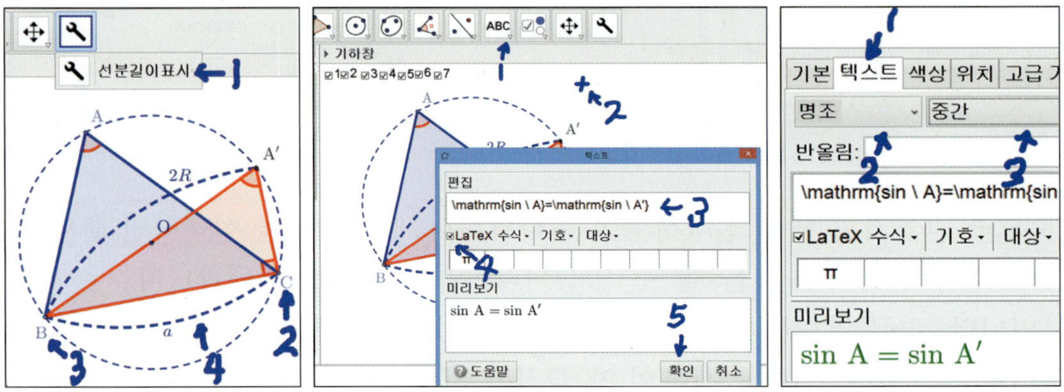

새로 만든 '선분길이 표시' 도구를 선택합니다. 점 C, 점 B를 차례로 선택합니다. 길이를 표시할 호가 보입니다. 캡션에 a라 하고 선 굵기를 9로 하고 색상을 파란색으로 합니다. 그리고 호에 대한 체크상자 7을 만듭니다. '텍스트' 도구를 선택합니다. 십자표시를 선택한 후, 편집에

\mathrm{sin \ A}=\mathrm{sin \ A'}

를 씁니다. 그리고 LaTeX 수식 체크상자를 체크합니다. 그러면 미리보기에 수식이 자동으로 나타나는 것을 볼 수 있습니다. 확인을 누릅니다. 설정에 색상에 들어가서 글자색을 녹색으로 지정하고 설정의 텍스트 탭으로 들어가서 명조를 선택하고 글자크기를 중간으로 합니다. 녹색 텍스트의 체크상자 8을 만듭니다.

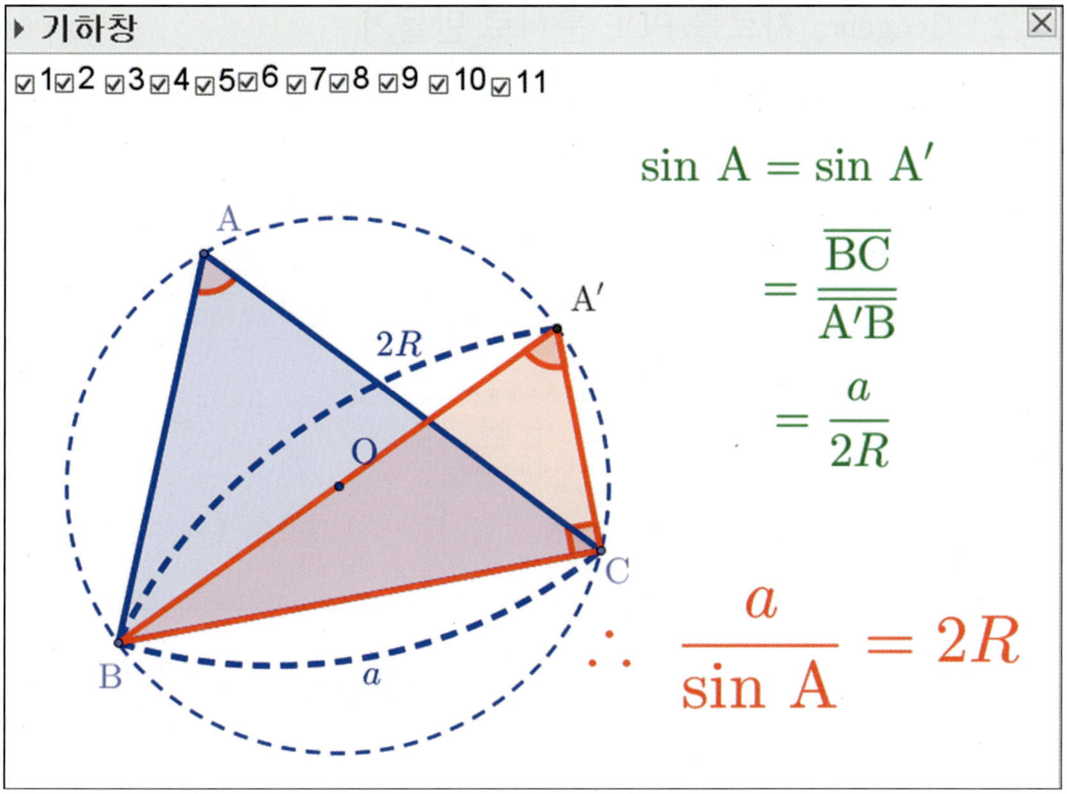


```
=\frac{\overline{\mathrm{BC}}}\overline{\mathrm{BA'}}
=\frac{a}{2R}
=\therefore \ \frac{a}{\mathrm{sin \ A}}=2R
```

같은 방식으로 그림과 같이 ‘텍스트’ 도구를 사용하여 글자를 입력합니다. 각각에 대한 세부 설정은 아래와 같습니다. 또한 각각의 글자에 대하여 체크상자 9, 10, 11을 만듭니다. 마지막은 빨간색으로, 글자크기는 ‘크게’로 합니다.

체크상자를 모두 체크 해제한 후에 하나씩 클릭해 보면 하나씩 논리적인 순서로 예각의 경우의 사인법칙이 완성되는 것을 볼 수 있습니다. 마지막으로 자료를 저장합니다. 지금까지 실제 수업 자료를 작성했던 것을 바탕으로 예각인 경우의 사인법칙을 완성하였습니다.

2.1.2 Geogebra 자료를 PDF 문서로 만들기

Geogebra에는 내보내기 기능이 있습니다. 앞으로 쓸 기능은 기하창을 클립보드로 복사라는 기능입니다. 간단히 이 기능을 설명하면 한글에 그림을 붙여넣는 기능입니다.

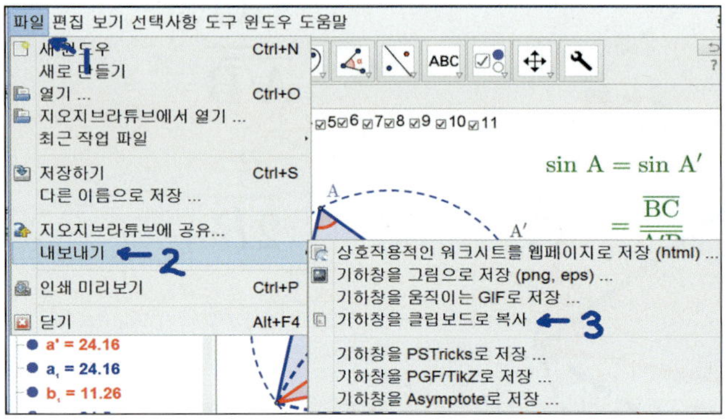

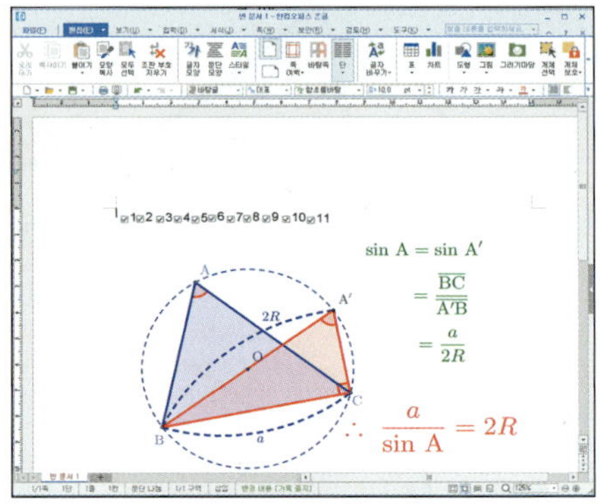

파일을 선택하고 내보내기를 선택하고 기하창을 클립보드로 복사를 선택합니다. 또는 [Ctrl]+[Shift]+[C]의 단축기를 사용해도 됩니다. 한글 2010을 기준으로 설명하겠습니다. 한글을 실행시킨 후 [Ctrl]+[V]를 누르면 한글에 Geogebra 기하창에 보이는 내용이 한글에 그대로 복사되는 것을 볼 수 있습니다.

그 이외의 내보내기 기능들이 있습니다. 그 외의 기능들도 익히면 좋은 수학자료를 만들 수 있습니다. 세부적인 설명은 일단 생략하겠습니다. 한글을 이용하여 pdf화일 자료를 만들어 보겠습니다.

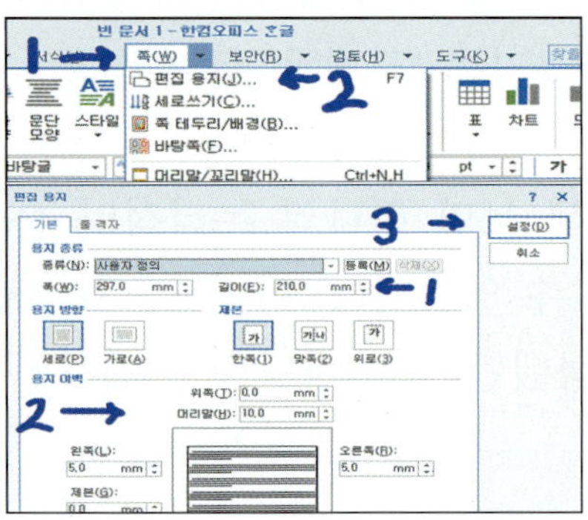

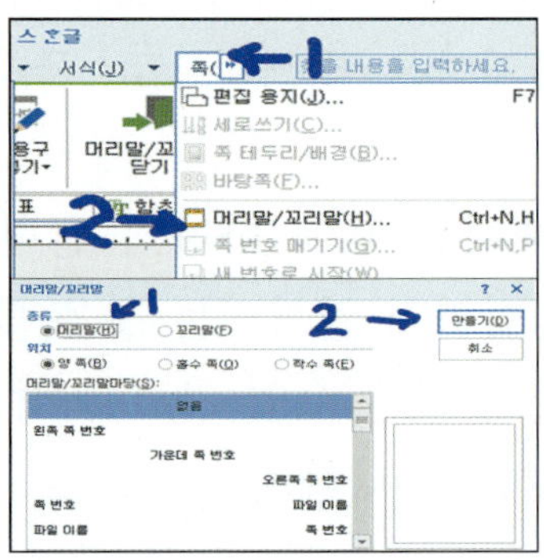

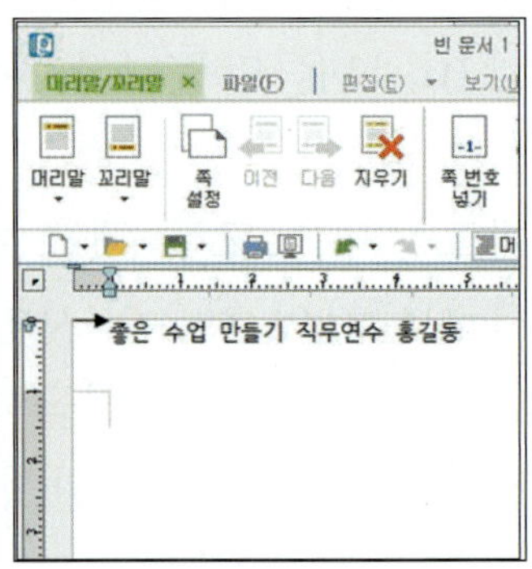

한글을 실행시킵니다. 쪽을 선택하고 편집 용지를 선택합니다. 폭을 297 길이를 210으로 하고 머리말 꼬리말 여백을 10으로 좌우 여백을 5로 하고 위쪽 아래쪽 여백은 0으로 합니다. 쪽 머리말/꼬리말을 선택하고 머리말을 클릭 후 만들기를 선택하고 머리말에 [프리젠테이션(홍길동)] 으로 작성합니다. 그리고 본문은 가운데 정렬해 놓습니다.

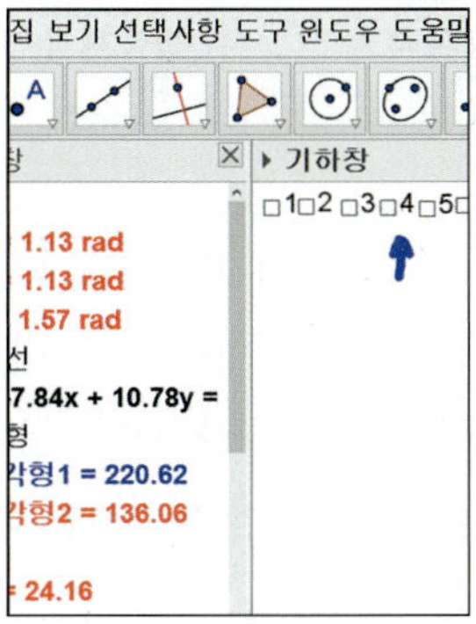

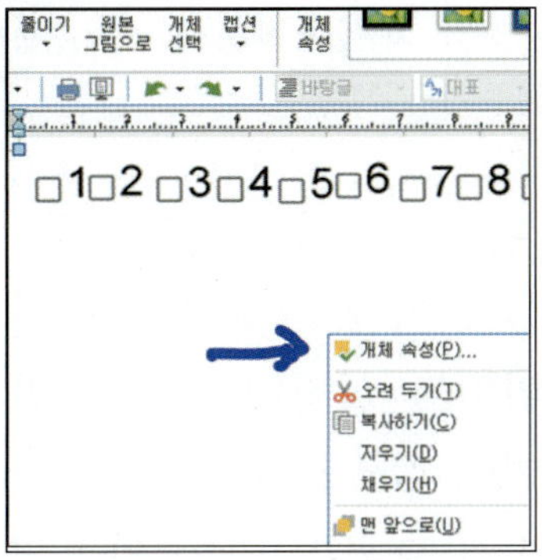

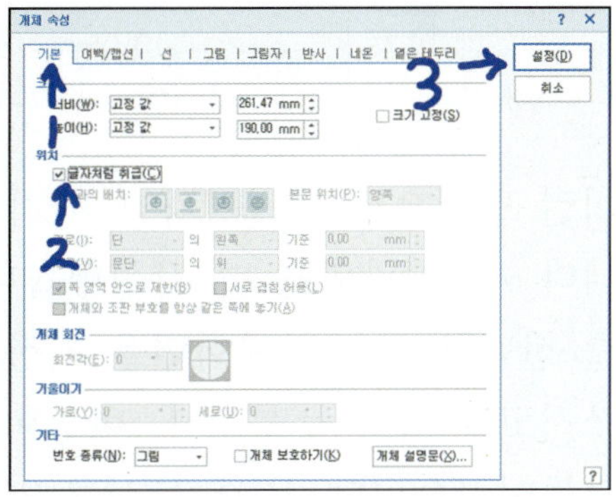

Geogebra에서 체크상자를 모두 체크해제하고 [Ctrl]+[Shift]+[C]키의 단축키를 누릅니다. 조금 전에 만든 한글문서로 가서 [Ctrl]+[V]키를 누릅니다. 그럼 그림이 붙여넣기 될 것입니다. 그림에서 오른쪽 마우스를 누르고 개체속성 선택, 기본에서 글자처럼 취급을 체크, 설정을 선택합니다.

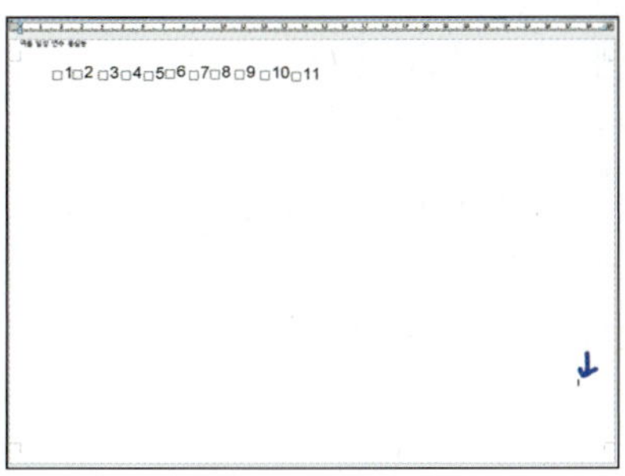
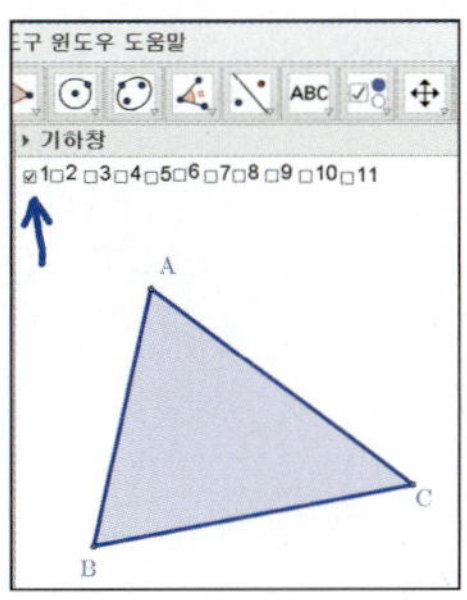

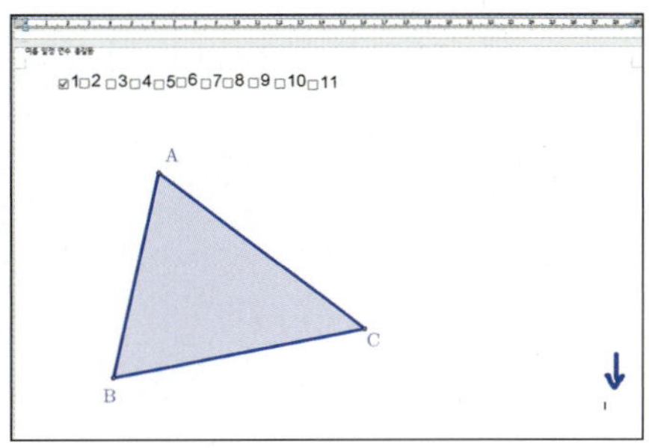

글자화된 그림 끝 위치에 커서를 놓고 [Ctrl]+[Enter]키를 눌러서 다음페이지로 가게 합니다. 다시 Geogebra로 가서 체크상자 1만 체크하고 [Ctrl]+[Shift]+[C]키의 단축키를 누릅니다. 조금 전에 만든 한글문서로 가서 [Ctrl]+[V]키를 누릅니다. 그림을 글자처럼 취급으로 만듭니다. 그리고 글자화된 그림 끝 위치에 커서를 놓고 [Ctrl]+[Enter]키를 눌러서 다음페이지로 가게 합니다.

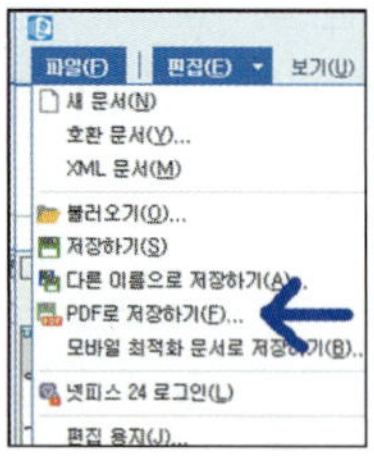
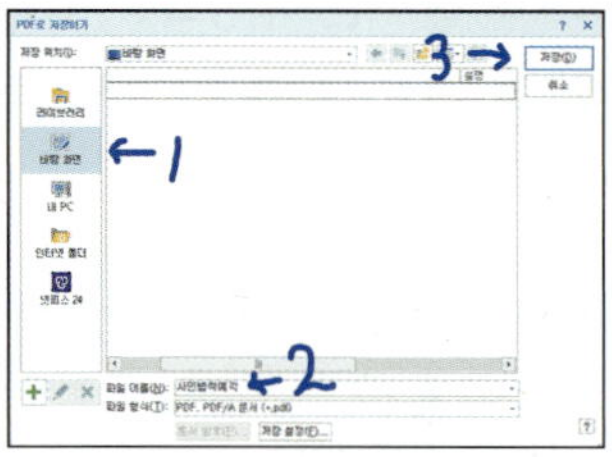

이런 방법으로 체크상자 11까지 완료합니다. '사인법칙 예각' 이라고 저장합니다. 한글 파일을 다 작성했습니다. 이제 파일을 선택하고 PDF로 저장하기를 선택합니다. 바탕화면을 저장위치로 설정하고 '사인법칙 예각'이란 이름을 쓰시고 저장을 누릅니다. 바탕화면에 Geogebra 문서, 한글문서, PDF 문서가 만들어졌습니다. PDF 문서를 열어서 오른쪽 키와 왼쪽 키를 누르면 마치 Geogebra를 사용하여 체크상자를 하나씩 체크하듯이 보여지게 됩니다.

이렇게 Geogebra 자료를 PDF 문서로 만든 이유를 말씀드리겠습니다. 첫째, 수업할 때 조작실수를 하지 않습니다. 둘째, 보통 학급 컴퓨터에 Adobe Reader가 설치되어 있으므로, Geogebra 없이도 수업에 사용할 수 있습니다. 셋째, Geogebra를 모르는 교사나 학생이 수업자료를 사용할 수 있습니다.

2.2 제한된 범위에서 이차함수의 최대최소

Geogebra는 수업자료를 제작할 때에만 사용하는 것은 아닙니다. 수업내용에 따라서 학생들이 직접 Geogebra를 다루면서 수업을 진행할 수 있습니다. 예를 들면 기하문제를 풀 때 동적으로 선을 평행이동 시킨다든지 중심을 고정시키고 원의 반지름을 늘려본다든지 한 정점을 지나는 직선에 대하여 생각해보는 것입니다. 이런 수업을 하면 기하와 그래프에 대해 어려움이 있는 학생들이 흥미를 가지고 쉽게 접근해 볼 수 있는 기회가 될 것입니다. 이처럼 Geogebra를 학생들과 같이 사용하면서 할 수 있는 여러가지 주제에 대한 수업이 있을 수 있습니다. 그 중에서 2014년 1학기 강원과학고등학교 수업시간에 활용했던 주제 중 하나를 정해서 실제 수업에서 했던 것을 보여드리겠습니다.

다음은 주어진 폐구간에서 이차함수의 최대, 최소에 관하여 직접 Geogebra를 이용하여 만들어 보는 수업입니다. 기본환경을 설정하겠습니다. 전체적으로 컴퓨터 환경이 같을 수는 없습니다. 또한 같은 Geogebra 라도 사용자에 따라 환경을 개인적으로 바꾸어 놓는 경우가 많습니다. 많은 학생들과 실습할 경우, 적어도 Geogebra의 처음 실행 상태만이라도 같게 만들 필요가 있습니다.

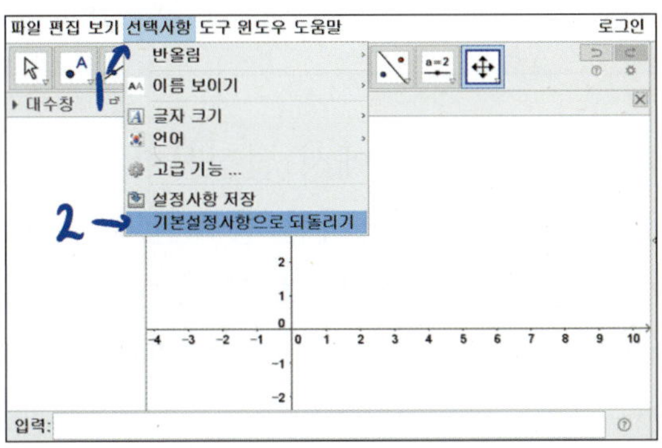

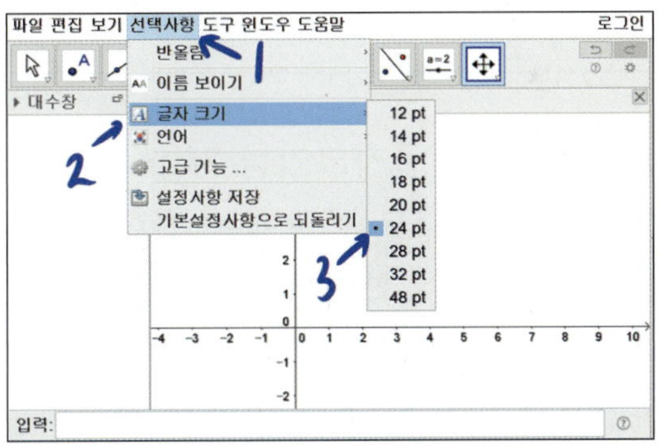

상단의 항목 중 선택사항을 선택하면 기본설정사항으로 되돌리기 메뉴가 있습니다. 이를 선택하면 Geogebra의 환경이 기본설정으로 바뀝니다. 사용자에 따라 다르겠지만 글자 크기가 매우 작게 느껴질 수 있습니다. 적당한 크기의 글자로 조절해 보겠습니다. 선택사항에서 글자 크기를 24 pt로 선택합니다. 화면의 글자 크기가 전체적으로 커진 것을 확인 할 수 있습니다.

직접적으로 이번 수업진행과 관계는 없지만 알아두면 편한 기능을 하나 소개하겠습니다. Geogebra창을 닫습니다. 다시 실행합니다. 화면의 글자크기가 12 pt로 원상복귀된 것을 보게 될 것입니다. 글자 크기만 변경해서 사용하는 것이라면 매번 글자크기만 24 pt로 바꾸면 되지만 여러 가지 환경설정을 하고 나서 사용하는 경우라면 매번 설정을 바꾸는 것에 불편함을 느끼게 될 것입니다. 처음 사용할 때야 귀찮다고 생각하지 않을 수도 있지만 많이 사용하다 보면 매번 실행할 때 마다 24 pt 또는 자신만의 환경으로 바꾸는 것이 귀찮다고 느낄 것입니다.

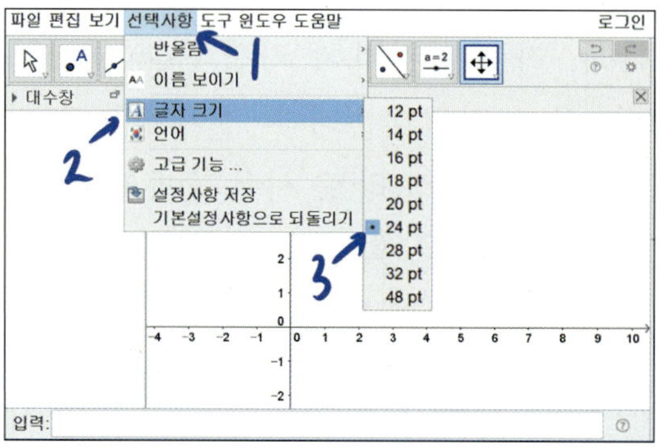

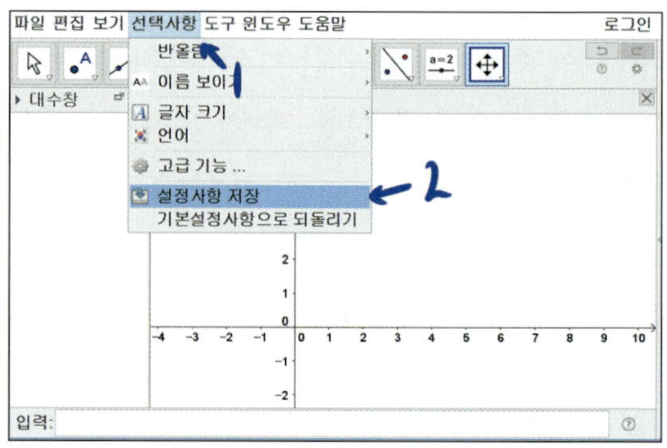

선택사항에서 글자크기를 24 pt로 설정합니다. 선택사항에서 설정사항 저장을 선택합니다. 겉모습 상에는 변한 것이 없어 보입니다. 하지만 종료한 후 다시 시작해 보면 첫 화면부터 24 pt로 바뀌어 있을 것입니다. 바로 이 메뉴가 현재 자신만의 설정사항을 기억하여, Geogebra를 종료한 후 다시 시작할 때의 초기 환경으로 만들어 주는 역할을 합니다.

많은 수업을 진행했다면 수업 진행속도를 자연스럽게 조절할 수 있지만, 그럼에도 불구하고 수업진행 속도를 조절하는 것은 어려움이 따르는 일입니다. 이럴 때 좋은 방법 하나를 제안합니다. 교사용 컴퓨터 조작은 Geogebra를 다루는 데에 서툰 학생을 통해서 하는 방법이 있습니다. 자연스럽게 수업 속도가 학생들이 Geogebra를 다루는 속도에 맞추어 질 수 있습니다. 또한 부수적으로 학생들의 실습 과정을 둘러보고 학생들이 어려움을 느끼는 부분을 파악할 수 있습니다. 자 이제 본격적으로 진행해 보도록 하겠습니다.

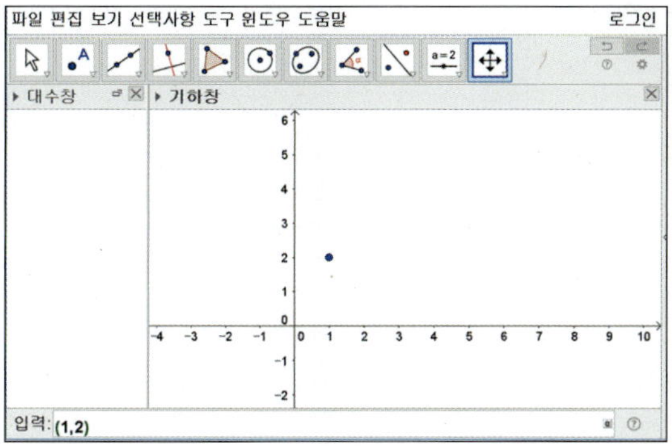

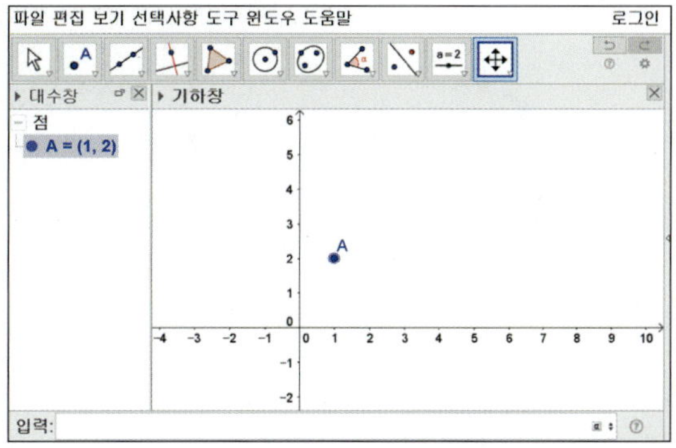

이차함수의 꼭짓점에 해당하는 점을 찍어봅시다. '이동' 도구를 선택하고 입력창을 선택한 후 $(1, 2)$를 입력하고 [Enter]를 누릅니다. 대수창에 점 $A = (1, 2)$가 생기고 기하창에 점 A가 생깁니다.

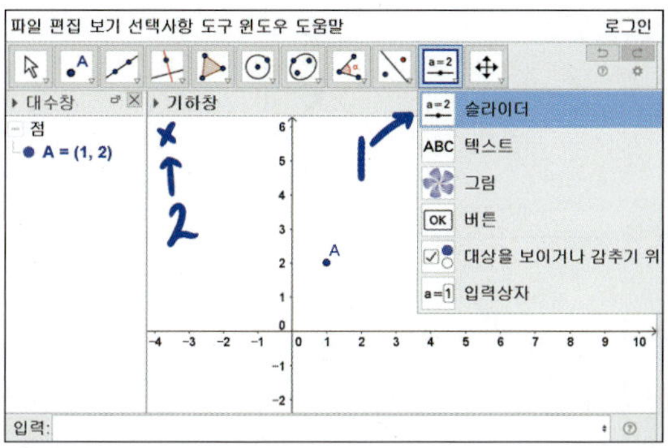

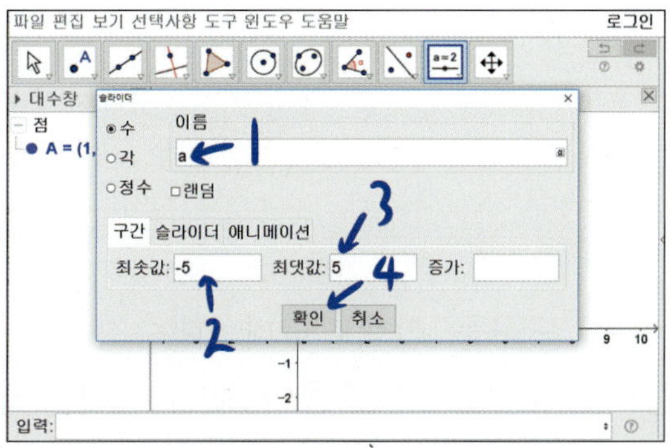

'슬라이더' 도구를 선택하고 기하창 글씨 바로 아래에 'x'표시한 부분을 선택합니다. 슬라이더 창이 뜨면 이름에 a를 입력합니다. 최솟값 -5와 최댓값 5로 입력되어 있을 것입니다. 그렇지 않다면 최솟값과 최댓값을 입력하고 확인을 선택합니다.

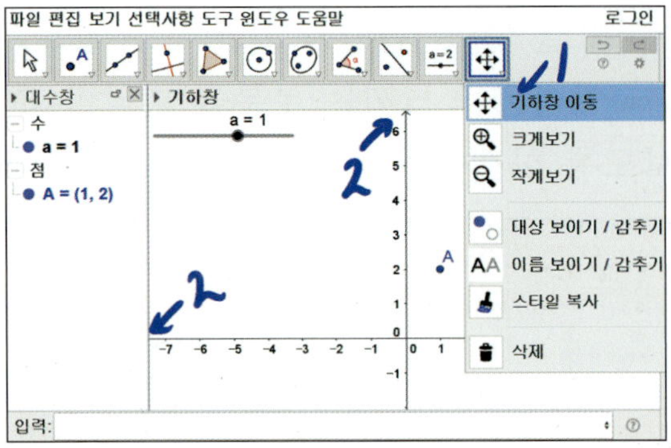

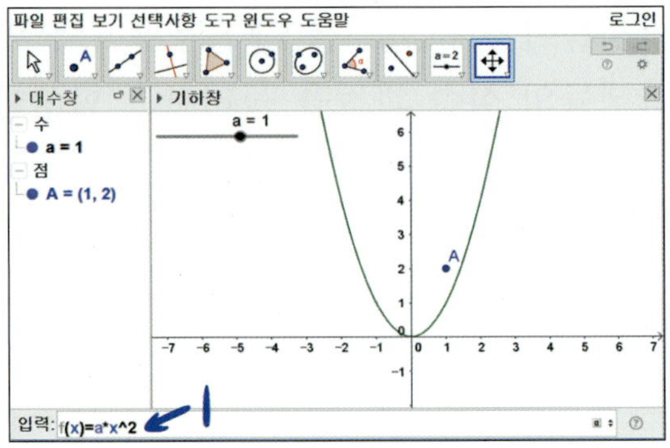

'기하창 이동' 도구를 이용하여 좌표축을 이동시킨 후 입력창에 f(x) = a ∗ x^2을 입력하고 [Enter]를 누릅니다. 대수창에 $f(x) = 1x^2$가 나타나고 기하창에 그래프가 나타납니다.

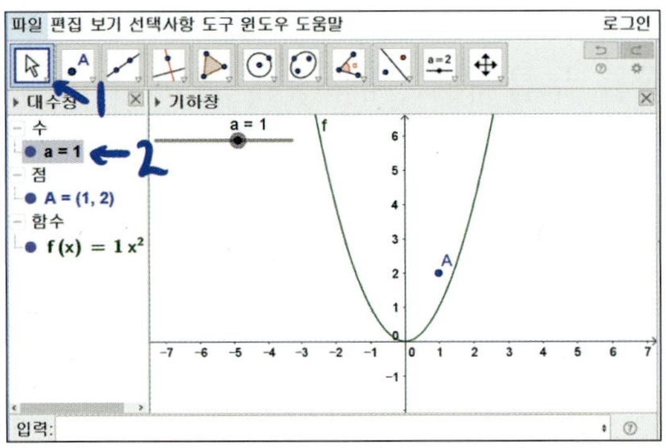

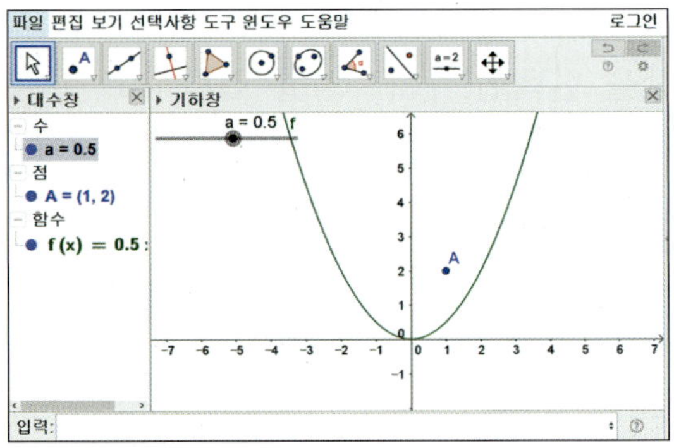

'이동' 도구를 선택합니다. 대수창의 a = 1을 선택하고 키보드 좌우 방향키를 눌러서 a = 0.5로 만들어 보면 기하창의 이차함수가 달라지는 것을 볼 수 있습니다. 다시 a = 1로 만들어 원위치시켜 놓습니다. 이와 같이 슬라이더 기능은 Geogebra에서 동적기하를 표현할 수 있는 좋은 도구이며 많이 사용되는 기능입니다.

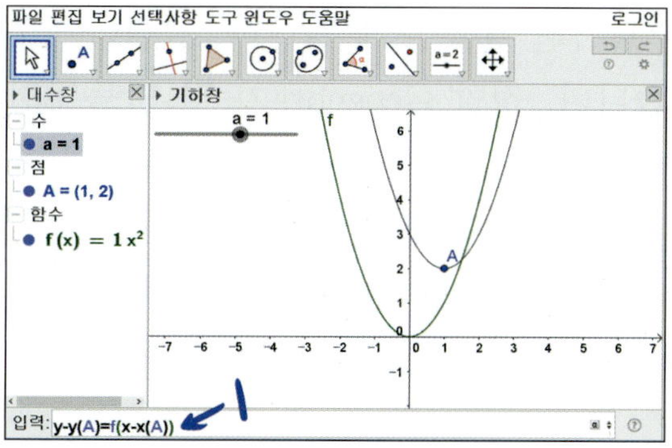

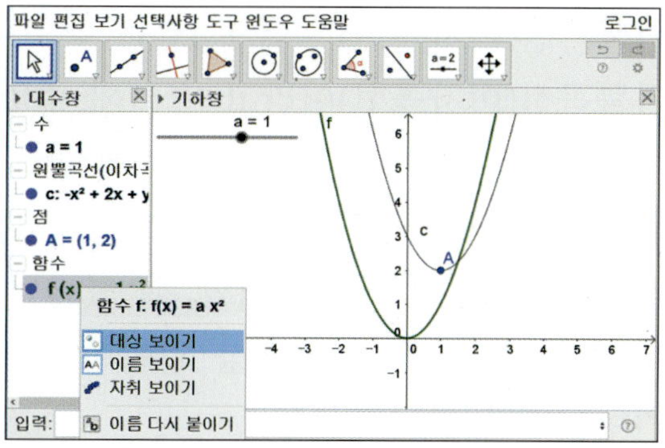

입력창에 $y-y(A) = f(x-x(A))$를 입력하고 [Enter]를 누릅니다. 이 수식에서 x(A)는 점 A의 x좌표를 의미하고 , y(A)는 점 A의 y좌표를 의미합니다. 따라서 입력한 식은 $y = f(x)$를 x축 방향으로 점 A의 x좌표만큼, y축 방향으로 점 A의 y좌표만큼 평행 이동한 이차함수의 식을 의미합니다. 대수창에 $f(x) = 1x^2$을 선택하고 마우스 오른쪽 버튼을 누릅니다. 대상 보이기를 선택하면 $f(x) = 1x^2$의 기하창의 그림이 숨겨짐을 볼 수 있습니다. 같은 방식으로 대상 보이기를 다시 선택하면 숨겨졌던 그림이 다시 나타나게 됩니다. $f(x) = 1x^2$을 기하창에서 보이지 않게 합니다.

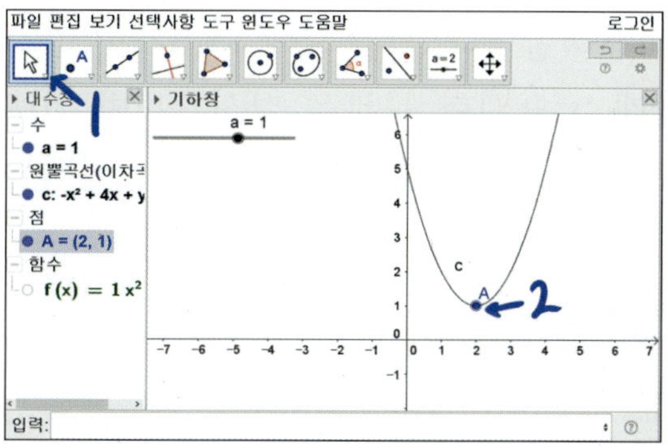

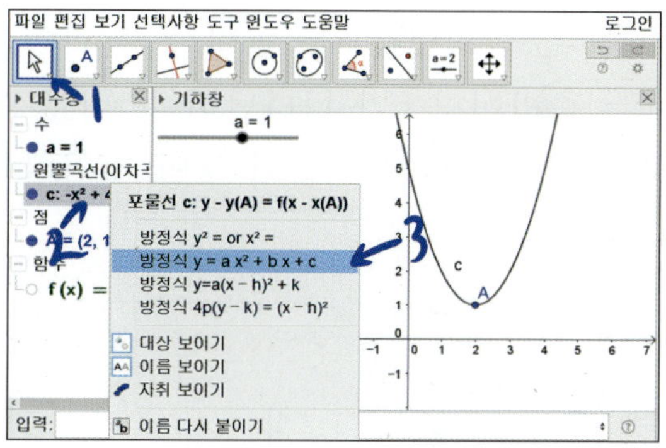

'이동' 도구를 선택한 후 기하창에 점 A에서 마우스 오른쪽 버튼을 누른 상태에서 드래그를 해서 $(2, 1)$로 옮겨 봅니다. 동시에 대수창에 A $= (2, 1)$로 변경된 것을 보게 됩니다. 그리고 꼭짓점이 점 A인 포물선이 동시에 그려진 것이 보입니다. 이것 또한 Geogebra를 활용한 동적기하의 하나인 것입니다. 대수창에 원뿔곡선(이차곡선) $-x^2 + 4x + y = 5$로 표시된 것을 보게 됩니다. 친절하게도 원뿔곡선(이차곡선)이라고 명시해 주었습니다. 정말 Geogebra가 잘 만들어진 수학 소프트웨어이구나! 감탄하게 만듭니다. '이동' 도구를 선택하고 대수창에 원뿔곡선(이차곡선) $-x^2 + 4x + y = 5$를 선택 후 마우스 오른쪽 버튼을 클릭하면 방정식 모양을 선택할 수 있습니다. $y = ax^2 + bx + c$ 꼴을 선택합니다. 이처럼 이차함수의 형태를 일반형과 표준형 또는 포물선의 방정식의 형태로 변형이 가능합니다.

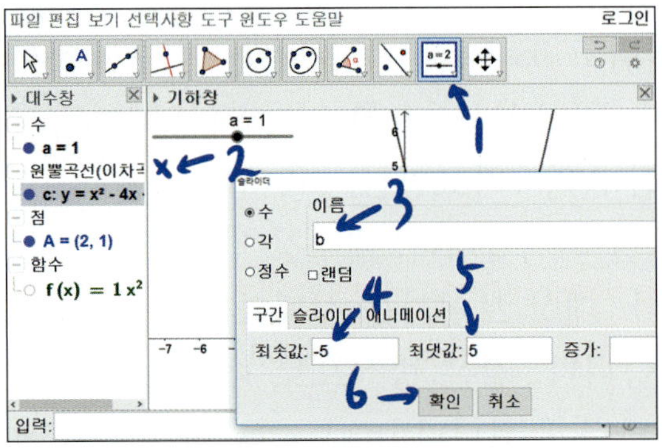

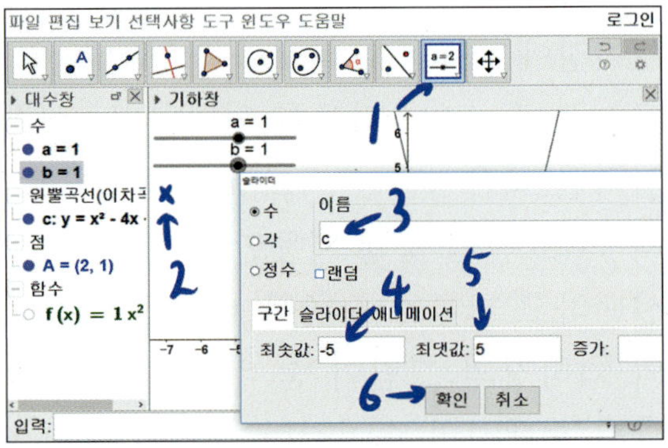

'슬라이더' 도구를 선택 후 'x'표시한 부분을 선택하고 이름에 b를 입력하고 최솟값 -5와 최댓값 5를 입력한 후 확인을 선택합니다. 대수창에 수 b가 기하창에는 슬라이더 b가 나타납니다. 바로 아래 'x'표시한 부분을 다시 한 번 선택하면 이번엔 다른 이름이 보일 것입니다. 이름을 c로 변경하고 확인을 선택합니다.

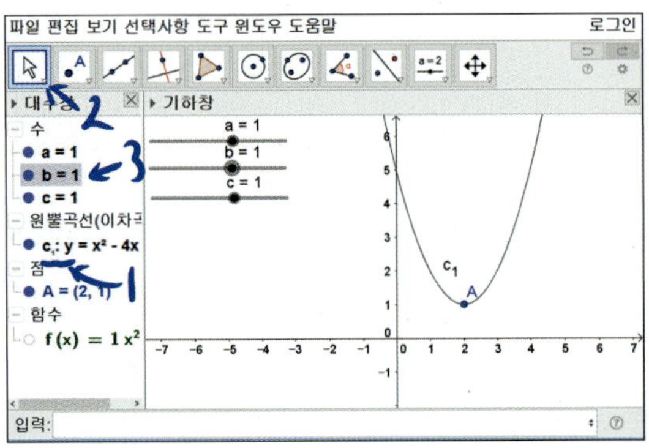

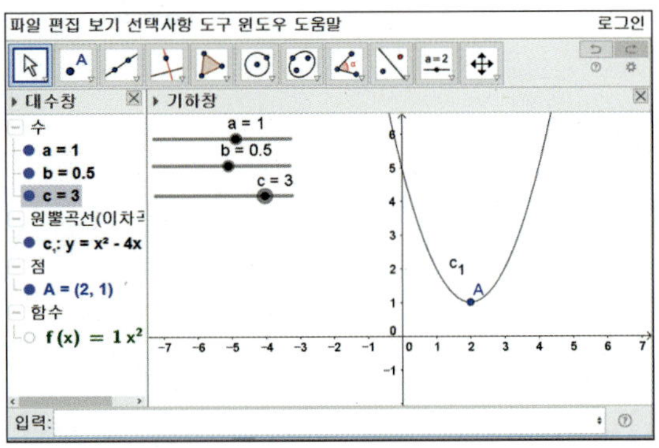

기존 $c : y = x^2 - 4x + 5$가 $c_1 : y = x^2 - 4x + 5$으로 강제로 변한 걸 볼 수 있습니다. 자동으로 바뀌어서 혼란스러울 수 있지만 참 좋은 기능 중의 하나로 느껴집니다. '이동' 도구를 선택한 후 대수창의 수에 $b = 1$를 선택하고 키보드의 좌우 방향키를 누르면 값이 변할 것입니다. 그럼 $b = 0.5$와 $c = 3$으로 변경해 놓습니다.

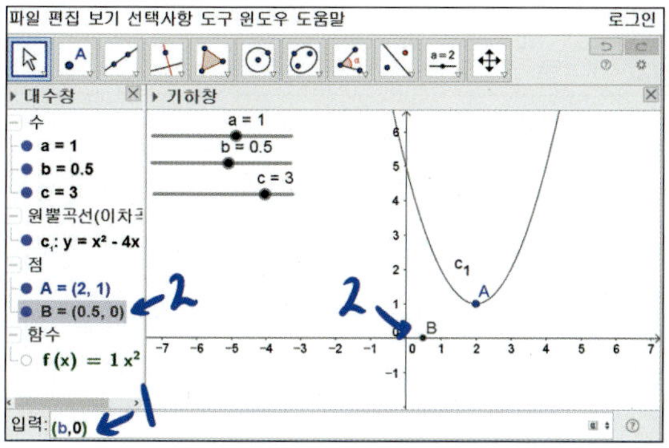

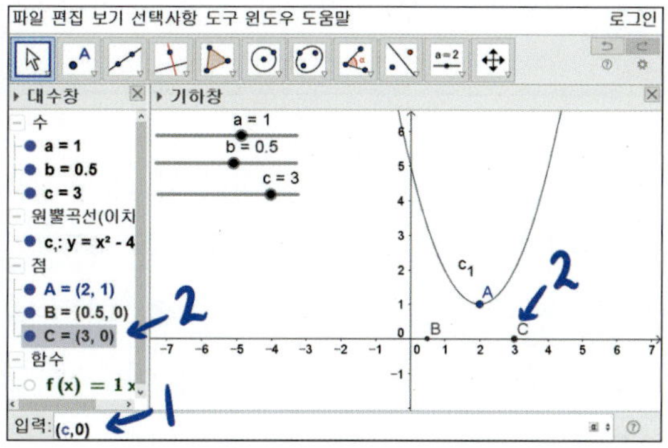

'이동' 도구가 선택된 상태에서 입력창에 (b, 0)을 입력하고 [Enter]를 누릅니다. 마찬가지로 (c, 0)을 입력하고 [Enter]를 누릅니다.

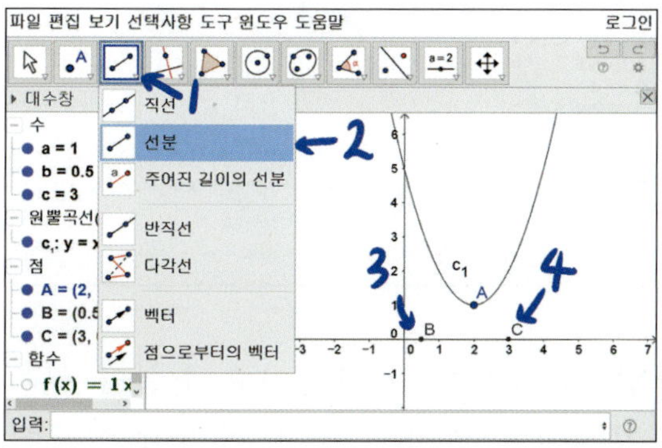

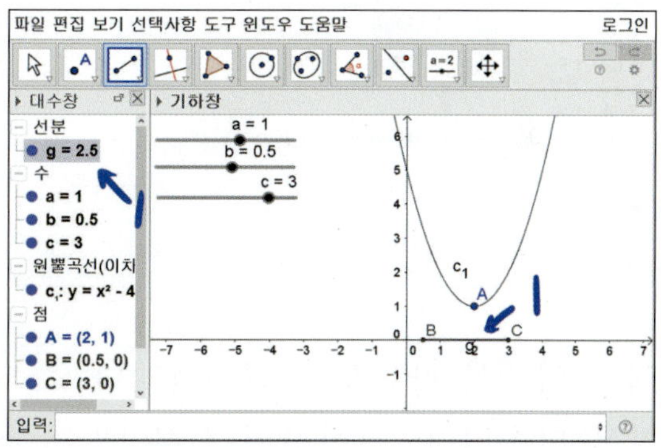

'선분' 도구를 선택하고 점 B를 선택하고 점 C를 선택합니다. 그러면 대수창에 선분 $g = 2.5$가 만들어지고 기하창에 선분이 만들어질 것입니다.

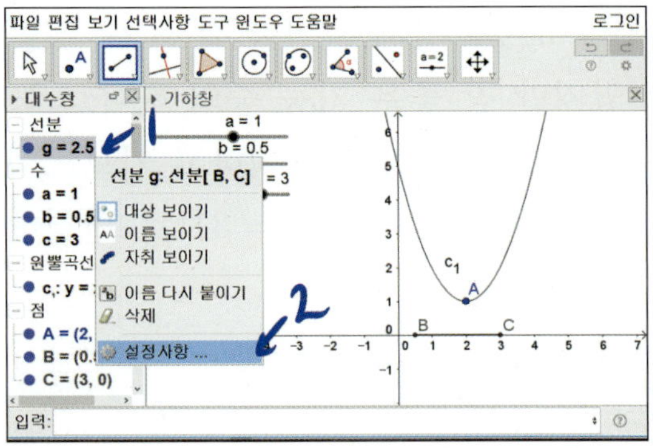

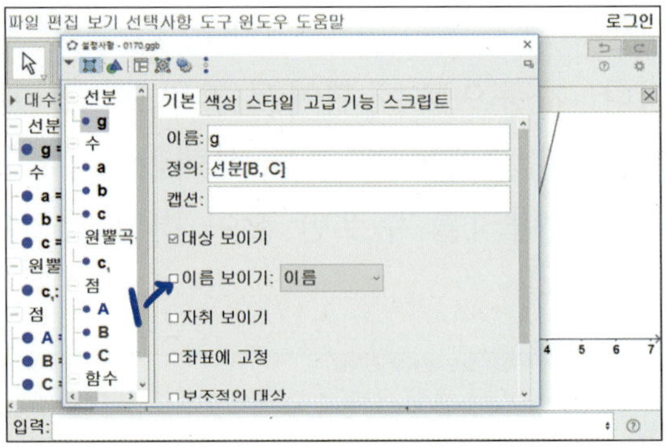

'이동' 도구가 선택된 상태에서 대수창에 g = 2.5를 선택하고 마우스 오른쪽 버튼을 클릭하고 메뉴가 나타나면 설정사항을 선택합니다. 또는 기하창의 선분 BC를 선택하고 마우스 오른쪽 버튼을 클릭하면 또한 설정사항을 선택할 수 있습니다. 그러면 설정사항 창이 나타납니다. 설정사항 창의 기본 탭에서 이름 보이기의 체크상자를 해제합니다.

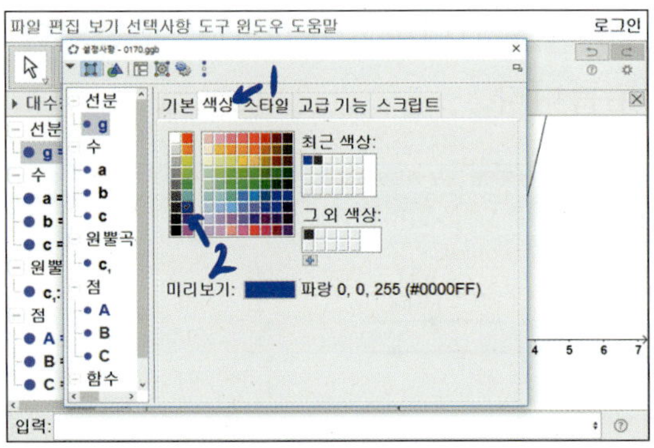

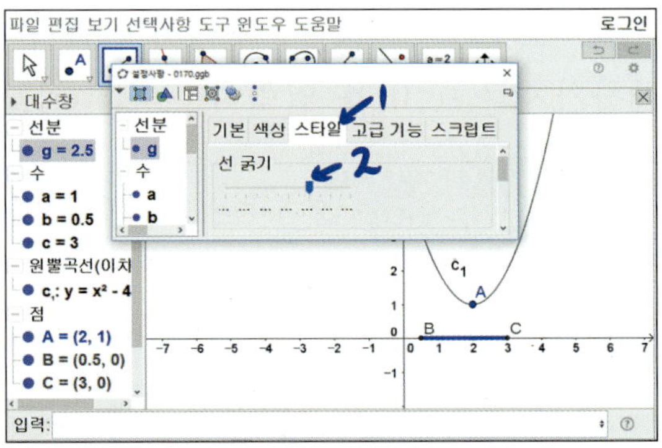

색상 탭에서 파란색을 선택합니다. 스타일 탭에서 선 굵기를 9로 조절합니다. 창을 닫습니다. 기하창의 선분 BC가 굵기 9이고 파란색 선을 가지며 이름이 나타나지 않게 되어 있을 것입니다. 정의역 $[b, c]$가 기하창에 표시된 것을 볼 수 있습니다.

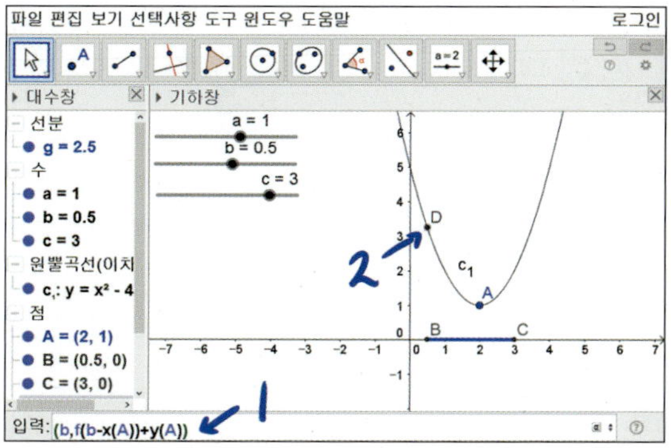

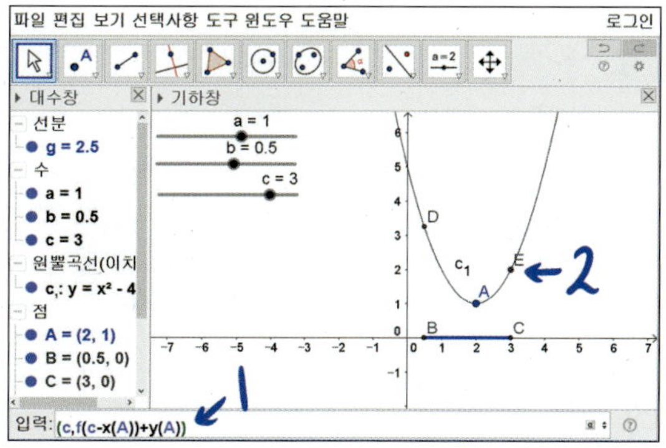

'이동' 도구가 선택된 상태에서 입력창에 (b, f(b − x(A)) + y(A))를 입력하고 [Enter]를 누릅니다. 점 D가 만들어집니다. 입력창에 (c, f(c − x(A)) + y(A))를 입력하고 [Enter]를 누릅니다. 점 E가 만들어집니다.

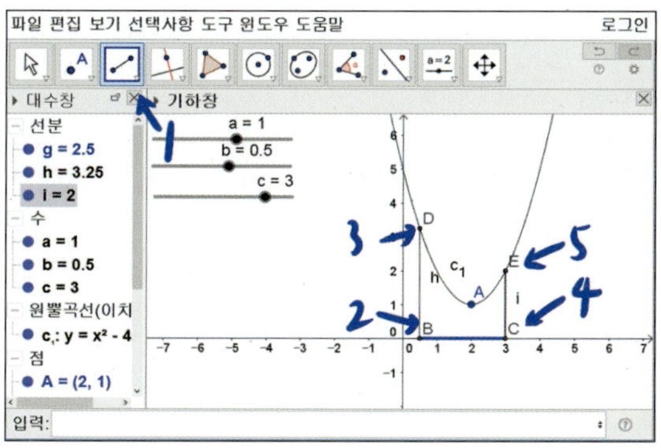

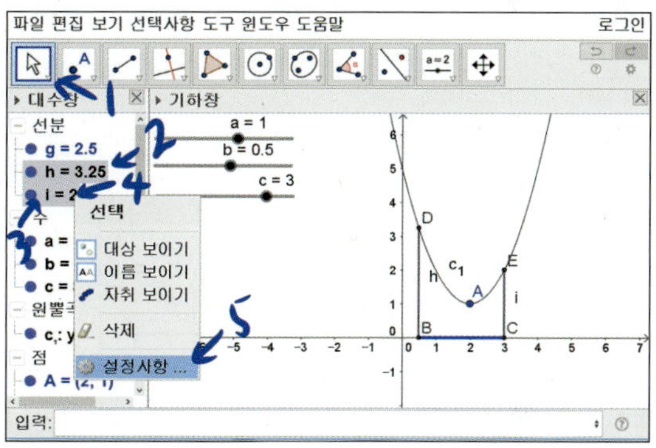

'선분' 도구를 선택하고 점 D와 점 B를 선택하면 선분 DB가 만들어집니다. 점 E와 점 C를 선택하면 선분 EC가 만들어집니다. '이동' 도구를 선택하고 대수창에서 [Ctrl]를 누른 상태에서 선분 h와 선분 i를 차례로 선택하고 마우스 오른쪽 버튼을 클릭합니다. 설정사항을 선택합니다.

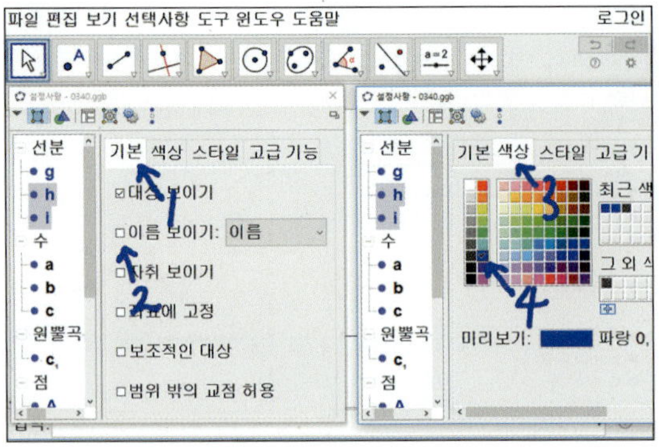

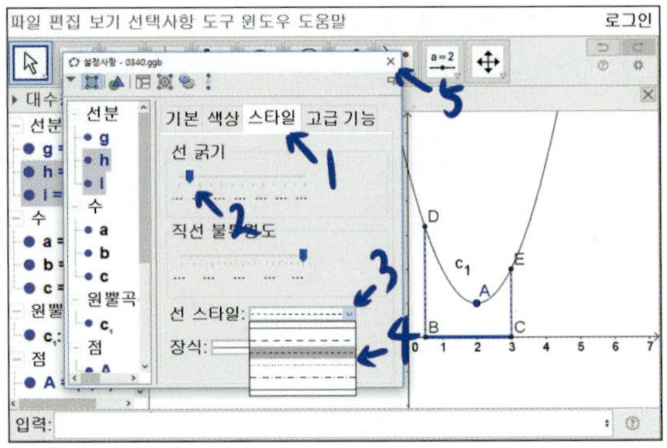

기본 탭에 이름 보이기 체크상자를 해제합니다. 색상 탭에 파란색을 선택하고 선 굵기를 2로 선 스타일의 리스트 박스를 선택하고 3번째 점선을 선택하고 설정사항 창을 닫습니다.

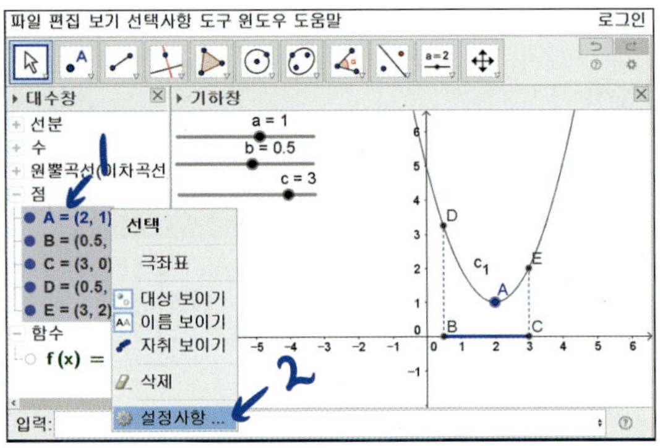

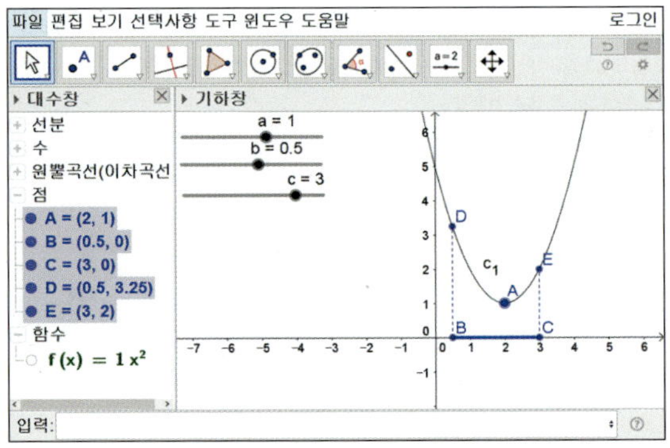

'이동' 도구를 선택하고 [Ctrl]을 누른 상태에서 대수창에서 점 A, 점 B, 점 C, 점 D, 그리고 점 E를 차례로 선택한 후 마우스 오른쪽 버튼을 클릭하고 메뉴에서 설정사항을 선택합니다. 색상 탭에서 파란색을 선택합니다. 스타일 탭에서 점 크기를 5로 설정하고 설정사항 창을 닫습니다. 5개의 점이 모두 파란색으로 크기가 5로 바뀐 것을 보게 될 것입니다.

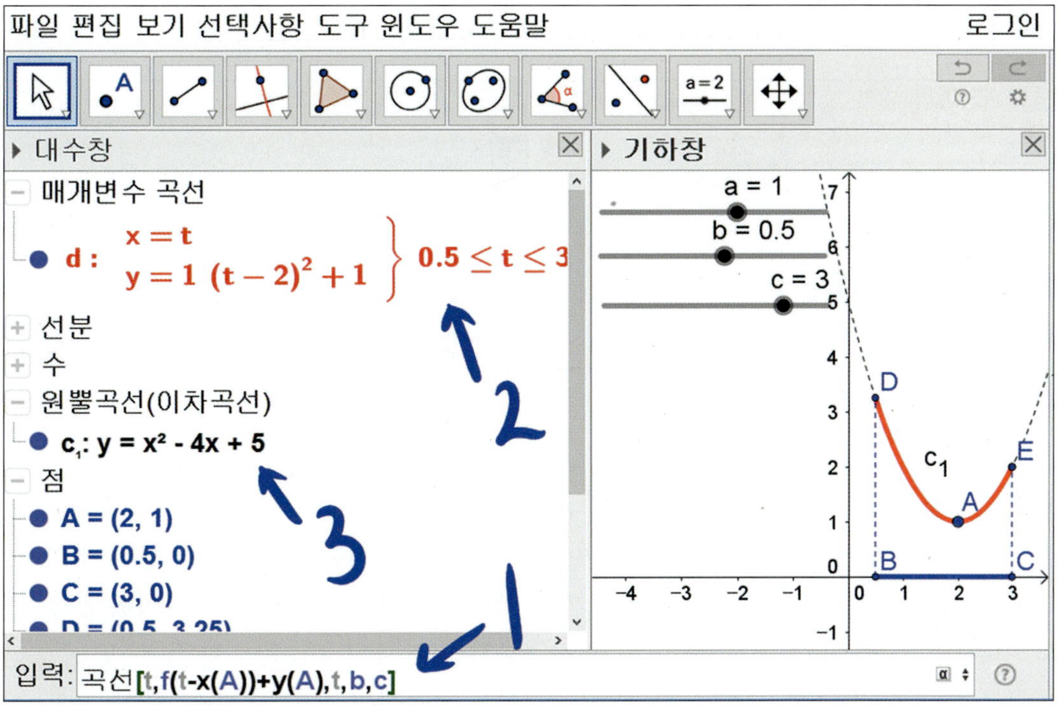

'이동' 도구를 선택합니다. 입력창에 곡선[t, f(t − x(A)) + y(A), t, b, c]를 입력합니다. 그러면 그래프는 x가 b보다 크거나 같고 c보다 작거나 같은 부분만 그려지게 됩니다. 곡선 d의 설정창에 들어가 기본 탭에서 이름보이기 체크 상자를 해제합니다. 색상 탭에서 빨간색을 선택합니다. 스타일 탭에서 선의 굵기를 9로 합니다. 처음 만든 포물선도 설정창에 들어가 기본 탭에서 이름보이기 체크 상자를 해제합니다. 색상 탭에서 검은색을 선택합니다. 스타일 탭에서 선 굵기는 2로 하고 선 스타일의 리스트 박스를 선택하고 3번째 점선을 선택합니다. 정의역 [b, c]에 대한 포물선의 일부가 빨간색 굵은 선으로 표시되고 나머지는 검은색 점선으로 만들어짐을 볼 수 있습니다. 곡선[t, f(t − x(A)) + y(A), t, b, c]의 뜻은 다음과 같습니다.

$$\begin{cases} \mathrm{x} = \mathrm{t} & (\mathrm{b} \leq \mathrm{t} \leq \mathrm{a}) \\ \mathrm{y} = \mathrm{f}(\mathrm{t} - \mathrm{x}(\mathrm{A})) + \mathrm{y}(\mathrm{A}) & \end{cases}$$

대수창에 매개변수 곡선의 정의가 쓰여 있음을 볼 수 있습니다.

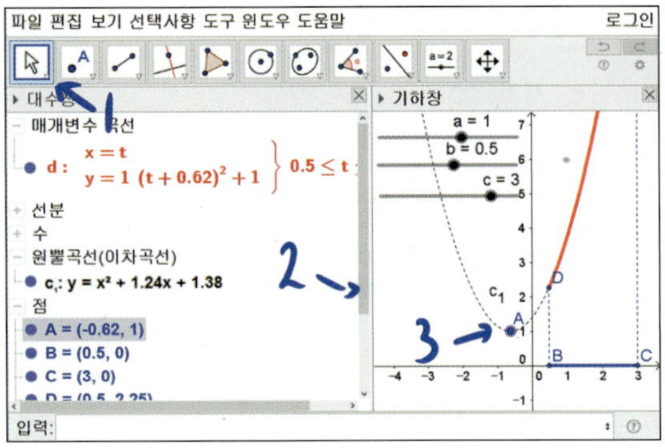

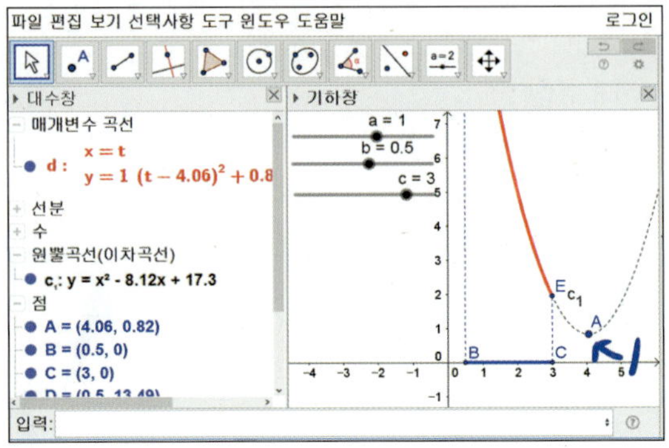

'이동' 도구를 선택하고 대수창의 스크롤바를 적당히 조절하여 점 A가 나타나게 하고 기하창에 점 A를 선택한 후 마우스 왼쪽 버튼을 클릭한 상태에서 움직여보면 주어진 함수에 따라 지금까지 설정된 내용이 동적으로 적용됨을 볼 수 있습니다. 주어진 정의역 $[b, c]$에서, 이차함수식이 변하는 모습을 동적으로 보여줌으로써 흥미와 이해도를 높일 수 있는 수업 내용을 구성한 것입니다. 점 A를 $(2, 1)$에 마지막으로 위치시켜줍니다.

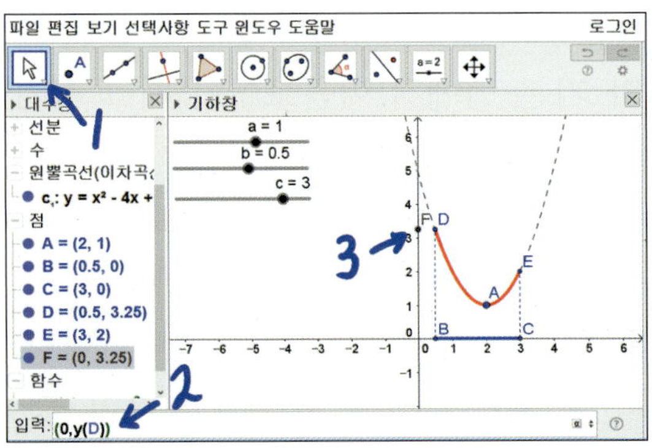

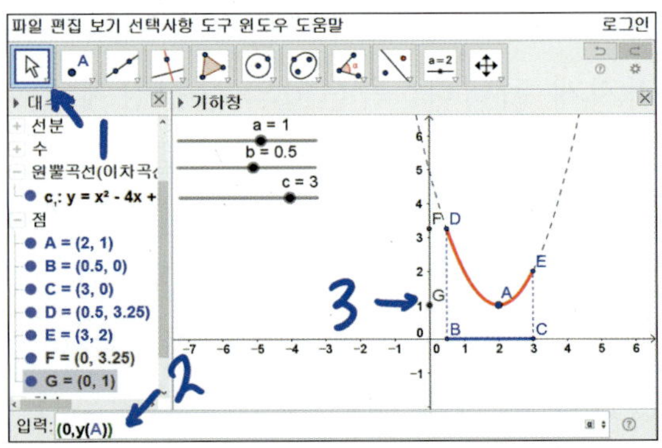

'이동' 도구를 선택한 상태에서 입력창에 $(0, y(D))$를 입력하고 [Enter]를 누릅니다. 기하창에 점 F가 나타난다. 마찬가지 방법으로 $(0, y(A))$를 입력하고 [Enter]를 누릅니다.

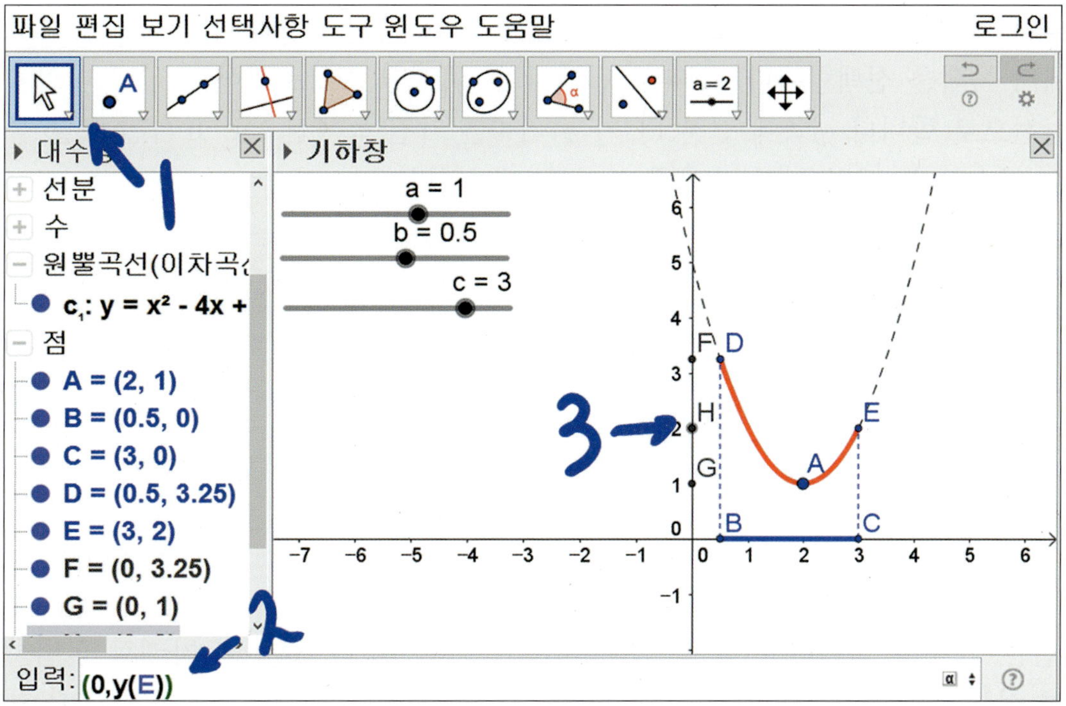

(0, y(E))를 차례로 입력하고 [Enter]를 누릅니다. y축에 차례로 점 F, 점 H, 점 G가 찍혔습니다.

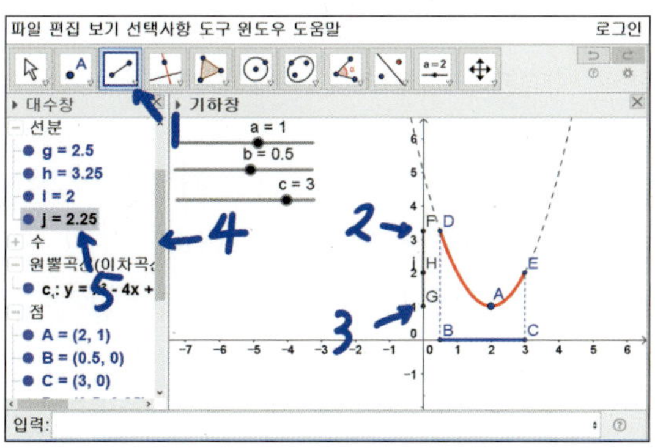

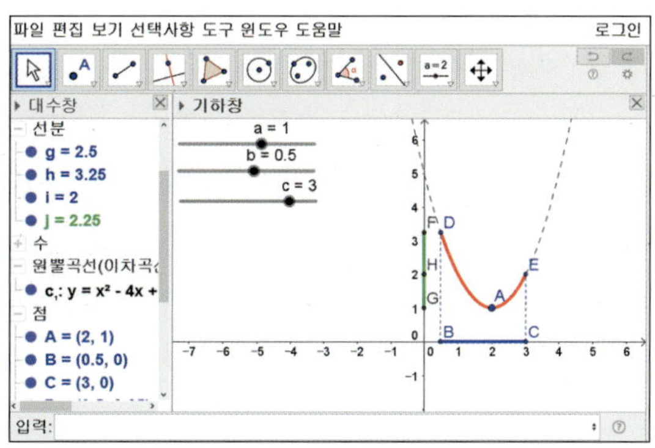

'선분' 도구를 선택하고 점 F를 선택하고 점 G를 선택하면 선분 FG가 기하창에 만들어집니다. 대수창의 스크롤바를 적당히 조절하여 선분 j = 2.25가 보이도록 만듭니다. j = 2.25를 선택하고 마우스 오른쪽 버튼을 클릭하고 설정사항을 선택합니다. 기본 탭에서 이름 보이기의 체크상자를 해제합니다. 색상 탭에서 녹색을 선택합니다. 스타일 탭에서 선 굵기를 9로 조절하고 선 스타일을 실선으로 합니다. y축에 선분 FG가 굵기 9를 가진 녹색선으로 표시된 것을 볼 수 있습니다. 치역을 잘 보이게 표시한 것입니다.

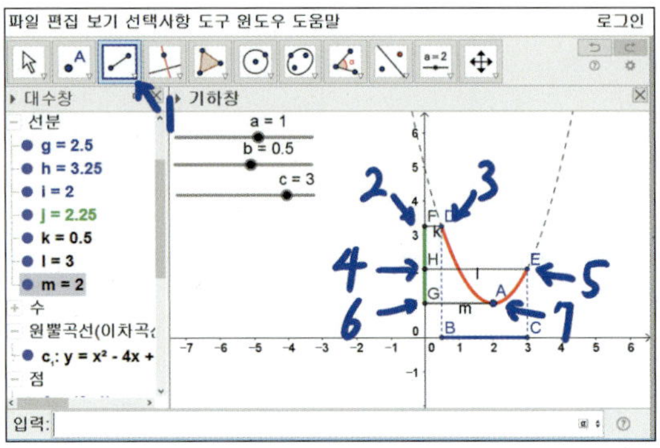

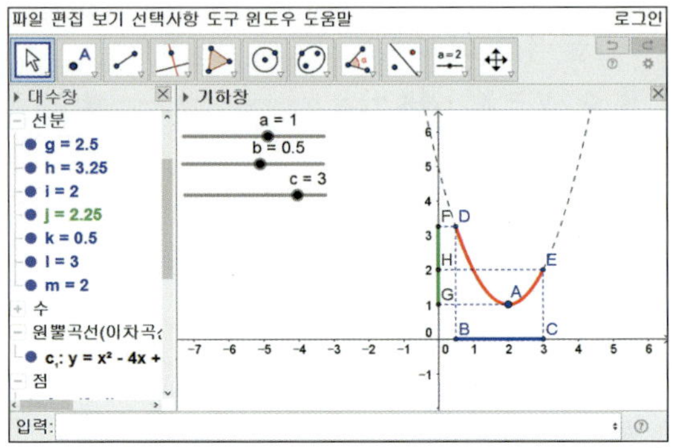

'선분' 도구를 선택하고 점 F, 점 D, 점 H, 점 E, 점 G, 점 A를 차례로 선택하면 선분 FD, 선분 HE, 선분 GA가 만들어 집니다. [Ctrl]을 누른 상태에서 세 선분을 동시에 선택하여 설정사항에 들어갑니다. 기본 탭에서 이름 보이기의 체크상자를 해제합니다. 색상 탭에서 파란색을 선택합니다. 스타일 탭에서 선 굵기를 2로 선 스타일의 리스트 박스를 선택하고 3번째 점선을 선택하고 설정사항 창을 닫습니다.

이제 겉보기에 주어진 이차함수에 제한된 범위에서의 최댓값과 최솟값을 확인할 수 있는 자료를 만들었습니다. 또한 만드는 과정에서 x(A), y(A) 처럼 점 A의 x좌표와 y좌표를 표현함으로써 정의역 x의 값에 따라 함숫값 y를 관찰하는 기회가 될 것입니다.

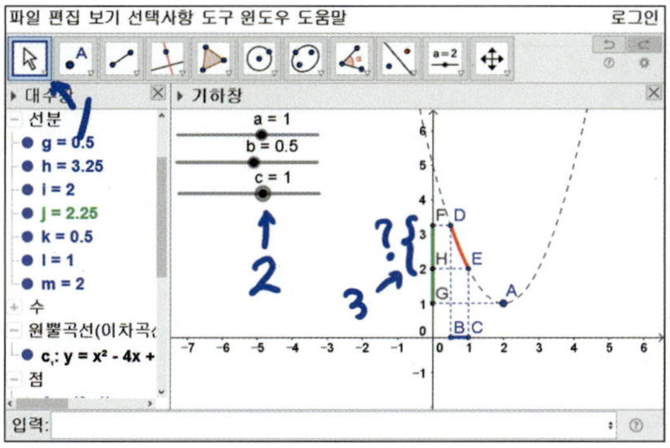

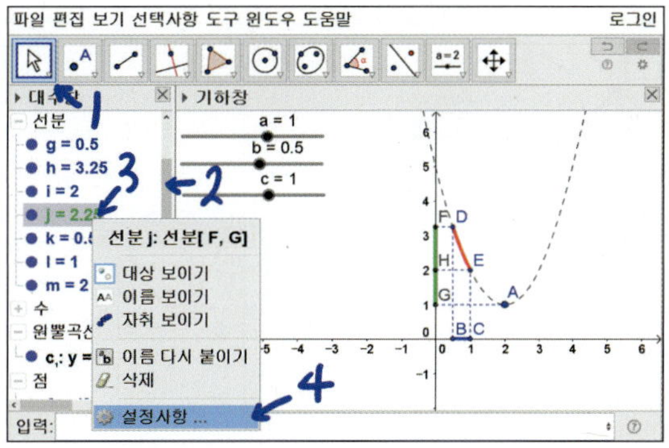

Geogebra의 동적기하 기능을 최대한 살려보도록 합시다. '이동' 도구를 선택한 상태에서 수 $c = 3$을 선택합니다. 방향키를 사용하여 $c = 1$로 바꿉니다. 치역을 나타내는 것은 선분 FH가 되어야 합니다. 이를 어떻게 해결할까요? 다행히도 Geogebra는 이런 경우의 해결 방법을 가지고 있습니다. 지금부터 하는 내용은 Geogebra의 고급기능에 해당합니다. 조금만 더 힘내면 이 기능을 자유자재로 쓸 수 있을 것입니다. '이동' 도구를 선택하고 대수창의 스크롤 바를 적당이 움직여서 선분 $j = 2.25$가 나오게 합니다. $j = 2.25$을 선택하고 마우스 오른쪽 버튼을 클릭하고 설정사항을 선택합니다.

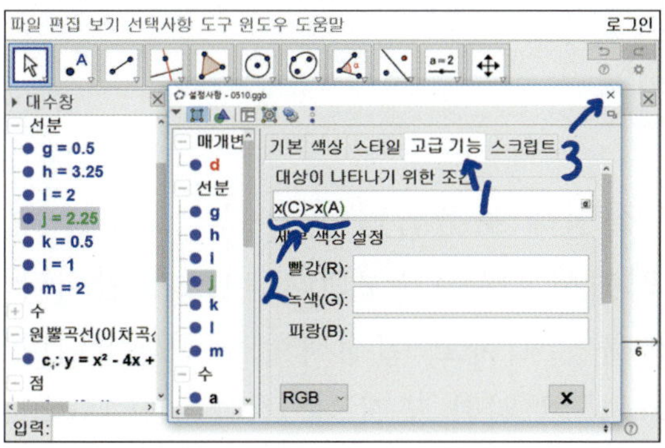

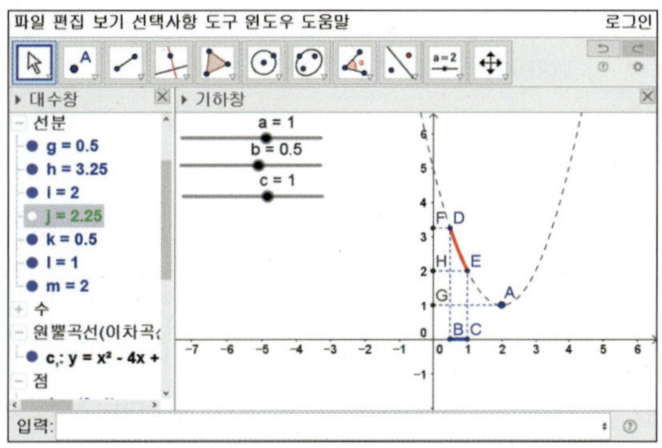

고급기능을 선택하고 '대상이 나타나기 위한 조건'에 $x(C) > x(A)$라고 입력하고 닫습니다. $x(C) > x(A)$가 참일 때 선분 FG 나타나도록 되어 있습니다. 선분 FG가 나타나지 않게 됩니다.

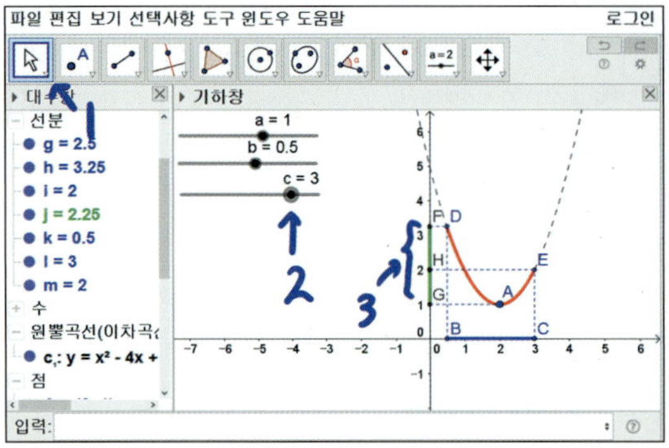

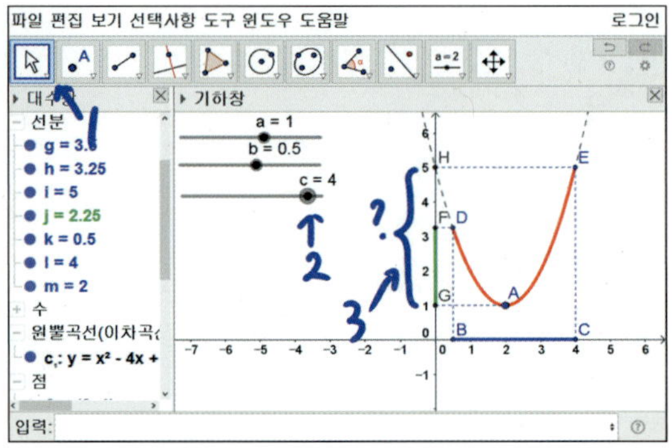

다시 c = 3으로 바꾸어 봅시다. 선분 FG가 x(C) > x(A)가 참일 때 이므로 선분이 다시 보입니다. 이번에는 c = 4로 값을 변경합니다. 이 경우 원하는 것은 선분 HG가 되어야 합니다.

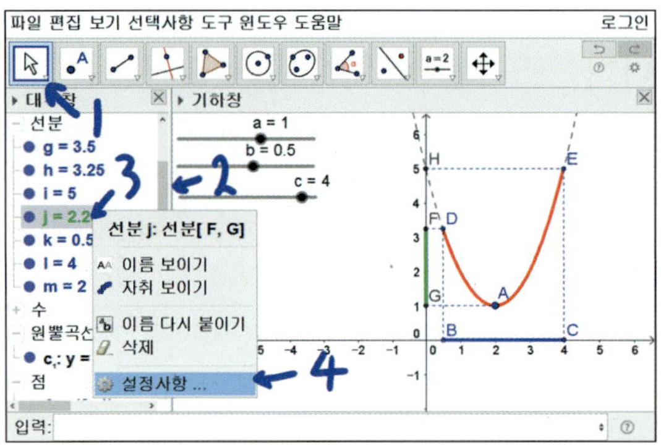

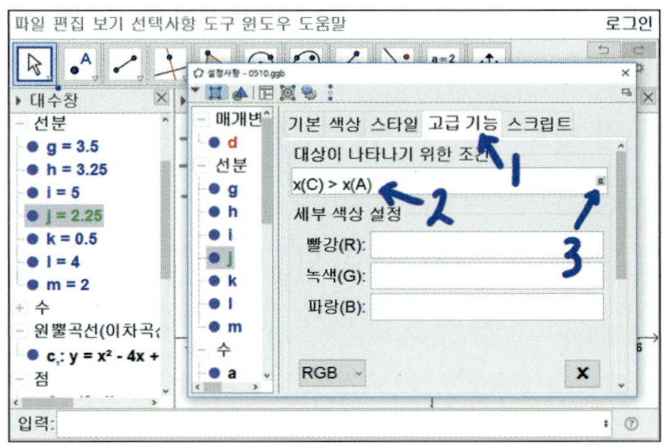

일단 이 경우 선분 FG가 나타나지 않게 설정해 보겠습니다. '이동' 도구를 선택하고 대수창의 스크롤 바를 적당이 움직여서 선분 j = 2.25가 나오게 합니다. j = 2.25 을 선택하고 마우스 오른쪽 버튼을 클릭하고 설정사항을 선택합니다. 고급기능을 선택합니다. 이미 '대상이 나타나기 위한 조건'에 x(C) > x(A)라고 입력되어 있는 것을 볼 수 있습니다. 추가로 조건 y(E) < y(D)를 입력하여야 합니다. 이때 둘 다 만족해야만 나타나도록 조건을 써야 하므로 '그리고'에 해당하는 논리 연산자가 필요합니다. Geogebra는 이러한 논리연산자를 제공합니다. '대상이 나타나기 위한 조건'의 빈칸을 선택하고 빈칸의 끝에 $\boxed{\alpha}$를 선택합니다.

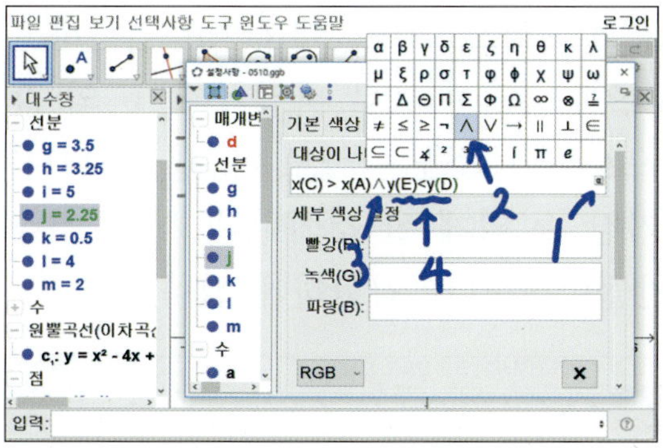

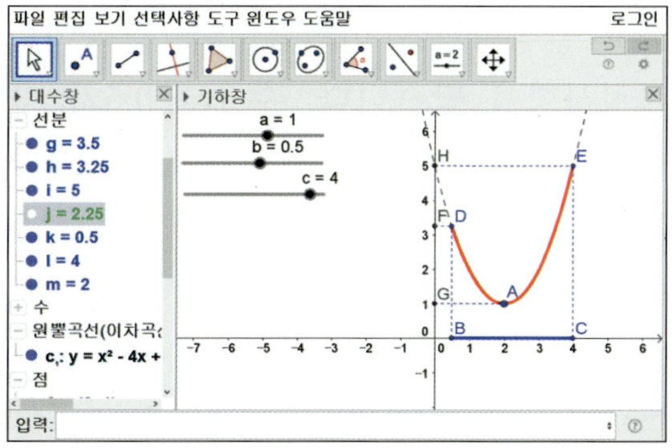

∧를 선택합니다. Geogebra는 '그리고'를 ∧ 기호로 사용합니다. y(E) < y(D)를 입력하고 [Enter]를 누릅니다. '대상이 나타나기 위한 조건'에 입력한 것과 다르게 Geogebra가 (x(C) < x(A)) ∧ (y(E) < y(D))식으로 괄호를 자동으로 생성합니다. 점 C의 x좌표가 점 A의 x좌표 보다 크고 점 E의 좌표가 점 D의 y좌표보다 작을 때 선분 FG를 나타나게 한다는 뜻입니다. 확인을 선택하고 설정사항을 닫습니다.

슬라이더로 c의 값을 조절하여 b의 값보다 작게 할 수 있습니다. 그러나 정의역의 구간이 [b, c]이므로 c의 값이 b의 값보다 항상 크도록 설정하는 것이 필요합니다. 이런 경우는 다음과 같이 해결할 수 있습니다.

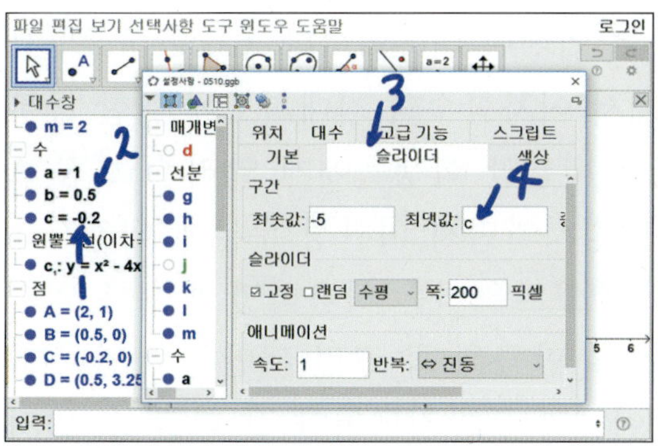

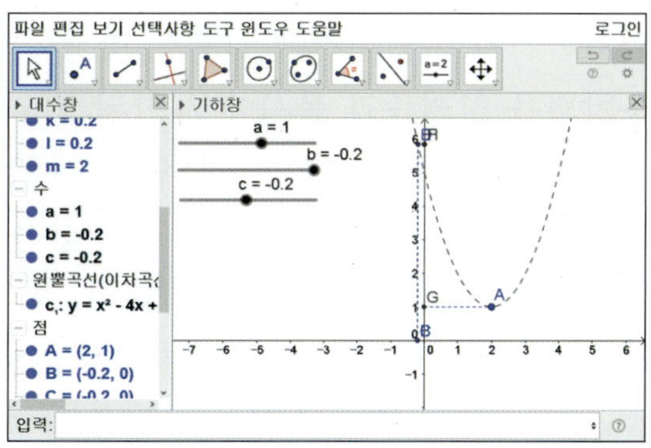

'이동' 도구를 선택하고 스크롤을 적당히 조절하고 좌우 방향키를 사용하여 수 $c = -0.2$ 로 조절해 놓습니다. $b = 0.5$를 선택하고 마우스 오른쪽 버튼을 클릭

하고 설정사항을 선택합니다. 슬라이더를 선택하고 최댓값에 c라고 입력하고 설정사항을 닫습니다. 수 $b = 0.5$가 자동으로 $b = -0.2$로 바뀝니다. b 의 값 0.5가 c의 값이 -0.2보다 크므로 강제적으로 b의 값을 -0.2로 바꾼 것입니다. 앞으로는 절대로 b의 값이 c의 값보다 커질 수 없게 될 것입니다. 이런 것을 보면 'Geogebra가 정말 논리적으로 잘 만들어졌구나!' 감탄하게 됩니다.

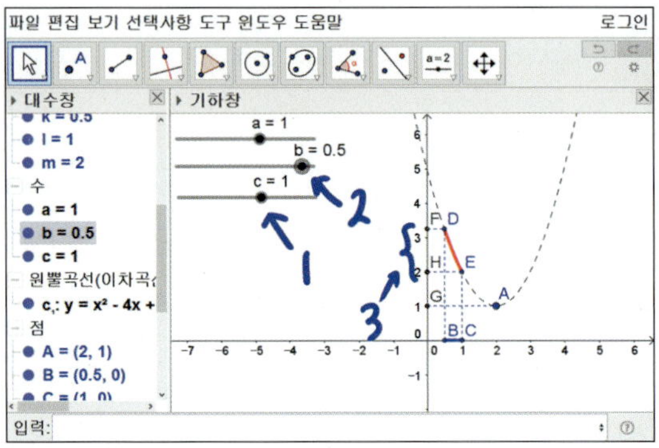

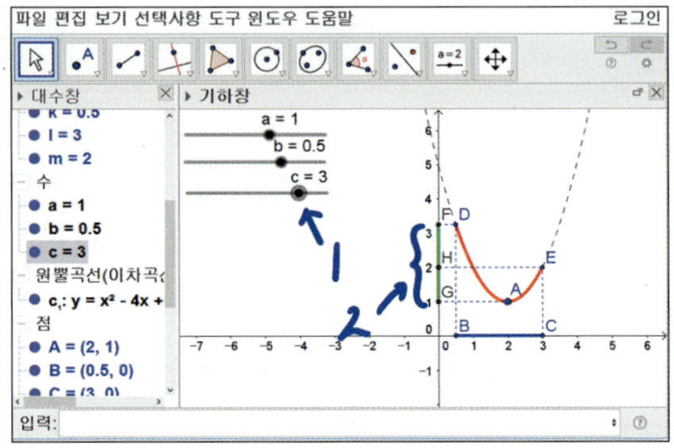

사실, 완벽하게 다 만든 것이 아닙니다. $b = 0.5$, $c = 1$로 만들어 놓으면 치역에 해당하는 선분 FH를 만들어야 한다는 것을 보게 됩니다. 나머지 부분은 선분 FG 설정한 방법과 같은 방법으로 하면 됩니다. 다시 선분 FG가 나타나도록 $b = 0.5$, $c = 3$으로 바꾸어 놓습니다.

여기까지가 수업시간에 실제로 학생들과 수업했던 내용입니다. Geogebra의 사용방법을 알려줌과 동시에 제한된 범위에서 이차함수의 최대최소에 대한 공부를 같이 한 것입니다. 실제 수업 때 위의 내용만 학생들에게 알려주고 점 A를 움직이거나 수 a, 수 b, 수 c의 값을 변경시키면서 미완성 부분에 대해서는 학생들이 직접 해보도록 했습니다. 어떤 소프트웨어든 사용하면 할수록 익숙해지고 빠르게 작업할 수 있지만, Geogebra 만큼은 꼭 그런 것만은 아닙니다. Geogebra의 기본이 수학이므로 수학적 이해가 뒷받침되어야 잘 다룰 수 있기 때문입니다. 지금부터 보여드리는 내용은 학생들에게 알려주지 않았던 내용입니다. 어쩌면 이 뒷부분을 알고 나면 지금까지 했던 것이 의미가 없어져 보일 수 있습니다. 그러나 수학은 완성된 것을 추구함과 동시에 그 과정 역시 중요하므로 지금까지의 과정도 큰 의미가 있을 것입니다. 이제 학생들에게 알려주지 않았던 부분을 시작하겠습니다.

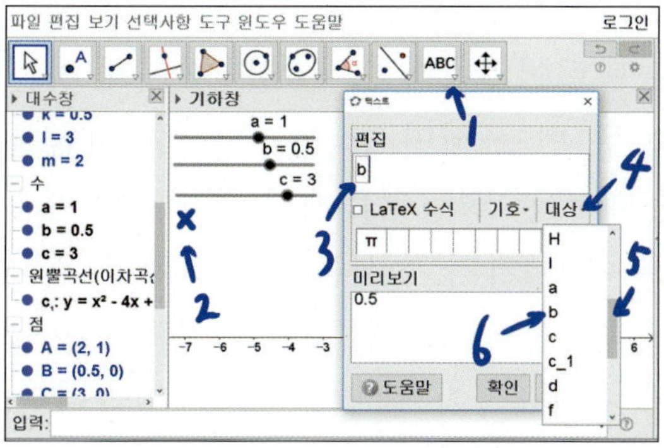

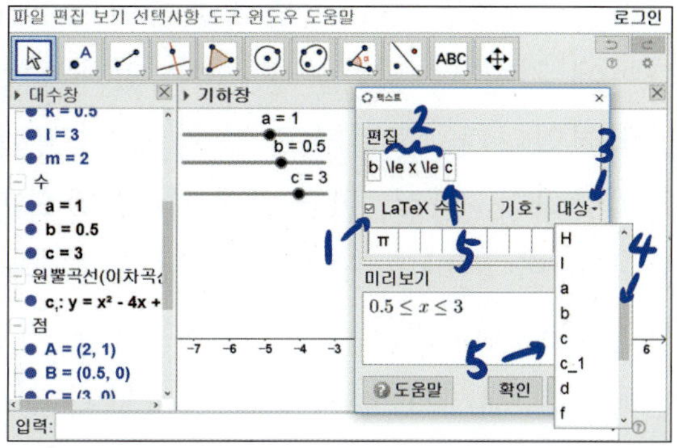

'텍스트' 도구를 선택합니다. 'x'표시 한 부분을 선택합니다. 텍스트창이 생깁니다. 편집을 선택하고 대상을 선택하고 스크롤을 적당히 조절하여 수 b를 선택합니다. 편집창에 대상 수 b가 나타납니다. 미리보기 창에 0.5가 나타납니다. 수 b의 값이 나타나는 것입니다. \le x \le를 입력하고 대상 수 b를 선택한 것처럼 대상 수 c를 선택합니다.

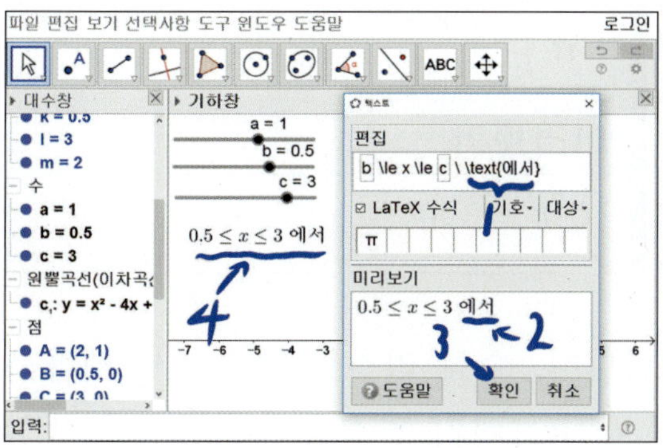

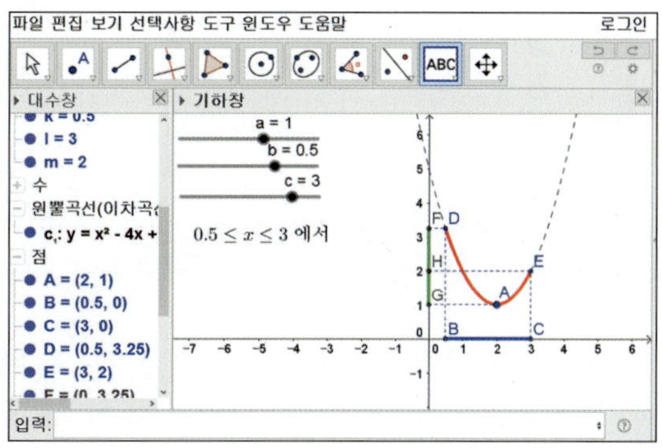

\ \text{에서} 라고 입력합니다. LaTeX 체크상자를 선택합니다. 미리보기 창에 '$0.5 \le x \le 3$에서' 가 나타납니다. 확인을 누릅니다.

위 내용을 설명하겠습니다. 보통은 일반적인 글을 입력하는 경우에 '텍스트'

도구를 선택해서 사용할 수 있지만 Geogebra는 기본 바탕이 수학이라서인지 수식의 자유로운 입력은 국제적으로 잘 알려진 TeX편집을 이용합니다. TeX 편집을 한 후에 LaTeX 체크상자를 선택하기만 하면 수식 편집한 모습이 나타납니다. TeX명령을 설명하겠습니다. \le 는 $\le$ 이고 \text{일반 텍스트} 수식 사이에 일반 텍스트를 넣을 수 있게 하는 명령어입니다. \ 는 한 칸 띄게 하는 명령어입니다. 그렇다고 \\와 같이 연속 두 번 쓰시면 안 됩니다. 줄 바꿈을 의미합니다. 사실, 한글에서 수식 편집할 때 쓰는 명령어들에서 보통 앞쪽에 \를 붙이면 된다고 생각하면 됩니다. 다른 여러 가지 수식을 입력하기를 원하시면 Geogebra텍스트 창에 '수식과 기호' 를 선택하여 원하는 수식과 기호를 선택하면 예제가 입력되고 미리보기 창에 수식표현이 된 것을 볼 수 있습니다. 이를 활용하면 원하는 수식을 마음껏 쓸 수 있습니다.

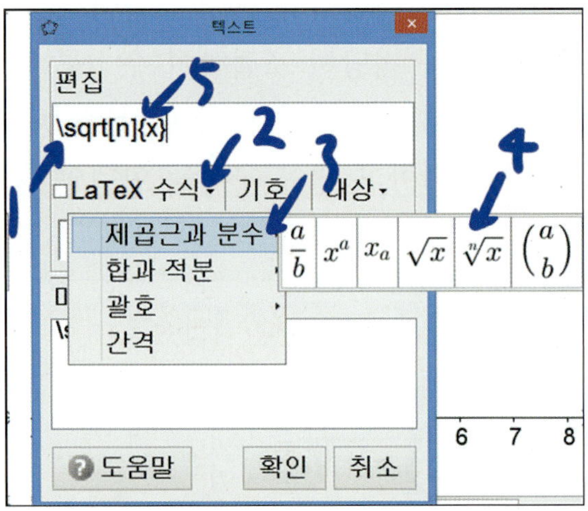

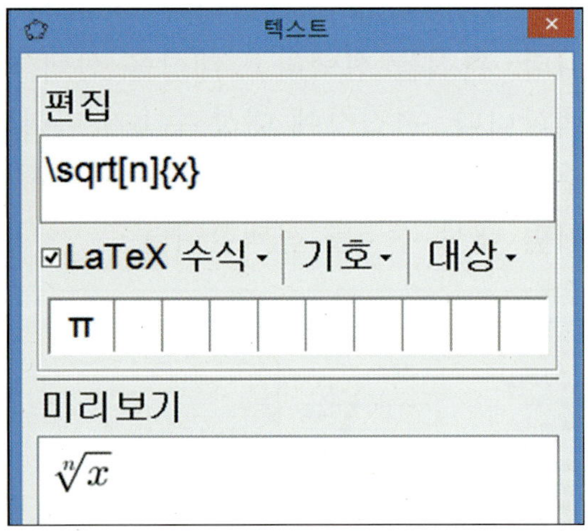

'텍스트' 도구를 선택한 후 편집을 선택합니다. 수식 리스트 박스에서 제곱근과 분수를 선택한 다음 $\sqrt[n]{x}$를 선택하면 \sqrt[n]{x}가 편집창에 자동으로 생성되고 LaTeX 체크상자를 체크해 놓으면 미리보기 창이 수식으로 변환될 것입니다. 이와 같은 방식으로 자신이 원하는 수식을 입력할 수 있습니다. TeX의 수식을 일일이 암기할 필요가 없는 것입니다. TeX으로 문서를 작성했던 수식 자료가 있다면 단순히 편집창에 복사해 놓으면 됩니다. 단, TeX에서의 수식은 \$\sqrt[n]{x}\$처럼 앞뒤에 \$가 붙습니다. 이 \$와 \$ 사이에 있는 내용만 복사해서 쓰면 됩니다. 즉, \sqrt[n]{x}만 '텍스트' 도구의 편집창에 복사해 넣고 LaTeX 체크상자를 체크해 놓으면 수식이 되는 것입니다.

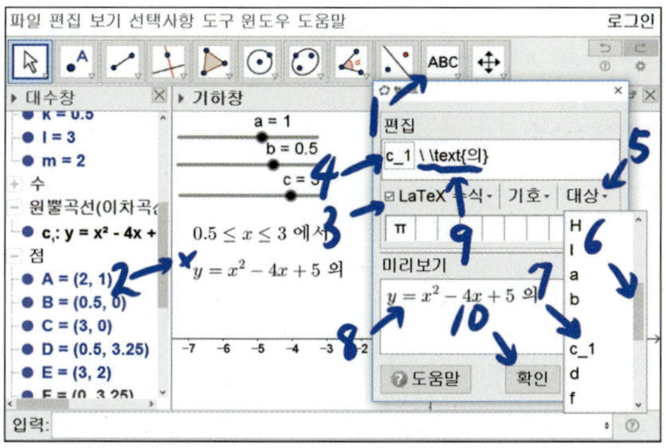

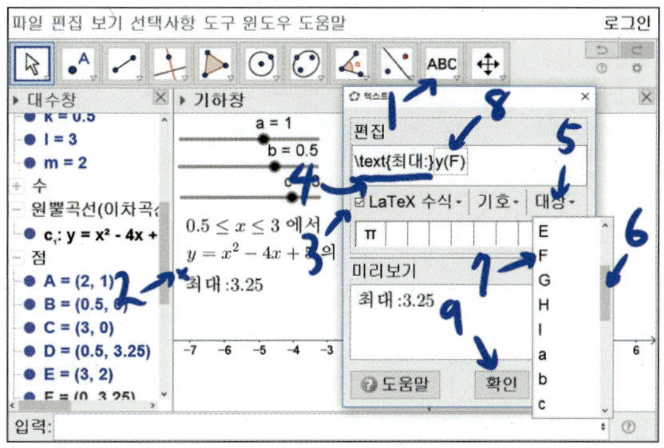

텍스트 입력 작업을 계속 하겠습니다. 기하창에 $0.5 \le x \le 3$가 만들어졌습니다. '텍스트' 도구를 선택하고 'x'표시한 부분을 선택합니다. LaTeX 체크상자를 선택합니다. 편집을 선택하고 대상을 선택합니다. 스크롤을 적당히 조절하여 c_1이 나타나도록 하고 c_1을 선택합니다. \ \text{의} 라고 입력합니다. 미리보기 창에 '$y = x^2 - 4x + 5$ 의 '가 나타날 것입니다. 확인을 선택합니다. 기하창에 $y = x^2 - 4x + 5$ 의 가 만들어 졌습니다. '텍스트' 도구를 선택하고 'x'표시한 부분을 선택합니다. 편집을 선택하고 \text{최대:}를 입력합니다. 대상을 선택합니다. 스크롤을 적당히 조절하여 점 F가 나타나도록 한 다음 점 F을 선택합니다. LaTeX 수식의 체크상자를 선택합니다. 미리보기 창에 '최대:$(0, 3.25)$'가 나타납니다. 편집장에 대상 점 F를 선택합니다. 대상 점 F를 편집할 수 있게 됩니다. y(F)라 입력하면 미리보기 창이 '최대:3.25'로 변합니다. 확인을 선택합니다. 기하창에 '최대:3.25'가 만들어졌습니다.

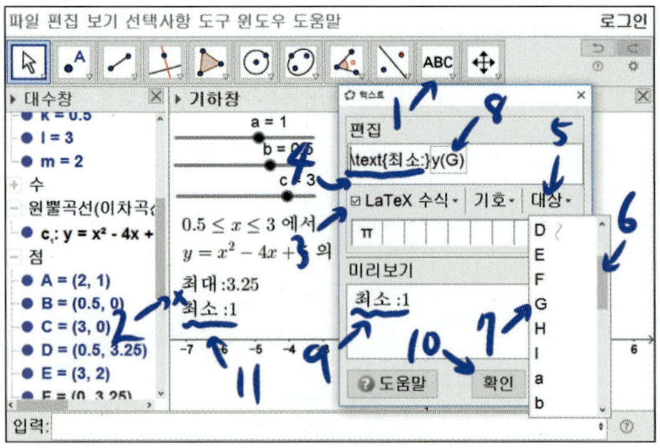

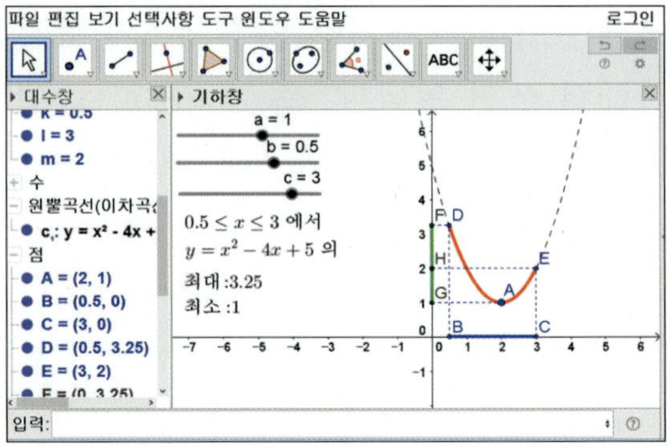

'텍스트' 도구를 선택하고 'x'표시한 부분을 선택합니다. 편집을 선택하고 '\text{최소:}' 를 입력합니다. 대상을 선택합니다. 스크롤을 적당히 조절하여 점 G가 나타나도록 한 다음 점 G를 선택합니다. LaTeX 수식의 체크상자를 선택합니다. 미리보기 창에 최소:(0, 1)가 나타납니다. 편집장에 대상 점 G를 선택합니다. 점 G를 편집할 수 있게 됩니다. y(G)라 입력하면 미리보기 창이 '최소:1'로 변합니다. 확인을 선택합니다.

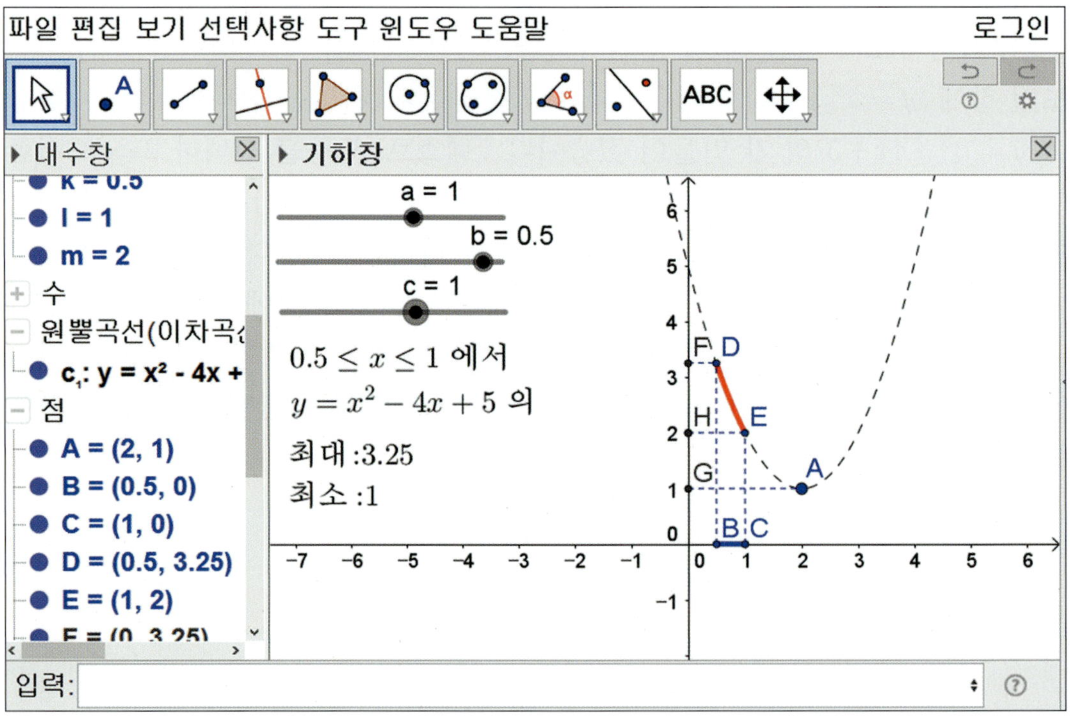

기하창에 범위와 함수, 최대 그리고 최소에 대해 표현된 것을 볼 수 있습니다. '이동' 도구를 선택하고 스크롤을 수 c가 보이도록 적당히 조절하고 수 c를 선택 후 c = 1의 값으로 키보드 좌우 방향키를 사용하여 조절하면 최소가 2가 되어야 하는데 최소가 1로 고정된 것을 볼 수 있습니다. 아직도 미완성인 것입니다. 수 c를 다시 3으로 합니다.

그럼 위와 같은 문제를 해결할 방법이 있을까요? Geogebra에는 이러한 부분을 해결할 수 있는 내장 함수를 제공합니다. 조건문, 최댓값, 최솟값 함수를 활용하면 됩니다. 각 함수의 대략적인 설명 및 쓰는 방법은 다음과 같습니다.

조건문[조건, 실행1, 실행2]	조건을 만족할 때 실행1을 실행함. 그렇지 않으면 실행2를 실행함.
최댓값[{값1, 값2, 값3, ..., 값n}]	값1, 값2, .., 값n 중 가장 큰 값
최솟값[{값1, 값2, 값3, ..., 값n}]	값1, 값2, .., 값n 중 가장 작은 값

하지만, 직접 써봐야 알 수 있을 것입니다.

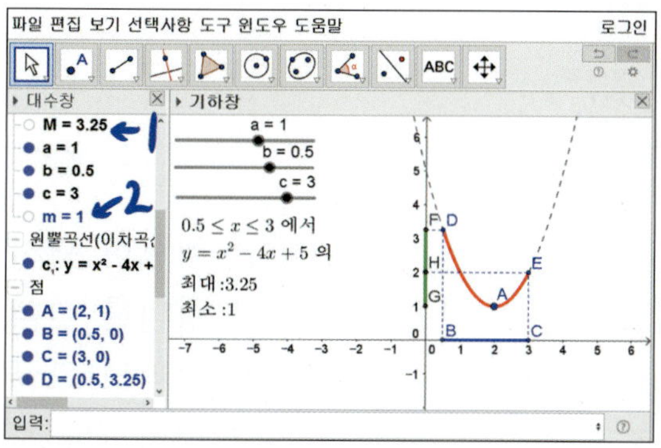

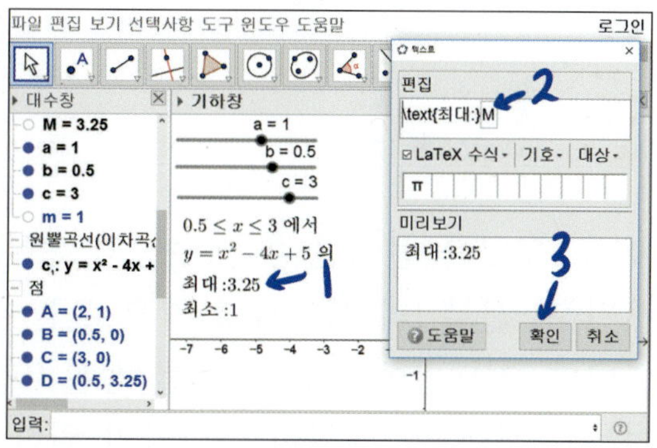

입력창에

M = 조건[x(D) < x(A) < x(E), 최댓값[{y(D), y(E), y(A)}], 최댓값[y(D), y(E)]],
m = 조건[x(D) < x(A) < x(E), 최솟값[{y(D), y(E), y(A)}], 최솟값[y(D), y(E)]]

을 입력해 봅시다. 대수창에 M과 m의 값이 표현된 것을 볼 수 있습니다. 이제 마지막 단계까지 왔습니다. 만들어진 수 M = 3.25와 수 m = 1을 잘 활용해 봅시다. 일단 최대와 최소를 이것을 이용하여 바꾸어 보도록 합시다. '이동' 도구를 선택하고 최대:3.25를 더블 클릭하면 '텍스트' 도구가 나타납니다. 이때 편집창의 y(E)를 선택하고 M으로 변경합니다.

같은 방식으로 '이동' 도구를 선택하고 최소:1를 더블 클릭하면 '텍스트' 도구가 나타납니다. 이때 편집창의 y(G)를 선택하고 m으로 변경합니다. 겉보기에는 변함이 없겠지만 점 A만 '이동' 도구를 선택하고 기하창에서 움직여보면 최대, 최소가 점 A를 이동하면서 동적으로 변하는 것을 볼 수 있을 것입니다.

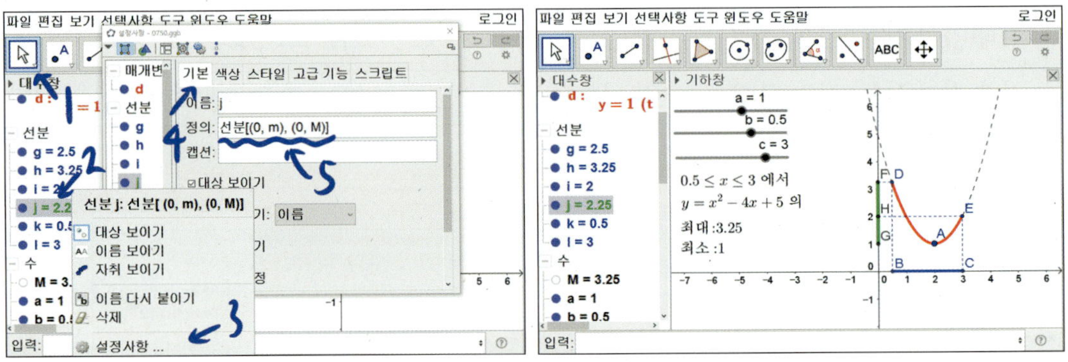

'이동' 도구를 선택한 후 대수창의 선분 j가 보이도록 스크롤바를 적당히 위치시킨 후 선분 j의 설정사항 창으로 들어갑니다. 기본을 선택하고 정의를 선택합니다. 정의창에 선분[F, G]를 선분[(0, m), (0, M)]으로 바꿉니다. 그리고 고급 기능을 선택 후 '대상이 나타나기 위한 조건'을 지웁니다. 그리고 설정사항 창을 닫습니다. 위와 같이 완성되었습니다.

점 A를 이동시켜 봅시다. 치역에 해당하는 선분이 여러 가지 상황에서 알맞게 그려지는 것을 보았을 것입니다. 최대, 최소도 원하는 모든 경우에 대해 제대로 표시가 됩니다. 앞에서 조금 언급한 내용이 느껴질 것입니다. 왜 고생스

러운 작업을 했지? 각각의 조건에 대한 수식을 작성해서 치역에 해당하는 선분을 만들었지? 이런 생각이 드는 것이 자연스럽습니다. 사실 기능을 알려주려는 목적도 있었지만 Geogebra의 내장함수를 활용한 부분은 너무 쉽게 접근가능하고 각각의 경우에 대하여 따져보도록 하는 것이 오히려 수학수업에 더 의미가 있을 수 있기 때문이었습니다.

2.3 탄젠트함수

고등학교 과정에서 나오는 탄젠트함수를 Geogebra를 사용하여 만들어 보겠습니다.

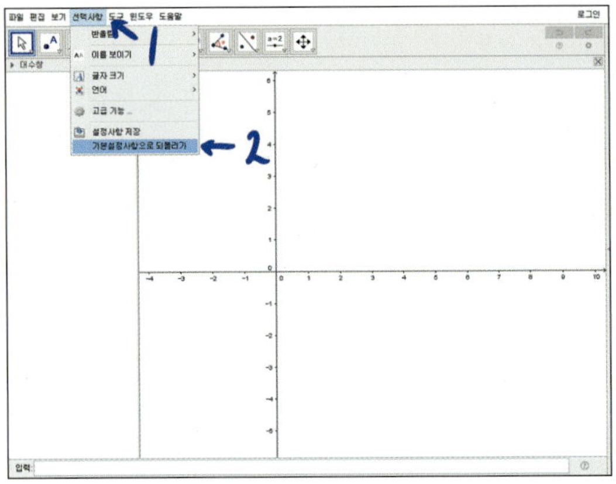

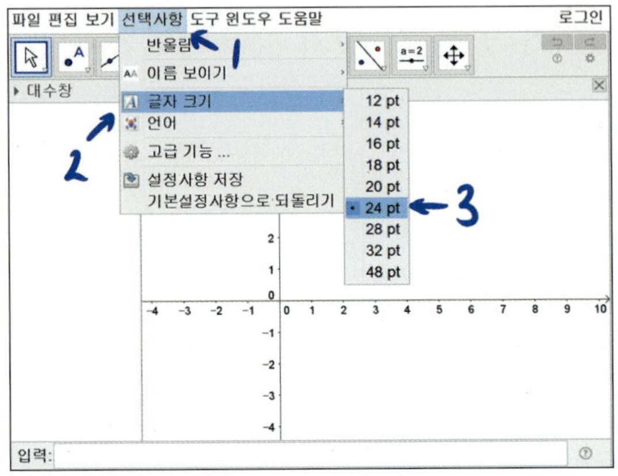

처음 시작환경을 같게 하기 위해서 선택사항에서 기본설정사항으로 되돌리기를 선택합니다. 선택사항에서 글자 크기를 24pt로 선택합니다.

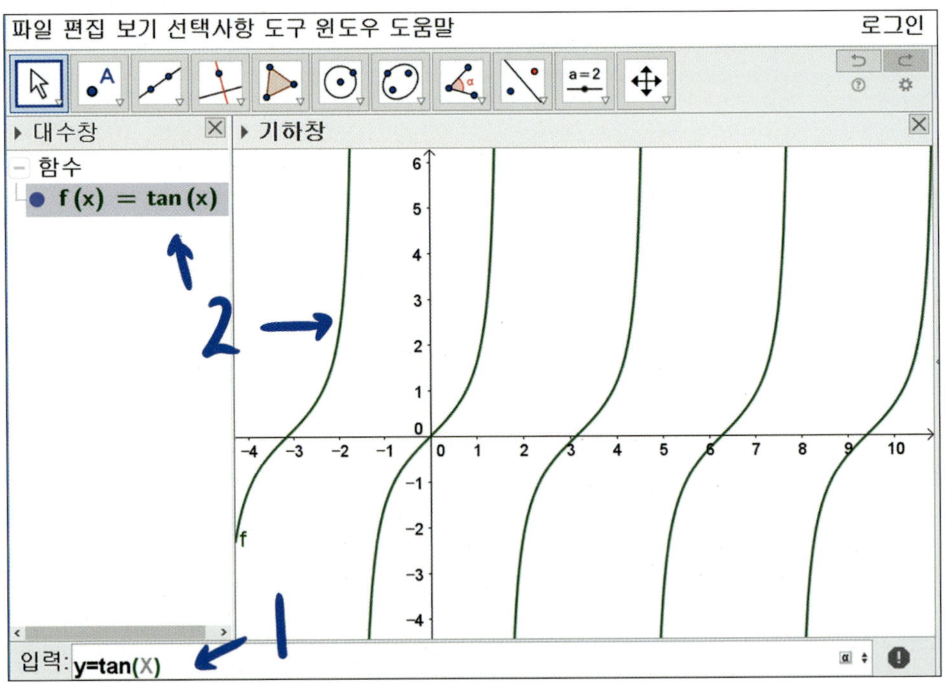

탄젠트함수를 그리는 가장 간단한 방법은 입력창에 y = tan(x)를 입력하는 것입니다. 그러나 이는 완성된 tan함수를 나타낸 것일 뿐입니다. 지도용으로 사용할 자료는 삼각함수의 정의에 따라 함수가 그려지는 과정이 보이도록 제작해야 합니다.

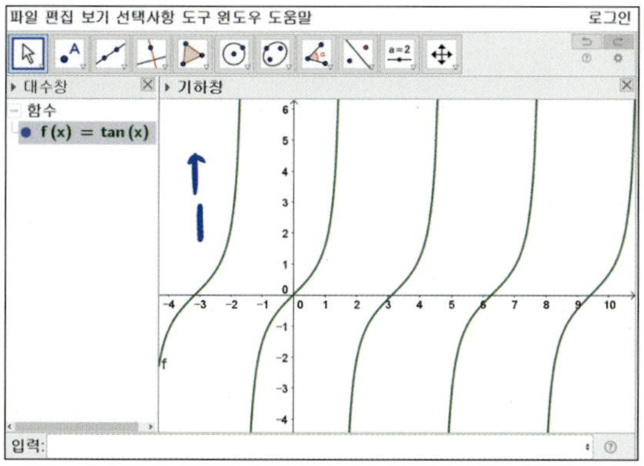

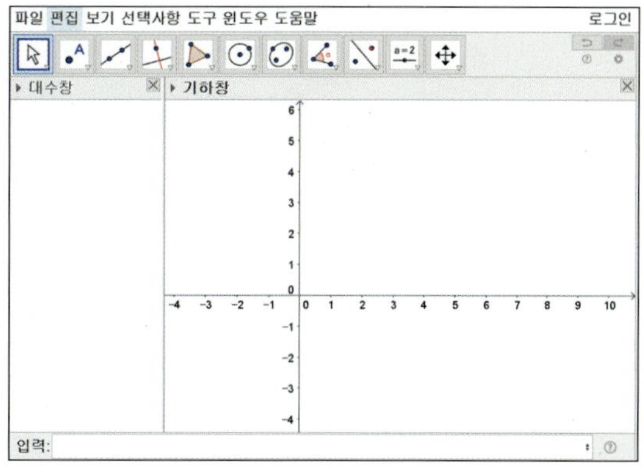

기하창을 선택하고 [Ctrl]를 누른 상태에서 [A]를 누르면 모든 대상이 선택됩니다. [Delete]를 눌러 삭제합니다.

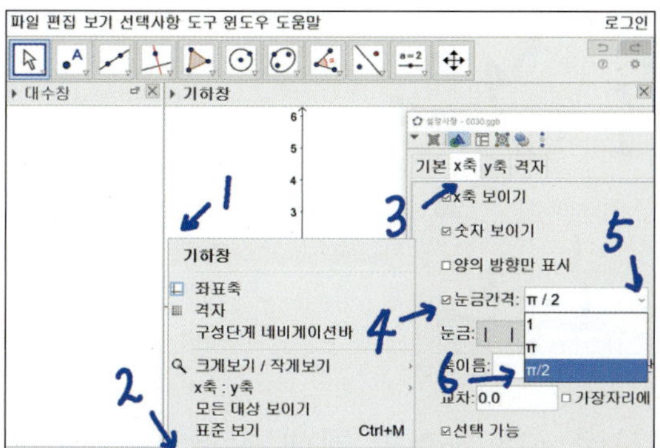

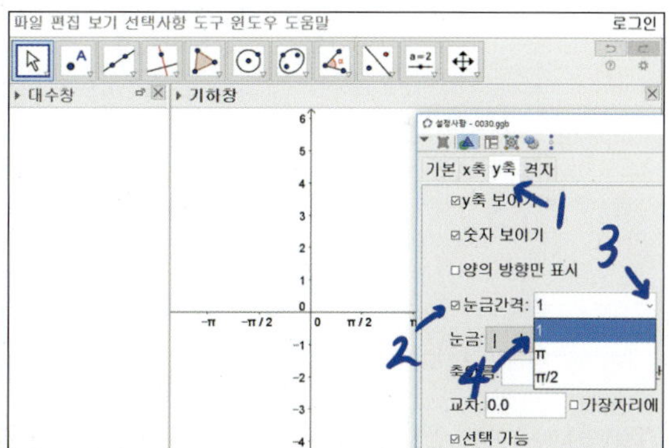

x축의 단위 눈금을 $\frac{\pi}{2}$ 로 설정하겠습니다. 기하창에서 마우스 오른쪽 버튼을 클릭하여 기하창 설정으로 들어갑니다. x축 탭에서 눈금간격의 체크상자를 선택합니다. 눈금간격의 리스트 박스에서 $\frac{\pi}{2}$에 해당하는 눈금 $\pi/2$ 를 선택합니다. y축 탭에서 눈금간격의 체크상자를 선택합니다. 눈금간격의 리스트 박스에서 1에 해당하는 눈금을 선택합니다.

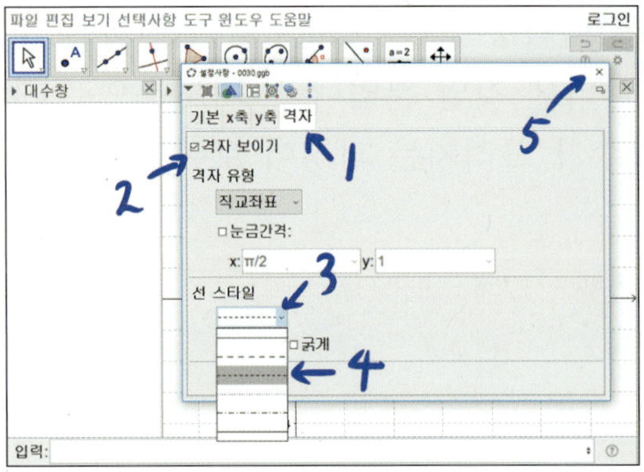

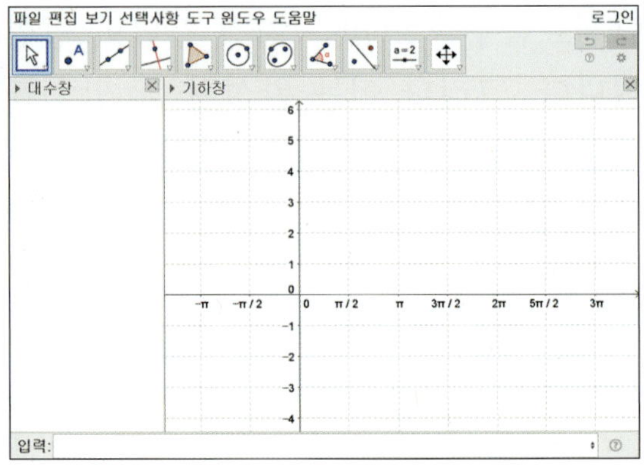

격자 탭에서 격자 보이기를 체크하고 선 스타일의 리스트 박스에서 두 번째 점선을 선택합니다. 설정사항 창을 닫으면 기하창에 x축의 단위눈금이 $\frac{\pi}{2}$이고 y축의 단위눈금이 1인 격자 좌표평면이 나타납니다. tan함수를 그리기 위한 좌표평면 설정을 완료했습니다.

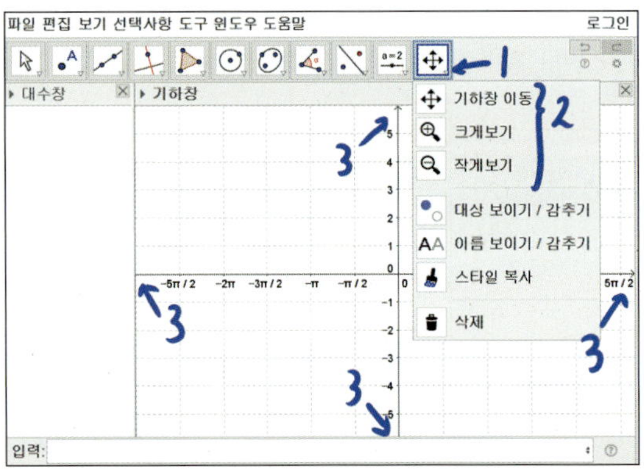

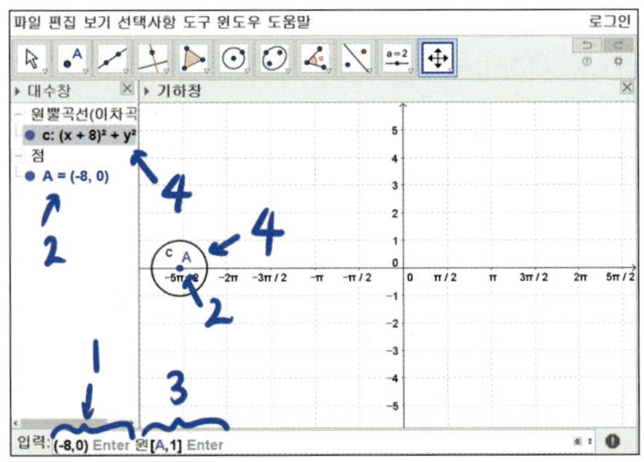

기하창 이동, 크게보기, 작게보기를 사용하여 x축, y축의 최대 최소 눈금을 그림과 같이 맞추어줍니다. 입력창에 $(-8, 0)$을 입력합니다. 대수창에 $\mathrm{A} = (-8, 0)$이 나타나고 기하창에 점 A가 있습니다. 입력창에 원$[\mathrm{A}, 1]$을 입력합니다. 대수창에 $\mathrm{c} : (\mathrm{x} + 8)^2 + \mathrm{y}^2 = 1$이 나타나고 기하창에 원 c가 그려졌습니다. 이때, 원$[\mathrm{A}, 1]$은 중심이 점 A이고, 반지름이 1인 원을 그리는 명령어 입니다.

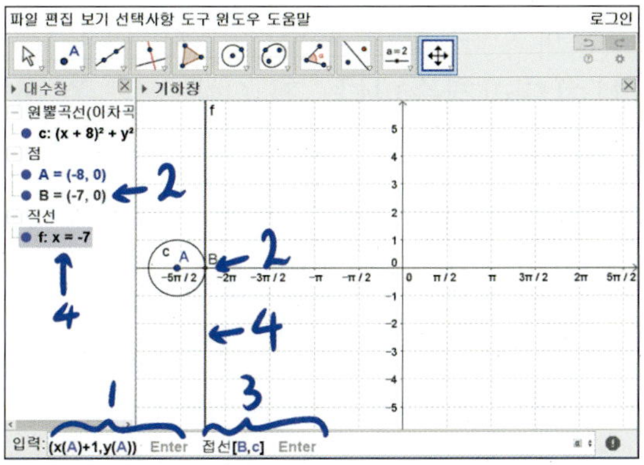

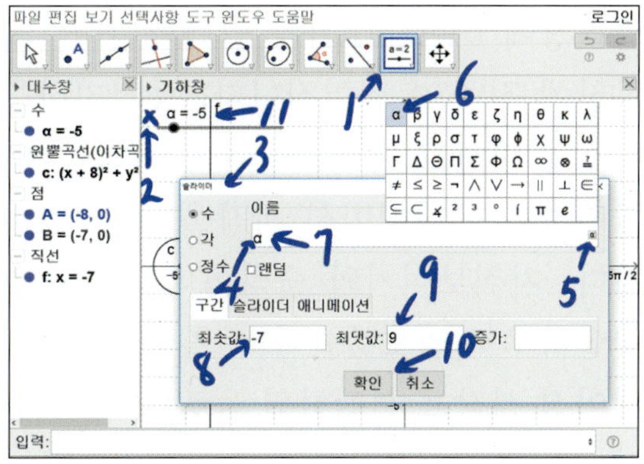

입력창에 (x(A) + 1, y(A))를 입력합니다. 대수창에 B = (−7, 0)이 나타나고 기하창에 점 B가 나타납니다. (x(A) + 1, y(A))의 뜻은 점 A의 x좌표에 1을 더한 것을 x좌표로 하고 점 A의 y좌표를 y좌표로 하는 점을 의미합니다. 입력창에 접선[B, c]를 입력합니다. 대수창에 f : x = −7이 나타나고 원 c의 접선 a가 그려졌습니다. 접선[B, c]은 점 B를 지나고 c에 접하는 접선을 만들라는 의미입니다. '슬라이더' 도구를 선택합니다. 'x'표시 위치를 선택하고 수를 선택하고 이름 빈칸을 선택한 후 $\boxed{\alpha}$모양을 선택하면 문자 입력이 나오는데 여기서 α를 선택하면 이름창에 α가 쓰여집니다. 최솟값은 −7, 최댓값 9를 입력하고 확인을 선택합니다. 슬라이더 α가 만들어집니다. 슬라이더 α를 선택하여 방향키나 마우스를 끌어서 $\alpha = -5$로 기본 세팅해 놓습니다.

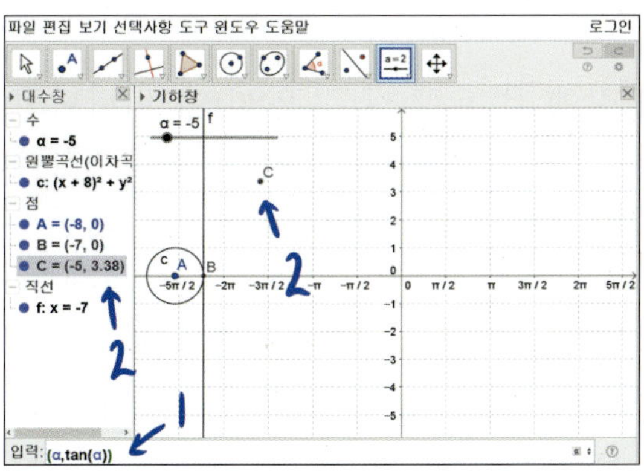

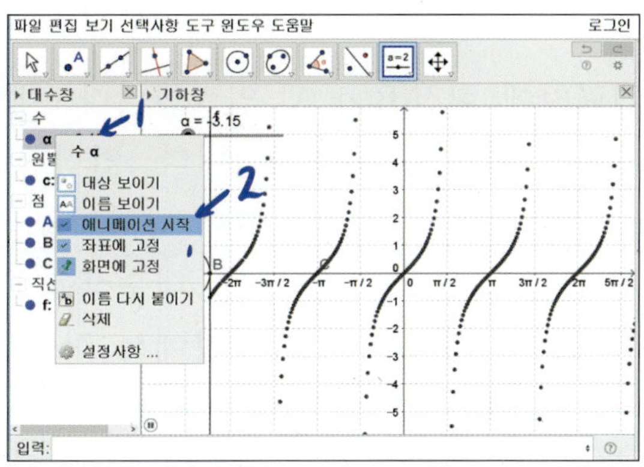

입력창에 $(\alpha, \tan(\alpha))$를 입력합니다. 대수창에 $C = (-5, 3.38)$이 나타나고 기하창에 점 C가 찍혀집니다. 동적기하를 보여드리겠습니다. 점 C에 오른쪽 마우스 클릭하고 자취보이기를 선택합니다. 슬라이더 α에 마우스 오른쪽 버튼을 클릭하고 애니메이션 시작을 선택합니다. 탄젠트 함수가 그려지는 것이 보입니다. 지취보이기와 슬라이더를 활용한 동적기하를 보여주는 좋은 예입니다. 원상복구 시켜보겠습니다. 슬라이더 α에 마우스 오른쪽 버튼을 클릭하여 애니메이션 시작을 선택하면 움직임이 멈춥니다. 참고로 기하창의 움직이는 대상은 선택하기 어려우므로 대수창에서 대상을 선택하는 것이 좋습니다. 슬라이더를 $\alpha = -5$로 다시 설정해놓습니다. [Ctrl]를 누른 상태에서 [F]를 누르면 자취가 사라집니다. 또는 이런 어려운 과정 없이 단순히 [Ctrl]를 누른 상태에서 [Z]를 누르면 전 단계로 가게 됩니다.

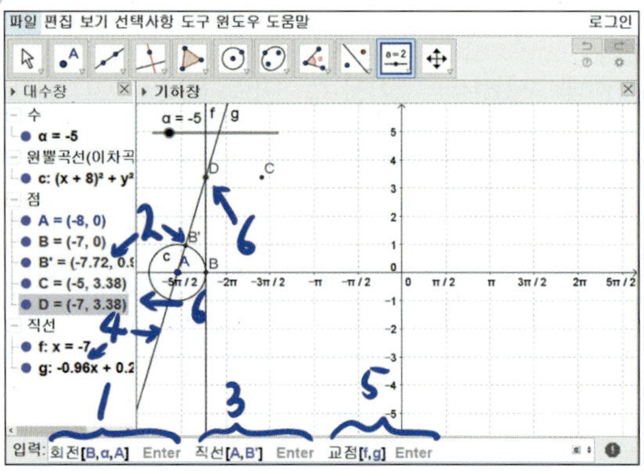
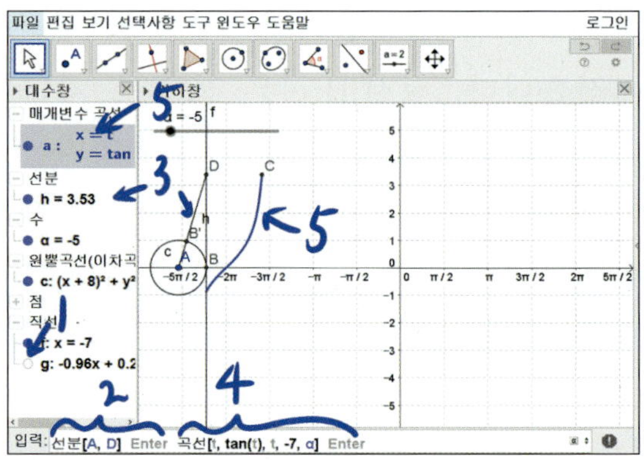

입력창에 회전$[B, \alpha, A]$ 입력합니다. 대수창에 $B' = (-7.72, 0.96)$이 나타나고 기하창에 점 B'가 찍혀집니다. 입력창에 직선$[A, B']$를 입력합니다. 대수창에 $g : -0.96x + 0.28y = 7.67$이 나타나고 기하창에 직선 g가 나타납니다. 입력창에 교점$[f, g]$를 입력합니다. 대수창에 $D = (-7, 3.38)$이 나타나고 기하창에 교점 D가 나타납니다. 대수창에서 직선 g 앞의 동그라미를 선택해주면 직선 g가 사라집니다. 입력창에 선분$[A, D]$를 입력합니다. 대수창에 $d = 3.53$이 나타나고 기하창에 선분 d가 나타납니다. 선분$[A, D]$는 점 A, 점 D를 연결하는 선분을 만들라는 명령어입니다. 다시 입력창에 조금 긴 명령어를 넣겠습니다.

곡선$[\mathrm{t}, \tan(\mathrm{t}), \mathrm{t}, -7, \alpha]$를 입력합니다. 대수창에 매개변수 곡선 e가 나타납니다. 곡선$[\mathrm{t}, \tan(\mathrm{t}), \mathrm{t}, -7, \alpha]$은 x좌표를 t로 하고 y좌표를 tan(t)로 하고 t가 −7에서 α까지의 범위에서 매개변수 곡선을 그리라는 명령어입니다. 대수창에서 매개변수 곡선 a에 마우스 오른쪽 버튼을 클릭하여 설정사항을 선택합니다. 기본에서 이름보이기 체크상자를 체크해제 합니다. 색상에서 파란색을 선택합니다. 스타일에서 선 굵기를 5로 설정합니다.

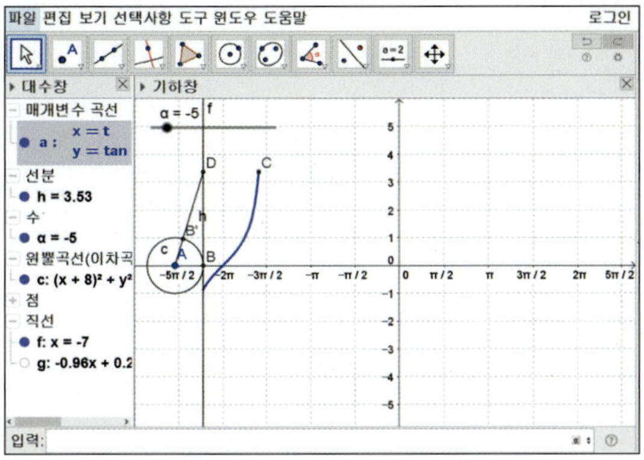

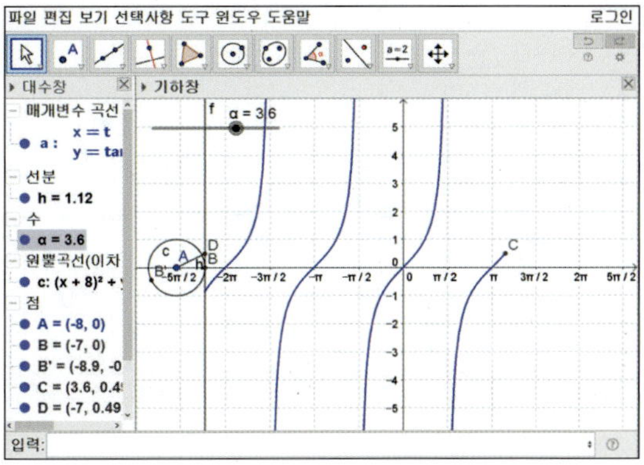

슬라이더 α를 움직이면 값에 따라 tan 그래프가 그려집니다. tan 함수가 그려지는 과정을 보고 있습니다. 다시 슬라이더 α를 −5로 설정해 놓습니다.

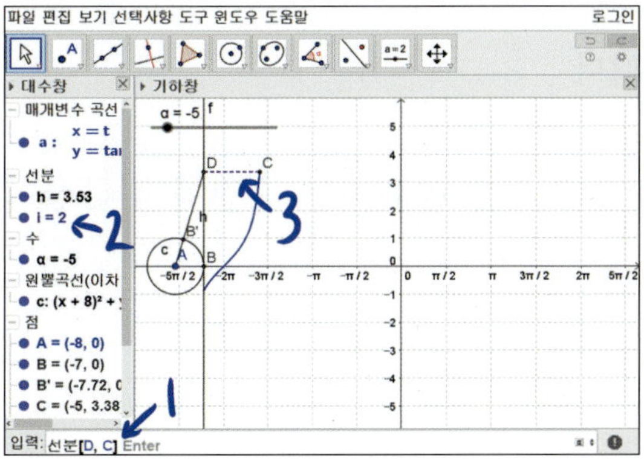

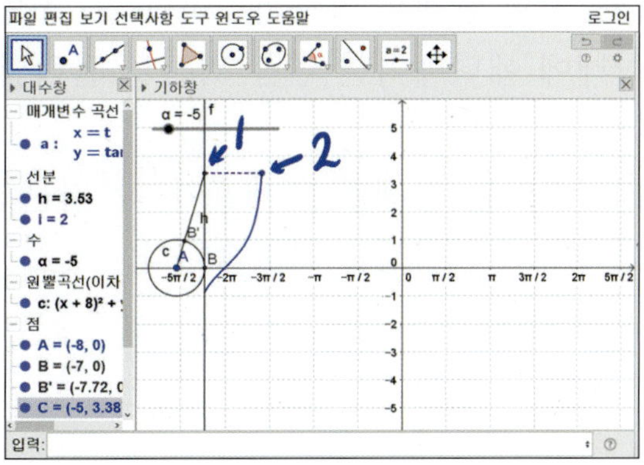

지금부터는 탄젠트 함수의 점근선과 보조선들을 그려보도록 하겠습니다. 입력창에 선분[D, C] 입력합니다. 대수창에 i = 2이 나타나고 기하창에 선분 i가 나타납니다. 선분 i 의 설정사항으로 들어가서 기본 탭에서 이름 보이기를 체크해제하고 색상 탭에서 보라색을 선택하고 스타일 탭에서 선 굵기를 5로 하고 선 스타일의 리스트 박스에서 두 번째 점선을 선택합니다. 점 D는 이름이 보이지 않는 점으로 합니다. 점 C는 이름이 보이지 않는 파란색의 크기가 5인 점으로 합니다.

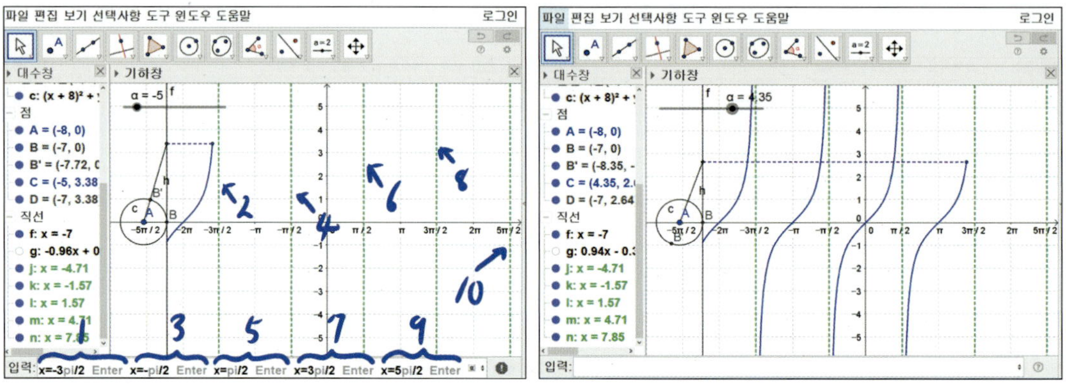

입력창에 x = −3π/2, x = −pi/2, x = pi/2, x = 3pi/2, x = 5pi/2라고 차례로 입력하면 점근선이 만들어집니다. 점근선을 모두 이름이 보이지 않는 녹색의 굵기가 5인 점선으로 바꿉니다. 슬라이더 α에 애니메이션 시작을 체크하면 자연스럽게 탄젠트 함수의 그래프가 그려지는 것을 볼 수 있습니다. 기하창 왼쪽 아래에 애니메이션 멈춤 버튼을 클릭합니다.

지금부터는 탄젠트 그래프가 각 점근선의 위치를 통과하는 순간에 점근선이 나타나도록 설정을 하겠습니다.

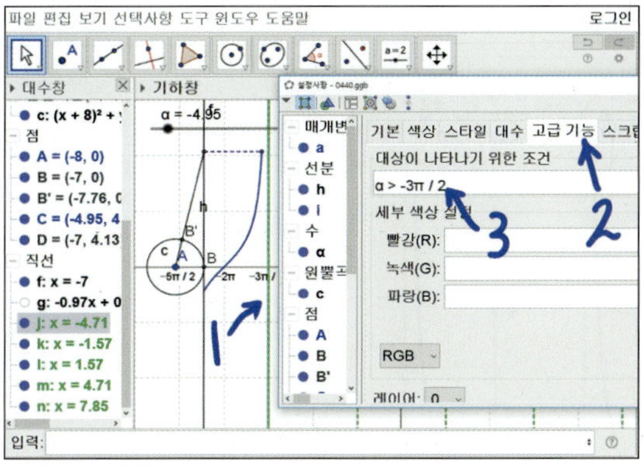

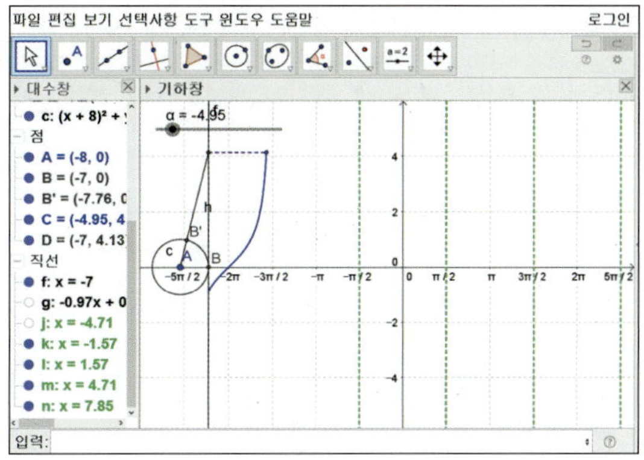

$x = -\dfrac{3\pi}{2}$에 마우스 오른쪽 버튼을 클릭하여 설정으로 들어갑니다. 고급기능 탭에서 대상이 나타나기 위한 조건에 $\alpha > -3\pi/2$를 입력합니다. α 나 π는 앞에서 특수문자 α를 입력했던 것과 같은 방식으로 $\boxed{\alpha}$표시를 선택하여 입력하면 됩니다. 자 한번 시험해 봅니다. 슬라이더 α의 값을 움직여 $\alpha = -5$로 만들어 봅니다. $x = -\dfrac{3\pi}{2}$이 사라졌을 것입니다. 다시 슬라이더 α의 값을 움직여 $\alpha = -4.5$로 만들어 봅니다. 탄젠트 함수가 $x = -\dfrac{3\pi}{2}$를 통과하는 순간 점근선이 그려짐을 볼 수 있습니다. 즉, 대상이 나타나기 위한 조건이 참일 때에만 대상이 나타나는 것입니다. 나머지 점근선 $x = -\dfrac{\pi}{2}$, $x = \dfrac{\pi}{2}$, $x = \dfrac{3\pi}{2}$, $x = \dfrac{5\pi}{2}$ 에 대해서도 설정사항에 들어가서 대상이 나타나기 위한 조건에 각각 $\alpha > -\pi/2$, $\alpha > \pi/2$, $\alpha > 3\pi/2$, $\alpha > 5\pi/2$를 입력합니다.

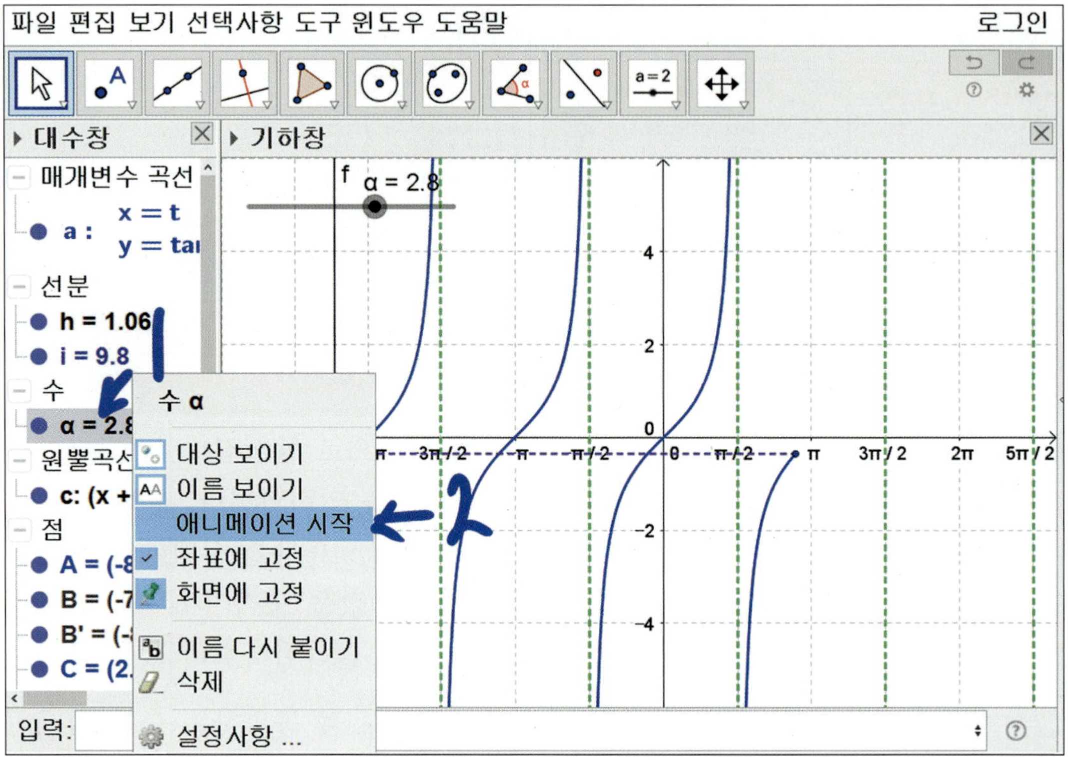

슬라이더 α에 애니메이션 켜기를 체크하면 그래프가 그려지는 부분이 점근선이 생기는 부분을 통과하는 순간 점근선이 아름답게 그려지는 것을 볼 수 있습니다.

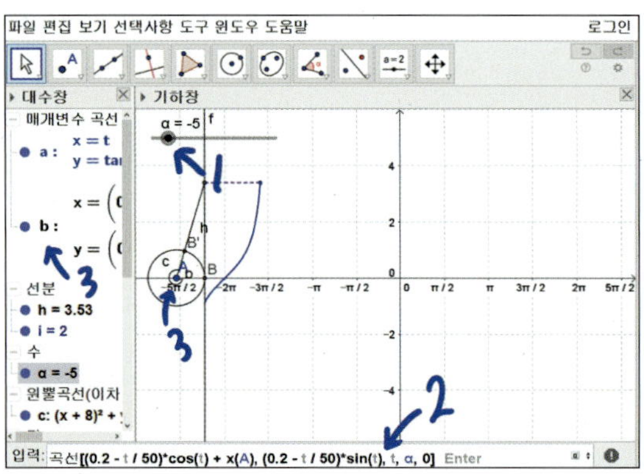

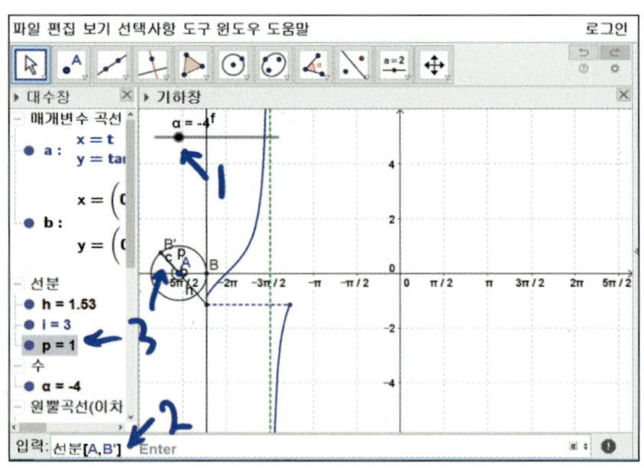

슬라이더 α를 $\alpha = -5$로 설정합니다. 입력창에

$$\text{곡선}[(0.2 - \mathrm{t}/50) * \cos(\mathrm{t}) + \mathrm{x}(\mathrm{A}), (0.2 - \mathrm{t}/50) * \sin(\mathrm{t}), \mathrm{t}, \alpha, 0]$$

를 입력합니다. 점 A에 일반각의 크기를 나타내는 곡선이 생겼습니다. 슬라이더 α를 $\alpha = -4$로 설정합니다. 선분$[\mathrm{A}, \mathrm{B}']$을 입력합니다. 일반각의 크기가 점 A의 주위에 곡선으로 표시가 된 모습을 볼 수 있습니다.

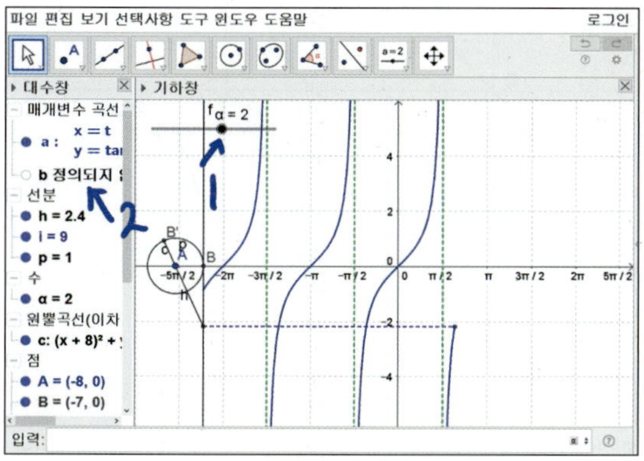

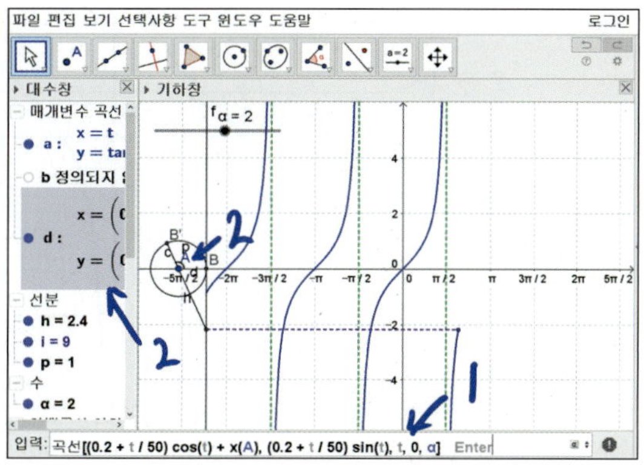

슬라이더 α를 조절하여 $\alpha = 2$에 맞추면 'b정의되지 않음'이 뜹니다. 왜냐하면 곡선 명령어에서 4번째 인자가 최솟값, 5번째 인자가 최댓값을 나타내므로 α가 0보다 작을 때에만 곡선이 그려지기 때문입니다. 양의 각에 대한 곡선에 대한 부분을 추가로 그려야 하겠습니다. 위와 같은 함수를 사용하여 입력창에

$$\text{곡선}[(0.2 + \mathrm{t}/50) * \cos(\mathrm{t}) + \mathrm{x}(\mathrm{A}), (0.2 + \mathrm{t}/50) * \sin(\mathrm{t}), \mathrm{t}, 0, \alpha]$$

을 입력합니다. 기하창에 곡선으로 양의 각이 표현된 것이 보입니다.

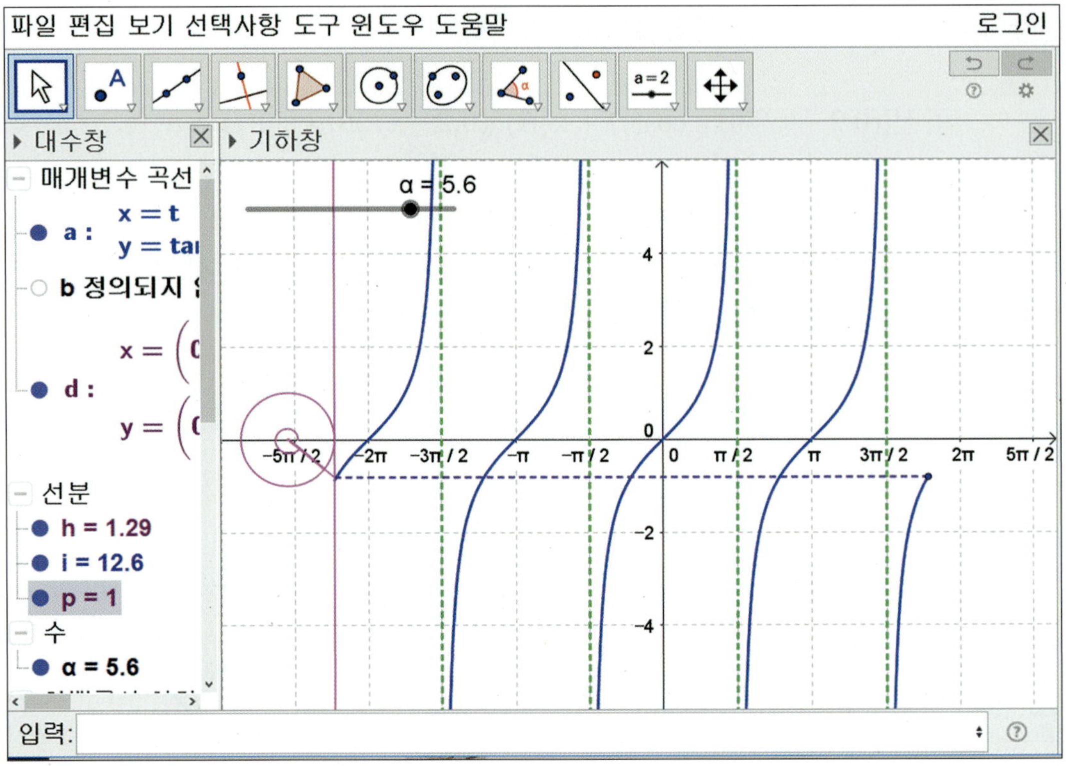

이제 각각의 대상의 설정에서 기본, 색상, 스타일을 바꾸면서 꾸며서 완성하면 됩니다. 이렇게 만든 다음 슬라이더 α에 애니메이션 시작을 체크하면 탄젠트 함수의 정의에 따라 탄젠트 함수가 자연스럽게 그려지는 것을 확인 할 수 있습니다. 탄젠트 함수의 그래프를 그리면서 기하창에 각각의 도구를 활용하여 일일이 그리지 않고 명령어를 활용하여 그리는 것을 해 보았습니다. 직접 그리는 것과 명령어를 입력하는 것에는 장단점이 있습니다. 단점으로는 각각의 명령어를 외워야 한다는 부담이 있습니다. 하지만 명령어가 필요할 때 대상의 정의를 보면 명령어를 어떤 식으로 썼는지를 살펴볼 수 있습니다. 처음 볼 때 복잡해 보이겠지만, 시행착오를 거치다 보면 대상의 정의에 쓰여진 의미를 파악할 수 있습니다. 조금 복잡한 것을 할 때는 직접 도구를 활용하여 그리는 것 보다 명령어를 직접 입력하면 여러 단계를 거치지 않고 간단히 처리할 수 있는 장점이 있습니다.

제3장

Geogebra를 활용한 통계

Geogebra와 수학의 시각화

사회적으로 통계의 역할이 커짐에 따라 학교에서도 통계교육의 중요성이 강조되고 있습니다. Geogebra에는 히스토그램, 막대그래프, 평균, 표본 등 통계와 관련된 다양한 함수들이 저장되어 있습니다. 또한 Microsoft Excel과 같이 다량의 데이터 처리가 가능한 스프레드시트 창이 있어 이들을 잘 활용하면 통계교육에 적합한 좋은 자료들을 만들 수가 있습니다. 이번 장에서는 큰 수의 법칙, 이항분포와 정규분포의 관계, 독립시행의 확률, 중심극한정리 그리고 뷔퐁의 바늘 문제를 실험을 통해 관찰할 수 있는 자료를 만들어 보도록 하겠습니다.

3.1 큰 수의 법칙

어떤 동일한 시행을 반복할 때 시행횟수가 많아질수록 특정한 사건에 대한 상대도수는 수학적 확률에 가까워집니다. 이것은 확률과 통계의 기본이 되는 법칙으로 큰 수의 법칙이라 부릅니다. 여기서는 큰 수의 법칙을 실험해 볼 수 있는 자료로써 가상 주사위 프로그램을 만들어 보고자 합니다.

3.1.1 주사위 던지는 버튼 만들기

각 면에 1부터 6까지의 자연수가 적혀 있는 일반적인 주사위가 있다고 하고, 그 주사위를 던졌을 때 결과가 나타나도록 하는 버튼을 만들어 보겠습니다. 물론 주사위의 각 면이 나올 가능성은 모두 동일하다고 가정합니다. Geogebra의 입력창에 다음과 같은 명령어를 입력해 봅니다.

```
랜덤[1,6]
```

※ 랜덤[<최소정수>, <최대정수>] : 해당 범위의 정수를 임의로 출력

랜덤함수는 해당 범위의 정수 중 하나를 임의로 출력하는 함수입니다. 입력창에 위의 내용을 입력 후 엔터를 누르면 아래 그림과 같이 대수창에 변수가 만들어지게 됩니다. 여기서 변수의 값은 임의로 설정되기 때문에 만들 때 마다

다른 값일 수 있습니다. [Ctrl]+[R]을 눌러 봅니다. [Ctrl]+[R]은 모든 대상을 다시 계산하는 단축키로 이를 누를 때마다 변수에 설정된 값은 [1,6] 범위에서 불규칙적으로 변합니다.

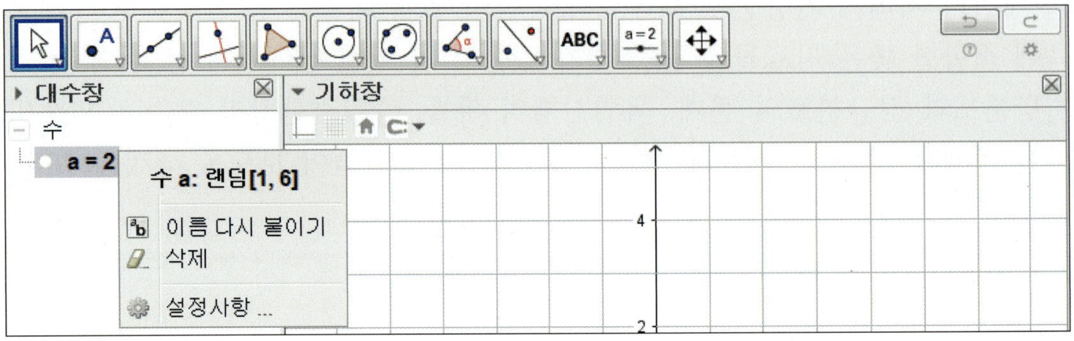

참고로 위에서 한 것과 같이 별도의 이름을 만들어 주지 않으면 Geogebra는 변수 이름을 자동으로 부여합니다. 그러나 이는 프로그램의 가독성을 높이는 측면에서 볼 때 바람직한 것이 아닙니다. 따라서 변수 이름을 정의할 때에는 rand, line, point 등과 같이 그 변수가 무엇을 뜻하는지 알 수 있도록 하는 것이 여러 면에서 좋습니다. 그러면 입력창에 다음과 같이 입력해 보겠습니다.

```
rand=랜덤[1,6]
```

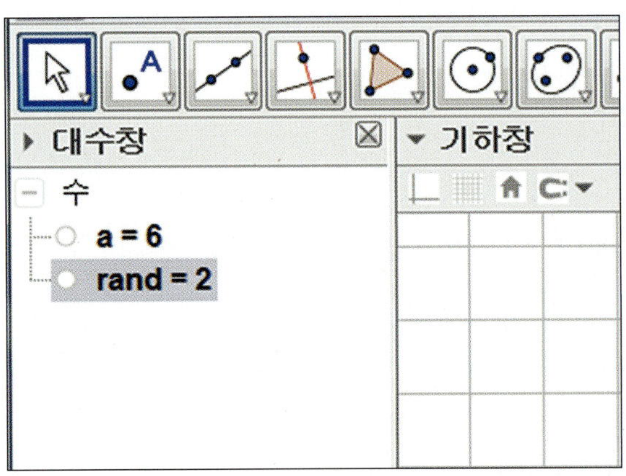

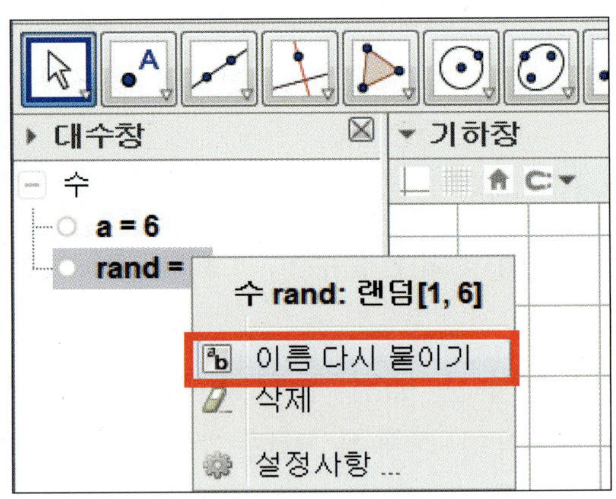

위의 왼쪽 그림과 같이 rand라는 이름으로 변수가 만들어졌음을 확인할 수 있습니다. 이는 랜덤함수의 결과를 rand라는 이름의 변수에 넣으라는 의미로 해석할 수 있습니다. 물론 이미 만들어진 변수에서 이름을 수정하는 방법도 있습니다. 위의 오른쪽 그림과 같이 정의된 변수에 마우스 포인터를 올려놓고 오른쪽 버튼을 클릭하면 리스트가 나타납니다. 여기에서 '이름 다시 붙이기'를 클릭하면 이름을 수정할 수 있는 창이 나타납니다. 다음으로 주사위를 던지는 버튼을 만들어 보겠습니다. [Ctrl]+[R]을 눌러 주사위를 던지는 것은 사용자 입장에서 매우 번거로운 일입니다. 만약 [Ctrl]+[R] 대신 간단히 버튼을 클릭하여 다시 계산할 수 있다면 이 방법이 훨씬 직관적이고 간단한 방법이라 할 수 있습니다. [Ctrl]+[A]를 누르고 [Delete]키를 눌러 지금까지 작업한 내용을 모두 삭제하겠습니다. 그리고 입력창에 다음 내용을 입력합니다. 여기서 초깃값 1은 큰 의미를 가지지 않습니다.

```
rand=1
```

그리고 도구모음에서 슬라이더가 포함된 도구를 아래로 펼쳐보면 아래 그림과 같이 버튼 도구가 나옵니다.

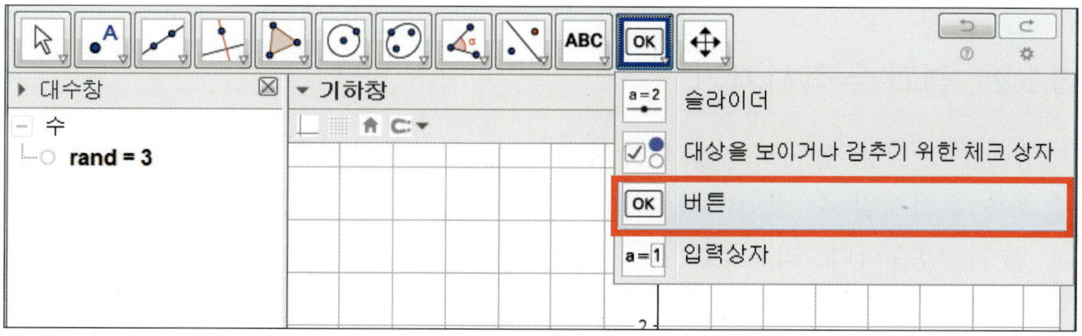

이것을 선택하고 이어서 바로 기하창의 여백을 클릭합니다. 그러면 아래 그림과 같이 버튼에 대한 명령어를 입력할 수 있는 스크립트 창이 나타납니다.

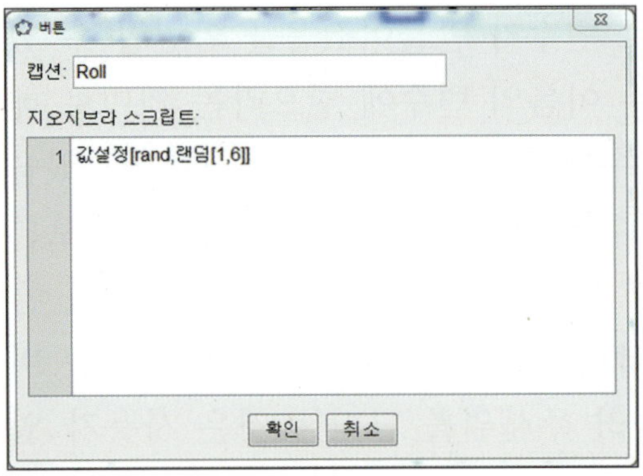

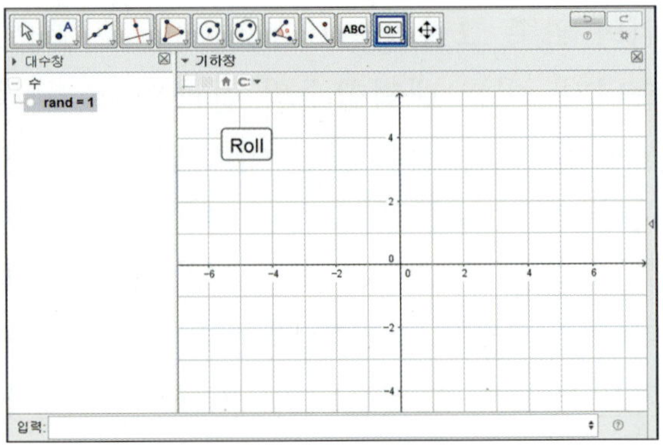

캡션에 'Roll'이라 입력하고, 스크립트에는 다음 내용을 작성합니다.

```
값설정[rand,랜덤[1,6]]
```

이는 [1,6] 범위에서 정수를 임의로 선택하고, 이미 정의되어 있는 rand라는 변수에 이 값을 넣으라는 의미입니다. 이때, 기존에 rand 변수에 들어있던 값은 지워지게 됩니다. 이제 확인을 클릭하여 스크립트 창을 닫습니다. 기하창에 만들어진 Roll이란 이름의 버튼을 클릭해 보면 rand 변수의 값이 [1,6] 범위에서 변하는 것을 확인할 수 있습니다. 이것으로 [Ctrl]+[R]을 대신할 수 있는 버튼이 생성되었습니다.

3.1.2 결과 누적시키기

시행횟수에 따른 상대도수를 관찰하기 위해서는 주사위를 던질 때마다 나오는 결과를 누적시킬 수 있어야 합니다. 리스트라는 것을 이용하면 이것을 가능하게 할 수 있습니다. 리스트는 수, 점, 선 등과 같이 Geogebra에서 다루는 대상의 한 유형으로써 수학적으로는 수열의 의미를 지니고 있고, 중괄호({})를 이용하여 정의합니다. 입력창에 다음 명령어를 입력해 보겠습니다.

```
result={ }
```

아래 왼쪽 그림과 같이 대수창에 result라는 이름의 리스트가 정의되었습니다. 그러나 결과를 result에 누적시키는 코딩은 아직 입력하지 않았기 때문에 Roll 버튼을 클릭해도 result는 변하지 않습니다.

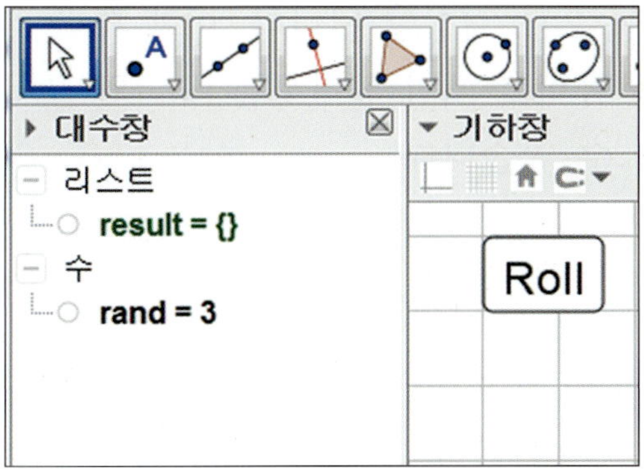

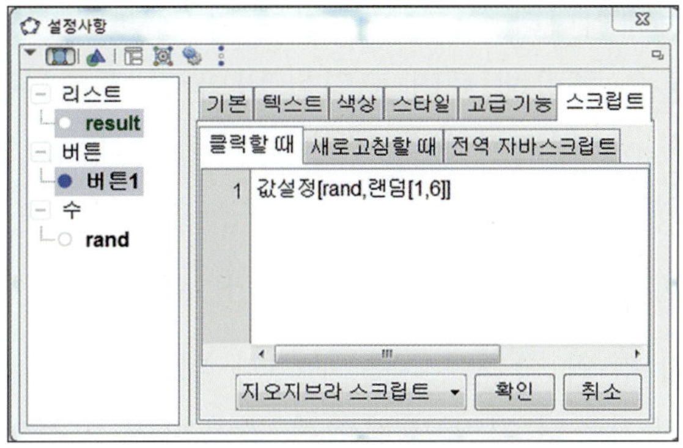

이제, 버튼을 누를 때마다 result에 결과를 누적시켜주는 코드를 작성해 보겠습니다. 버튼에 포인터를 올려놓고 마우스 오른쪽 버튼을 클릭하여 설정사항으로 들어갑니다. 그러면 위의 오른쪽 그림과 같이 스크립트 설정사항이 나타납니다. 스크립트의 1번 줄에 이미 입력한 명령어가 있습니다. 엔터를 눌러 아래 왼쪽 그림과 같이 2번 줄에 다음 내용을 입력합니다.

```
값설정[result,추가[result,rand]]
```

※ 추가[<리스트>,<대상>] : 대상을 리스트의 오른쪽에 추가

※ 값설정[<대상1>,<대상2>] : 대상1의 값을 대상2의 값으로 대치

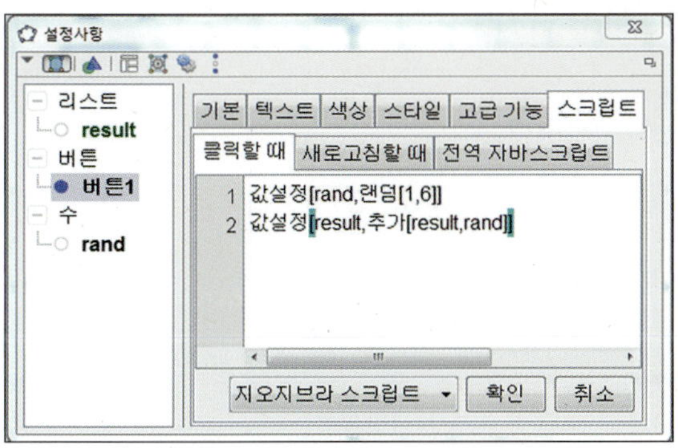

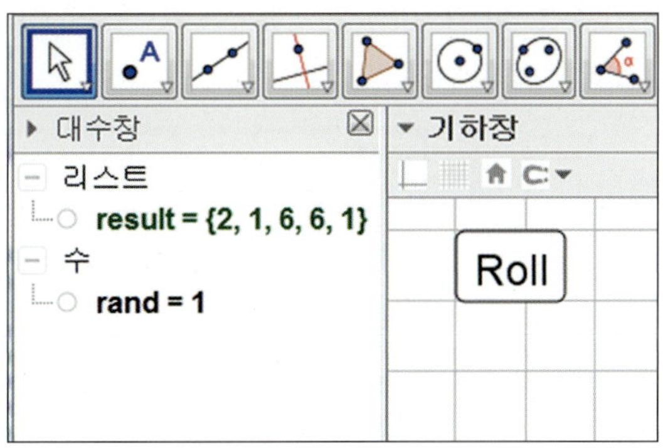

'추가' 명령에 의해 result 리스트의 오른쪽에 rand의 값이 추가가 되고, 이렇게 만들어진 새로운 리스트는 '값설정' 명령에 의해 기존 result 리스트의 새로운 값이 됩니다. 수학적으로 함수의 인수 부분에 함수가 들어가 있는 합성함수의 형태입니다. X를 클릭하여 창을 닫으면 자동으로 저장이 됩니다. 이제 Roll 버튼을 클릭해 보면 코딩한 바와 같이 버튼을 클릭할 때마다 나오는 rand의 값이 result 리스트에 누적이 되는 것을 확인 할 수 있습니다.

3.1.3 상대도수 구하기

각 눈의 상대도수를 구하기 위해서는 각 눈의 빈도수를 먼저 알아야 합니다. '세기조건'이란 명령어를 활용하면 이것이 가능합니다. 조건에 맞는 대상의 수를 세는 것으로 Excel을 다루는 사용자라면 'countif' 함수에 해당한다고 생각하면 됩니다. 입력창에 다음 내용을 입력합니다.

```
r1=세기조건[x==1,result]
```

※ 세기조건[<조건>,<리스트>] : 리스트에서 조건에 맞는 원소의 개수

먼저 세기조건의 첫 번째 인수를 살펴보도록 하겠습니다. 등호가 2개 연달아 사용되었는데, 등호가 1개면 대입, 등호가 2개면 판단의 의미입니다. 즉, 'x=1'은 x에 1을 넣는 것이고, 'x==1'은 x의 값이 1인지 아닌지를 판단하는 것입니다. 따라서 위 명령어로 두 번째 인수인 result의 각 원소에 대해서 조건 'x==1'이 참인 것의 개수를 세고, 그 수를 r1에 대입하게 됩니다.

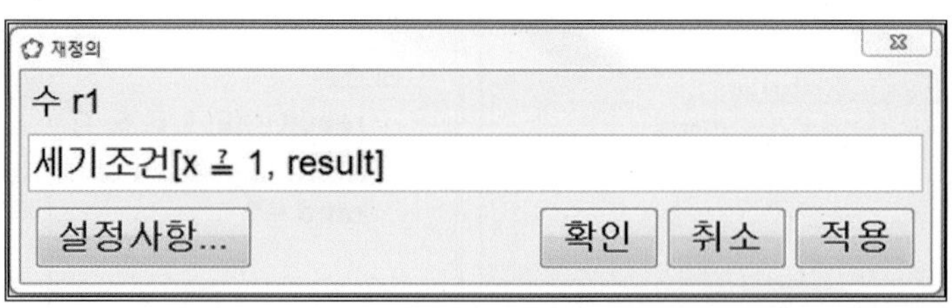

참고로 연산자 '=='를 입력한 후 재정의 창을 열면 위의 그림과 같이 등호 위에 물음표가 그려진 형태로 표시가 됩니다. 이는 두 값이 같은지 물어보는 의미로 해석할 수 있겠습니다. 이어서 result 리스트에서 2의 개수를 세기 위해 입력창에 다음과 같이 입력합니다.

```
r2=세기조건[x==2,result]
```

위와 같은 방법으로 r3, r4, r5, r6도 만들어 봅니다.

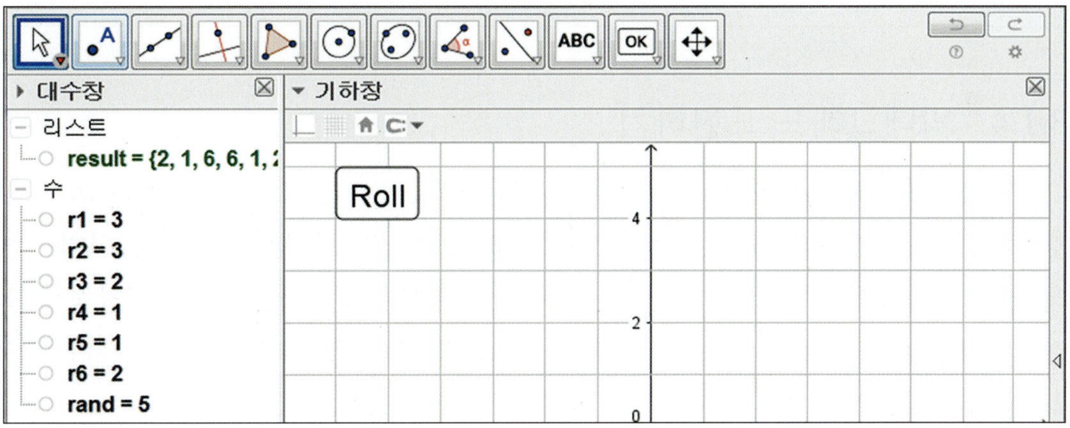

상대도수는 각 눈의 빈도수를 총 시행횟수로 나누면 됩니다. 그러면 총 시행횟수는 어떻게 구해야 할까요? 아마도 여러 가지 방법이 있을 것입니다. 다음을 입력창에 입력해 봅니다.

```
total=세기조건[x>0,result]
```

마지막으로 빈도수를 총 시행횟수로 나누어 줌으로써 상대도수를 나타내 보도록 하겠습니다. 대수창에서 r1을 더블 클릭하면 r1을 재정의 할 수 있는 창이 나옵니다. 이때, 빈도수를 나타내는 수식을 total 변수로 나누어 주면 상대도수가 계산됩니다.

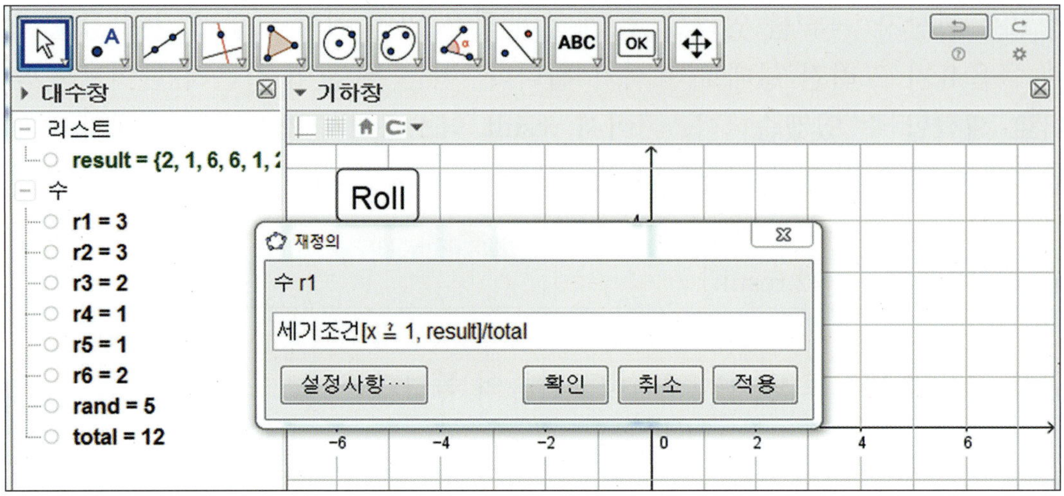

3.1.4 막대그래프 표현하기

막대그래프를 그리기 전에 좌표축의 모양을 설정하겠습니다. 기하창에 마우스 포인터를 놓고 오른쪽 버튼을 클릭하여 기하창의 설정사항으로 들어갑니다. 아래 왼쪽 그림과 같이 기본 탭의 좌표축 항목에서 축과 이름을 굵게 설정합니다. 그리고 x축, y축 탭에서 눈금간격은 1 그리고 양의 방향만 나타나게 설정합니다.

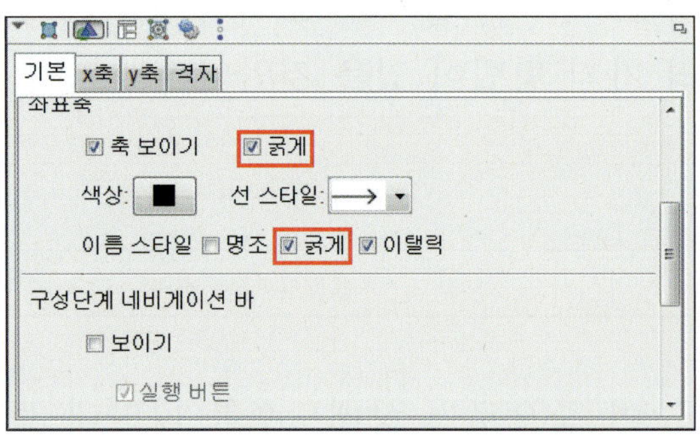

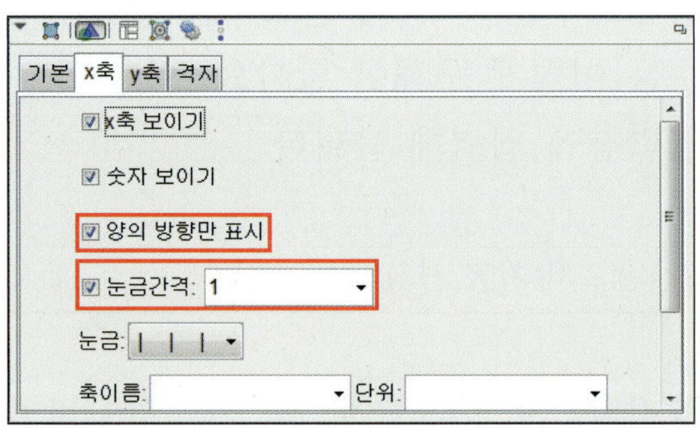

이제 x축과 y축을 각각 적당히 확대하여 필요한 부분만 화면에 나타나도록 하겠습니다. 도구모음의 가장 오른쪽에 있는 '기하창 이동' 도구를 선택합니다.

마우스의 포인터를 y축 위에 올려놓으면 위아래 양방향 화살표로 포인터의 모양이 바뀌는 것을 볼 수 있습니다. 이때, 마우스 왼쪽 버튼을 클릭한 채로 위로 올려 보면 y축이 확대됩니다. y축은 상대도수를 나타내는 축으로 0부터 1까지의 값만 필요합니다. 따라서 눈금 1이 기하창의 상단에 위치할 때까지 확대해 줍니다. x축은 막대그래프가 놓이는 부분으로 눈금 7이 가장 오른쪽에 놓이도록 확대해 줍니다. 이제 상대도수를 막대그래프로 나타내 보겠습니다. 막대그래프를 그리기 위해서는 막대의 높이에 대한 리스트가 필요합니다. 입력창에 다음 내용을 입력하여 높이 리스트를 생성합니다.

```
ratio={r1,r2,r3,r4,r5,r6}
```

이제 막대그래프를 그려 보겠습니다. 다음 내용을 입력창에 입력합니다.

```
막대그래프[0.5,6.5,ratio]
```

※ 막대그래프[<시작값>,<끝값>,<높이의 리스트>]

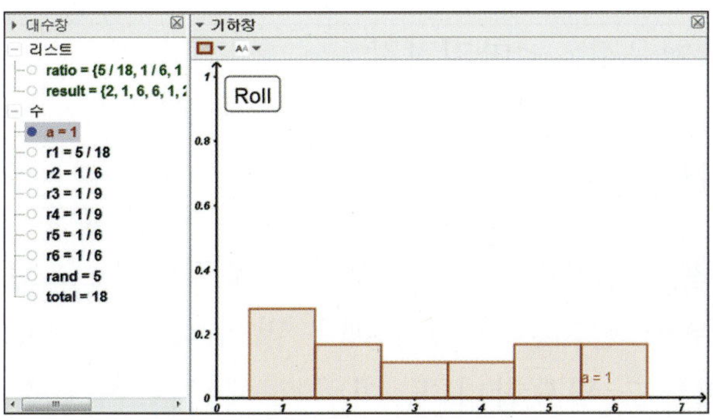

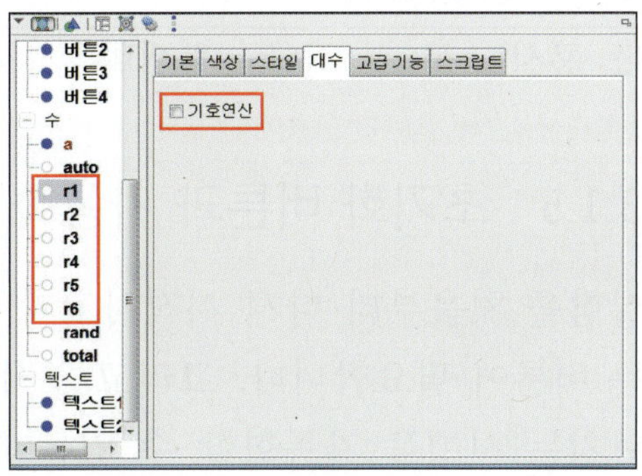

위의 왼쪽 그림과 같이 대수창의 r1, r2, r3, r4, r5, r6 의 값이 분수로 표시가 되어 있는데, 각 수의 설정사항의 대수 탭에서 기호연산을 해제하여 소수표현으로 바꾸어 줍니다. 이제 만들어 놓은 Roll 버튼을 클릭해 봅니다. 막대그래프의 높이가 조금씩 달라지는 것을 볼 수 있습니다. 시각적인 효과를 높이기 위해 막대들의 색상도 다르게 지정해 보겠습니다. 막대 위에 마우스 포인터를 올려놓고 오른쪽 버튼을 클릭하여 설정사항으로 들어갑니다. 설정사항에서 막대를 개별적으로 선택하여 색상을 변경해 줍니다.

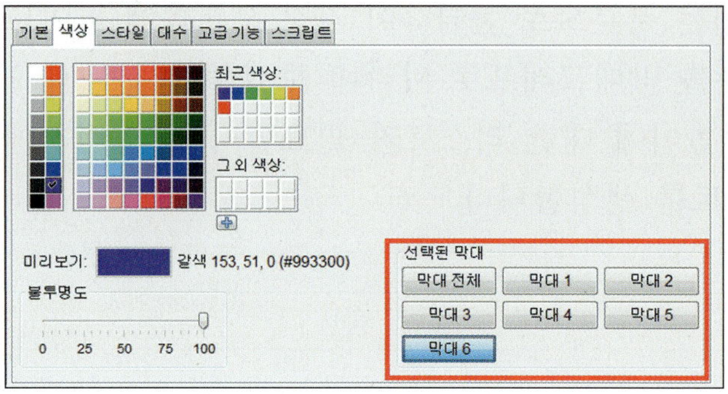

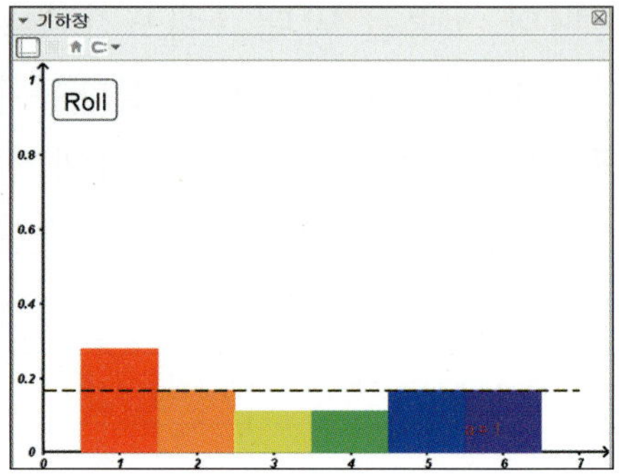

또, 위의 오른쪽 그림과 같이 막대들의 높이가 어느 곳으로 수렴해 가는지를 알기 쉽게 나타내기 위해 직선 $y = 1/6$ 을 그려줍니다. 그리고 직선의 설정사항에서 이를 점선으로 변경합니다.

```
곡선[t,1/6,t,0,7]
```

※ 곡선[<식>,<식>,<매개변수>,<처음값>,<마지막값>]

3.1.5 초기화 버튼과 자동화 버튼 만들기

실험을 처음부터 다시 시작하고자 할 때, 이미 실행한 결과를 초기화할 수 있는 버튼이 필요합니다. 그리고 주사위를 던지는 시행을 매우 많이 해야 하므로 던지는 시행을 자동화할 수 있는 버튼도 필요합니다. 이번 절에서는 이 버튼들을 만드는 과정을 소개합니다. 먼저 초기화 버튼을 만들어 보겠습니다. 위의 도구 목록에서 버튼 도구를 선택합니다. 그리고 버튼의 설정사항에서 캡션에 'Reset'이라 작성합니다. 초기화는 result 리스트를 비우면 되는 것이므로 버튼의 스크립트는 다음과 같이 작성합니다.

```
값설정[result,{}]
```

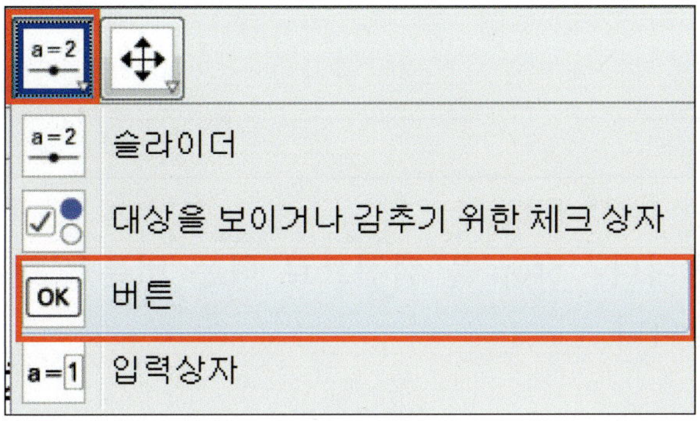

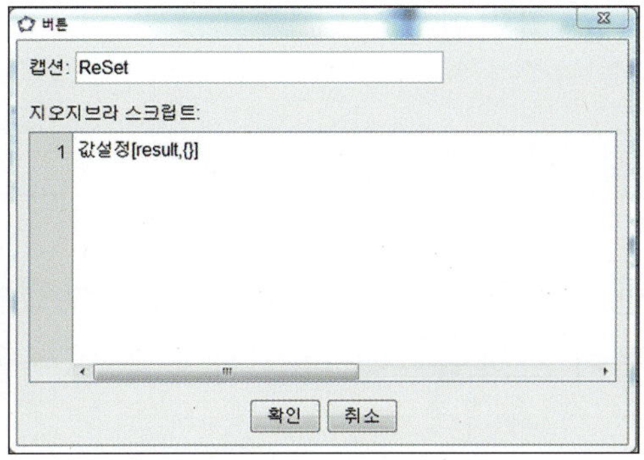

만들어진 버튼은 마우스의 오른쪽 버튼을 클릭한 채로 움직여 주면 원하는 위치에 배치할 수 있습니다.

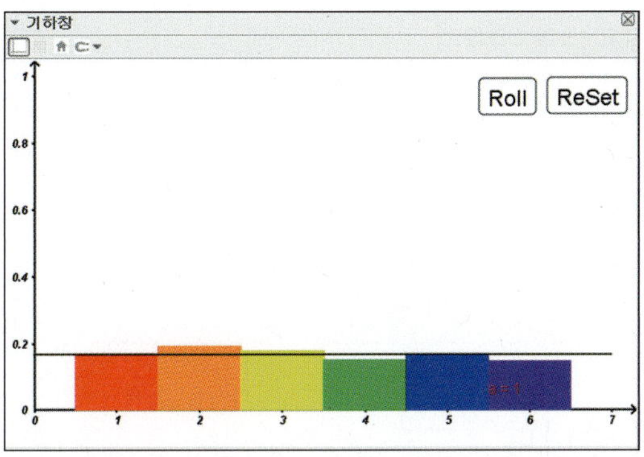

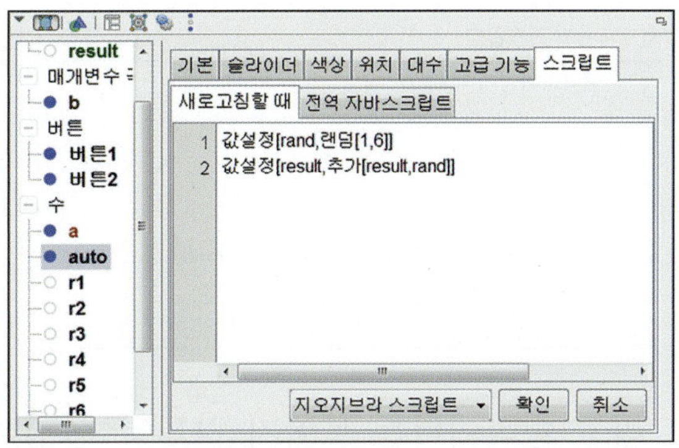

다음으로 자동으로 주사위를 던져주는 자동화 버튼을 만들어 보겠습니다. 우선 슬라이더를 만듭니다. 슬라이더의 이름은 'auto'로 정의합니다. 슬라이더의 설정사항에서 스크립트(새로 고침할 때)에 위의 오른쪽 그림과 같이 다음 내용을 입력합니다.

```
값설정[rand,랜덤[1,6]]
값설정[result,추가[result,rand]]
```

이제 슬라이더를 좌우로 움직여 보면 total의 숫자가 올라감을 확인할 수 있습니다. 다음으로 'Auto'를 캡션으로 하는 버튼을 만들어 스크립트에 다음 내용을 입력합니다.

```
애니메이션시작[auto,true]
```

반대로 멈추는 버튼을 만들어 보겠습니다. 'Stop'을 캡션으로 하는 버튼을 만들어 스크립트에 다음 내용을 입력합니다.

```
애니메이션시작[auto,false]
```

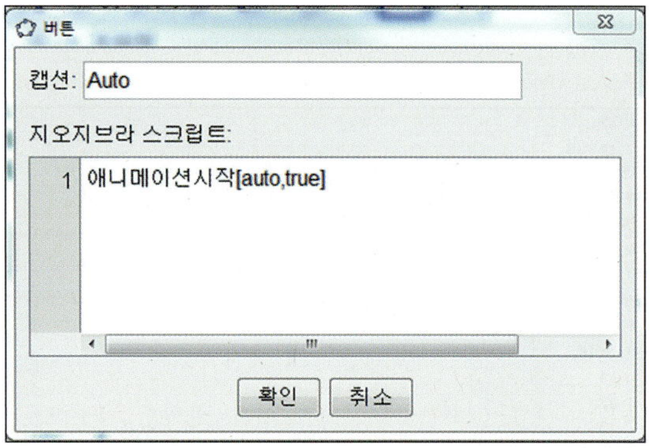

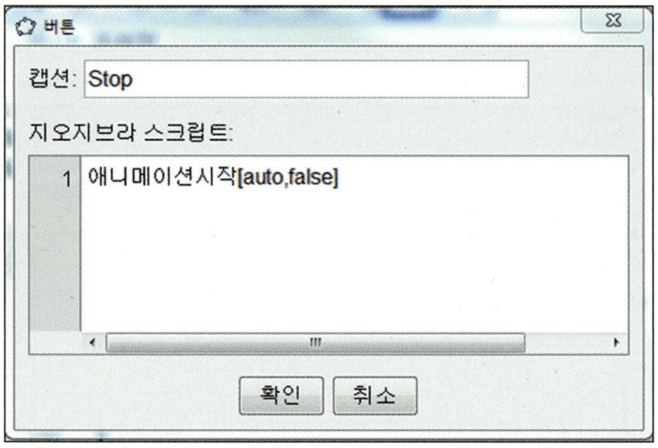

그리고 슬라이더는 보이지 않도록 설정해 줍니다.

3.1.6 자료의 제목과 상대도수 분포표 나타내기

자료의 진행상황을 알 수 있게 하는 간단한 표를 만들어 보겠습니다. 먼저 입력창에 다음 내용을 입력하여 눈의 수로 이루어진 리스트를 생성합니다.

```
no={1,2,3,4,5,6}
```

그리고 다음 내용을 입력하여 눈의 수에 따른 상대도수를 나타내는 표를 생성합니다.

```
표[no,ratio]
```

※표[<리스트>,<리스트>]

버튼과 표를 적당한 위치에 배치하고 '텍스트' 도구를 이용하여 제목을 적으면 아래 그림과 같은 완성된 자료를 얻을 수 있습니다.

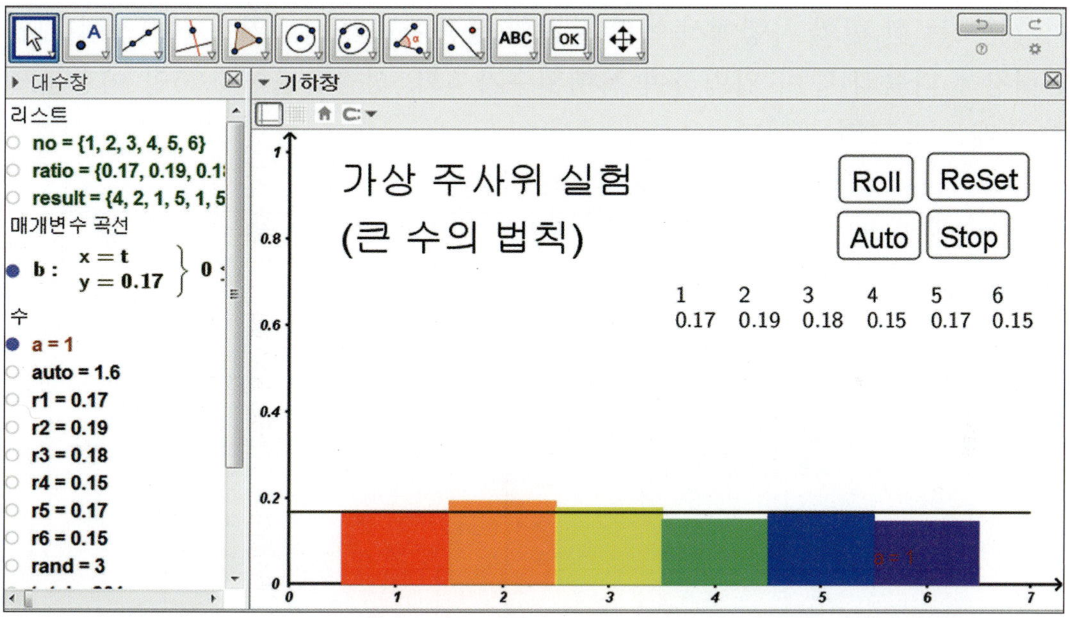

이번 장에서는 가상 주사위를 통해 큰 수의 법칙을 실험해 볼 수 있는 자료를 만들어 보았습니다. 이 과정에서 임의의 수를 추출하는 방법과 관찰의 결과를 누적시키는 방법 그리고 수집된 자료에서 특정한 자료를 세는 방법 등 통계 실험에서 요구되는 기본적인 내용들을 학습하였습니다. 다음 장부터는 이번 장의 내용을 기본 바탕으로 통계에서 실험할 수 있는 다양한 자료를 만들어 보도록 하겠습니다.

3.2 이항분포와 정규분포의 관계

확률변수 X가 이항분포를 따를 때, 시행횟수가 크면 클수록 이항분포의 모양은 정규분포의 모양에 가까워지게 됩니다. 이번 장에서는 이항분포가 정규분포를 닮아가는 과정을 관찰해 볼 수 있는 자료를 만들어 볼 것입니다. 동적으로 움직이는 자료이기 때문에 단순히 교과서의 정지한 그림을 보고 깨닫는 것보다는 개념을 정확하게 인지하는데 더 많은 도움이 될 것이라 생각합니다.

3.2.1 이항분포의 그래프 그리기

이항분포는 한 번의 시행에서 어떤 사건의 성공확률과 시행횟수로 결정됩니다. 입력창에 다음과 같이 입력하여 시행횟수가 5회, 성공확률이 0.25인 이항분포의 그래프를 그려 봅니다.

이항분포[5,0.25]

※ 이항분포[<시행횟수>,<성공확률>]

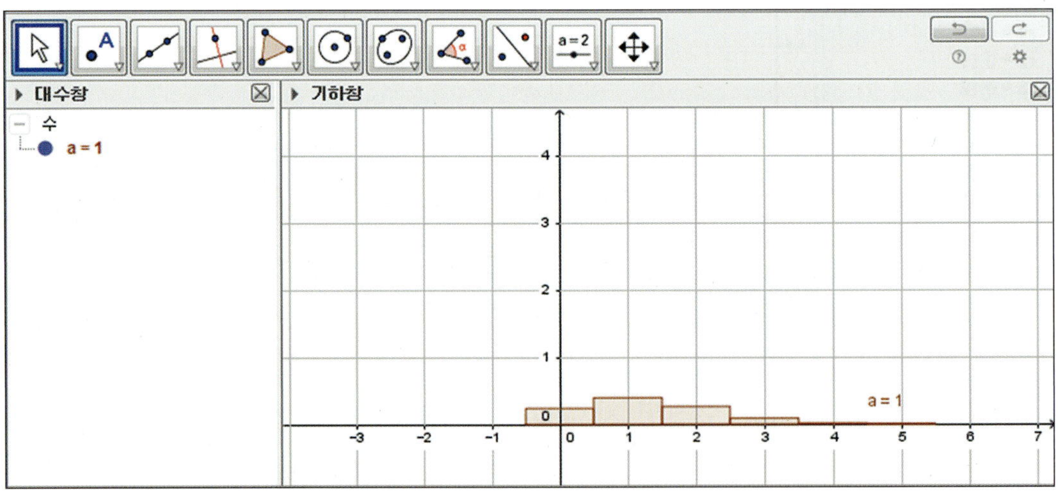

위의 그림과 같이 6개의 막대가 만들어지게 됩니다. 여기서 x축의 0에 위치한

막대는 5번의 시행에서 0번 성공할 확률을 나타내고, 1에 위치한 막대는 5번의 시행에서 1번 성공할 확률을 나타냅니다. 그런데 그래프를 그리고 보니 막대의 높이가 낮아 각 확률을 서로 비교하기가 어렵다는 것을 알 수 있습니다. y축은 확률을 나타내는 축으로 1보다 큰 값은 의미가 없기 때문에 아래 그림에서와 같이 y축을 확대해 주도록 하겠습니다. 축의 확대는 도구모음에서 기하창 이동을 선택하고, 마우스의 축을 잡아 직접 늘려주는 방법이 있습니다.

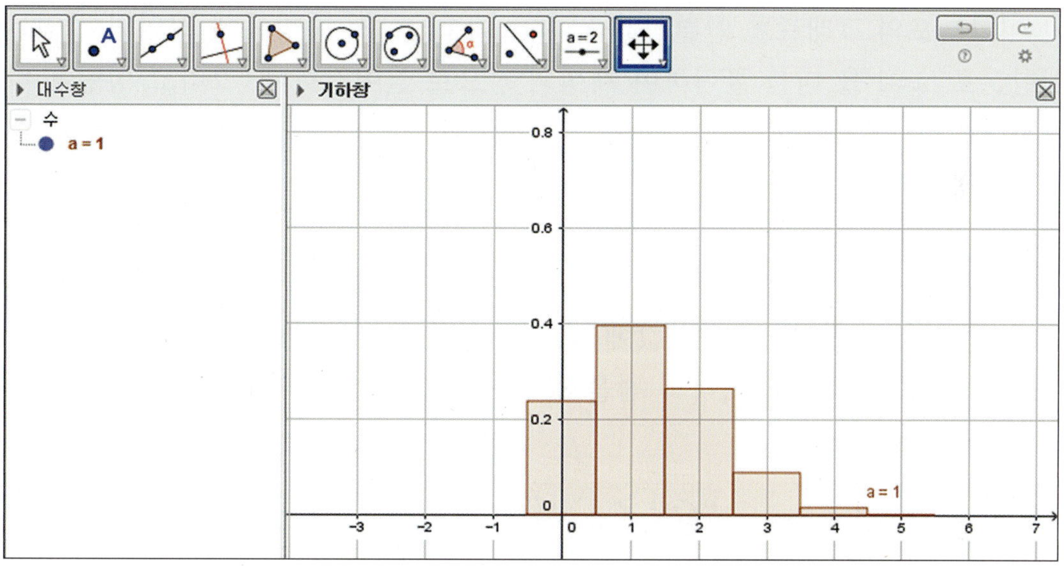

3.2.2 이항분포 그래프를 동적으로 표현하기

우리는 이 자료를 통해 시행횟수가 커짐에 따라 이항분포의 그래프가 정규분포의 그래프에 가까워지는 과정을 보려 하는 것입니다. 따라서 지금부터는 그래프가 시행횟수의 변화에 즉각적으로 반응할 수 있도록 자료를 구성해 보도록 하겠습니다. 도구모음에서 '슬라이더' 도구를 선택하고 이어서 기하창을 클릭하면 슬라이더 설정창이 나옵니다. 그림과 같이 [1,100] 범위의 정수형 변수 n과 [0,1] 범위의 실수형 변수 p를 정의합니다.

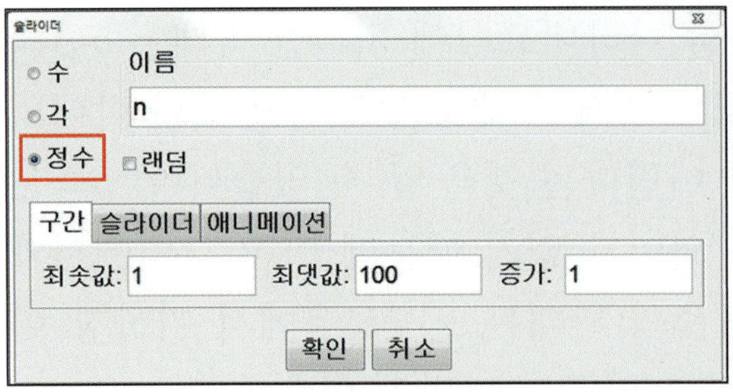

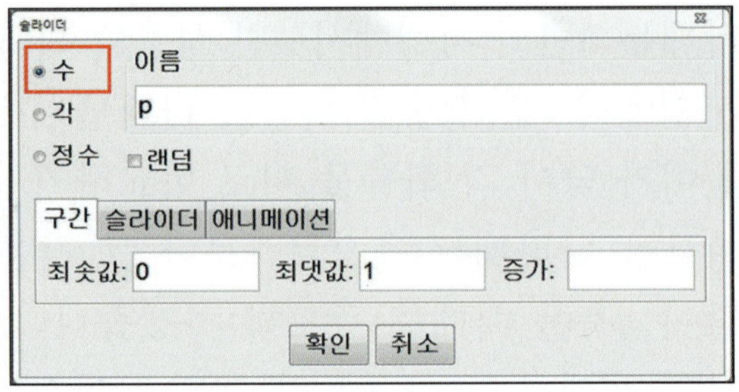

기하창에 n과 p의 슬라이더가 생성된 것을 볼 수 있습니다. 이제 이 슬라이더와 이항분포의 그래프를 연결하겠습니다. 대수창에서 수항목에 정의되어 있는 이항분포 'a=1'을 더블 클릭하여 재정의 창으로 들어갑니다. 그리고 명령을 다음과 같이 수정합니다.

이항분포[n,p]

현재 설정되어 있는 n과 p의 값에 따른 이항분포로 모양이 바뀐 것을 확인할 수 있습니다. 이제 슬라이더의 점을 잡고 움직여보면 그래프가 함께 움직여지는 것을 볼 수 있습니다.

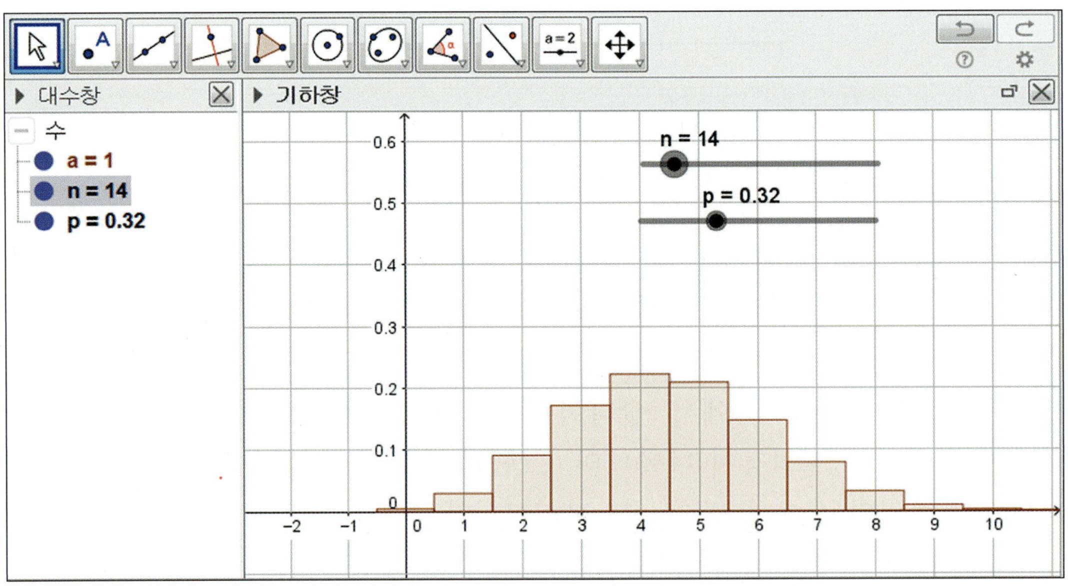

이제 이항분포의 설정사항으로 들어가 막대의 색상과 불투명도를 적당한 형태로 설정해 줍니다.

3.2.3 스프레드시트를 이용하여 표 구성하기

지금부터는 기하창에 이항분포의 시행횟수와 성공확률, 평균과 표준편차 등을 나타내는 표를 나타내 보도록 하겠습니다. 우선 상단 메뉴 중 보기에서 스프레드시트를 선택하여 창을 열어 줍니다. 참고로 스프레드시트 창을 여는 단축키는 [Ctrl]+[Shift]+[S] 입니다. 스프레드시트 창의 1행에 항목들의 이름을 아래와 같이 입력합니다. 그리고 2행에는 1행의 계산식을 입력합니다. 시행횟수(=n), 성공확률(=p), 실패확률(=1-p), 평균(=n*p), 분산(=n*p*(1-p)), 표준편차(=sqrt(n*p*(1-p)))

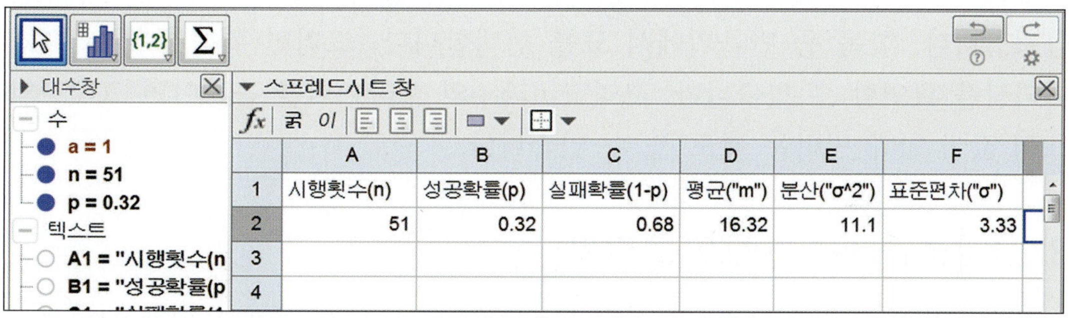

위와 같이 입력하면 Excel 과 동일하게 계산식을 처리하여 그 결과를 보여 줍니다. 이때, 시그마 기호는 입력창을 클릭했을 때, 오른쪽에 나타나는 알파(α)를 클릭하면 찾을 수 있습니다. 이를 복사하여 사용하면 됩니다. 그리고 글자가 셀의 너비보다 길어서 안 보이게 될 때는 마우스로 셀의 경계를 잡아 셀 너비를 늘려주면 됩니다. 참고로 Geogebra 스프레드시트가 Excel과 다른 점은 셀에 수뿐만 아니라 행렬이나 좌표, 리스트 등과 같은 대상도 입력 가능하며 그것을 처리할 수 있다는 점입니다.

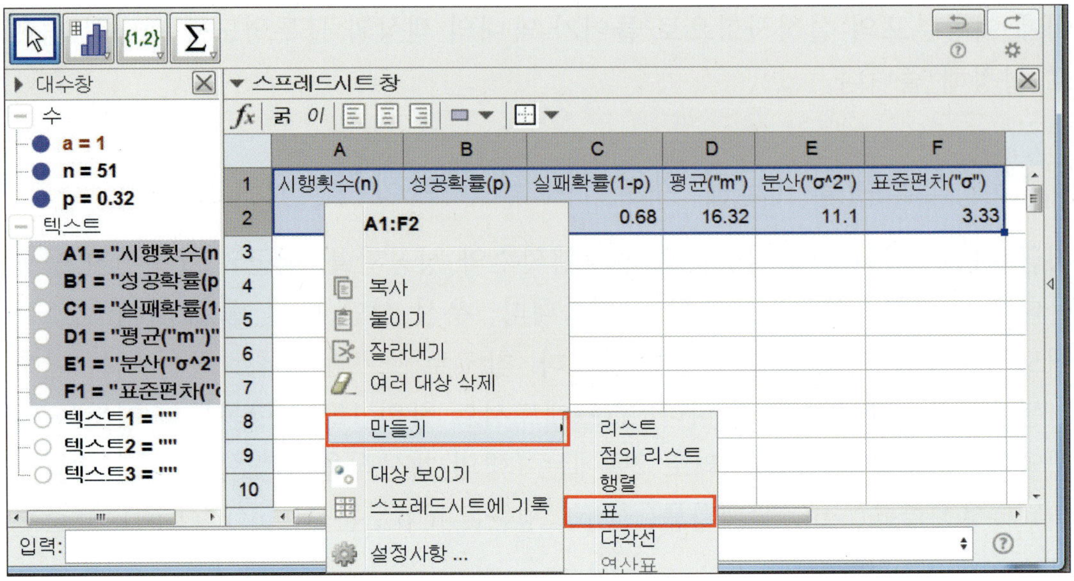

위 그림과 같이 스프레드시트에 입력한 두 행을 드래그한 후 오른쪽 마우스를 클릭합니다. 항목 중 만들기에서 표를 선택합니다. 그러면 기하창에 이 표가 나타남을 확인할 수 있습니다. 그리고 n과 p의 슬라이더를 움직이면 그래프와 표의 값이 함께 변하는 것도 볼 수 있습니다.

3.2.4 정규분포 그래프 그리기

이항분포와 정규분포 그래프를 비교하기 위해 이항분포 그래프 위에 이항분포의 평균과 표준편차를 인수로 하는 정규분포 그래프를 그려 보겠습니다. 입력창에 아래와 같이 입력합니다.

```
정규분포[D2,F2,x]
```

※ 정규분포[<평균>,<표준편차>,x]

확률변수 X가 정규분포를 따른다고 할 때, 그것을 기호로 $X \sim N(m, \sigma^2)$와 같이 나타냅니다. 그러나 정규분포의 그래프를 그리는 명령어에서는 분산이 아닌 표준편차를 넣어주어야 합니다. 이것은 일반적인 표현과 다른 부분이라 자칫 실수할 수 있기 때문에 주의가 필요합니다.

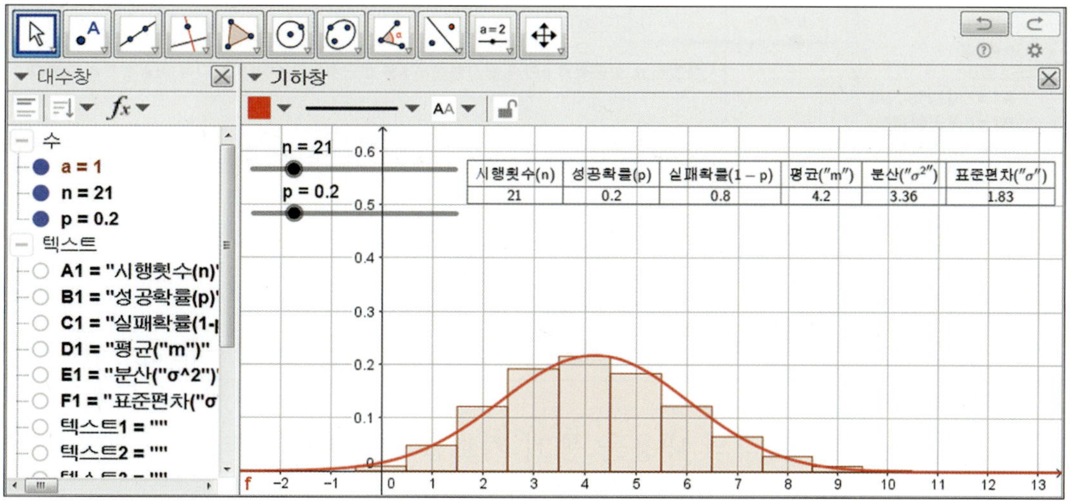

3.2.5 텍스트를 활용하여 내용 구성하기

마지막으로 이 자료가 설명하고자 하는 내용을 글로 보여주는 부분을 만들어 보도록 하겠습니다. '텍스트' 도구를 이용하여 기하창에 아래 문장을 입력합니다.

시행횟수 n, 성공확률 p인 독립시행에서 X를 성공횟수라 하면 X는 다음 이항분포를 따른다.

이때 시행횟수 n이 충분히 크면 확률변수 X는 다음 정규분포를 따른다고 할 수 있다.

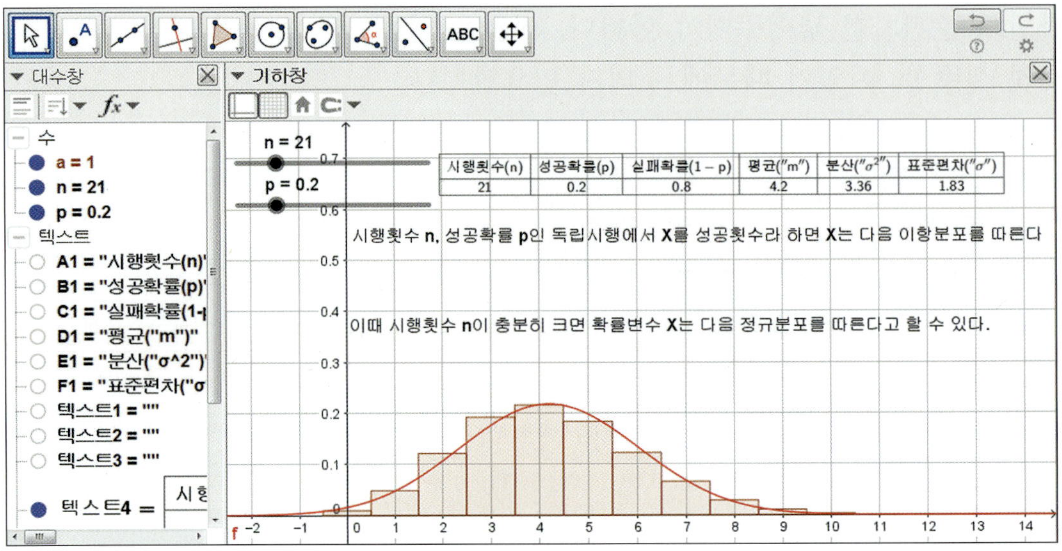

이제 위에서 작성한 각각의 내용을 통계 기호를 사용하여 나타내 보겠습니다. ‘텍스트’ 도구를 이용하여 다음과 같이 작성합니다.

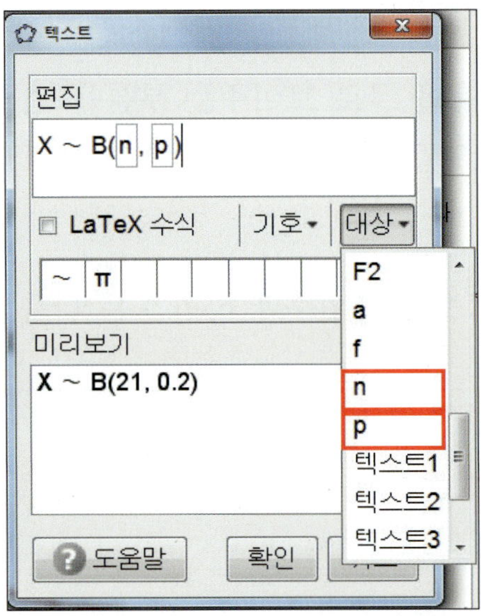

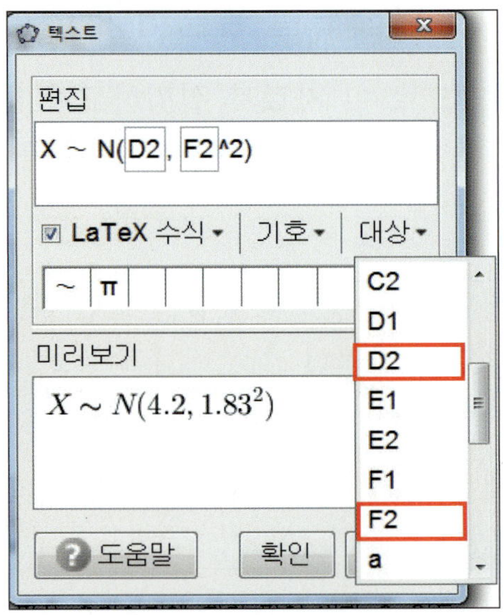

위의 왼쪽 그림과 같이 n(시행횟수), p(성공확률)를 키보드에서 문자로 입력해 주는 대신 설정창의 대상에서 변수를 찾아 입력해주게 되면 기하창에 표시되

는 문자열에서도 n과 p의 값이 구체적인 값으로 나타날 뿐만 아니라 동적인 상황에서 변화하는 변수의 값을 그대로 보여주게 됩니다. 위의 오른쪽 그림과 같이 평균과 분산의 값도 슬라이더의 값에 따라 변하는 값으로 보여 지도록 대상에서 찾아 설정해 줍니다. 참고로 '~'표시는 설정창의 기호에서 찾아서 입력하도록 합니다.

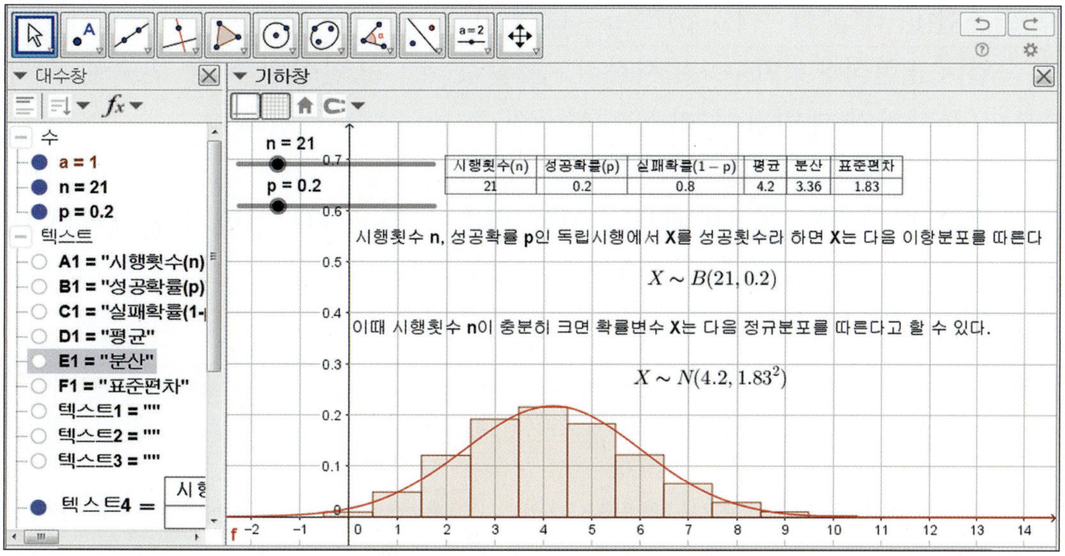

다음으로 [0,k] (k는 정수) 범위에서 이항분포와 정규분포의 확률을 서로 비교해 볼 수 있는 내용을 작성해 보도록 하겠습니다. 먼저 k라는 이름의 슬라이더를 [0,n] 범위의 정수로 만들어 줍니다. 최댓값을 n으로 하는 이유는 k가 총 시행횟수 n을 넘을 수 없기 때문입니다. 슬라이더를 만들어 확인해 보면 k의 최댓값은 n의 값에 따라서 달라집니다. 먼저 이항분포에서 0회 이상 k회 이하 성공할 확률을 구하기 위해 성공 횟수에 대한 확률을 구하는 방법을 알아보도록 하겠습니다. 입력창에 다음 내용을 입력합니다.

```
조합[n, 3]*p**3*(1 - p)**(n - 3)
```

※ 조합[<수n>,<수r>] : 서로 다른 n개 중 r개를 택하는 조합의 수

이는 n회의 독립시행에서 3회 성공할 확률을 구하는 식 ${}_{n}C_{r}p^{3}\,(1-p)^{n-3}$ 이며, 이항분포의 그래프에서 왼쪽 4번째 막대의 높이입니다. 우리는 모든 막대의 높이를 알아야 합니다. 그러나 이것을 제각각 계산하는 것은 매우 번거로운 작업이므로 다음과 처리해 보도록 하겠습니다. 대수창에서 앞서 구한 3회 성공의 확률을 삭제합니다. 그리고 입력창에 다음과 같이 입력합니다.

```
수열[조합[n, t]*p**t *(1 - p)**(n - t), t, 0, n]
```

※ 수열[<표현식>,<변수>,<시작값>,<끝값>] : 표현식의 해당 변수에 시작값부터 끝값까지 대입하여 리스트를 구성

'수열'이란 명령어는 표현식에서 지정한 변수의 값을 시작값에서 끝값까지 대입하고, 그 값들을 리스트로 묶어주는 역할을 합니다.

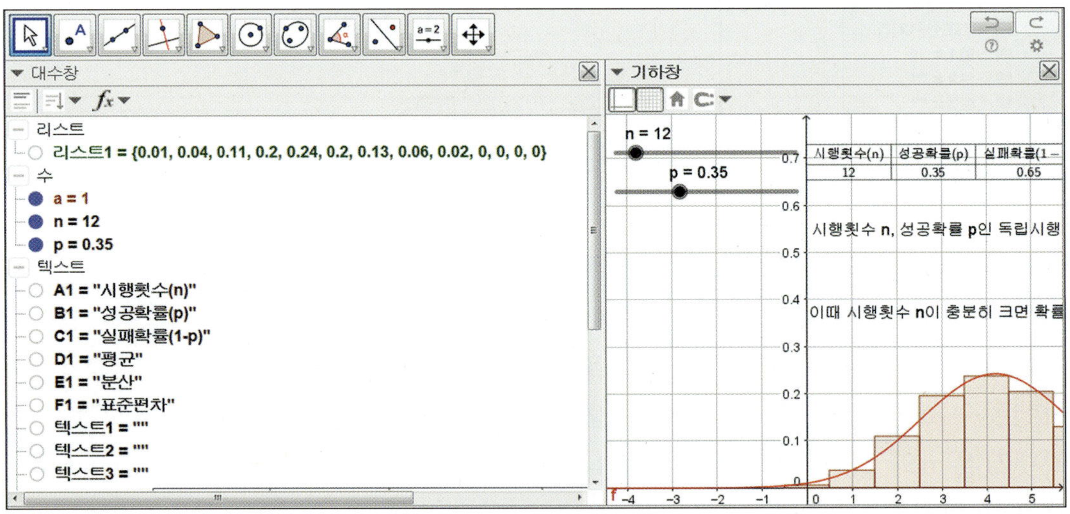

가독성을 높이기 위해 리스트의 이름은 BinomialList로 수정합니다. 이름 수정은 마우스의 오른쪽 버튼을 클릭하면 나오는 항목 중 이름 다시 붙이기를 선택해 주면 됩니다. 그러면 아래와 같은 창에서 이름을 수정할 수 있습니다.

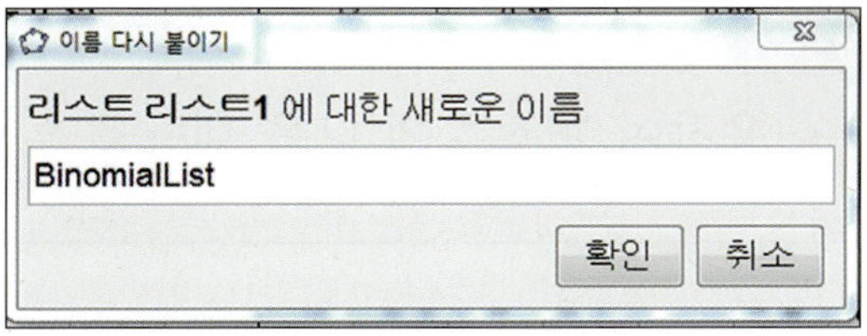

이제, 이항분포에서 성공횟수가 0회 이상 k회 이하일 확률을 구해 보겠습니다. 입력창에 다음 내용을 입력합니다.

```
합[BinomialList,k+1]
```

※ 합[<리스트>,<원소의수>]

두 번째 인자가 k+1인 이유는 k회 성공할 확률이 왼쪽 k+1번째 직사각형에 대응되기 때문입니다. 위의 명령에 의해 정의된 수의 이름을 BinomialProb로 정의 하겠습니다. 이제 정규분포에서 확률변수가 0 이상 k 이하일 확률을 구해보도록 하겠습니다. 입력창에 다음 내용을 입력합니다.

```
적분[f,0,k]
```

※ 적분[<함수>,<처음값>,<마지막값>]

위의 명령에 의해 정의된 수의 이름을 NomalProb로 정의하겠습니다.

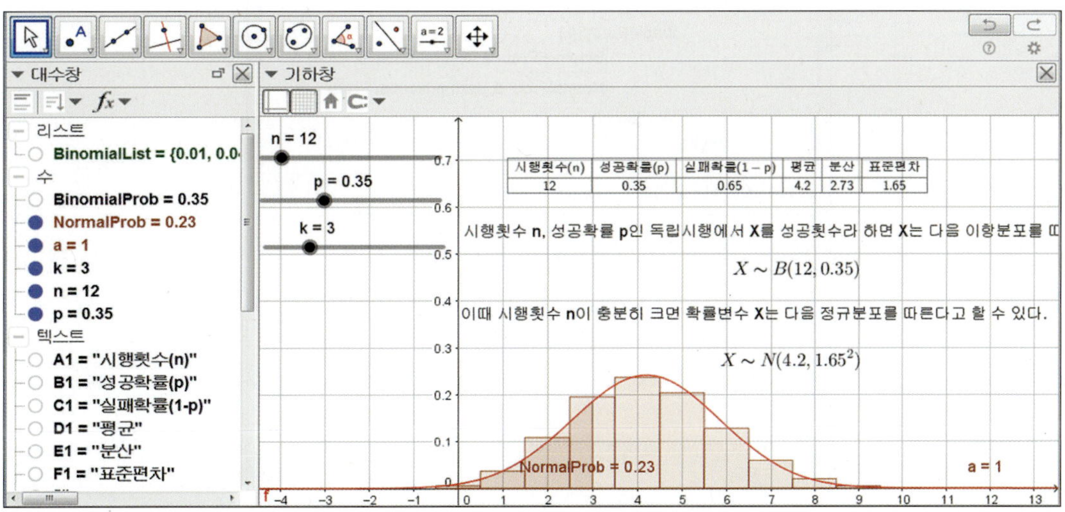

마지막으로 [0,k] 범위에서 두 분포의 확률을 기하창에 나타내 보도록 하겠습니다. ‘텍스트’ 도구를 이용하여 편집창에 다음 내용을 입력합니다.

```
P(0 ≤ X ≤ k) = \left \ {
                    \ begin{array}{ll}
                    BinomialProb  \ & \ textrm{Binomial Prob} \ \
                    NormalProb  \ & \ textrm{Normal Prob} \ \
                    \ end{array}
               \right.
```

여기서 k, BinomialProb, NormalProb는 편집창 아래 대상을 클릭하여 선택해야 합니다. 내용을 모두 입력한 후 LaTeX 체크 박스에 체크를 해 주면 아래 그림과 같이 두 개의 수를 하나의 중괄호로 묶어 표현한 기호가 그려지게 됩니다.

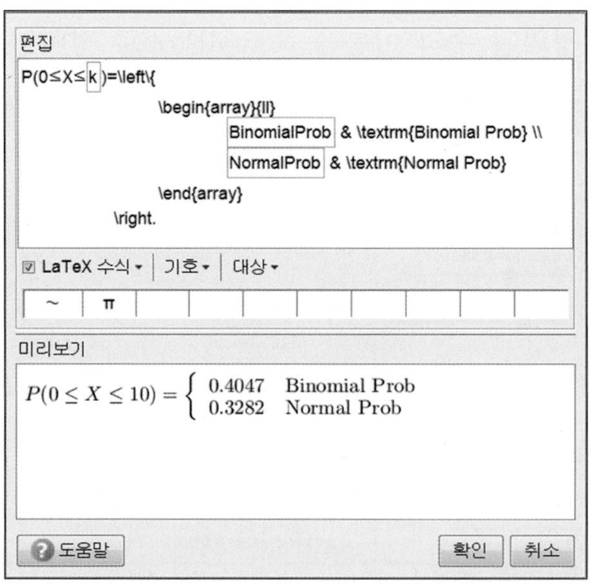

두 값의 차이를 더 정확하게 비교하려면 아래 그림과 같이 선택사항 메뉴에서 반올림 자리수를 조정해 주면 됩니다.

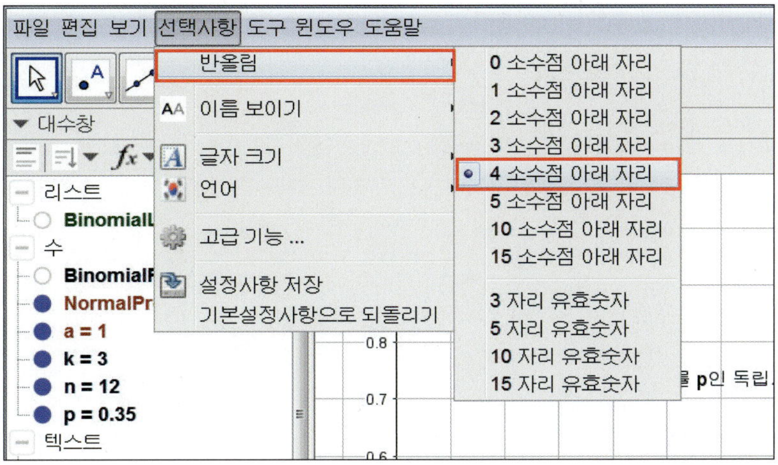

마지막으로 그래프의 색상과 스타일을 보기 좋게 설정하면 다음과 같이 이항분포와 정규분포의 관계를 관찰할 수 있는 자료가 완성됩니다.

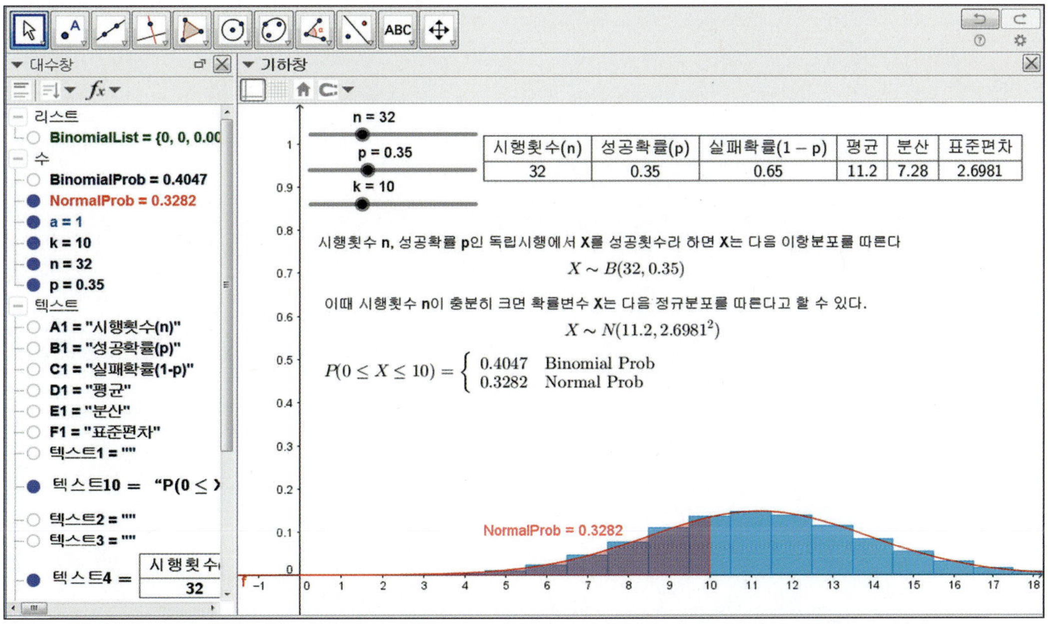

지금까지 이항분포와 정규분포의 관계에 대한 자료를 만들어 보았습니다. 이 자료에서 시행횟수를 늘려가며 두 분포의 확률을 비교해 보면, 시행횟수가 많아질수록 두 분포의 차이가 작아짐을 확인할 수 있습니다.

3.3 독립시행의 확률

독립시행이란 같은 조건에서 어떤 시행을 반복할 때 각 시행의 결과가 다른 시행의 결과에 영향을 주지 않는 시행을 뜻합니다. 예를 들어 같은 동전을 50번 던졌을 때 각 동전을 던지는 시행은 독립시행입니다. 왜냐하면 동전을 던졌을 때 나오는 결과는 다음 결과에 영향을 주지 않기 때문입니다. 이번 장에서는 n번의 독립시행에서 원하는 결과가 r번 나올 확률을 실험을 통해 관찰해 보는 자료를 만들어 보겠습니다.

3.3.1 베르누이 시행

어떤 시행이 2가지의 결과만으로 나타날 때, 이 시행을 베르누이 시행이라 합니다. 예를 들어 동전을 던졌을 때, 나올 수 있는 결과는 앞면과 뒷면이므로 동전을 던지는 시행은 베르누이 시행입니다. 이때, 동전의 앞뒷면처럼 확률이 서로 같을 필요는 없습니다. 예를 들어 어떤 실험의 결과가 양성이 아니면 음성으로 나온다고 할 때, 두 가지 결과의 확률은 서로 다를 수 있지만 이것 역시 베르누이 시행입니다. 여기에서 다루게 될 독립시행의 확률은 베르누이 시행을 바탕으로 하며, 이번 장에서는 베르누이 시행의 결과를 편의상 성공과 실패라 하겠습니다.

3.3.2 n번의 베르누이 시행 구성하기

첫 번째로 성공확률이 p인 베르누이 시행을 n번 반복했을 때 그 결과가 임의로 발생되도록 하는 부분을 만들어 보겠습니다. 먼저 시행횟수와 성공확률을 설정하는 슬라이더를 만듭니다. 이때, 시행횟수 n은 최솟값 1, 최댓값 10의 정수로 정의하고 성공확률 p는 최솟값 0, 최댓값 1의 수로 정의합니다.

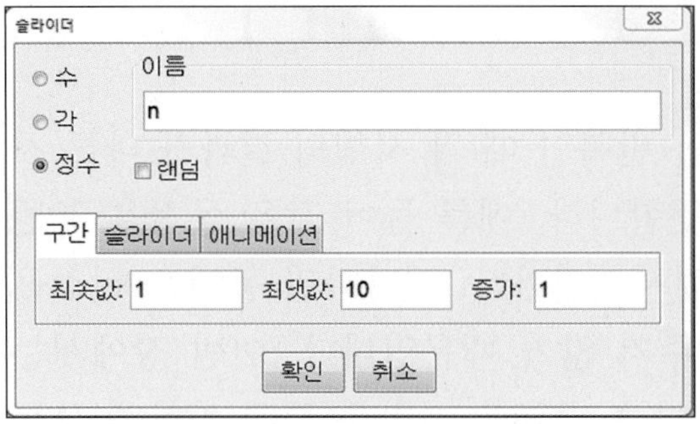

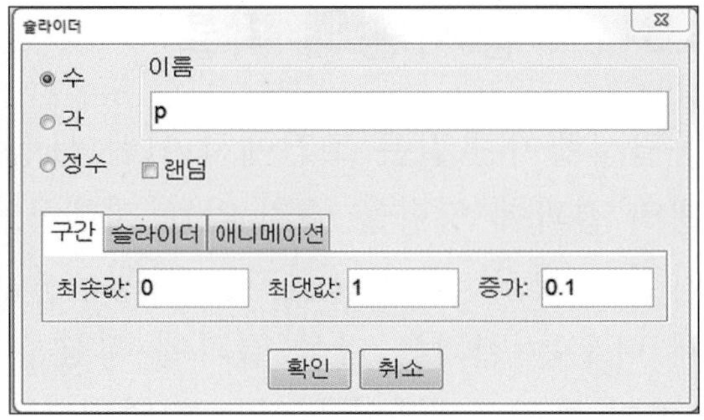

Geogebra의 내장함수로 '랜덤이항분포' 라는 것이 있습니다. 이는 성공확률이 p인 독립시행을 n번 반복했을 때 성공횟수를 출력하는 함수입니다. 여기서 시행횟수를 1로 하면 한 번의 베르누이 시행이 되는 것입니다. 입력창에 다음 내용을 입력해 봅니다.

랜덤이항분포[1,p]

※랜덤이항분포[<시행횟수>,<확률>]

키보드에서 [Ctrl]+[R]를 입력하여 여러 번 다시 계산을 해봅니다. 생성된 수의 변화를 관찰해 보면 1(성공) 또는 0(실패)의 값을 가지면서 불규칙적으로 변하는 것을 볼 수 있습니다. 생성된 수를 삭제하고 다음을 입력합니다.

수열[랜덤이항분포[1, p], t, 1, n]

※수열[<표현식>,<변수>,<처음값>,<끝값>]

그러면 n번의 베르누이 시행의 결과가 하나의 리스트로 만들어 집니다. 가독성을 높이기 위해 이 리스트의 이름을 'Result'로 바꾸어 줍니다.

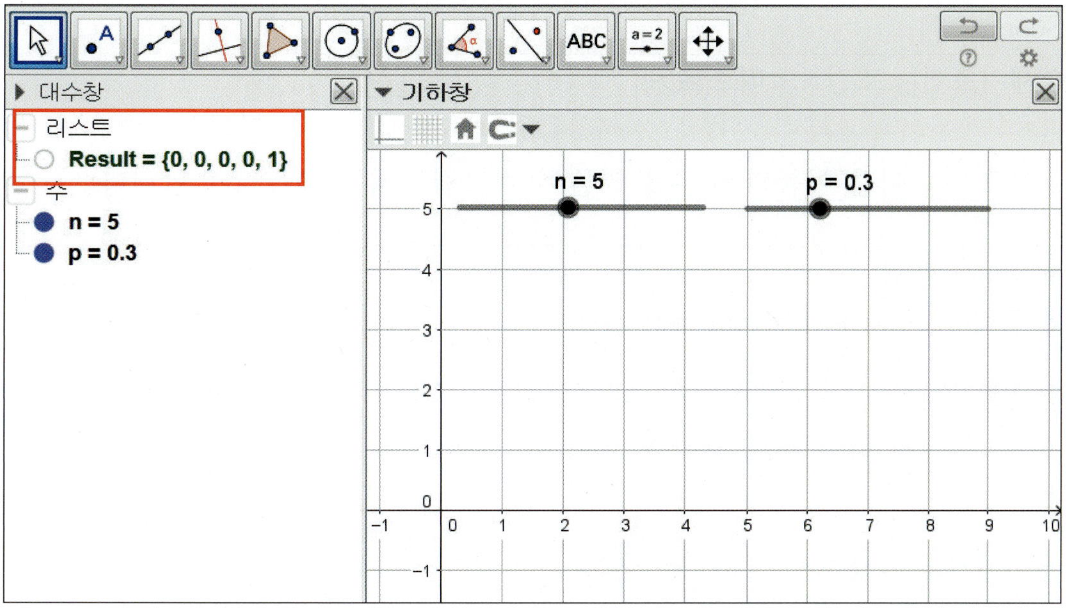

3.3.3 상대도수 구하기

n번의 독립시행 중 r번 성공할 확률을 실험을 통해 구하기 위해서는 n번의 시행을 매우 많이 반복해야 합니다. 이 시행 중에 r번 성공하는 경우의 비율 즉, r번 성공의 상대도수가 어떤 값에 가까워지는지를 보고자 하는 것입니다. 우선 n번 시행의 시뮬레이션에서 성공횟수를 알기 위해 입력창에 다음을 입력합니다.

Success=세기조건[x==1, Result]

※세기조건[<조건>,<리스트>]

이와 같이 리스트 Result 에서 1의 개수를 세면 성공횟수를 알 수 있습니다. 키보드에서 [Ctrl]+[R]를 입력하여 함수가 제대로 작동하는지를 확인해 봅니다. 이제 Success 값을 누적시키는 리스트를 생성하겠습니다. 입력창에 다음을 입력합니다.

```
Scount={}
```

※세기조건[<조건>,<리스트>]

그리고 '+n'이란 이름의 버튼을 만들어 스크립트에 다음을 입력합니다.

```
구성새로고침[]
값설정[Scount,추가[Scount,Success]]
```

※값설정[<대상1>,<대상2>] : 대상1의 값을 대상2의 값으로 대치
※구성새로고침[] : 새로 고침을 실행

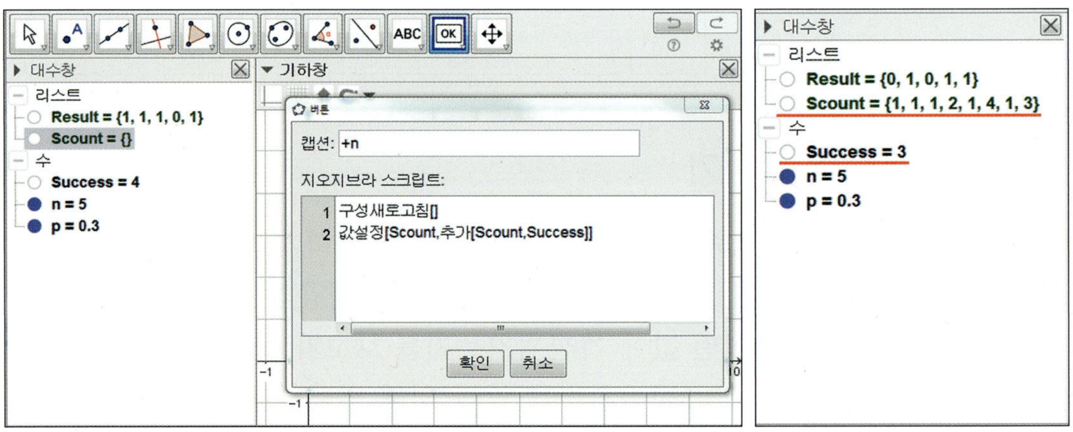

위에서 구성새로고침 명령어를 사용한 이유는 '+n' 버튼을 클릭할 때마다 리스트 result가 갱신되어야하기 때문입니다. 버튼을 여러 번 클릭해 보면 성공횟수가 리스트 Scount 안에 순차적으로 누적되는 것을 확인할 수 있습니다. 다음으로 각 성공횟수를 포함하는 계급의 양 끝값을 정의하겠습니다. 계급의 양 끝값은 $\{-0.5,\ 0.5,\ 1.5,\ \cdots,\ n+0.5\}$입니다. 따라서 입력창에 다음과 같이 입력합니다.

```
Class=수열[-0.5 + t, t, 0, n + 1]
```

변수 t에 0부터 n+1까지의 정수를 입력하라는 것이므로 이를 입력하면 대수창에 계급의 양 끝값의 리스트가 만들어집니다. 그리고 입력창에 다음을 입력합니다.

```
Frequency=도수[Class, Scount]
```

※도수[<계급 경계의 리스트>,<원자료의 리스트>]

이 명령으로 Scount 리스트에서 Class 계급에 해당하는 도수가 차례대로 리스트 Frequency에 저장이 됩니다. 각 성공횟수의 도수에 대한 상대도수를 구하기 위해서는 전체도수를 구해야 합니다. 따라서 입력창에 다음을 입력합니다.

```
Total=합[Frequency]
```

※합[<리스트>]

이제 마지막으로 성공횟수의 도수에 대한 상대도수 리스트를 만들어 보겠습니다. 입력창에 다음을 입력합니다.

```
Relativefre=수열[원소[Frequency, t] / Total, t, 1, n + 1]
```

※원소[<리스트>,<원소의 위치>]

이는 위에서 구한 각 계급의 도수를 전체도수로 나누어주는 과정입니다. n번의 시행에서 성공횟수는 0번에서 n번까지이므로 리스트 Frequency는 n+1개의 원소를 갖습니다. 따라서 원소의 위치에 1부터 n+1까지의 정수를 넣어주어야 하는 것입니다. 이것으로 성공횟수에 대한 상대도수를 구해 보았습니다.

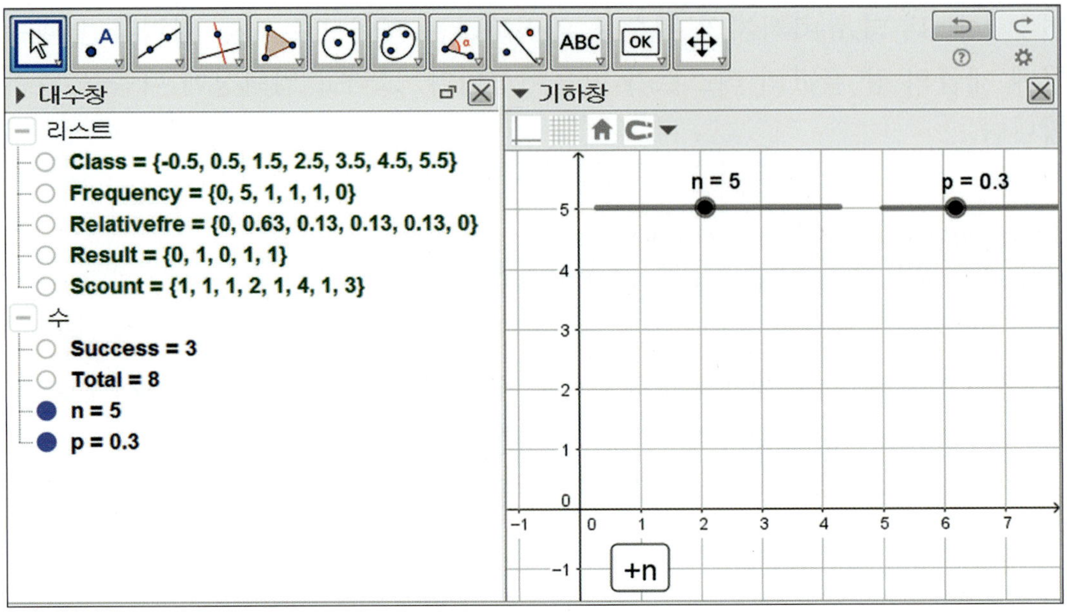

3.3.4 히스토그램 그리기

앞 절에서 구한 상대도수를 히스토그램으로 나타내 보도록 하겠습니다. 입력창에 다음과 같이 입력합니다.

```
Histogram=히스토그램[Class, Relativefre]
```

※히스토그램[<계급의 경계값의 리스트>,<높이값의 리스트>]

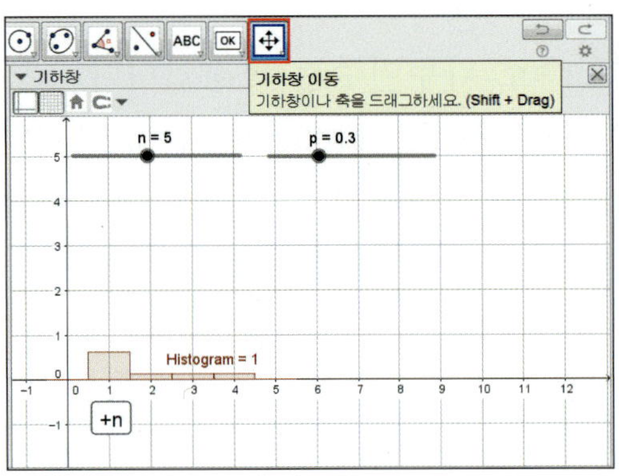

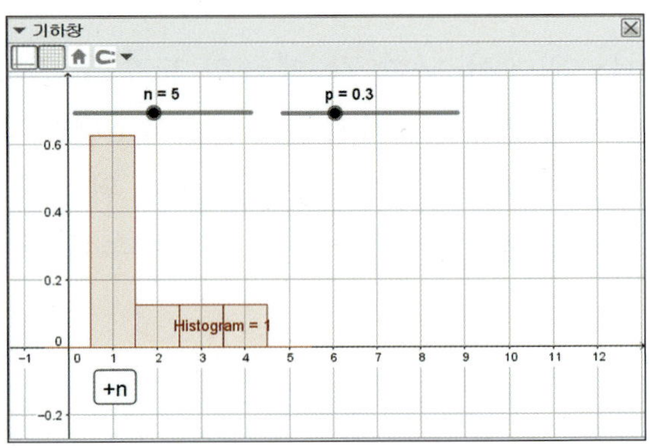

히스토그램의 높이는 상대도수 값이기 때문에 항상 1보다 크지 않은 값으로 나타납니다. 따라서 위의 왼쪽 그림과 같은 축 설정으로는 납작한 히스토그램이 그려질 수밖에 없습니다. y축의 눈금간격을 충분히 늘려주는 방법으로 히스토그램을 확대시켜 보겠습니다. '기하창 이동' 도구를 클릭하고 축을 드래그하면 위의 오른쪽 그림과 같이 y축의 눈금간격이 늘어나면서 적당한 형태의 히스토그램이 그려지게 됩니다. 다음으로 시행횟수가 n이고, 성공확률이 p인 이항분포를 그려 보겠습니다. 이론적으로 독립시행에서 성공횟수를 확률변수로 하는 분포는 이항분포입니다. 이 자료의 목적은 n번의 독립시행을 반복적으로 임의 발생시킴으로써 r번 성공할 확률이 수렴하는 값을 관찰해 보는 것이지만 이는 성공횟수에 대한 분포가 실제로 이항분포를 만들어가는지를 관찰하는 것과 마찬가지입니다. 그래서 입력창에 다음을 입력하여 이항분포를 그리겠습니다.

```
Binomial=이항분포[n, p]
```

※이항분포[<시행횟수>,<성공확률>]

이항분포의 설정사항에서 불투명도를 0으로 설정하고 선을 좀 더 굵게 설정합니다. 그리고 상대도수의 히스토그램도 색상과 투명도를 적당히 설정해 줍니다.

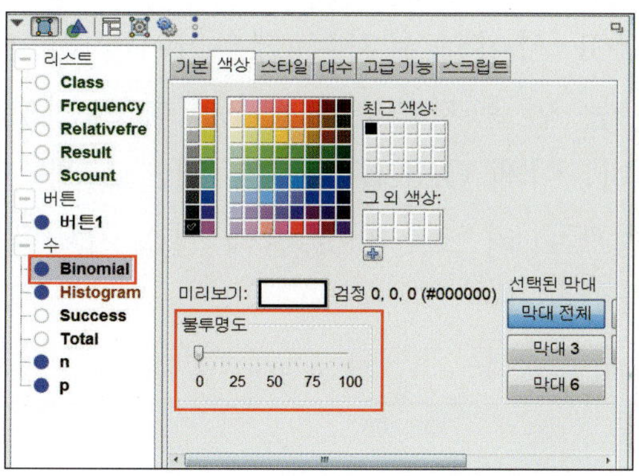

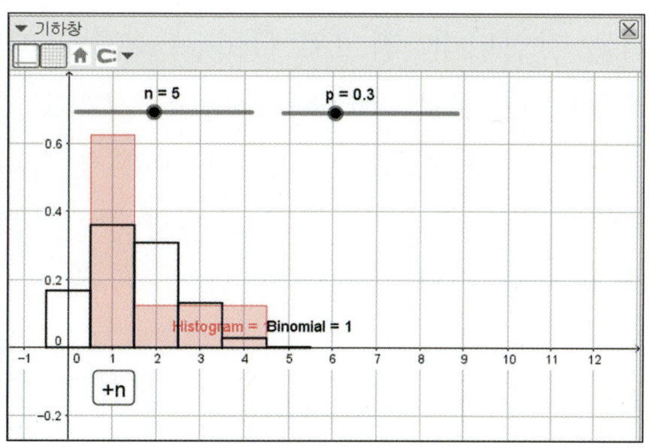

3.3.5 표 그리기(1)

이번 절에서는 시행의 결과를 '○', '×'로 보여주는 표를 구성하겠습니다. 먼저 시행순서를 리스트로 만들어 주기 위해 입력창에 다음과 같이 입력합니다.

```
Order=수열[t, t, 1, n]
```

그러면 1부터 n까지의 정수로 구성된 Order 리스트가 생성됩니다. 그리고 슬라이더로 n값을 바꾸어주면 이에 따라 Order 리스트도 조정됨을 볼 수 있습니다. 다음으로 Result 리스트에서 0은 'X'로 1은 '○'으로 표시하는 리스트를 구성하겠습니다. 입력창에 다음을 입력합니다.

```
SF=수열[조건[원소[Result, t]==1, "○", "X"], t, 1, n]
```

※조건[<조건>,<조건이 성립될 때 생성할 대상>,<조건이 성립되지 않을 때 생성할 대상>]

'조건' 명령으로 Result 리스트의 t번째 원소가 1인지 아닌지가 판단되고 만약 1이면 '○', 1이 아니면 'X'가 출력됩니다. 그리고 '수열' 명령에 의해서 변수 t에 1부터 n까지의 정수가 입력되어 그 결과가 SF라는 이름의 리스트로 생성되는 것입니다. 참고로 Geogebra에서 따옴표 사이의 문자는(함수식이라 하더라도) 텍스트로 처리를 합니다. 그리고 ○는 한글 자음 'ㅁ'을 입력하고 키보드에서 한자 키를 누르면 찾을 수 있습니다. 이제 Order와 SF를 행으로 하는 표를 만들겠습니다. 먼저 다음과 같은 방법으로 리스트의 첫 번째 원소 자리에 각 항목의 이름을 넣어줍니다.

```
Row1=추가["시행", Order]
```

```
Row2=추가["결과", SF]
```

※추가[<대상>,<리스트>] : 대상을 리스트의 왼쪽에 추가
※추가[<리스트>,<대상>] : 대상을 리스트의 오른쪽에 추가

그러면 Order 리스트와 SF 리스트의 왼쪽 첫 번째 자리에 각각의 항목 이름이 들어간 Row1, Row2 리스트가 생성됩니다. 이제 이들을 바탕으로 아래와 같이 표를 구성합니다.

```
Table1=표[Row1,Row2]
```

※표[<리스트>,<리스트>,⋯]

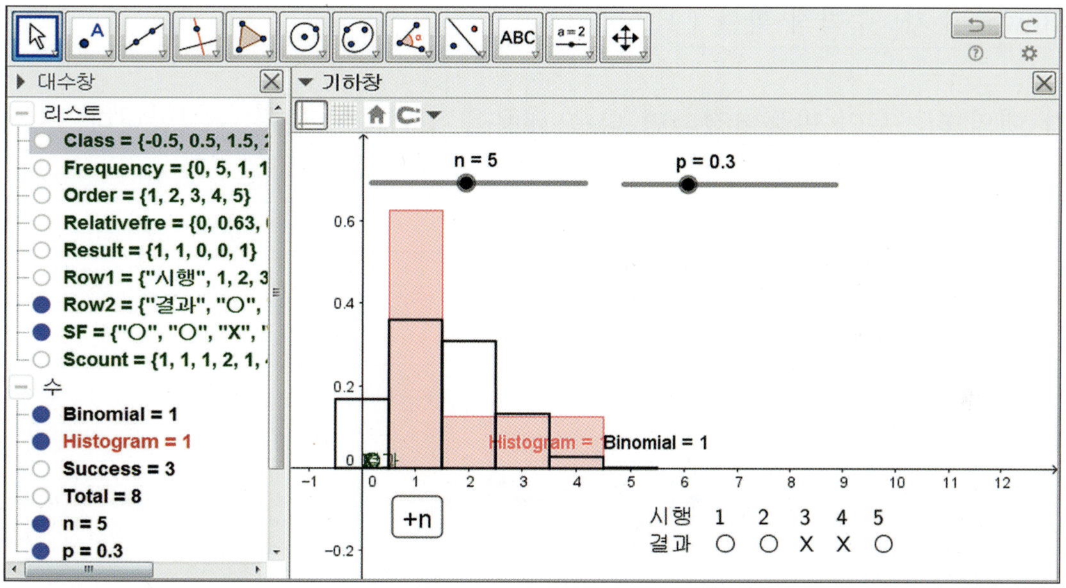

3.3.6 표 그리기(2)

앞 절에 이어서 성공횟수에 대한 수학적 확률과 상대도수를 서로 비교할 수 있는 표를 만들어 보겠습니다. n번의 독립시행에서 r번 성공할 확률은 수학적으로 ${}_nC_rp^r(1-p)^{n-r}$와 같이 계산합니다. 따라서 성공횟수에 대한 확률값 리

스트는 다음과 같은 방법으로 만들겠습니다.

```
Prob=수열[조합[n,t]*p**t*(1-p)**(n-t),t,0,n]
```

수학적 확률에 대한 리스트가 만들어졌다면 다음 명령어를 각각 입력하여 표에 들어갈 3개의 행들을 만들어 줍니다.

```
Row3=추가["성공횟수", 수열[t, t, 0, n]]
```

```
Row4=추가["상대도수", Relativefre]
```

```
Row5=추가["수학적 확률", Prob]
```

각 행의 리스트가 만들어졌다면 다음 내용을 입력하여 표를 구성합니다.

```
Table2=표[Row3,Row4,Row5]
```

※표[<리스트>,<리스트>,···]

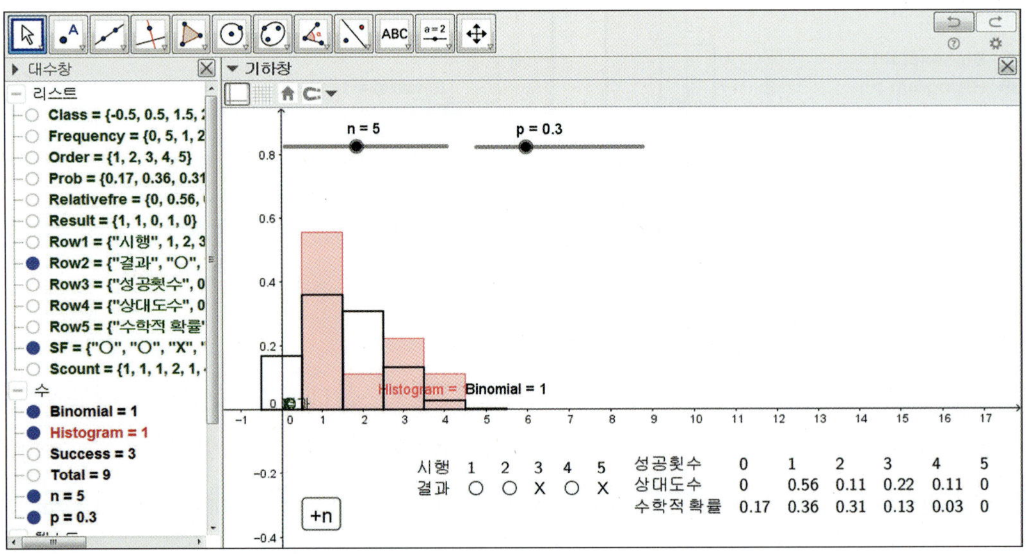

3.3.7 자동 버튼 만들기

마지막 절에서는 시행을 자동으로 처리해주는 버튼을 만들어 보겠습니다. 우선 'auto'란 이름의 슬라이더를 만들어 줍니다. 설정은 기본설정으로 합니다. 그리고 슬라이더의 설정사항에서 스크립트에 다음 내용을 입력합니다.

```
구성새로고침[]
값설정[Scount,추가[Scount,Success]]
```

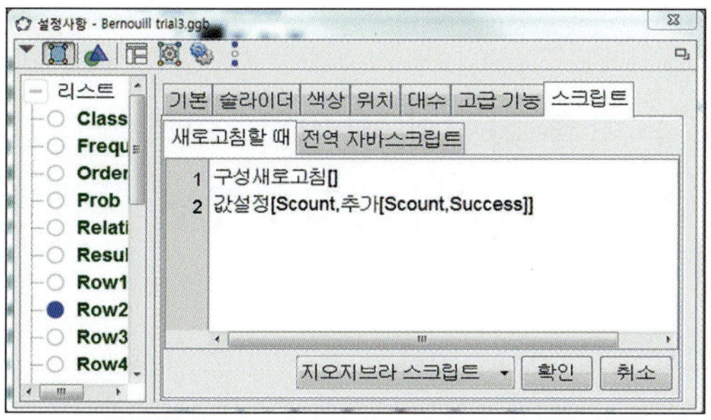

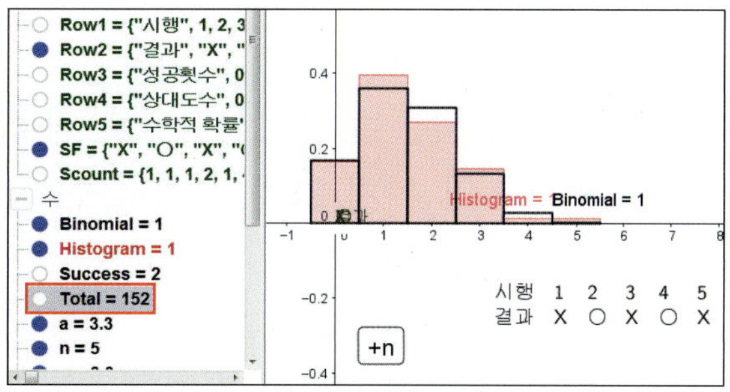

슬라이더를 움직일 때마다 Total 변수의 값이 증가하는 것을 확인할 수 있습니다. 슬라이더의 이름은 'auto'로 수정하겠습니다. 다음으로 슬라이더를 제어하는 버튼을 만들겠습니다. 'Auto'와 'Stop'이란 이름의 버튼을 생성하고 스크립트에 다음 내용을 각각 입력합니다.

```
애니메이션시작[auto,true]
```

```
애니메이션시작[auto,false]
```

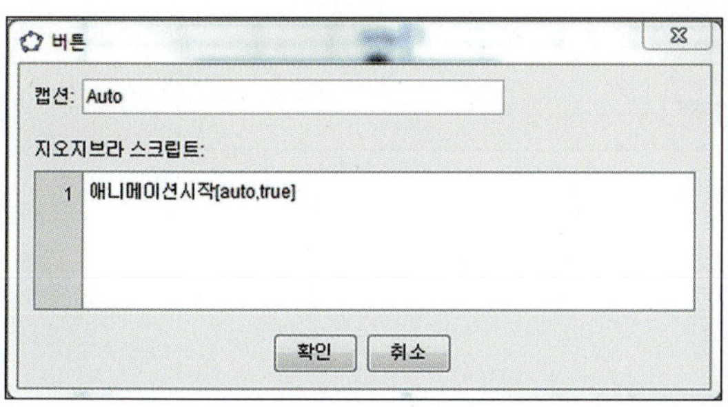

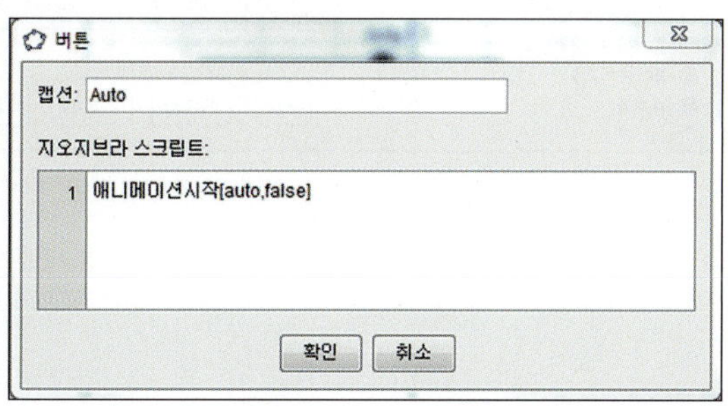

'애니메이션시작' 이란 명령어에서 두 번째 인자는 true 또는 false입니다. true이면 애니메이션이 시작되고, false이면 애니메이션이 멈춥니다. 다음으로 초기화 버튼을 만들겠습니다. 모든 상황을 처음으로 되돌리려면 무엇을 초기화 해야할까요? 바로 리스트 Scount입니다. 리스트 Scount에 의해 계급별 빈도수가 계산되고, 그것에 의해 상대도수와 히스토그램이 그려지기 때문입니다. 'Reset'이란 이름의 버튼을 추가로 생성하여 스크립트에 다음 내용을 입력합니다.

```
Scount={}
```

지금까지 만든 버튼들이 정상적으로 작동하는지를 확인해 봅니다. 마지막으로 버튼과 텍스트의 위치 그리고 좌표축의 설정들을 적당히 설정해 주면 완성된 자료를 얻을 수 있습니다.

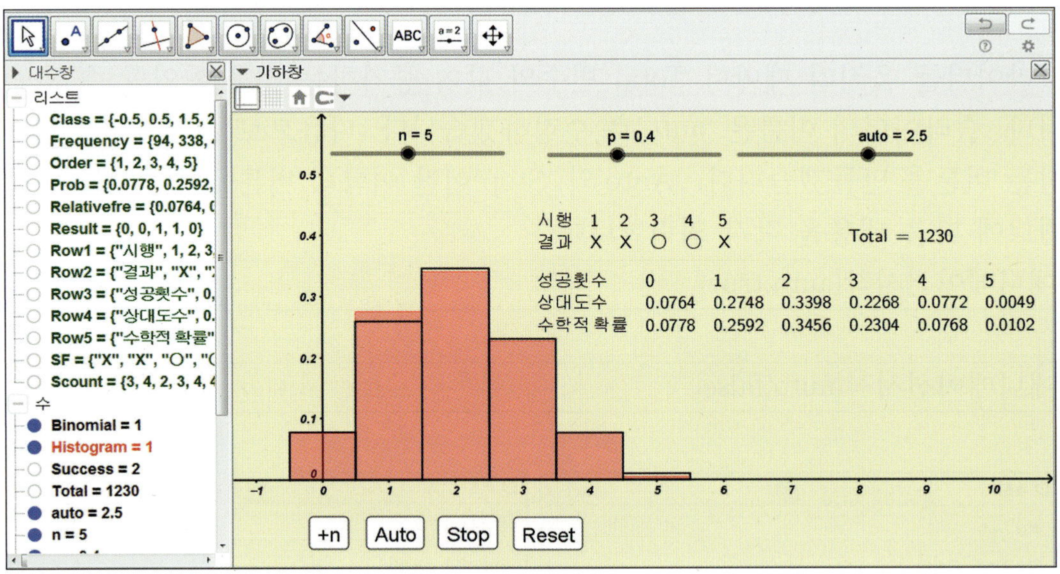

3.4 중심극한정리

모집단이 어떤 분포를 따르든 표본의 크기를 충분히 크게 하여 추출한 표본평균의 분포는 극한적으로 정규분포를 따릅니다. 통계에서는 이것을 중심극한정리(Central Limit Theorem)라고 부릅니다. 보통 모집단의 각종 통계량을 조사할 때 시간과 비용이 많이 소요되는 전수조사보다는 그 보다 훨씬 경제적인 표본조사를 통해 추정을 하는데 중심극한정리는 이것의 유효성을 뒷받침해주는 이론적 바탕이라 할 수 있습니다. 이번 장에서는 균등분포로 구성한 모집단에서 표본을 추출해 보고, 표본평균의 분포가 어떤 모양을 만들어 가는지 관찰해 볼 수 있는 자료를 만들겠습니다. 더 나아가 표본의 크기는 분포의 모양에 어떤 영향을 주는지 관찰해 볼 수 있도록 크기가 서로 다른 2개의 추출과정을 한 화면에 두어 비교 관찰이 가능하도록 자료의 내용을 구성해 보겠습니다.

3.4.1 모집단 생성하기

모집단의 데이터를 생성하기 위해 스프레드시트 창을 엽니다. A1셀을 더블 클릭하여 'Data'를 입력, A2셀에 다음 내용을 입력합니다.

```
랜덤균등분포[1,20]
```

※ 랜덤균등분포[<최솟값>, <최댓값>]

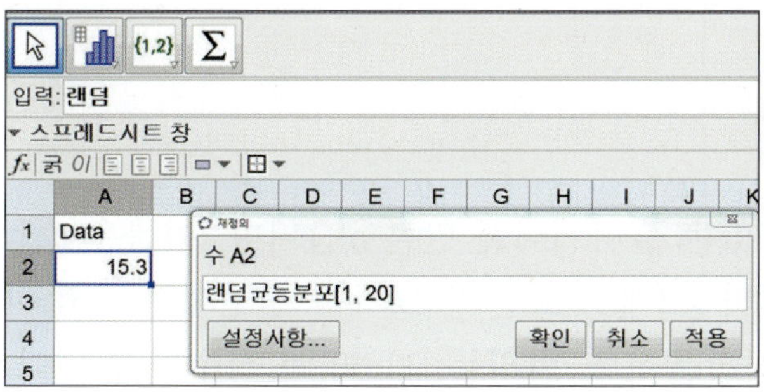

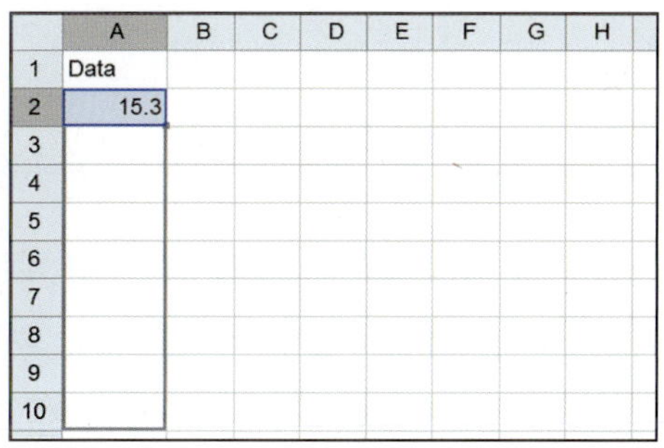

위의 오른쪽 그림과 같이 A2셀에 [1,20] 범위의 균등분포에서 임의로 추출한 값이 나타납니다. 이러한 값을 200개 정도 만들어 보겠습니다. A2셀을 선택하면 셀의 오른쪽 아래에 파란색 정사각형이 나타납니다. Excel에서는 이것을 채우기 핸들이라 부르는데, 이것을 클릭한 채로 아래로 내려 보겠습니다. 그러면 아래쪽의 셀들도 1부터 20까지의 값들로 채워지게 됩니다. A2셀부터 시작했으므로 A201셀까지 채워야 200개의 데이터가 되는 것이지만 여기서 정확한 개수는 중요하지 않습니다.

3.4.2 표본의 크기 설정하기

다음으로 화면에 기하창2를 추가로 띄우겠습니다. 이는 표본의 크기가 서로 다른 두 표본평균의 분포를 비교하기 위해서입니다. 아래 왼쪽 그림과 같이 보기에서 기하창2를 선택하여 두 번째 기하창을 열어줍니다. 그리고 기하창의 머리 부분을 잡아 아래 오른쪽 그림과 같이 위 아래로 배치해 줍니다.

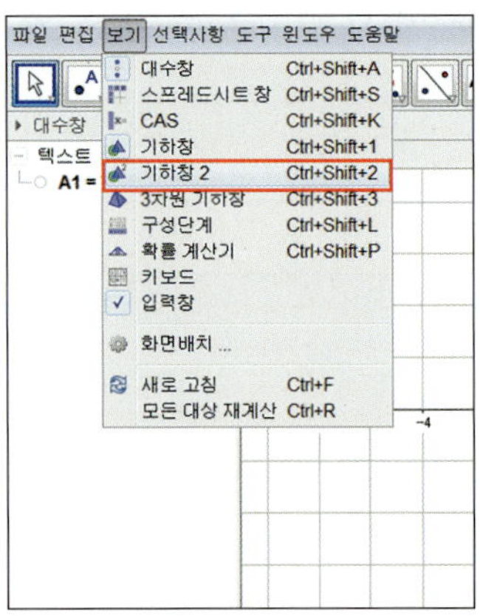

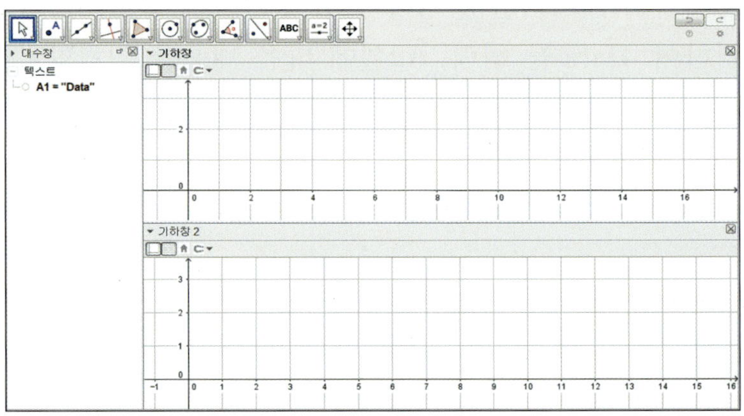

다음으로 표본의 크기를 조절할 수 있는 슬라이더를 만들겠습니다. 이름은 n_1, 범위는 [1,10]의 정수로 합니다. 기하창2에도 표본의 크기를 설정하는 슬라이더를 만들어 줍니다. 슬라이더의 이름은 n_2, 범위는 [11,30]의 정수로 합니다.

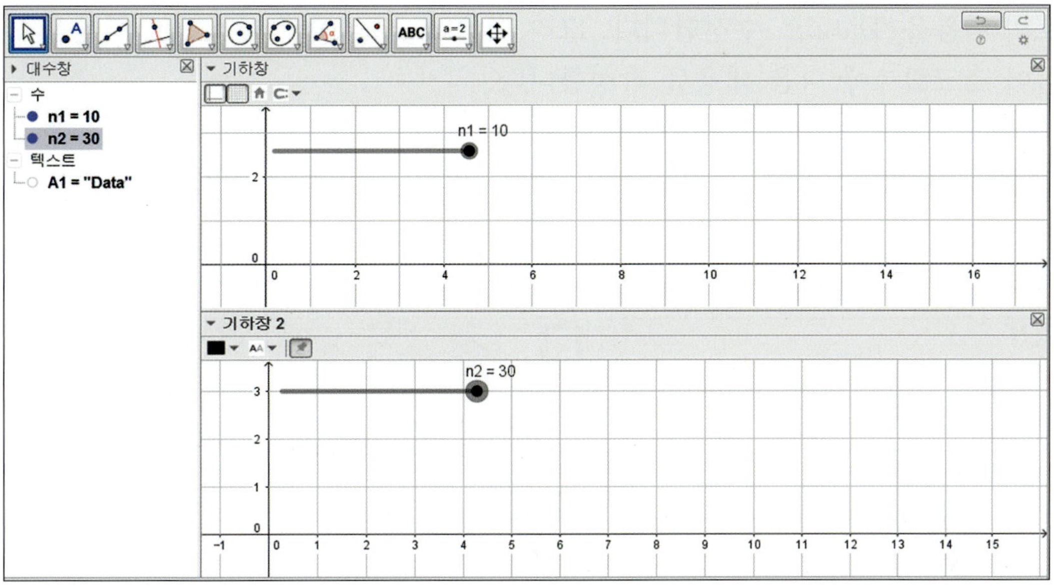

3.4.3 표본추출 버튼 만들기

앞에서 만들어 놓은 모집단 Data에서 n1, n2를 크기로 하는 표본을 추출하는 버튼을 만들어 보겠습니다. 아래 왼쪽 그림과 같이 스프레드시트 창에서 A2셀부터 A201셀까지를 드래그하여 블록으로 잡아줍니다. 그리고 마우스 오른쪽 버튼을 클릭하여 만들기 항목에서 리스트를 선택합니다.

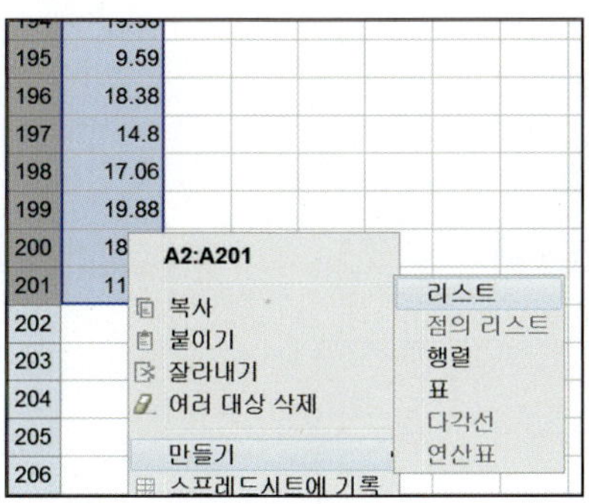

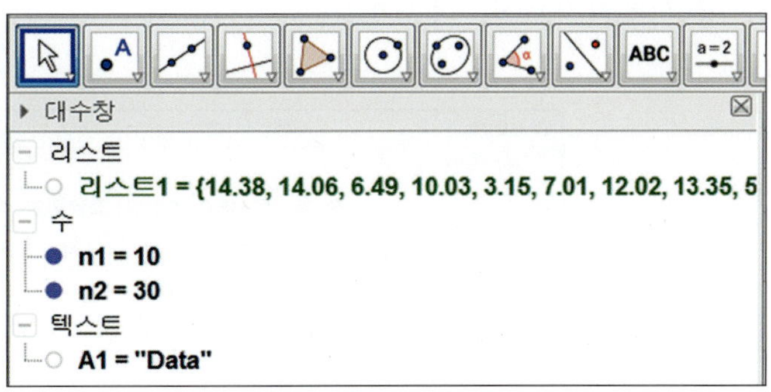

그러면 대수창에 위의 오른쪽 그림과 같이 리스트가 만들어 집니다. 이 리스

트의 이름을 'Data'로 수정합니다. 그리고 'Sampling'이란 이름으로 버튼을 만들어 스크립트에 다음 내용을 작성합니다.

```
표본[Data,n1]
```

※ 표본[<리스트>, <크기>]

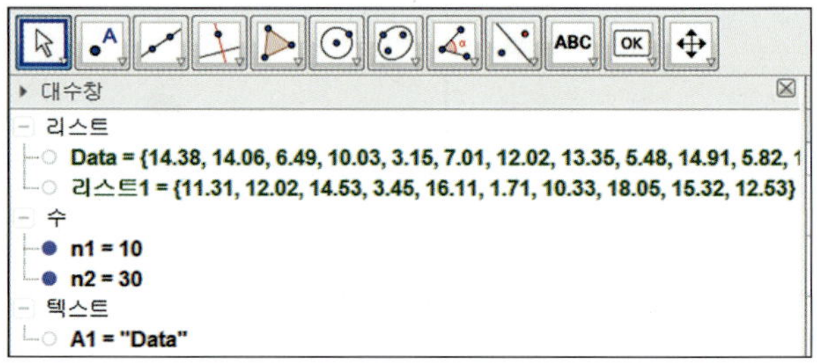

Sampling 버튼을 클릭해보면 위의 오른쪽 그림과 같이 대수창에 n1 만큼의 원소를 갖는 리스트가 생성되는 것을 확인할 수 있습니다. 명령어 '표본'은 첫 번째 인자에 해당하는 리스트에서 두 번째 인자의 수만큼 데이터를 추출하여 리스트로 만드는 역할을 합니다. 그러면 다시 리스트1을 삭제하겠습니다. 그리고 Sampling 버튼의 설정사항으로 들어가 스크립트를 다음과 같이 수정합니다.

```
평균[표본[Data,n1]]
```

※ 평균[<원자료의 리스트>]

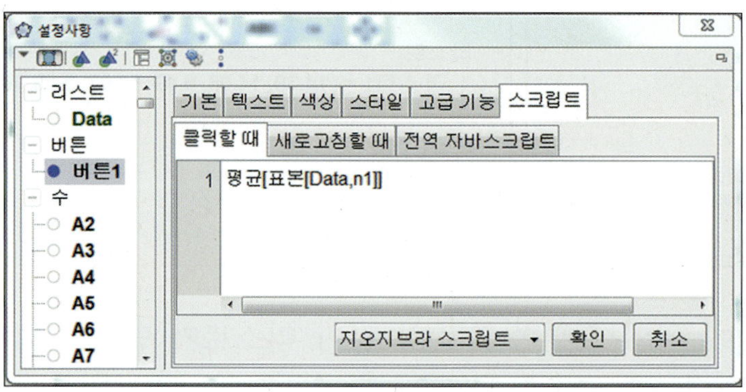

스크립트를 닫고 Sampling 버튼을 다시 클릭해 보면 새로운 수가 생성되는 것을 볼 수 있습니다. 이는 임의로 추출된 표본들의 평균입니다. 이 수를 다시 삭제합니다. 이제 위에서 작성한 표본평균에 관한 수식을 조금 더 확장하여 표본평균들을 누적시키는 리스트를 만들어 보겠습니다. 입력창에 다음을 입력합니다.

Sample1={}

그리고 Sampling 버튼의 설정사항에서 스크립트를 다음과 같이 수정합니다.

1번 줄 : 값설정[Sample1,추가[Sample1,평균[표본[Data,n1]]]]

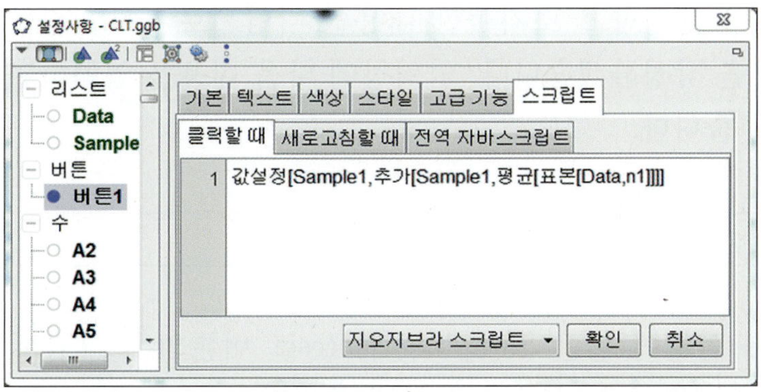

이 버튼을 클릭할 때마다 Sample1 리스트에 n1 크기로 추출한 표본의 평균이 차례대로 누적되는 것을 볼 수 있습니다. 여기에서 초기화 버튼도 함께 만들어 보겠습니다. 'ReSet'이란 이름의 버튼을 추가로 생성하고 스크립트에 다음을 입력합니다.

1번 줄 : Sample1={}

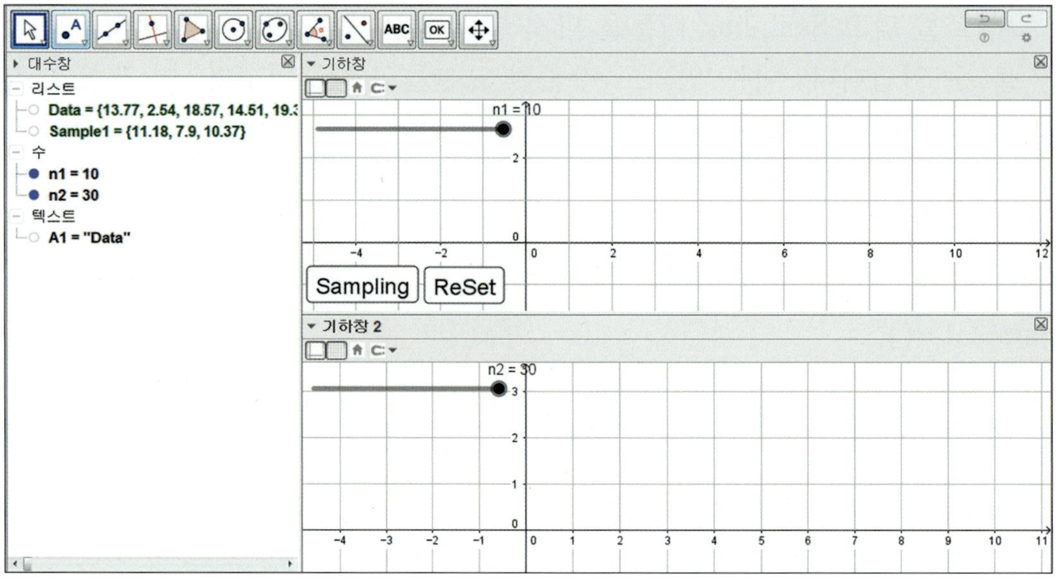

이제 Sample1을 생성하고 초기화한 내용을 바탕으로 Sample2를 생성하고 초기화하는 내용을 작성하겠습니다. 입력창에 다음 내용을 입력하여 리스트 Sample2를 만들어 줍니다.

```
Sample2={}
```

그리고 기존에 만들어 놓은 Sampling과 Reset 버튼의 스크립트가 다음 내용과 같게 되도록 2번 줄을 추가로 작성해 줍니다.

```
1번 줄 : 값설정[Sample1,추가[Sample1,평균[표본[Data,n1]]]]
2번 줄 : 값설정[Sample2,추가[Sample2,평균[표본[Data,n2]]]]
```

```
1번 줄 : Sample1={}
2번 줄 : Sample2={}
```

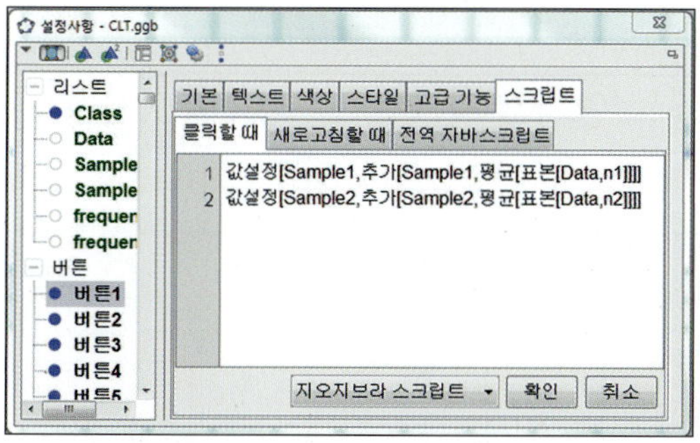

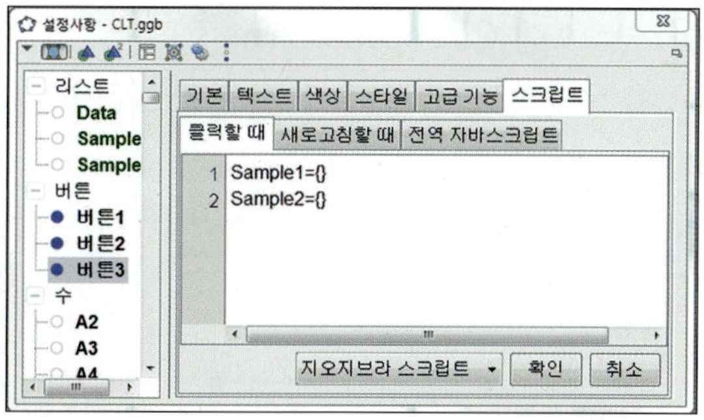

3.4.4 모집단의 히스토그램 그리기

모집단 Data의 히스토그램을 그리기 위해 계급의 경계값 리스트를 만들겠습니다. 스프레드시트 창을 열어 B1셀에 ‘Class’를 입력하고, B2셀에서 B21셀까지 1부터 20까지의 정수를 입력합니다. 1부터 20까지의 정수를 입력할 때에는 1과 2를 각각 B2셀, B3셀에 입력하고, 아래 왼쪽 그림과 같이 이 두 셀을 블록으로 잡았을 때 나타나는 채우기 핸들을 아래로 잡아 끌어주는 방법을 이용합니다.

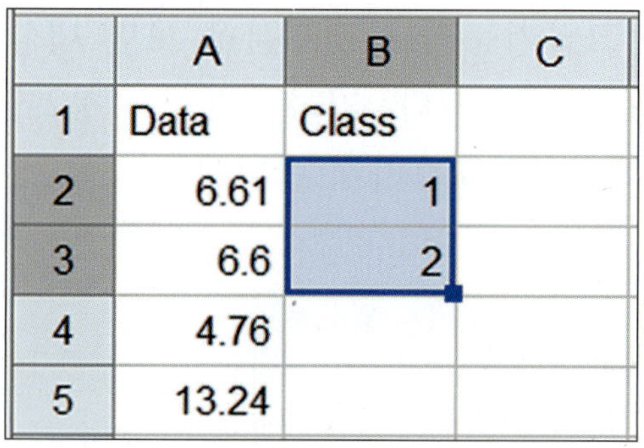

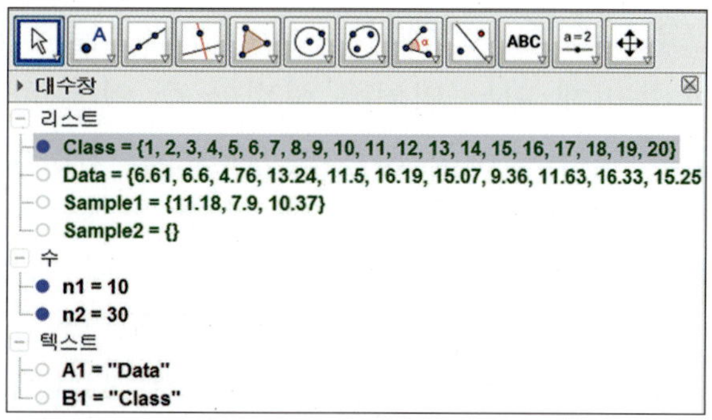

Data 리스트를 만들 때와 마찬가지로 B2셀에서 B21셀까지를 블록으로 잡아 마우스 오른쪽 버튼을 클릭하여 Class의 리스트를 만들어 줍니다. 그리고 대수창에서 이름을 ‘Class’로 수정합니다. 이제 이것을 바탕으로 히스토그램을 그리겠습니다. 입력창에 다음 내용을 입력합니다.

```
히스토그램[Class,Data,true]
```

※ 히스토그램[<계급의 경계값의 리스트>,<원자료의 리스트>,<밀도사용>]

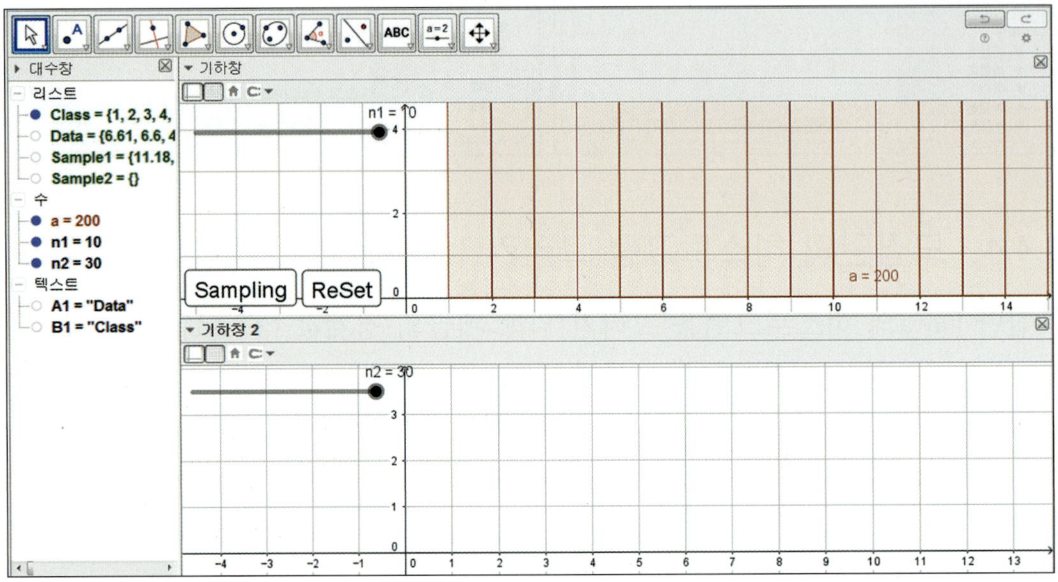

그리고 히스토그램의 설정사항으로 들어가 고급기능의 아랫부분을 보면 대상이 놓이게 되는 위치를 설정할 수 있는 항목이 있습니다. 기하창과 기하창2에 모두 체크를 하여 히스토그램이 두 기하창에 모두 그려지게 합니다.

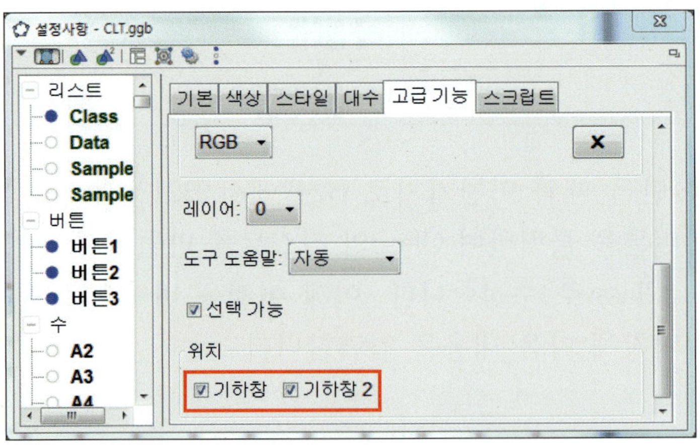

이때 모집단의 히스토그램은 비교 자료가 되어야 하므로 옅은 색상으로 지정해 주도록 합니다.

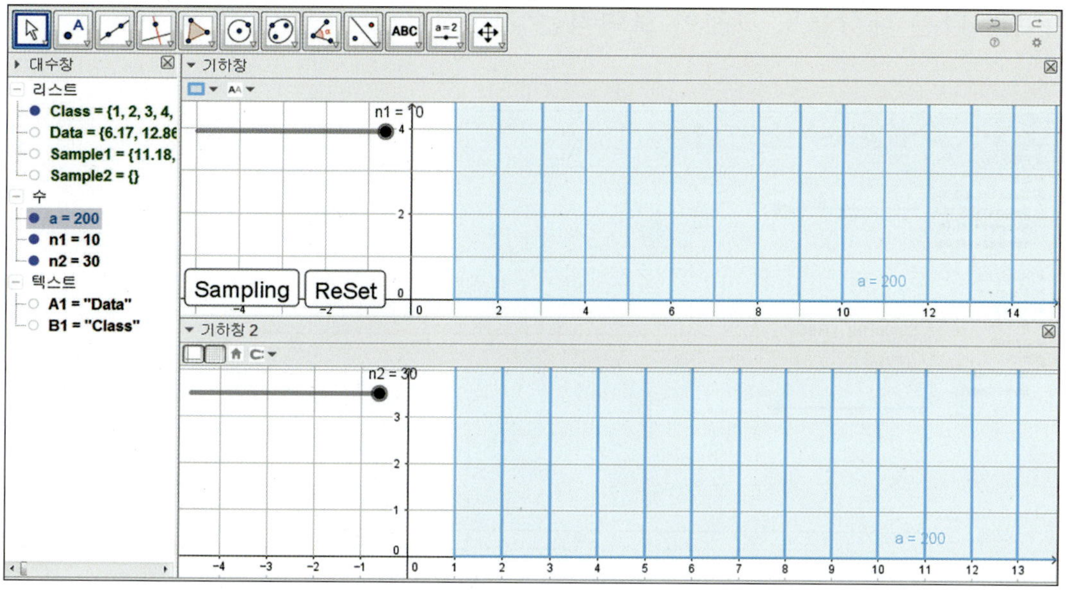

3.4.5 표본평균의 히스토그램 그리기

앞 절에서 모집단의 히스토그램을 그린 것처럼 표본평균의 히스토그램을 그려 보겠습니다. 입력창에 다음 내용을 입력합니다.

```
Histo1=히스토그램[Class,Sample1,true]
```

```
Histo2=히스토그램[Class,Sample2,true]
```

히스토그램의 설정사항에서 Histo1은 기하창에 Histo2는 기하창2에 그려지도록 설정합니다. 앞 절에서 모집단의 히스토그램을 기하창과 기하창2에 모두 배치시킨 방법과 마찬가지 방법입니다. 히스토그램 Histo1의 설정사항의 고급기능에서 기하창에만 체크를 하고, 히스토그램 Histo2의 설정사항의 고급기능에서 기하창2에만 체크를 합니다. 그러면 Histo1은 기하창에만 나타나고, Histo2는 기하창2에만 나타나게 됩니다. 이와 같은 방법을 이용하면 히스토그램뿐만 아니라 다른 대상들도 그것이 보여지는 기하창을 선택할 수 있습니다.

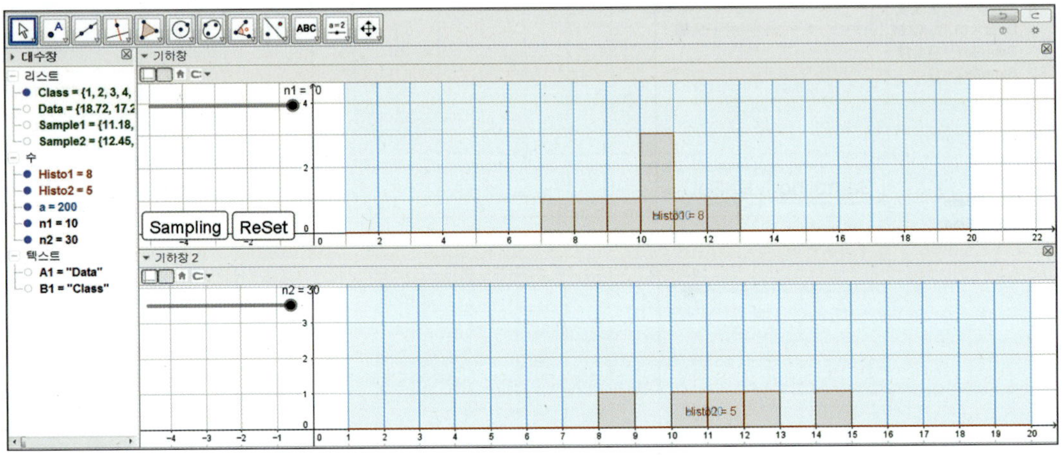

위의 그림과 같이 모집단의 분포 위에 표본평균의 분포가 그려지게 됩니다. 그러나 Sampling 버튼을 더 많이 클릭해 보면 아래 그림과 같이 히스토그램이 높게 치솟아 분포의 모양을 가늠하기 어려운 상황이 나타나게 됩니다.

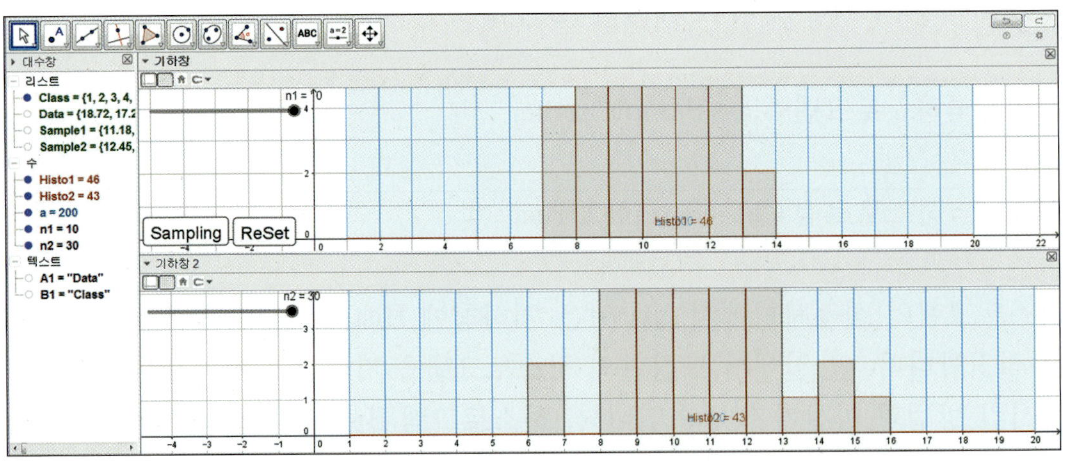

3.4.6 좌표축의 범위 설정하기

앞 절에서 발생한 문제를 해결하기 위해 히스토그램의 최댓값이 커짐에 따라 y축의 눈금이 축소되도록 설정해 보겠습니다. 입력창에 다음을 입력합니다.

frequency1=도수[Class,Sample1]
frequency2=도수[Class,Sample2]

※ 도수[<계급 경계의 리스트>,<원자료의 리스트>]

'도수' 명령어를 통해 Class로 나누어진 계급에 속하는 데이터의 수를 구할 수 있었습니다. 그리고 '최댓값' 명령어를 사용하여 도수의 리스트에서 최댓값을 구합니다.

Max1=최댓값[frequency1]
Max2=최댓값[frequency2]

※ 최댓값[<리스트>]

'최댓값' 명령어는 하나의 리스트를 인자로 받거나 여러 개의 수들을 인자로 받아 최댓값을 출력해 주는 함수입니다. 그리고 함수와 그 함수의 특정 구간을 인자로 받는 경우에도 최댓값을 구해줍니다.

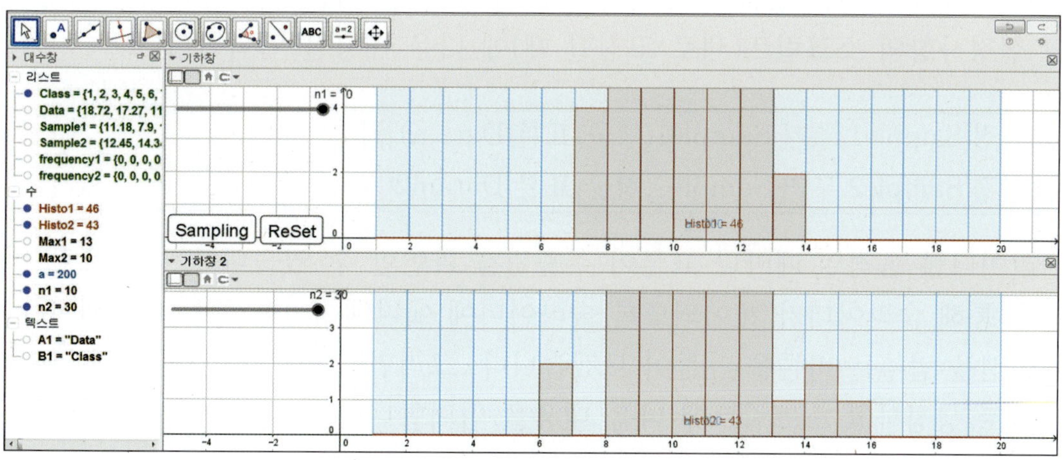

다음으로 기하창의 설정사항에서 x축의 최솟값과 최댓값을 각각 –7, 23으로 그리고 y축의 최솟값과 최댓값을 각각 –0.5*Max1, 1.5*Max1으로 설정합니다. 기하창2의 설정사항에서도 x축의 최솟값과 최댓값을 각각 –7, 23으로 y축의 최솟값과 최댓값을 각각 –0.5*Max2, 1.5*Max2으로 설정합니다. 이는 기하창에서 x축과 y축이 보이는 범위를 설정해준 것입니다. 모집단의 확률변수 X의 범위와 버튼들이 놓일 위치를 고려하여 x의 범위를 -7부터 23까지로 설정하였습니다. 그리고 y의 범위에서 최댓값을 1.5*Max1으로 설정함으로써 가장 큰 빈도수 보다 1.5배 큰 수로 y축의 최댓값이 설정되도록 하여 빈도수가 커지더라도 그래프의 위쪽 끝이 계속 보일 수 있게 하였습니다.

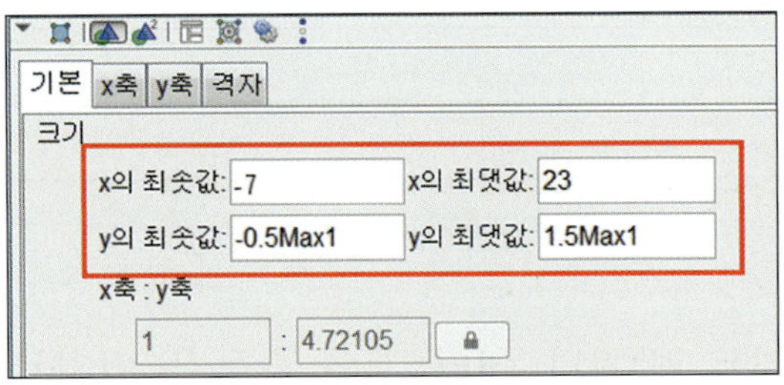

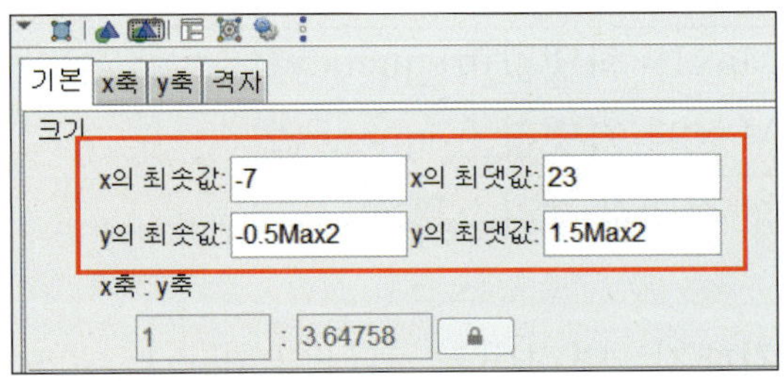

3.4.7 자동화 버튼과 멈춤 버튼 만들기

먼저 자동화 버튼을 만들어 보겠습니다. 'auto'라는 이름의 슬라이더를 생성하고 설정사항의 스크립트(새로 고침할 때)에 다음 내용을 입력합니다.

```
값설정[Sample1,추가[Sample1,평균[표본[Data,n1]]]]
값설정[Sample2,추가[Sample2,평균[표본[Data,n2]]]]
```

슬라이더를 움직일 때마다 표본이 추출됨을 확인할 수 있습니다. 다음으로 버튼을 통해 슬라이더가 제어되도록 슬라이더에 애니메이션을 주는 버튼과 애니메이션을 멈추는 버튼을 만들어 보겠습니다. 그러면 'Auto'라는 이름의 버튼을 추가로 생성하고 스크립트에 다음 내용을 입력합니다.

```
애니메이션시작[auto,true]
```

그리고 'Stop'이란 이름의 버튼을 추가로 생성하고 스크립트에 다음 내용을 입력합니다.

```
애니메이션시작[auto,false]
```

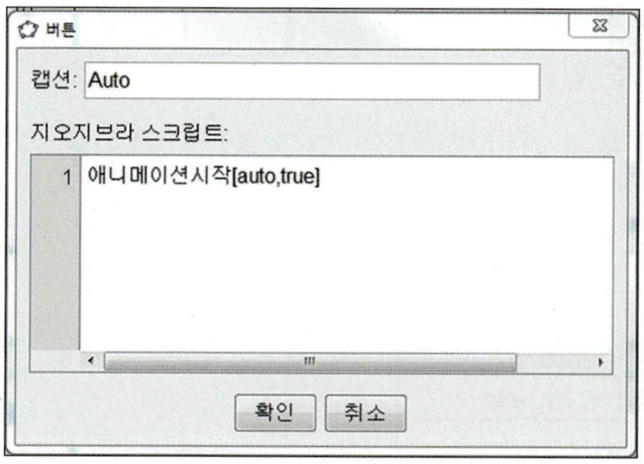

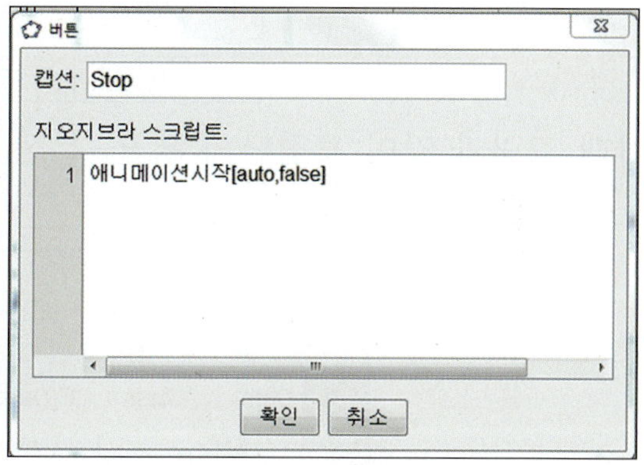

'auto' 슬라이더를 보이지 않게 설정하고 버튼들의 위치를 적당히 정렬합니다.

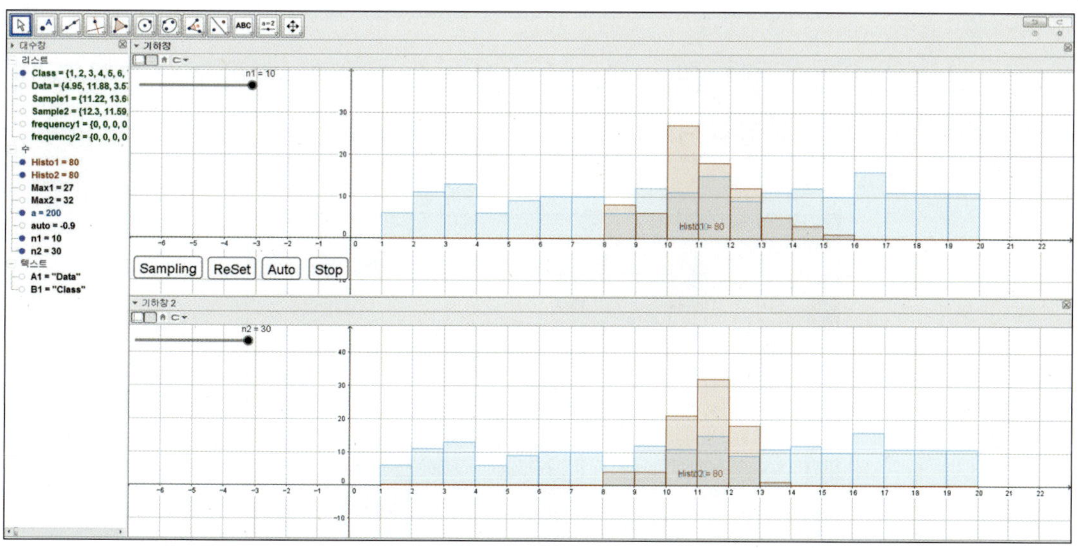

3.4.8 스프레드시트를 활용하여 표 구성하기

마지막 절에서는 표본추출과정을 수치로 보여주는 표를 만들어 보겠습니다. 먼저 모집단의 평균, 분산, 표준편차를 보여주는 표를 만들기 위해 스프레드시트에 다음 내용을 입력합니다. 참고로 그리스어는 입력창에 표시된(입력창을 클릭하면 나타남) α를 클릭하면 찾을 수 있습니다.

$E(Data)$	=평균[Data]
$V(Data)$	=분산[Data]
$\sigma(Data)$	=표준편차[Data]

아래 그림과 같이 모집단의 평균, 분산, 표준편차의 값을 모두 입력합니다.

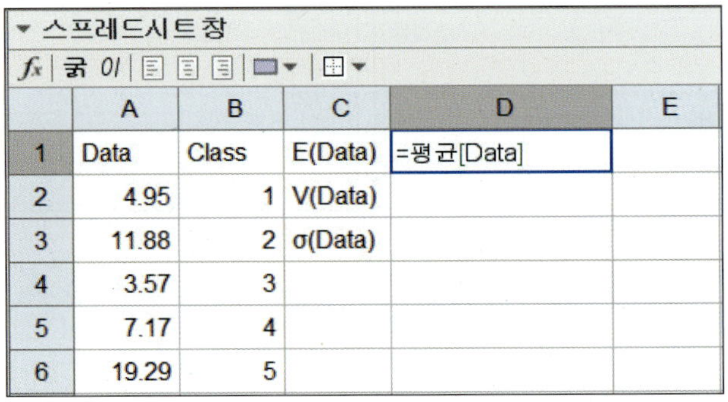

그리고 앞에서 입력한 셀들을 드래그하여 블록으로 잡은 뒤 마우스 오른쪽 버튼을 클릭하여 표를 생성합니다.

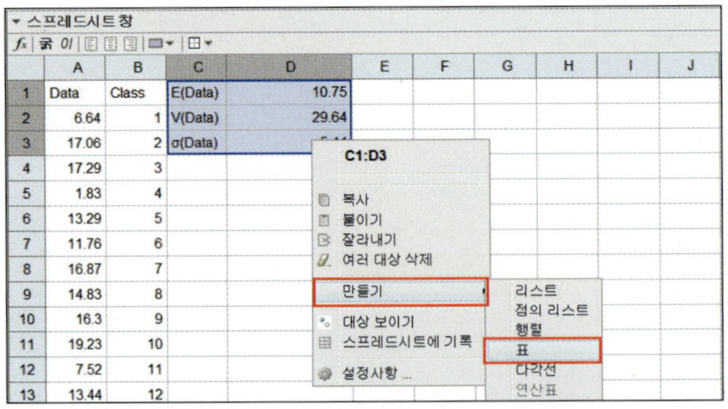

그러면 기하창에 표가 생성됩니다. 마찬가지 방법으로 Sample1과 Sample2에 대한 표도 생성하겠습니다. 아래 표의 내용을 스프레드시트 창에 입력합니다.

n	=n1
$E(SP1)$	=평균[Sample1]
$V(SP1)$	=분산[Sample1]
$\sigma(SP1)$	=표준편차[Sample1]

n	=n2
$E(SP2)$	=평균[Sample2]
$V(SP2)$	=분산[Sample2]
$\sigma(SP2)$	=표준편차[Sample2]

스프레드시트 창에 입력한 내용을 표로 생성하여 Sample1에 대한 표는 기하창에 위치시키고, Sample2에 대한 표는 기하창2에 위치시킵니다.

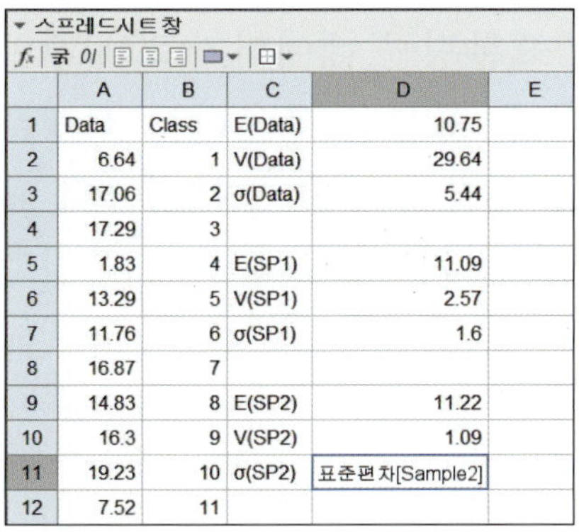

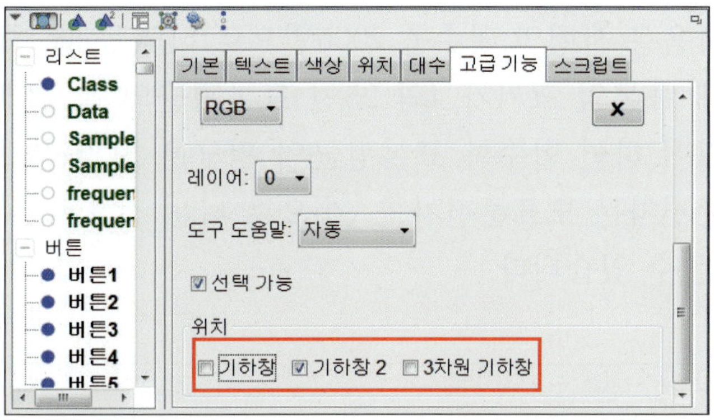

버튼들의 위치도 모두 기하창2로 옮겨서 가지런히 배치를 합니다. 그리고 히스토그램과 축의 설정을 다음 그림과 같이 보기 좋게 변경하면 중심극한정리에 대한 자료가 완성됩니다. 이 자료를 활용하여 표본평균의 분포는 극한적으로 정규분포를 따르게 됨을 실험을 통해 직접 관찰할 수 있습니다. 또한, 표본의 크기가 서로 다른 두 분포의 모양을 비교해 봄으로써 표본의 크기가 클수록 표본평균의 분포는 더 좁게 나타난다는 것을 알 수 있습니다.

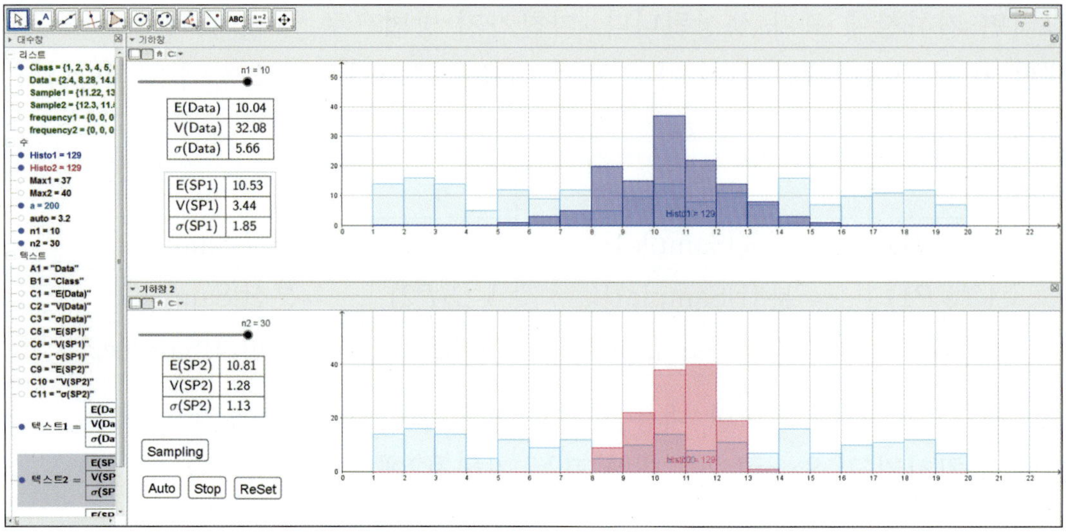

다음은 시행의 횟수를 2000번으로 하였을 때, 즉, 표본평균 데이터가 2000개일 때 표본의 크기가 4와 25인 표본평균의 분포입니다. 표본을 추출하는 시행을 많이 하면 할수록 표본평균의 평균은 모평균으로 수렴해 가고 표본평균의 표준편차는 모표준편차를 $\sqrt{n}$으로 나눈 값으로 수렴해 가는 것을 눈으로 확인해 볼 수 있습니다.

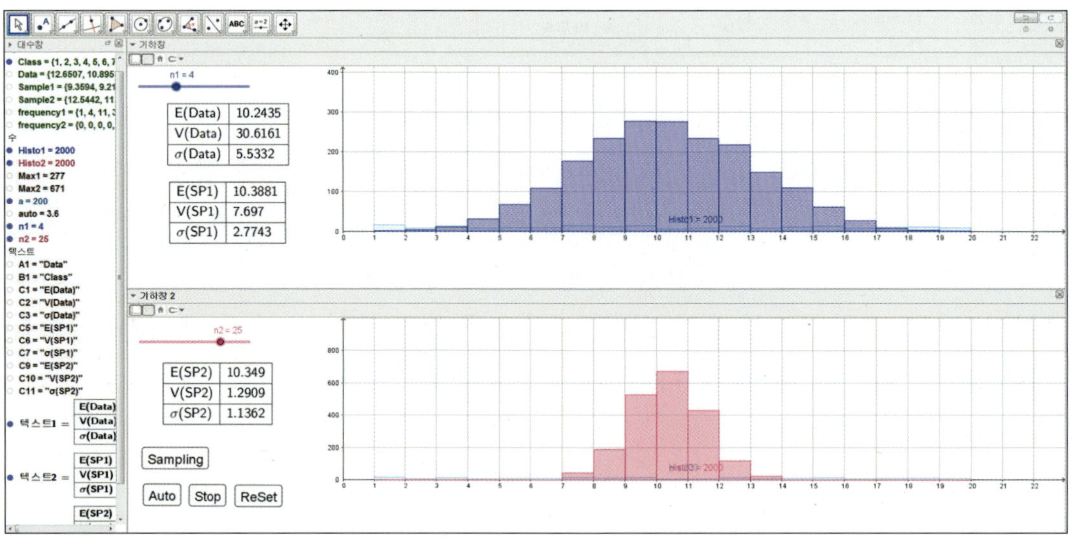

3.5 뷔퐁의 바늘 문제

뷔퐁의 바늘문제는 18세기 프랑스의 수학자 조르주루이 르크레르 드 뷔퐁(Georges-Louis Leclerc, Comte de Buffon)이 제시한 문제로 바닥에 일정한 간격의 평행선이 있고, 여기에 바늘을 떨어뜨렸을 때 평행선과 바늘이 만날 확률을 묻는 문제입니다. 이번 장에서는 먼저 뷔퐁의 바늘 문제를 수학적으로 해결할 수 있는 방법을 생각해 보겠습니다. 그리고 Geogebra를 사용하여 수천 개의 바늘을 임의로 바닥에 떨어뜨리는 상황을 자료로 만들어 보고, 그것을 통한 실험적 결과와 수학적으로 해결한 결과를 서로 비교해 보도록 하겠습니다.

3.5.1 문제해결과정

평행선의 간격을 d, 바늘의 길이를 l이라 하고, $d > l$이라 가정하겠습니다. 바늘을 떨어뜨렸을 때, 바늘의 중심이 파란색 영역에 떨어질 때만 생각해도 일반성을 잃지 않습니다.

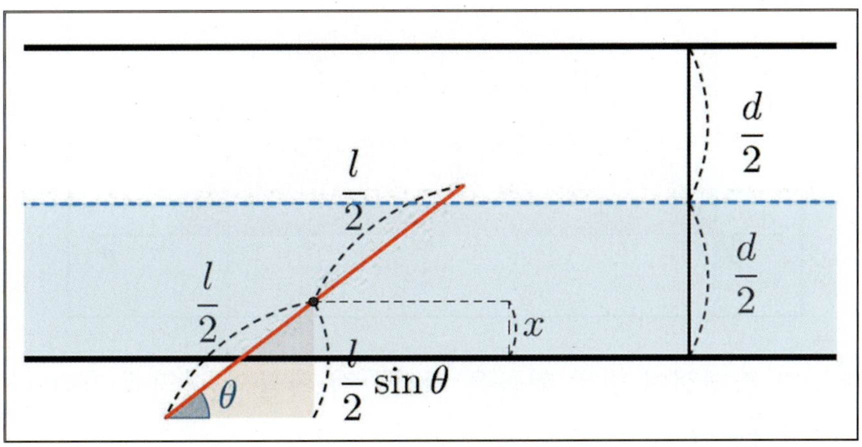

그림에서 x는 평행선에서 바늘의 중심까지의 거리, θ는 바늘이 평행선의 오른쪽 방향과 이루는 각도입니다. 바늘이 평행선과 만나는 상황을 생각해 보았을 때, 바늘의 중심이 평행선과 아무리 가까이 있더라도 θ가 매우 작으면 바늘은

평행선과 만날 수 없을 것입니다. 반대로 θ가 $\frac{\pi}{2}$에 가까운 값을 가져서 거의 수직으로 세워진 형태라고 하더라도 중심이 평행선에서 멀리 떨어져 있으면 역시 바늘과 평행선은 만날 수 없을 것입니다. 즉, 바늘이 평행선과 만나기 위해서는 x와 θ가 모두 적절한 값을 가져야 한다고 볼 수 있습니다. 그러면 평행선과 바늘이 만날 수 있는 조건을 조금 더 구체적으로 생각해 보겠습니다. 평행선과 바늘의 중심 사이의 거리 x의 범위는 $[0, d/2]$이고, 바늘과 평행선이 이루는 각 θ의 범위는 $[0, \pi]$입니다. 바늘이 평행선과 만나기 위해서는 위의 그림에서 알 수 있듯이 부등식 $x \le \frac{l}{2}\sin\theta$을 만족해야 합니다. θ와 x를 각각 가로축, 세로축으로 하는 좌표평면에 위 부등식의 영역을 나타내 보면 다음 그림과 같습니다.

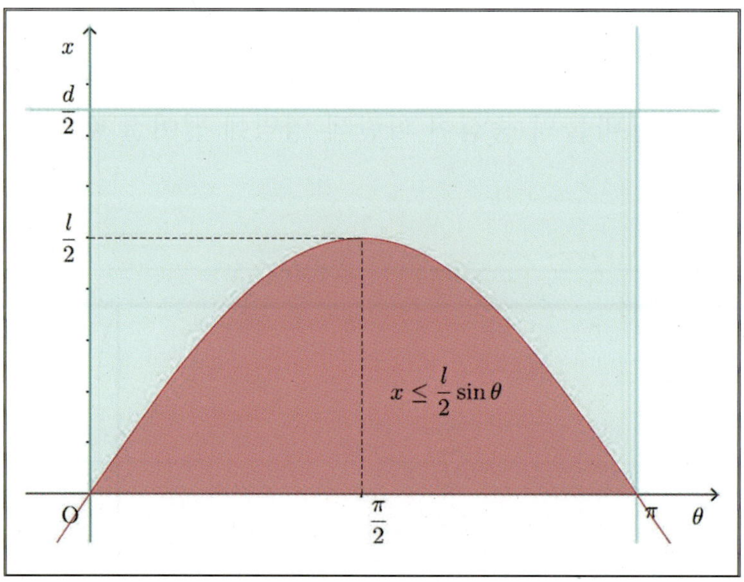

따라서 바늘과 평행선이 만날 확률은 기하학적 확률의 정의에 따라 다음과 같음을 알 수 있습니다.

$$P = \frac{\dfrac{l}{2}\displaystyle\int_0^{\pi} \sin\theta \mathrm{d}\theta}{\dfrac{d\pi}{2}}$$

$$= \frac{l}{d\pi}\int_0^{\pi} \sin\theta \mathrm{d}\theta$$

$$= \frac{2l}{d\pi}$$

특히, $l = d$이면 $P = \dfrac{2}{\pi}$이고, $l = \dfrac{d}{2}$이면 $P = \dfrac{1}{\pi}$입니다.

3.5.2 바늘을 떨어뜨릴 판 제작하기

바늘을 떨어뜨릴 평행선이 그려진 판을 만들어 보겠습니다. 우선 좌표축을 보이지 않게 설정하고, 입력창에 A=$(-1,-1)$과 같은 형식으로 네 점 A$(-1,-1)$, B$(16,-1)$, C$(16,12)$, D$(-1,12)$를 생성합니다. 그리고 아래와 같이 입력하여 네 점을 꼭짓점으로 하는 다각형을 만들어 줍니다.

```
다각형[A,B,C,D]
```

그리고 기하창의 설정사항에서 x축, y축의 최댓값과 최솟값을 다음과 같이 설정합니다.

	최솟값	최댓값
x축	x(A)	1.8*x(C)
y축	y(A)	y(C)

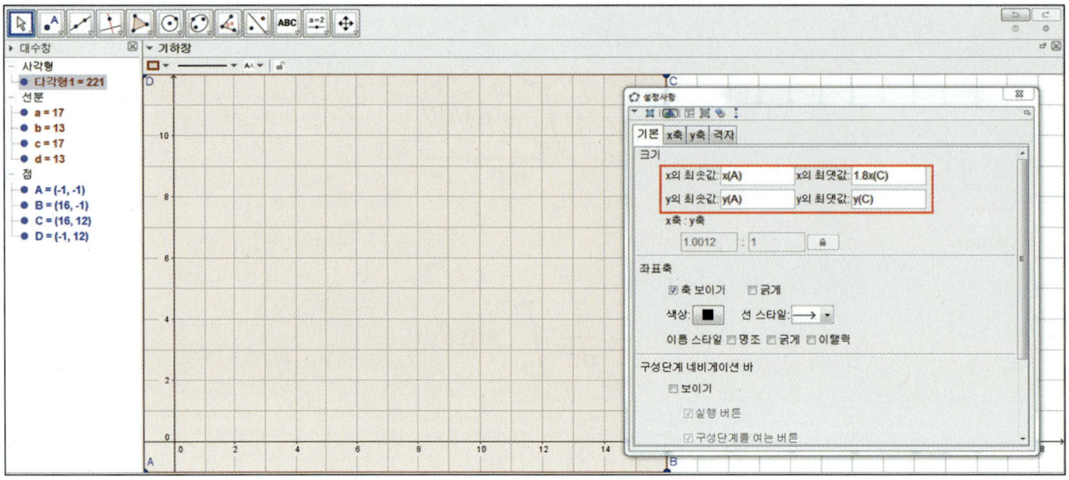

위의 설정에 의해서 앞으로 기하창의 크기가 변경되더라도 기하창에 나타나는 x축, y축의 최댓값과 최솟값은 변하지 않게 됩니다. 그러나 x축과 y축의 눈금 비율이 1:1이 되도록 하기 위해 기하창의 가로와 세로의 비율을 1.8 : 1 로 맞추어 주는 것이 좋겠습니다. 이때, 정확한 비율로 맞출 수는 없으므로 격자의 모양이 정사각형으로 보이게 해주면 됩니다. 다시 본론으로 돌아가서 다각형의 꼭짓점 A, B, C, D와 선분 a, b, c, d를 보이지 않게 합니다. 이제 판 위에 간격이 1인 평행선 들을 그리겠습니다. 이를 위해 먼저 입력창에 다음과 같이 입력합니다.

```
선분[(0, 1), (15, 1)]
```

※선분[<점>, <점>]

그러면 그림과 같이 선분이 하나 그려집니다. 이러한 선분을 $y = 0$부터 $y = 11$까지 그리려고 합니다. 어떤 규칙에 의한 반복적인 작업이 필요한 경우 '수열'이란 명령어를 이용하면 효율적으로 해결할 수 있습니다. 바로 전에 그렸던 선분을 더블 클릭하여 재정의 창을 띄운 다음 아래와 같이 수정합니다.

```
수열[선분[(0, t), (15, t)],t,0,11]
```

※수열[<표현식>, <변수>,<시작값>,<끝값>]

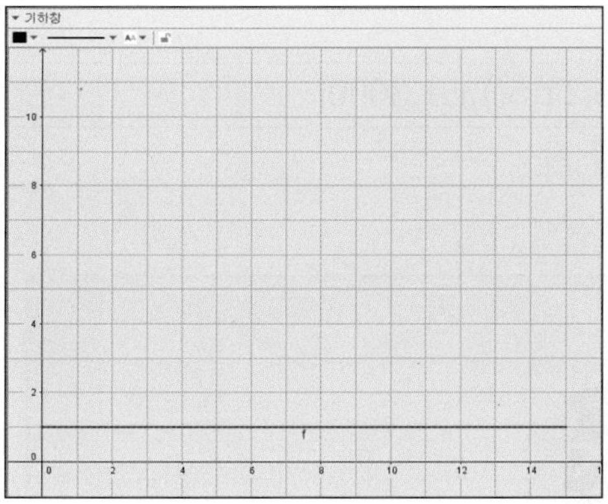

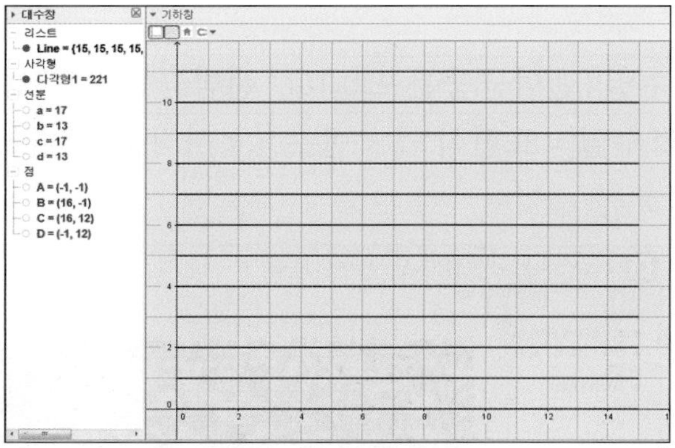

이 명령에 의해 12개의 선분이 한 번에 그려졌습니다. 수열이란 명령어에 의해 선분의 양 끝점의 y좌표에 0부터 11까지의 정수가 차례로 입력되었기 때문입니다. 그러면 그려진 선분의 두께와 색상을 조절하여 눈에 잘 띄도록 설정하고, 리스트의 이름을 'Line'으로 수정하겠습니다.

3.5.3 랜덤으로 바늘의 중점 위치 정하기

이 절에서는 바늘을 임의로 떨어뜨리는 상황을 표현해 보도록 하겠습니다. 먼저 Geogebra의 입력창에 다음과 같이 입력하여 바늘중점의 위치가 가로 [0,15], 세로 [-0.5,11.5] 범위에서 임의로 정해지도록 합니다.

```
(랜덤균등분포[0,15], 랜덤균등분포[-0.5,11.5])
```

※랜덤균등분포[<최솟값>,<최댓값>] : 주어진 범위의 균등분포(연속확률분포)에서 임의로 확률변수 추출

키보드에서 [Ctrl]+[R]을 누를 때마다 한 점이 설정한 범위 내에서 불규칙하게 이동합니다 그런데 많은 수의 바늘을 떨어뜨리려면 그 만큼의 바늘중점이 필요합니다. 따라서 '수열' 명령어를 이용하여 이를 표현해 보도록 하겠습니다.

위에서 생성한 점을 더블 클릭하여 재정의 창을 띄우고, 다음 내용을 입력하여 3000개의 바늘중점의 위치를 임의로 지정합니다.

수열[(랜덤균등분포[0,15], 랜덤균등분포[-0.5,11.5]),t,1,3000]

※수열[<표현식>, <변수>,<시작값>,<끝값>]

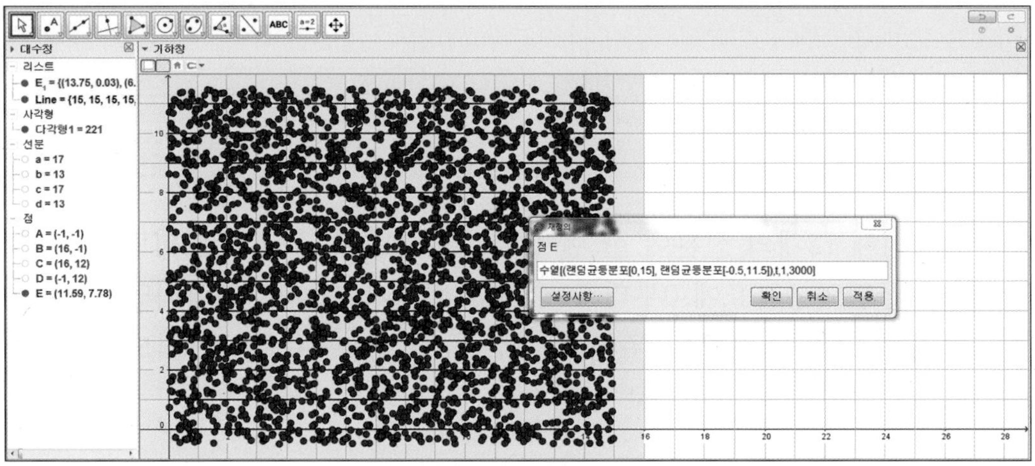

가독성을 높이기 위해 리스트의 이름은 'Mpoint'로 수정합니다. 그리고 점은 좌표만 필요한 것이므로 대수창에서 Mpoint의 파란색 원을 클릭하여 점들이 보이지 않도록 합니다.

3.5.4 랜덤으로 바늘의 기울기 정하기

바늘의 떨어진 모양을 결정하기 위해서는 중점의 위치와 기울어진 각도가 필요합니다. 앞서 바늘중점의 위치를 정했으니 이번에는 3000개 바늘의 기울어진 각도를 임의로 지정하겠습니다. 입력창에 다음과 같이 입력합니다.

수열[랜덤균등분포[0,π],t,1,3000]

그리고 생성된 리스트의 이름을 ‘Angle’ 로 바꾸어 줍니다.

3.5.5 바늘 그리기

그러면 앞 절에서 만든 두 리스트를 바탕으로 바늘을 그려보도록 하겠습니다. 우선 바늘의 길이는 평행선 간격의 k배로 합니다. 즉, 바늘의 길이를 l, 평행선의 간격을 d라 할 때, l=kd입니다. 기하창에 k라는 이름의 슬라이더를 생성하고 범위는 [0.2, 2] 범위의 수로 설정합니다. 이제 바늘의 양 끝점의 좌표를 결정하겠습니다. 평행선의 간격이 1이므로 바늘 절반의 길이는 k/2입니다. 따라서 바늘의 양 쪽 점의 좌표는 중점에서 $\left(\pm\frac{k}{2}\cos\theta, \pm\frac{k}{2}\sin\theta\right)$인 위치에 있습니다. 이것을 바탕으로 입력창에 다음 내용을 입력합니다.

```
((x(원소[Mpoint, 1]) - k/2*cos(원소[Angle, 1]), y(원소[Mpoint, 1]) - k/2*sin(원소[Angle, 1]))
```

```
((x(원소[Mpoint, 1]) + k/2*cos(원소[Angle, 1]), y(원소[Mpoint, 1]) + k/2*sin(원소[Angle, 1]))
```

※원소[<리스트>,<원소의 위치>]

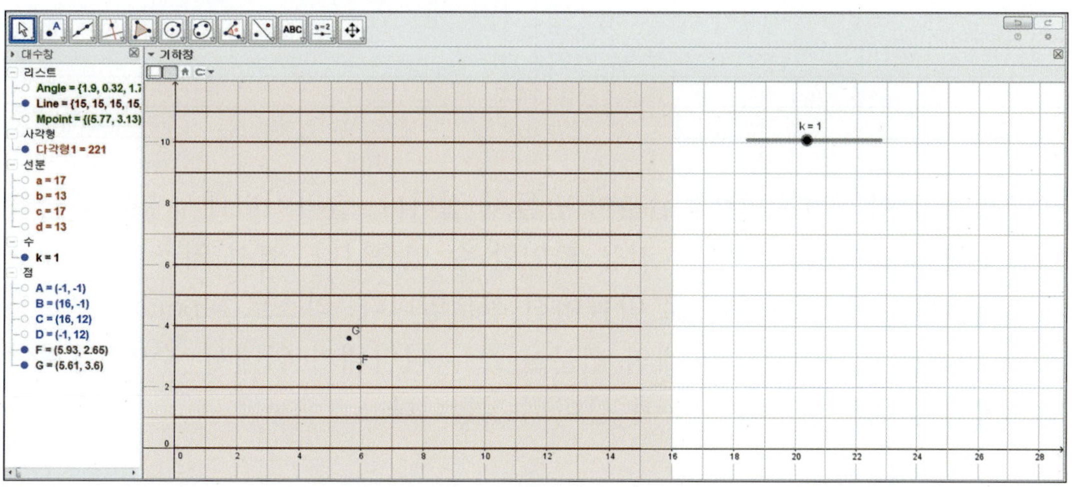

위 그림과 같이 판 위에 두 점이 생성되었습니다. [Ctrl]+[R]을 누를 때마다 두 점이 같은 간격을 유지하면서 불규칙적으로 이동하는 것을 볼 수 있습니다. 이 두 점은 리스트 Mpoint와 Angle에서 각 첫 번째 원소로 만들어진 바늘의 양 끝점입니다. 이제 두 점을 삭제하고, 입력창에 다음 내용을 입력합니다.

```
선분[(x(원소[Mpoint, 1]) - k/2*cos(원소[Angle, 1]), y(원소[Mpoint, 1]) - k/2
*sin(원소[Angle, 1])),
(x(원소[Mpoint, 1]) + k/2 *cos(원소[Angle, 1]), y(원소[Mpoint, 1]) + k/2
*sin(원소[Angle, 1]))]
```

이 명령어는 길어서 복잡하게 보일 수 있지만 앞에서 찾은 두 점을 선분으로 이어주는 명령어가 추가되었을 뿐입니다.

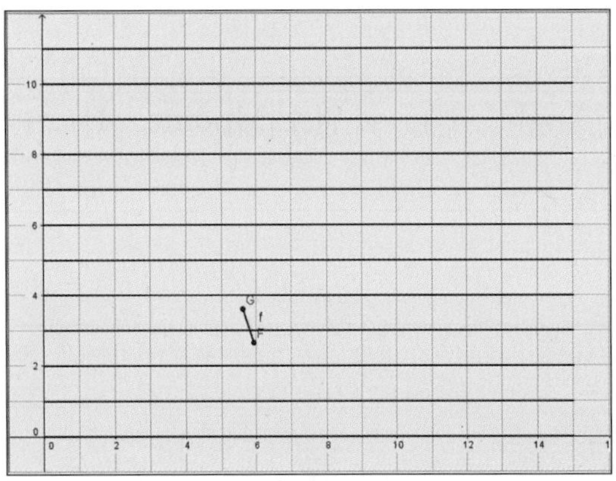
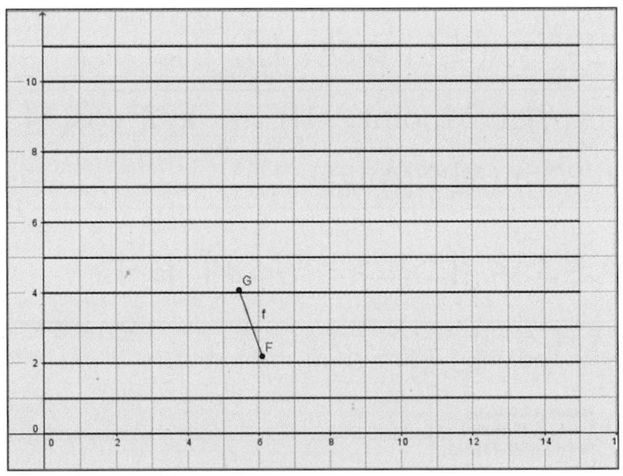

위 그림과 같이 그림과 같이 선분이 만들어 집니다. 슬라이더에서 k값을 늘려 보면 선분의 길이가 길어지는 것을 확인할 수 있습니다. 역시 리스트 Mpoint와 Angle의 각 첫 번째 원소로 만들어진 선분입니다. 리스트 Mpoint와 Angle의 각 원소로 이루어진 3000개의 선분을 모두 나타내기 위해서 '수열' 명령어를 활용하여 위의 내용을 다음과 같이 수정합니다.

```
수열[선분[(x(원소[Mpoint, t]) - k/2*cos(원소[Angle, t]), y(원소[Mpoint, t])
- k/2*sin(원소[Angle, t])),
(x(원소[Mpoint, t]) + k/2*cos(원소[Angle, t]), y(원소[Mpoint, t]) +
k/2*sin(원소[Angle, t]))],t,1,3000]
```

아래 그림과 같이 판 위에 많은 수의 바늘이 생성됨을 볼 수 있습니다. 마지막으로 생성된 바늘 리스트의 이름을 'Needle'로 수정합니다.

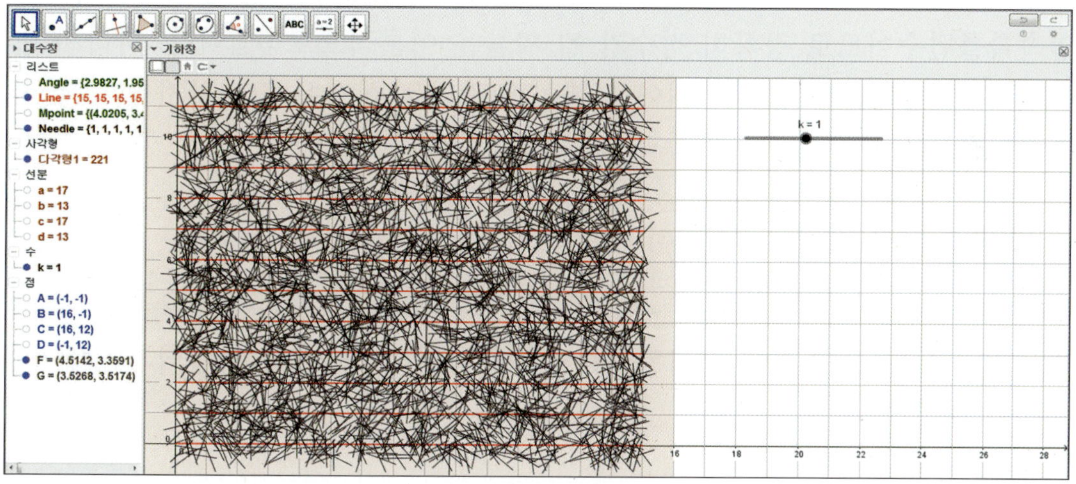

3.5.6 평행선과 만나는 바늘의 수 세기

평행선과 만나는 바늘의 수를 세기에 앞서 다음 명령어를 살펴보겠습니다. 입력창에 다음과 같이 입력합니다.

```
G1=floor[1.4]
```

```
G2=floor[2.7]
```

```
G3=floor[-1.4]
```

G1의 결과는 1, G2의 결과는 2, G3의 결과는 –2로 나타납니다. 즉, 명령어 'floor'는 입력한 수를 넘지 않는 최대의 정수를 나타냄을 알 수 있습니다. 이제 대수창에서 G1, G2, G3를 삭제하고, 본격적으로 'floor'명령어를 활용하여 평행선과 만나는 바늘의 수를 세어 보겠습니다. 판 위에 그려진 평행선의 y좌표는 0부터 11까지의 정수입니다. 만약 바늘 양 끝점의 y좌표에서 정수 부분의 값이 서로 다르다면 그 바늘은 평행선을 가로 지르는 것입니다. 반대로 y좌표의 정수부분이 서로 같다면 양 끝점이 평행선 사이에 놓이는 것이므로 이 경우 바늘은 평행선과 만나지 않는 것입니다. 이 때, 바늘 양 끝점의 y좌표는 연속확률변수이므로 정확히 정수가 될 확률은 이론적으로 0입니다. 따라서 바늘 끝 점의 y좌표가 정수가 되어 평행선과 만나는 상황은 고려하지 않도록 하겠습니다. 이제 입력창에 다음과 같이 입력합니다.

```
수열[조건[floor(y(원소[Mpoint, t]) - k/2 *sin(원소[Angle, t]))
== floor(y(원소[Mpoint, t]) + k/2*sin(원소[Angle, t])), 0, 1], t, 1, 3000]
```

※조건[<조건>,<조건이 성립될 때 생성할 대상>,<조건이 성립되지 않을 때 생성할 대상>]

조금 복잡하게 보일 수 있지만 차근차근 살펴보도록 하겠습니다. 우선 '조건' 명령어의 첫 번째 인수 자리에 'floor' 명령어가 있습니다. floor를 사용해 바늘 양 끝점의 y좌표의 정수부분을 구하였고, '조건' 명령어를 통해 앞서 구한 두 정수의 값이 같으면 0을 출력하고, 다르면 1을 출력하도록 하고 있습니다. 가장 바깥쪽에는 수열 명령어가 있어 3000개 바늘 모두에 대해서 검사를 해 줍니다. 마지막으로 만들어진 리스트의 이름을 'Cross'으로 수정합니다.

3.5.7 바늘 던지기 버튼 만들기

바늘을 던지는 버튼을 만들어 보겠습니다. '버튼' 도구를 사용하여 캡션에 'Drop'을 입력하고, 스크립트에는 '구성새로고침[]'을 입력합니다.

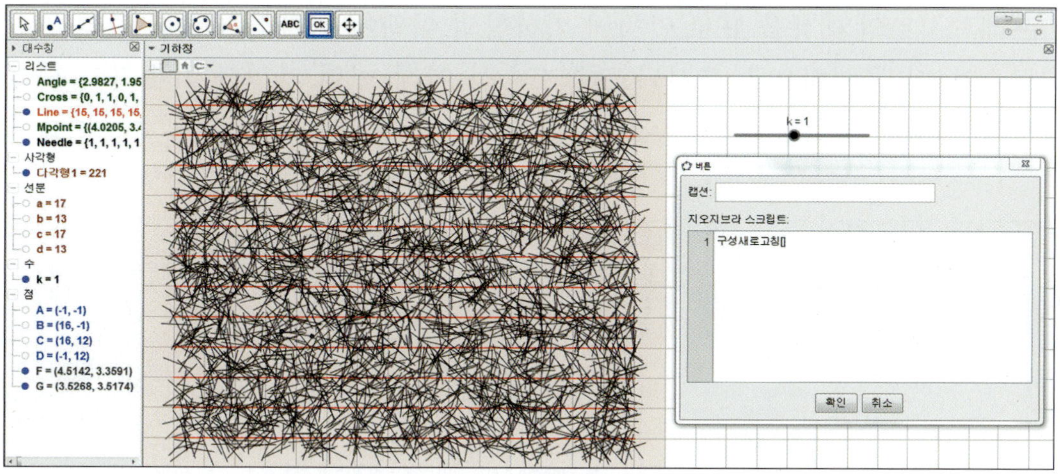

생성된 버튼을 클릭하면 바늘이 새로 던져지는 것을 확인할 수 있습니다

3.5.8 스프레드시트를 이용하여 표 구성하기

마지막 절에서는 3000개의 선분 중에 평행선과 만나는 선분의 개수와 상대도수를 보여주는 표를 구성해 보겠습니다. 입력창에 다음 내용을 입력합니다.

Count=세기조건[x == 1, Cross]
Total=세기조건[x==0 ∨ x==1, Cross]
Ratio=Count / Total

Ratio의 설정사항에서 기호연산을 해제하여 소수의 형식으로 만들어 줍니다. 그리고 스프레드시트 창을 열고 그림과 같이 빈 공간에 다음 내용을 입력합니다.

바늘의 총 수(T)	=Total
평행선과 만나는 바늘의 수(C)	=Count
상대도수(C/T)	=Count/Total

스프레드시트의 내용을 표로 만들어 기하창의 여백에 위치시킵니다. 그리고 상대도수가 더 구체적으로 표시되도록 소수점 아래 넷째 자리까지 숫자가 나타나도록 설정해 줍니다.

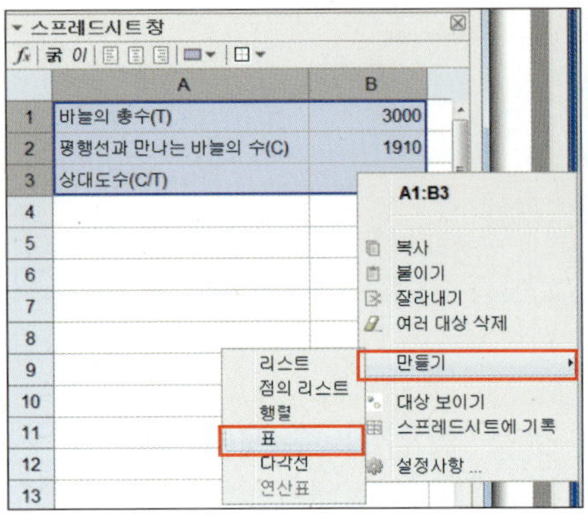

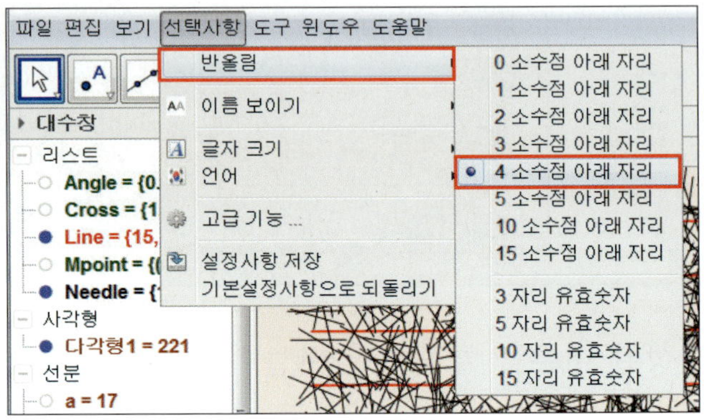

마지막으로 격자를 보이지 않게 처리하고 버튼과 슬라이더 그리고 표를 적당한 위치에 배치해 줍니다. 그러면 뷔퐁의 바늘문제를 실험해 볼 수 있는 자료가 모두 완성됩니다.

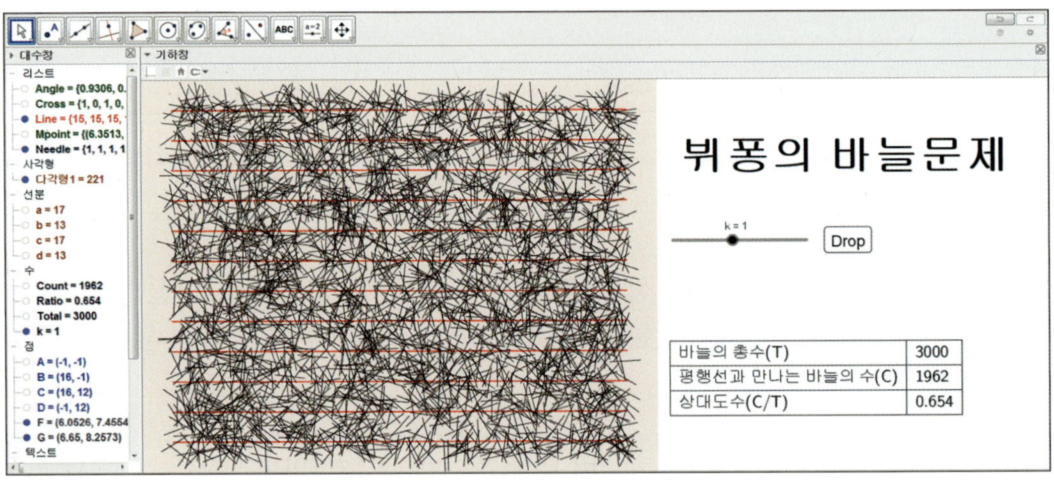

이론적 계산결과의 의하면 l=d일 때, $P = \dfrac{2}{\pi} \approx 0.6366$인데 이 값에 거의 근접한 값이 나오는 것을 볼 수 있습니다.

제 4 장

Geogebra를 활용한 문제탐구

Geogebra와 수학의 시각화

4.1 도형의 자취 문제

도형의 자취문제를 풀다보면 실제로 그려지는 자취를 확인해 보고 싶은 경우가 있습니다. 간단한 문제의 경우 직접 그려볼 수 있겠지만 복잡한 문제의 경우에는 직접 그려보는 것이 쉽지 않습니다. 이러한 경우에 Geogebra를 활용해 보는 것이 어떨까 싶습니다. 그러면 아래에 주어진 자취문제로 함께 실습해 보도록 하겠습니다.

문제 : 한 변의 길이가 1인 정육각형의 내부에 한 변의 길이가 1인 정삼각형이 있고 그 정삼각형의 두 꼭짓점이 정육각형의 변을 따라 움직일 때, 남은 한 꼭짓점이 그리는 자취의 길이를 구하시오.

참고로 문제해결 과정이 Geogebra로 자료를 만들어가는 과정과 닮았기 때문에 실습에 들어가기 전에 해결방법에 대해 먼저 고민해 보는 것이 본 장의 내용을 이해하는데 많은 도움이 될 것이라 생각합니다. 해결방법에 대해 고민을 해 보셨다면 지금부터 위의 문제를 Geogebra로 구현해 보도록 하겠습니다.

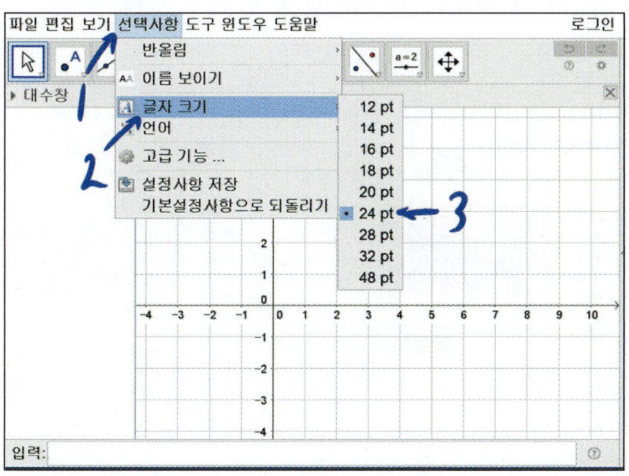

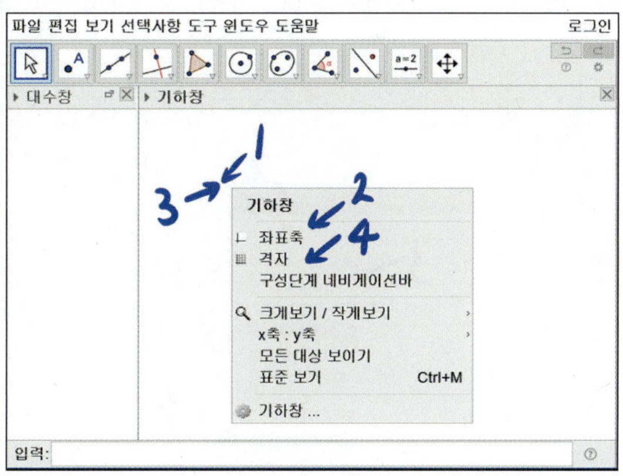

기본 세팅을 하겠습니다. 선택사항을 선택하시고 글자의 크기를 24pt로 설정합니다. 기하창에서 마우스 오른쪽 버튼을 클릭하고 좌표축을 선택하여 기하창에 좌표축이 나타나지 않게 합니다.

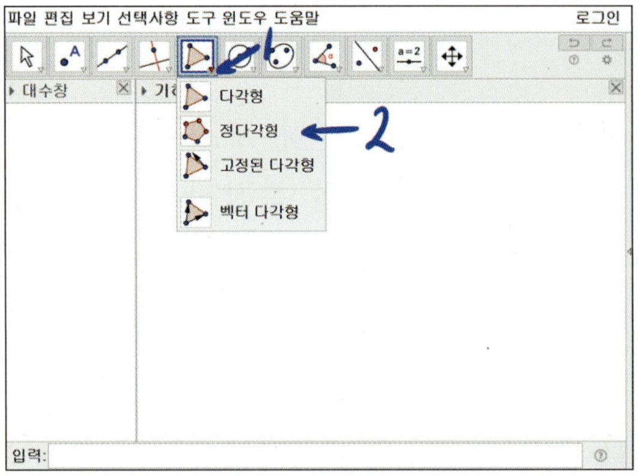

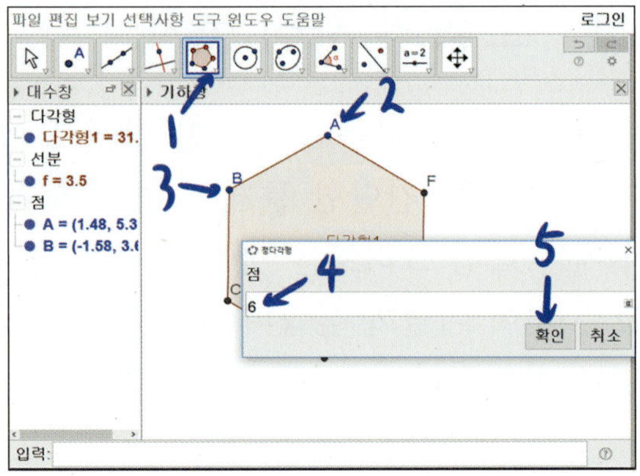

'다각형' 도구의 작은 역삼각형을 선택합니다. 그리고 '정다각형' 도구를 선택합니다. 점 A와 점 B를 차례로 찍고 새로 생기는 정다각형 창의 빈칸에 6을 입력하고 확인을 선택합니다. 정육각형이 만들어졌습니다. 여기서 잠시 만든 과정의 의미를 살펴보겠습니다. 점 A와 점 B는 정육각형을 만드는 기본정보입니다. 즉, 점 A와 점 B를 제외한 정육각형을 구성하는 모든 것은 점 A와 점 B의 정보에 의해서 의존하는 대상인 것입니다. 따라서 점 A와 점 B를 움직이면 정육각형의 크기와 위치를 결정할 수 있게 되는 것입니다. 그럼 점 A와 점 B를 움직여서 그림처럼 기하창 가운데에 정육각형을 위치시켜주길 바랍니다.

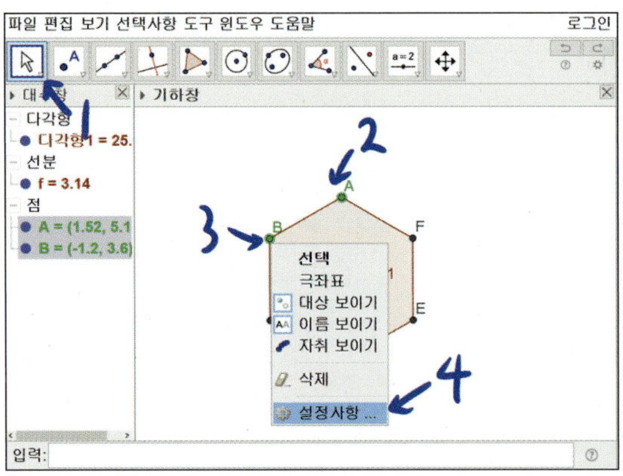

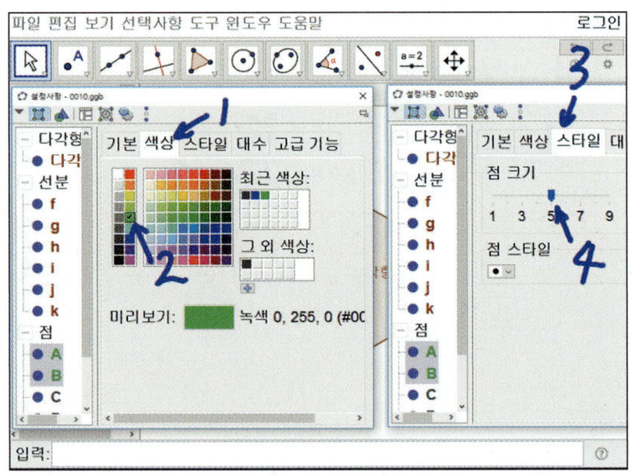

이 특별한 점 A와 점 B를 녹색으로 하겠습니다. 그리고 크기는 5로 하겠습니다. [Ctrl]를 누른 상태에서 점 A와 점 B를 차례로 선택한 후 마우스의 오른쪽 버튼을 클릭합니다. 나타난 메뉴에서 설정사항을 선택합니다. 색상 탭에서 녹색을 선택합니다. 스타일 탭에서 점 크기를 5로 합니다.

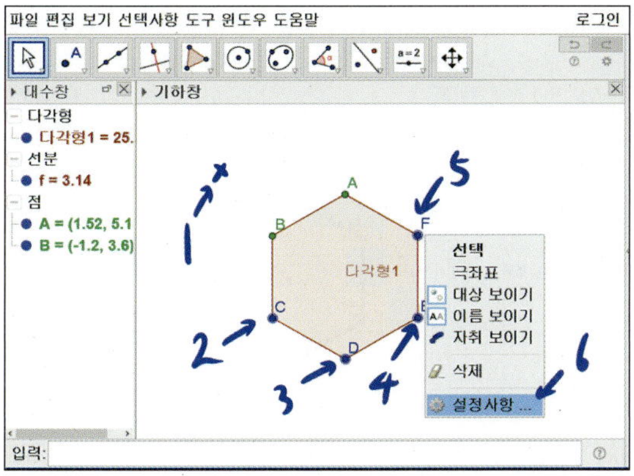

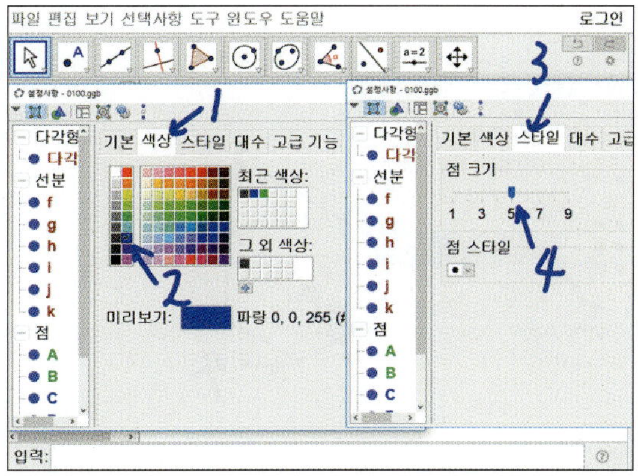

점 C, 점 D, 점 E, 점 F를 모두 파란색으로 하고 점의 크기를 5로 하겠습니다. 기하창 빈 공간을 마우스의 왼쪽 버튼을 클릭하여 점 A와 점 B를 선택해제 합니다. [Ctrl]를 누른 상태에서 점 C, 점 D, 점 E, 점 F를 차례로 선택하고 마우스의 오른쪽 버튼을 클릭합니다. 나타난 메뉴에서 설정사항을 선택합니다. 색상 탭에서 파란색을 선택합니다. 스타일 탭에서 점 크기를 5로 합니다.

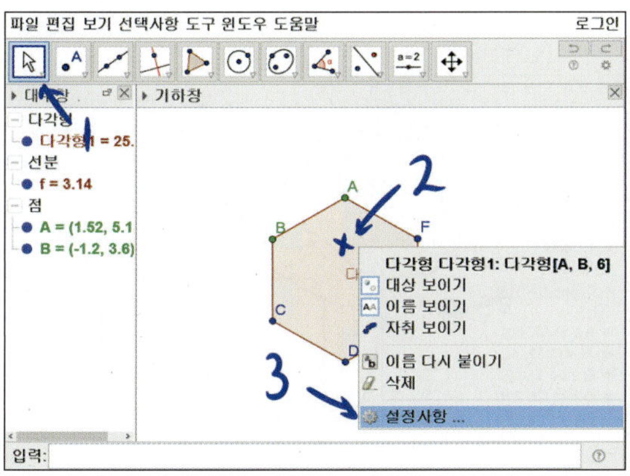

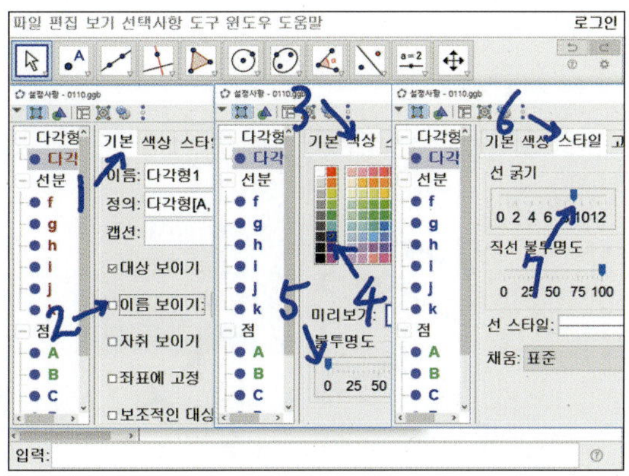

다각형1의 이름을 안 보이게 하고 다각형의 색은 파란색, 내부의 색은 투명하게 설정하겠습니다. 다각형1의 중앙에 마우스 오른쪽 버튼을 클릭합니다. 설정사항으로 들어갑니다. 기본 탭에서 이름 보이기를 선택 해제합니다. 색상 탭에서 파란색으로 선택한 후 불투명도는 0으로 합니다. 스타일 탭에서 선 굵기를 9로 합니다.

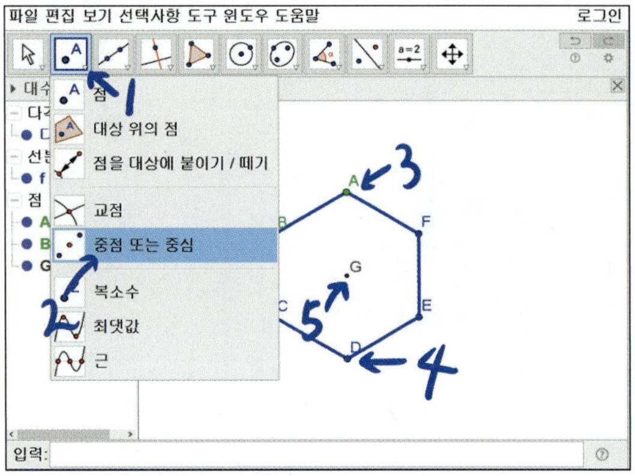

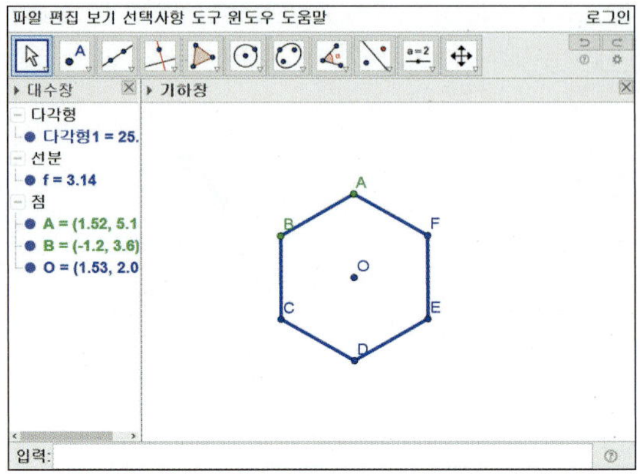

정육각형의 외접원의 중심을 작도하겠습니다. 선분 BE와 선분 CF의 교점을 점 A와 점 D의 중점으로 찾아 주겠습니다. '점' 도구 역삼각형을 선택하여 '중점 또는 중심' 도구를 선택합니다. 점 A와 점 D를 선택합니다. '중점 또는 중심' 도구를 선택하였으므로 자동으로 점 G가 생성됩니다. 보통 원의 중심을 점 O로 하므로 점 G를 점 O로 이름을 변경하고 파란색에 크기가 5인 점으로 하겠습니다.

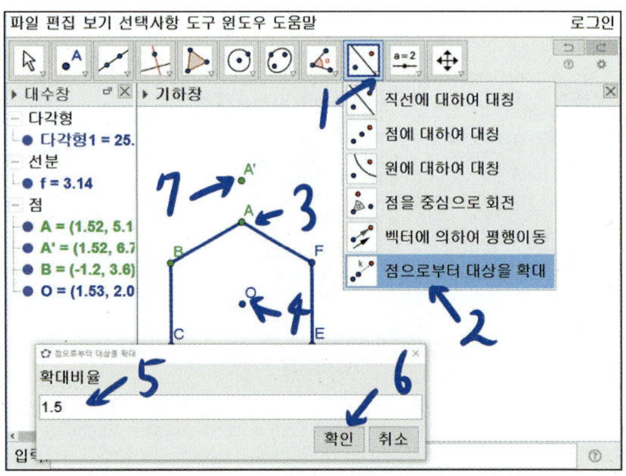

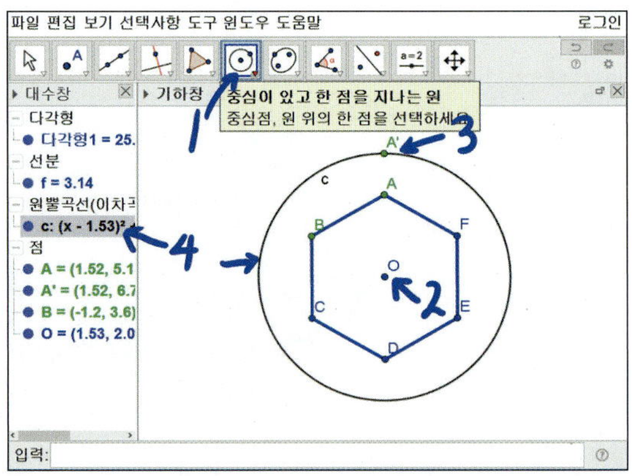

점 O를 중심으로 정육각형을 감싸는 원을 그려 보겠습니다. '직선에 대하여 대칭' 도구에 역삼각형을 선택하고 '점으로부터 대상을 확대' 도구를 선택합니다.

점 A를 선택하고 점 O를 선택하고 확대비율 입력창에 1.5를 입력합니다. 점 A′이 나타납니다. '중심이 있고 한 점을 지나는 원' 도구를 선택합니다. 점 O를 선택하고 점 A′를 선택하면 원 c가 만들어 집니다.

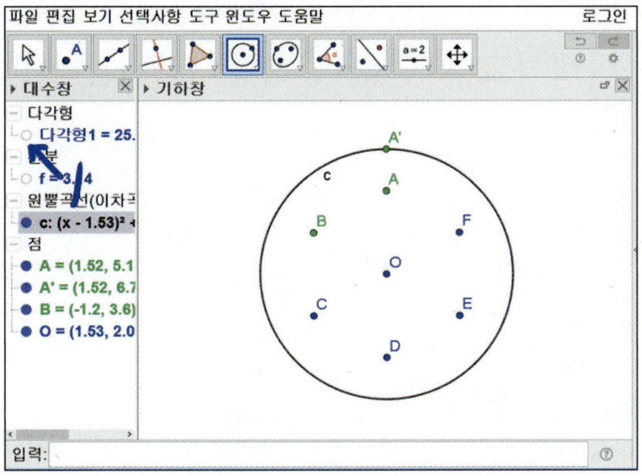

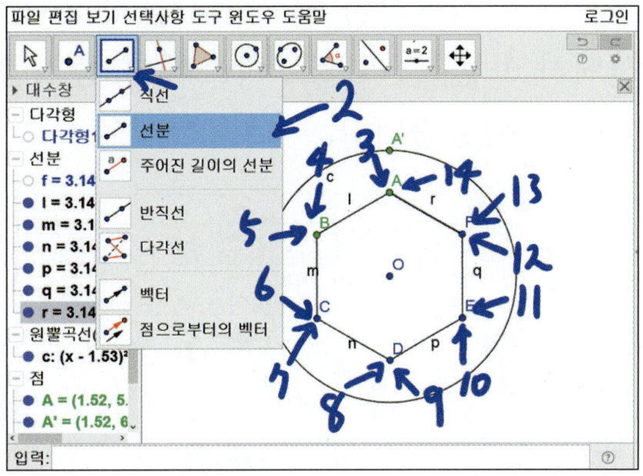

간혹 교점을 찍는 것에 문제가 있을 수 있어, 정육각형이 있지만 각 점을 다시 선분으로 연결하겠습니다. 이를 위하여 잠시 정육각형을 보이지 않게 하겠습니다. 대수창에 다각형1의 앞에 있는 조그만 원을 선택하여 채워지지 않게 합니다. 기본에서 대상 보이기를 체크해제 합니다. '선분' 도구를 선택한 후 점 A와 점 B를 선택합니다. 선분 l이 생성됩니다. 같은 방식으로 차례대로 점 B와 점 C를 선택, 점 C와 점 D를 선택, 점 D와 점 E를 선택, 점 E와 점 F를 선택, 점 F와 점 A를 선택하여 선분 m, 선분 n, 선분 p, 선분 q, 선분 r을 만듭니다.

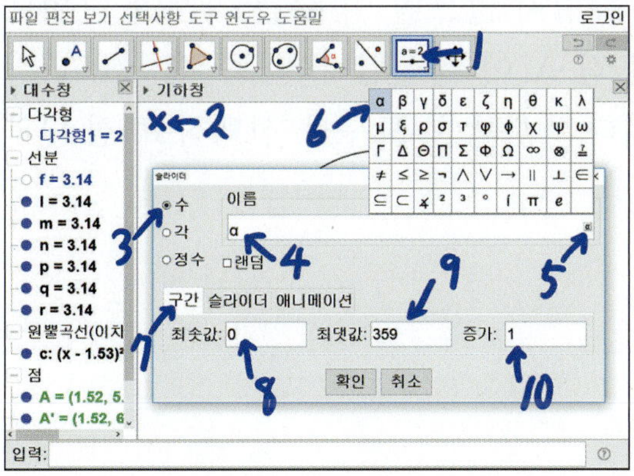

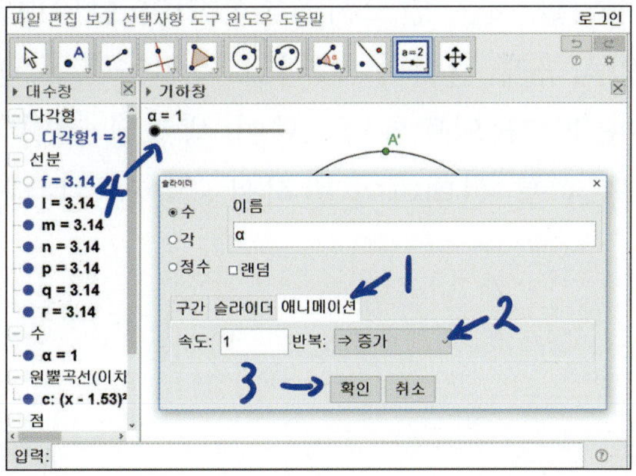

'슬라이더' 도구를 선택하고 기하창 왼쪽 상단 'x' 표시한 부분을 선택합니다. 슬라이더 창에서 수를 선택하고 이름 칸을 선택하면 α모양이 오른쪽 끝에 생깁니다. 이 α를 선택하고 기호들 중 α를 선택하면 이름 칸에 α가 넣어 집니다. 구간에서 최솟값을 0, 최댓값을 359, 증가를 1로 하겠습니다. 애니메이션 탭을 선택하고 반복 리스트 박스에서 증가를 선택하고 확인을 선택합니다. 슬라이더 α가 생겼습니다.

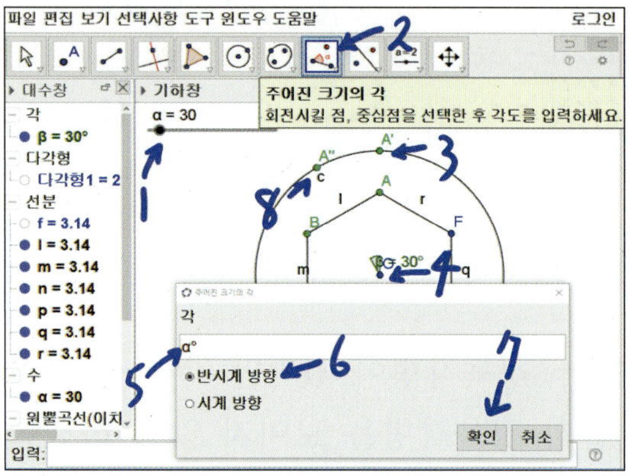

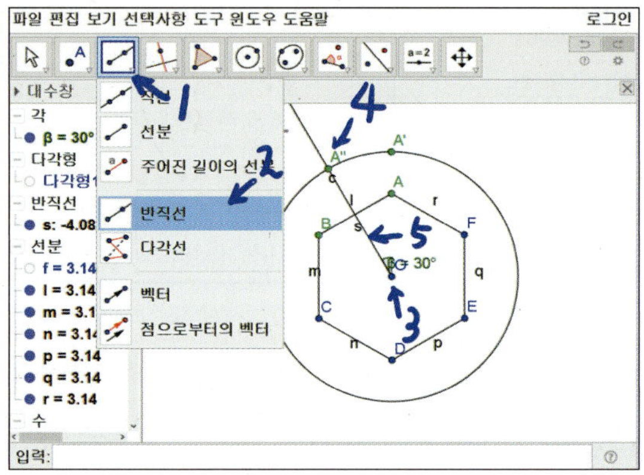

슬라이더 α를 선택하고 방향키 오른쪽과 왼쪽 버튼을 사용하거나 점을 선택하여 마우스로 옮겨서 수 α를 30으로 만듭니다. '주어진 크기의 각' 도구를 선택하고 점 A′를 선택하고 점 O를 선택하고 주어진 크기의 각 창에 빈칸에 $\alpha°$를 입력합니다. 방법은 앞에 설명한 기호 입력방법 대로 하시면 됩니다. 여기서 주의할 것은 반드시 °가 있어야 합니다. 그렇지 않으면 이 수를 라디안 단위로 인식하게 됩니다. 그리고 확인을 누르면 점 A″이 생성됩니다. 즉 각 A′OA″각이 30°가 되도록 점 A″이 생성된 것입니다. '반직선' 도구를 선택하고 점 O과 점 A″를 선택하여 반직선 s를 만듭니다.

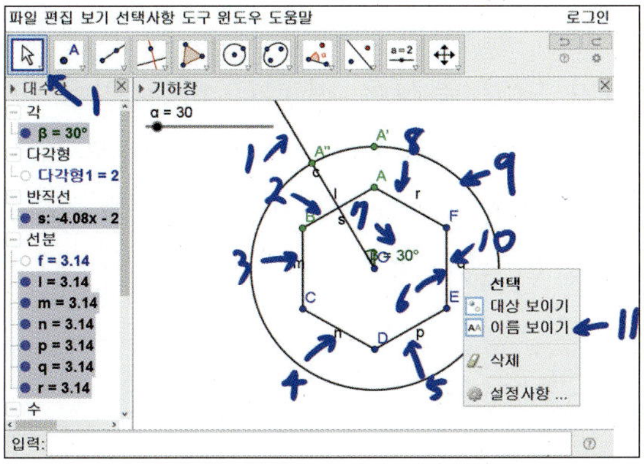

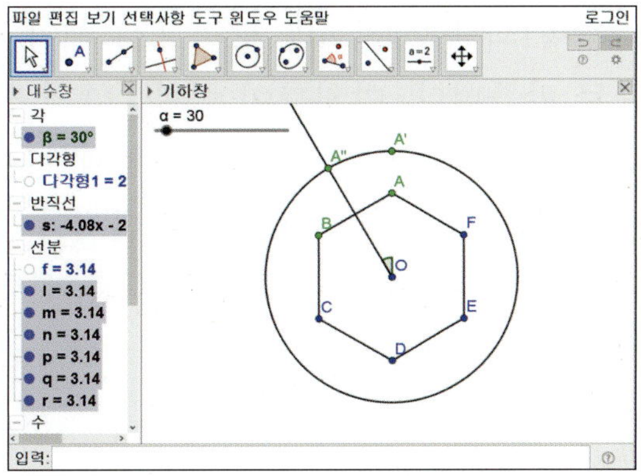

반직선, 선분, 원, 각의 이름이 너무 많아 이제 지저분하게 보여 집니다. 이 이름들을 보이지 않게 하겠습니다. [Ctrl]를 누른 상태에서 직선, 선분, 원을 모두 선택하고 각의 이름 30°를 선택하고 마우스 오른쪽 버튼을 클릭하여 메뉴창이 나오면 이름 보이기를 선택합니다. 반드시 '이름 보이기'를 선택하셔야 합니다. 지저분했던 반직선, 직선, 각의 이름이 보이지 않게 된 것을 확인 할 수 있습니다. 혹시나 대상 보이기를 선택하면 기하적 대상들이 보이지 않게 됩니다. 이런 실수를 했다면, [Ctrl] + [Z]를 눌러 바로 전 단계 작업으로 갈 수 있습니다.

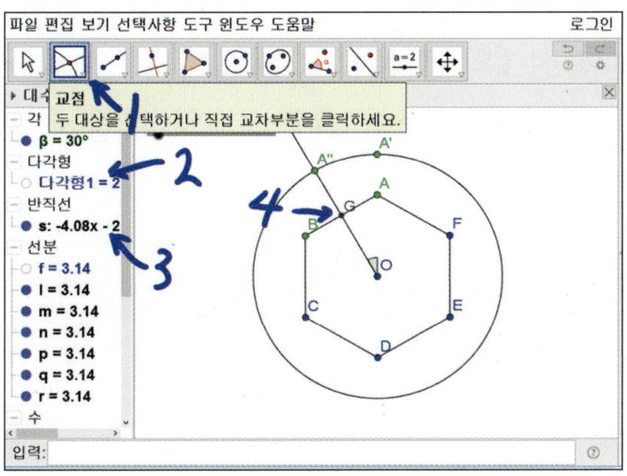

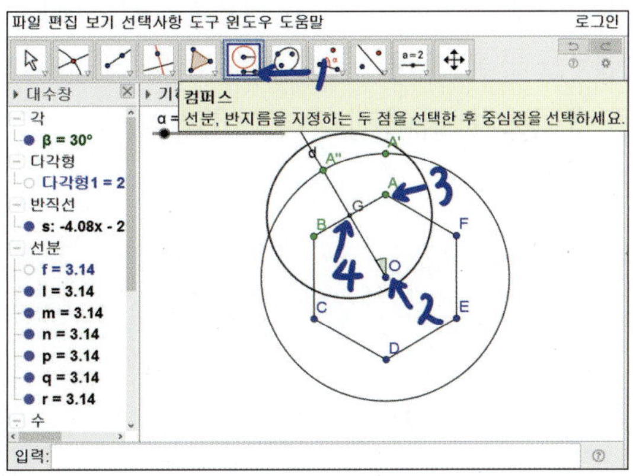

'교점' 도구를 선택하고 [Ctrl]를 누른 상태에서 다각형1과 반직선 s을 선택합니다. 다각형1과 반직선 s의 교점 G가 생성됩니다. 수 α를 선택하고 오른쪽과 왼쪽 방향키를 움직여서 수 α가 90이 되게 합니다. 이 때 만약 점 G가 사라진다면 아마도 선분 AB와 반직선 s의 교점을 찍은 것일 수 있습니다. 반드시다각형1과 반직선 s의 교점으로 해야 합니다. 확인이 됐다면 다시 수 α를 30으로 만듭니다. 반지름이 선분 OA의 길이가 되고 중심을 점 G로 하는 원을 그리겠습니다. '컴퍼스' 도구를 선택합니다. 점 O와 점 A를 선택하고 마우스를 움직이면 마우스를 중심으로 반지름이 선분 OA의 길이인 원이 그려진 것이 보여 집니다. 이 상태에서 점 G를 선택하면 원 d가 생성됩니다.

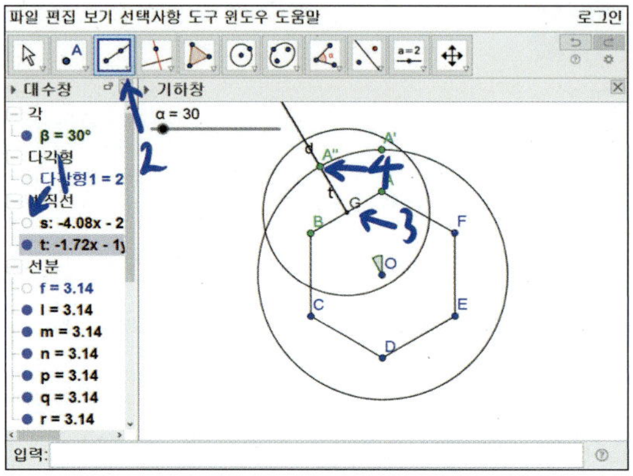

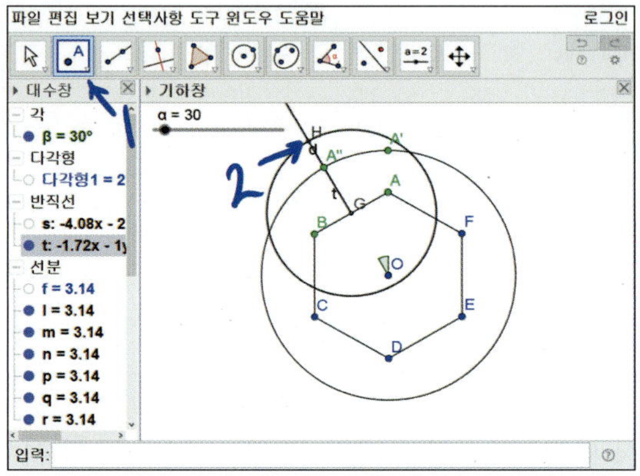

대수창에 반직선 s의 앞에 있는 작은 원을 선택하여 반직선 s가 사라지게 합니다. '반직선' 도구를 선택하고 점 G와 점 A″를 선택하여 반직선 t를 만듭니다. '점' 도구를 선택하고 마우스를 원 d와 반직선 t의 교점에 가져갑니다. 원 d와 반직선 t가 굵어집니다. 이때 마우스를 클릭하면 원 d와 반직선 t의 교점 H가 작도됩니다.

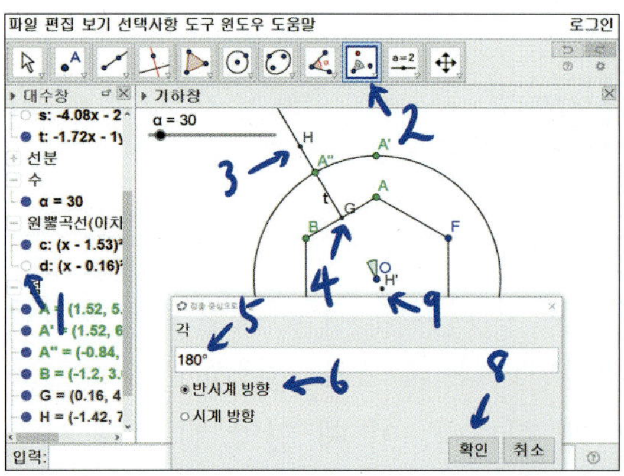

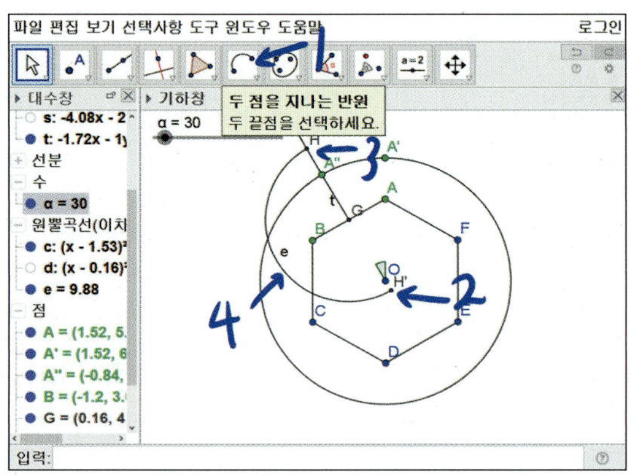

대수창의 원 d의 앞에 있는 작은 원을 선택하여 사라지게 합니다. '점을 중심으로 회전' 도구를 선택합니다. 차례로 점 H를 선택하고 점 G를 선택합니다. 점을 중심으로 회전 창의 각에 180°를 입력하고 반시계 방향을 선택하고 확인을 선택합니다. 점 H′이 작도됩니다. '두 점을 지나는 반원' 도구를 선택하고 차례로 점 H′과 점 H를 선택하여 반원 e를 만듭니다.

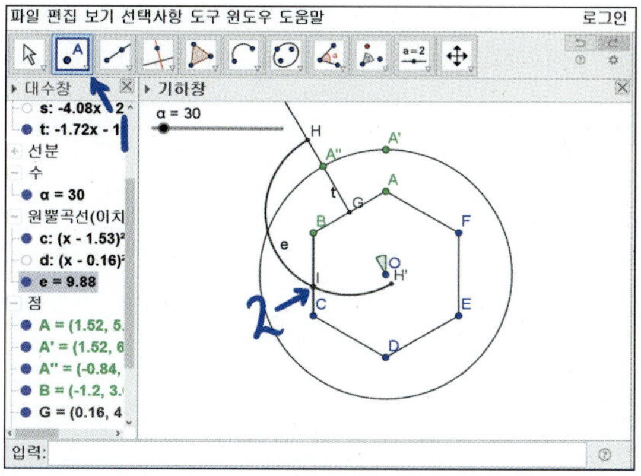

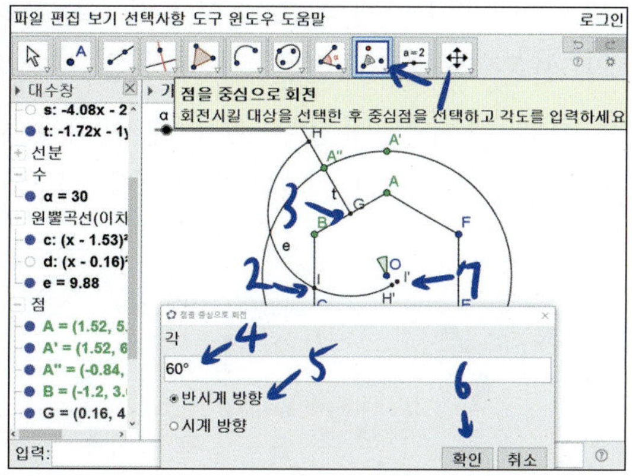

'점' 도구를 선택하고 마우스를 반원 e와 선분 BC의 교점에 가져갑니다. 반원 e와 선분 BC가 굵어집니다. 이때 마우스 왼쪽 버튼을 클릭하면 반원 e와 선분 BC의 교점 I가 작도됩니다. '점을 중심으로 회전' 도구를 선택합니다. 차례로 점 I를 선택하고 점 G를 선택합니다. '점을 중심으로 회전' 창에서 빈칸에 60°를 입력하고 반시계 방향을 선택하고 확인을 선택합니다. 점 I′이 작도됩니다.

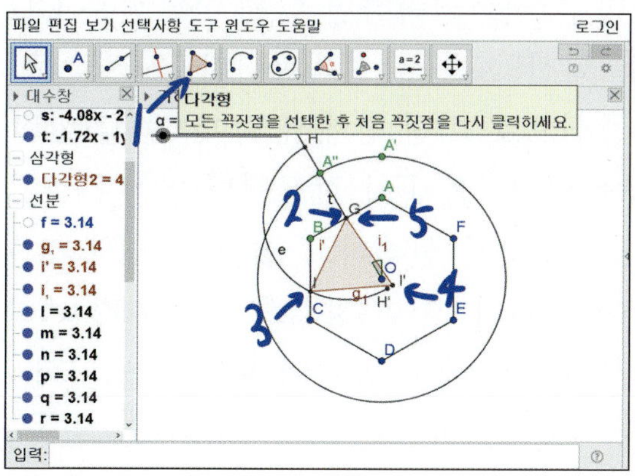

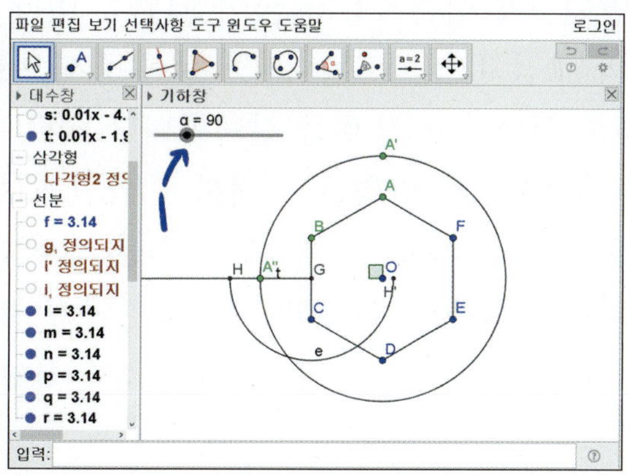

'다각형' 도구를 선택하고 차례로 점 G를 선택하고 점 I를 선택하고 점 I′를 선택하고 다시 점 G를 선택하면 정삼각형이 만들어 집니다. 기하창에서 슬라이더 α를 선택하고 오른쪽 방향키를 사용하여 30에서 60이 되도록 수의 α값을 증가시키면 60까지는 삼각형이 정육각형 내부에서 미끄러지면서 움직이다가 수 α의 값이 60보다 커지면 갑자기 삼각형이 사라집니다. 그 이유는 점 I가 반원 e와 선분 BC의 교점이기 때문입이다. 수 α의 값이 60보다 커지는 순간 반원 e와 선분 BC가 교점을 가지지 않기에 점 I가 사라지고 동시에 점 I에 종속되어 있던 기하적 대상인 점 I′와 삼각형 GII′이 사라지는 것입니다. 이런 상황이 삼각형이 사라지는 이유가 될 것입니다.

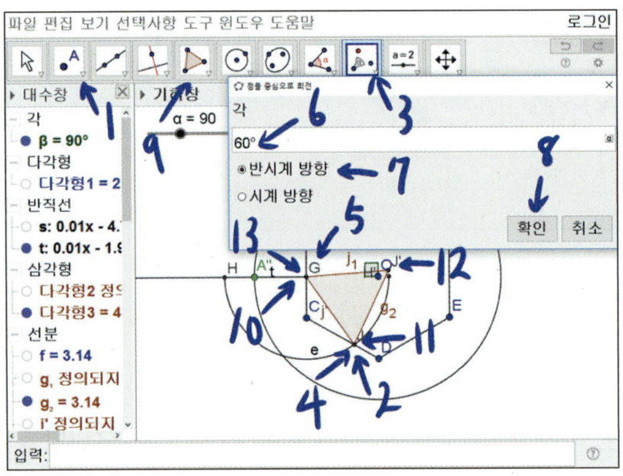

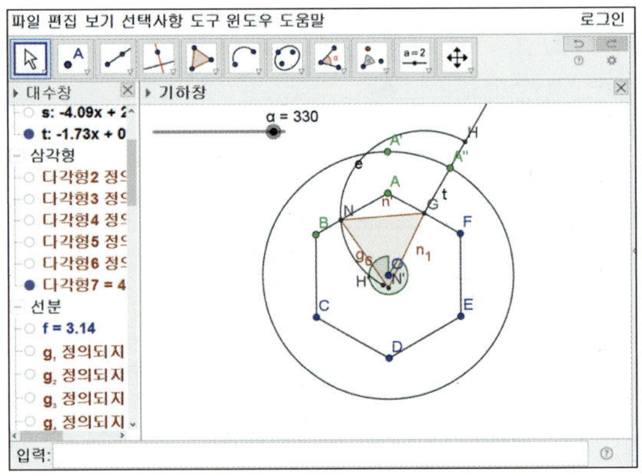

다시 '점' 도구를 선택하고 마우스를 반원 e와 선분 CD의 교점에 가져갑니다. 반원 e와 선분 CD가 굵어집니다. 이때 마우스를 클릭하면 반원 e와 선분 CD의 교점 J가 작도됩니다. '점을 중심으로 회전' 도구를 선택합니다. 차례로 점 J를 선택하고 점 G를 선택합니다. 점을 중심으로 회전 창에서 각에 60°를 입력하고 반시계 방향을 선택하고 확인을 누릅니다. 점 J′이 작도됩니다. '다각형' 도구를 선택하고 차례로 점 G를 선택하고 점 J를 선택하고 점 J′를 선택하고 다시 점 G를 선택하면 정삼각형이 만들어 집니다. 이런 방식으로 수 α가 150, 210, 270, 330일 때 같은 방법으로 정삼각형을 차례로 만들어 나가면 됩니다.

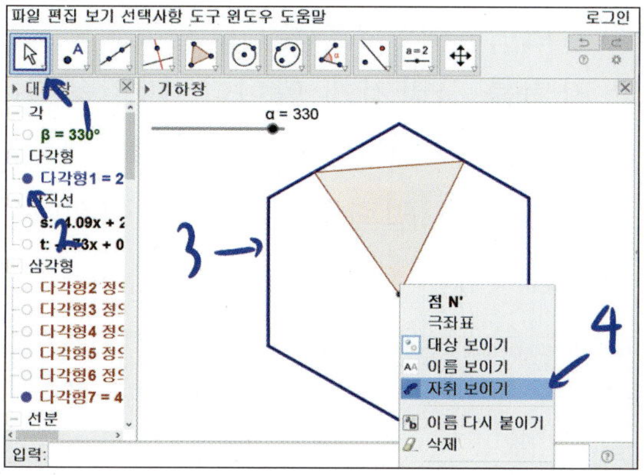

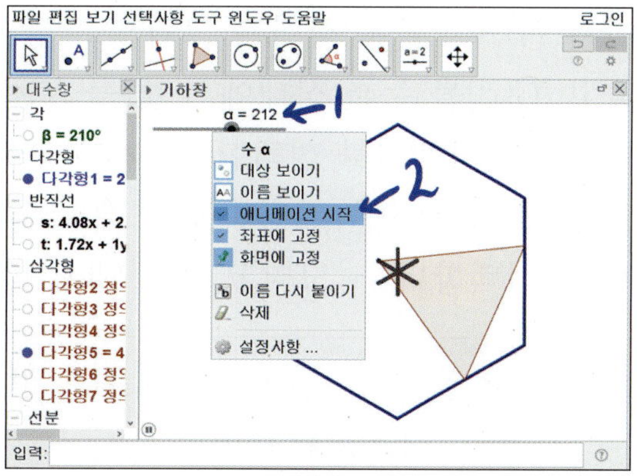

그림처럼 대수창에 있는 다각형1 앞의 작은 원을 클릭합니다. 그러면 맨 처음 그렸던 정육각형이 나타납니다. 그리고 그림처럼 육각형과 삼각형 이외의 대상들을 보이지 않게 설정합니다. 변과 만나지 않는 점만 이름을 보이지 않게 하고 그 점에서 오른쪽 마우스를 선택하고 자취 보이기를 선택합니다. 수 α가 30, 90, 150, 210, 270일 때에도 같은 방식으로 설정합니다. 또한 변과 만나지 않는 점만 이름을 보이지 않게 하고 그 점에서 오른쪽 마우스를 클릭하여 자취 보이기를 선택합니다. 그리고 수 α에 '애니메이션 시작'을 선택하면 자동으로 수 α의 값이 증가하여 359까지 됩니다. 또한 359에서 순간 0으로 수 α의 값이 변합니다. 그리고 변과 만나지 않는 정삼각형의 꼭짓점의 자취가 그림처럼 그려집니다.

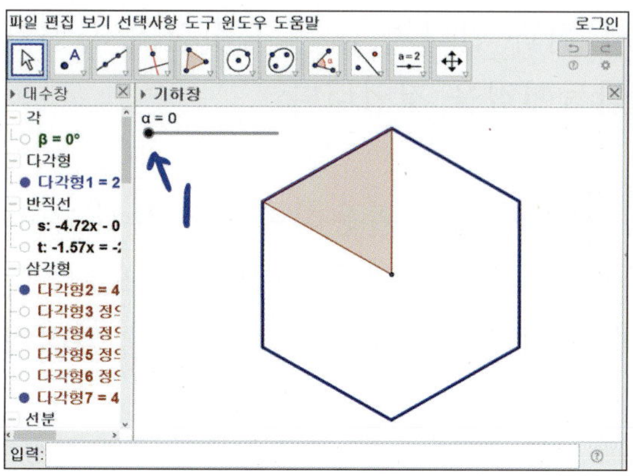

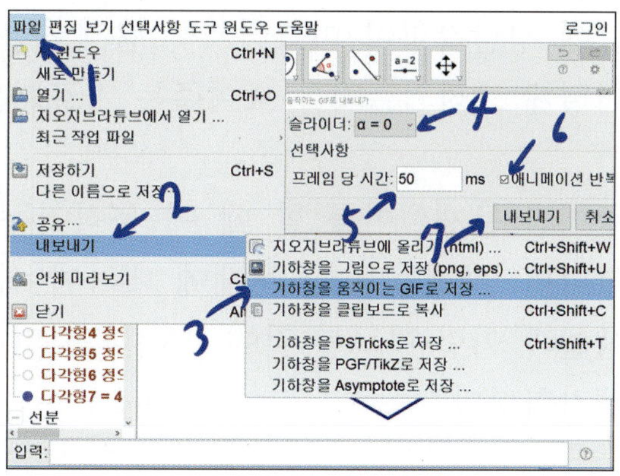

이제 이 자료를 움직이는 그림으로 만들겠습니다. 우선 수 α의 값을 0으로 만들고 [Ctrl]를 누른 상태에서 [F]를 누르고 자취를 사라지게 합니다. 파일을 선택하고 내보내기를 선택한 다음 기하창을 움직이는 GIF로 저장을 선택합니다. 슬라이더 $\alpha = 0$을 확인하고 프레임 당 시간에 50을 입력하고 '애니메이션 반복'을 선택합니다. 그리고 '내보내기'를 선택합니다.

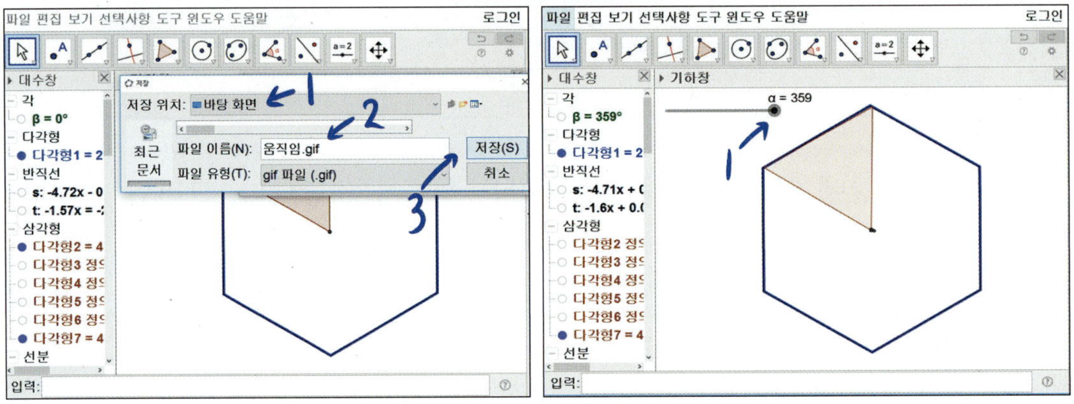

저장 창에서 저장위치를 정하고 파일 이름을 입력하고 저장을 누르고 잠시 기다립니다. 아마도 컴퓨터가 잠시 멈추어서 아무것도 안하는 것처럼 보일 것입니다. 하지만 지금 수 α의 값이 0에서 359까지 변하면서 움직임.gif 파일을 생성되고 있는 중일 것입니다. 한 참을 기다린 후에 저장 된 폴더를 보면 움직임.gif 파일이 생성되었을 것입니다. 이를 선택하여 그림을 열어보면 정육각형 안에 정삼각형이 미끄러지듯 움직이면서 변과 만나지 않는 꼭짓점의 자취가 어떻게 그려지는지를 보여주는 자료가 만들어졌을 것입니다.

주어진 문제풀이를 할 때 이 움직이는 그림 자료를 활용하여 학생들과 공유한다면, 학생들이 이 문제에 대하여 쉽게 이해할 수 있을 것입니다. 또한, 학생들과 이런 자료를 같이 만든다면 기하에 대하여 친숙해지는 계기가 되리라 생각합니다.

아마도 벌써 이 문제를 해결했을 것입니다. 자세한 계산은 일단 여기서는 생략하겠습니다. 그런데 이렇게 하는 작도 말고도 다른 방법이 있을 수 있겠다고 생각하실 수 있습니다. 예를 들면 원에서 바로 교점을 작도할 수도 있었을 터인데 왜, 반원까지 그려가면서 이 자료를 만들었을까? 하는 의문을 가지실 것입니다. 사실 처음에는 원에서 교점을 그려가며 만들었는데 이상하게도 이렇게 할 경우 그림이 깨지는 모습이 보여 집니다. 아마도 교점을 만들 때, 위치에 따라 2개 이상의 교점이 만들어 질 경우 컴퓨터가 임의로 하나를 선택하는 것으로 보입니다. 즉, 의도와 다른 점이 선택되면, 의도하지 않았던 결과가 나옵니다. 지금 만든 자료가 수 α의 값이 변하면서 나타났다 사라지는 교점이 있어서 사라졌다가 나타날 때 생길 수 있는 교점이 임의로 선택되지 않도록 해야 원하는 자료를 얻을 수 있을 것입니다. 반드시 하나의 교점만 생성되는 식으로 만들어야 하는 것입니다. 즉, 원을 사용하면 사라졌다가 나타날 때, 두 개 이상의 교점 중에서 한 교점이 임의로 선택되지만, 반원을 사용할 경우 교점이 하나뿐이어서 교점이 사라졌다가 나타날 때 반드시 한 교점이 결정되어 자료를 원하는 방향으로 만들 수 있게 되는 것입니다. 조금 억지스러운 방법으로 자료를 만든 이유에 대하여 간략히 말씀 드렸습니다. 실제로 자료가 원하지 않는 방향으로 만들어지는 상황을 경험해 봐야 제가 지금 설명한 부분에 공감을 할 것이라 생각됩니다.

4.2 도형의 자취 문제의 변형

아래 도전과제는 앞의 장의 문제를 변형하여 만들어 본 것입니다. 문제는 다음과 같습니다.

도전 과제 : 한 변의 길이가 1인 정삼각형을 한 변의 길이가 1인 정육각형 밖에서 꼭짓점을 일치시킨 상태에서 시작하여 정육각형 둘레를 굴러가게 할 때 꼭짓점이 그리는 자취

앞에서 만든 자료에서 정육각형 만드는 부분까지는 동일합니다.

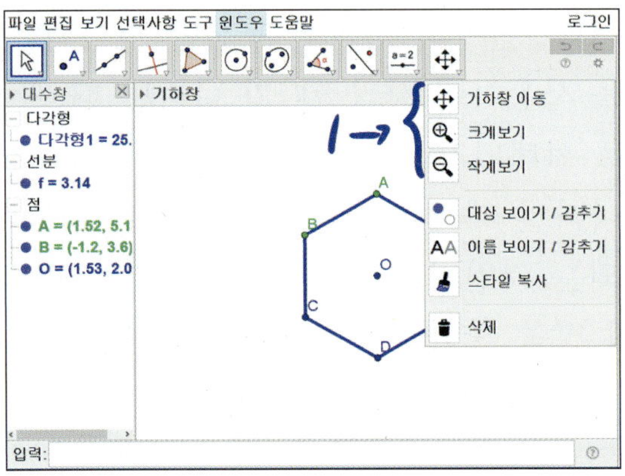

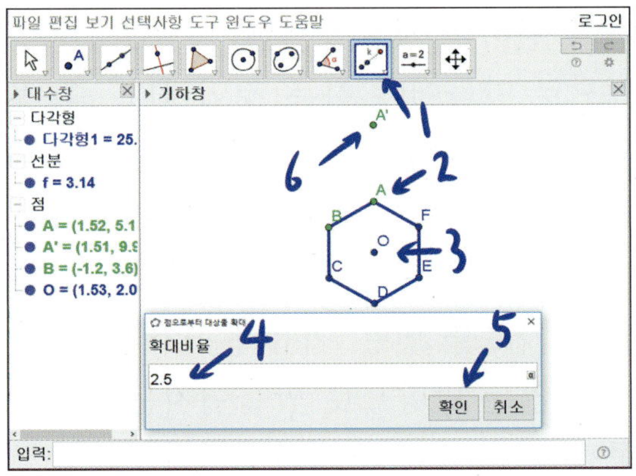

정육각형 외부에서 정삼각형이 돌아가야 하므로 '작게보기' 도구를 활용하여 적당히 축소합니다. 또는 마우스의 휠을 돌리면 기하창의 정육각형을 적당히 축소할 수 있습니다. '점으로부터 대상을 확대' 도구를 선택하고 점 A를 선택하고 점 O를 선택합니다. 새 창이 나타나면 확대비율에 2.5를 입력하고 확인을 선택합니다.

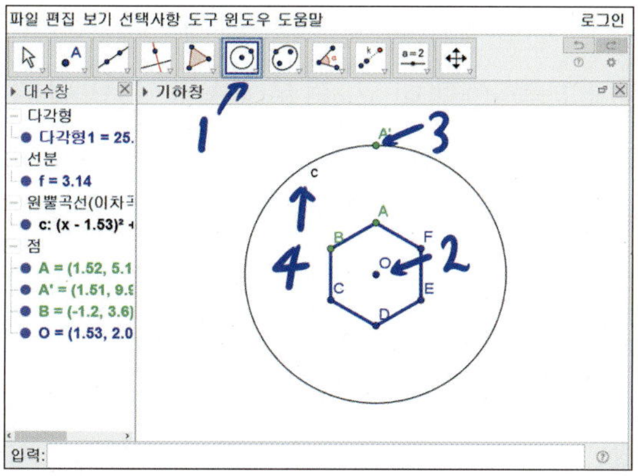

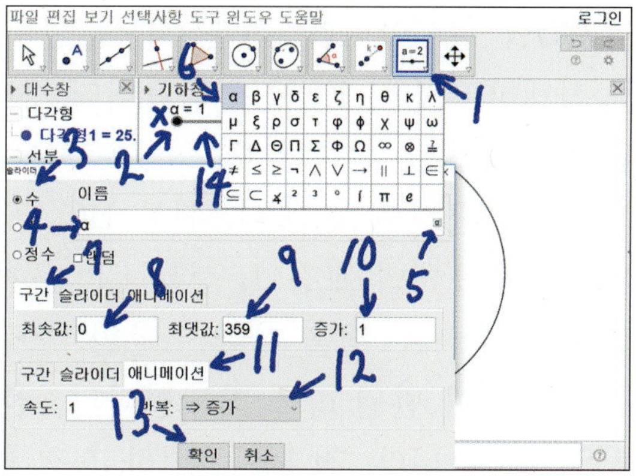

'중심이 있고 한 점을 지나는 원' 도구를 선택합니다. 점 O를 선택하고 점 A′을 선택하여 원 c를 만듭니다. '슬라이더' 도구를 선택하고 슬라이더 α의 최솟값을 0, 최댓값을 359, 애니메이션을 증가로 하여 좌측 상단에 만듭니다.

원을 그린 이유는 정육각형 내부에서 움직이는 것과 같이 수 α의 값에 따라 정육각형의 외부에서 돌아가는 것을 그리기 위함입니다. 그럼 어떻게 할까요? 한번 움직임을 상상해 보시기 바랍니다. 점 A에서 정삼각형과 정육각형이 만나면서 돌아갈 때를 생각해보기 바랍니다. 삼각형의 외심의 자취가 어떤 원의 일부임을 생각할 수 있습니다. 같이 작도를 해보도록 하겠습니다.

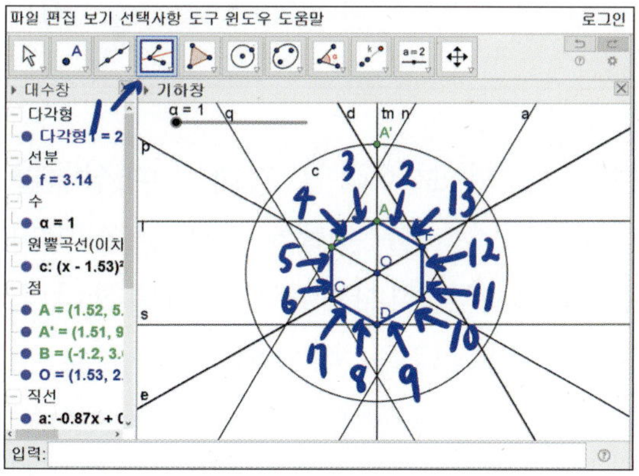

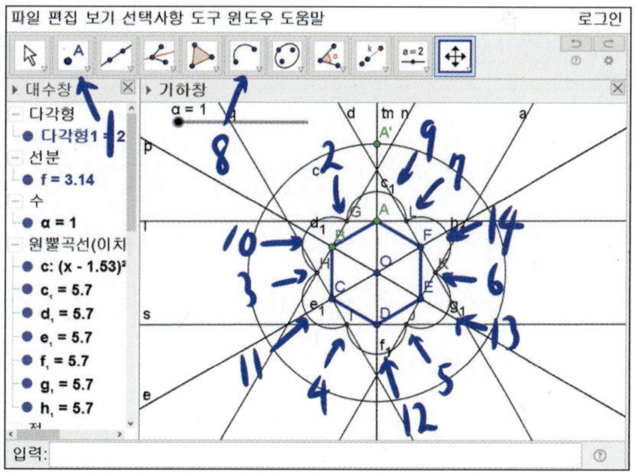

'각의 이등분선' 도구를 선택합니다. 선분 FA를 선택하고 선분 AB를 선택합니다. 선분 AB를 선택하고 선분 BC를 선택합니다. 선분 BC를 선택하고 선분 CD를 선택합니다. 선분 CD를 선택하고 선분 DE를 선택합니다. 선분 DE를 선택하고 선분 EF를 선택합니다. 선분 EF를 선택하고 선분 FA를 선택합니다. '점' 도구를 선택한 후 각의 이등분선끼리의 교점을 작도합니다. 차례대로 선분 AB 근처의 교점 G, 선분 BC 근처의 교점 H, 선분 CD 근처의 교점 I, 선분 DE 근처의 교점 J, 선분 EF 근처의 교점 K, 선분 FA 근처의 교점 L을 작도합니다. '두 점을 지나는 반원' 도구를 선택합니다. 점 G를 선택하고 점 L을 선택하여 반원 c_1을 작도합니다. 점 H를 선택하고 점 G을 선택하여 반원 d_1을 작도합니다. 점 I를 선택하고 점 H을 선택하여 반원 e_1을 작도합니다. 점 J를 선택하고 점 I을 선택하여 반원 f_1을 작도합니다. 점 K를 선택하고 점 J을 선택하여 반원 g_1을 작도합니다. 점 L를 선택하고 점 K을 선택하여 반원 h_1을 작도합니다.

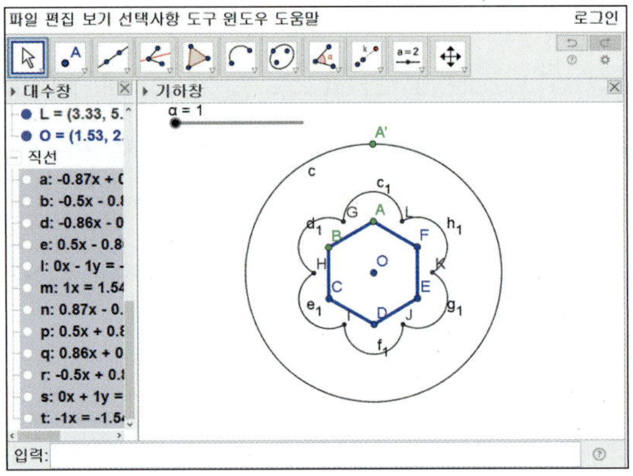

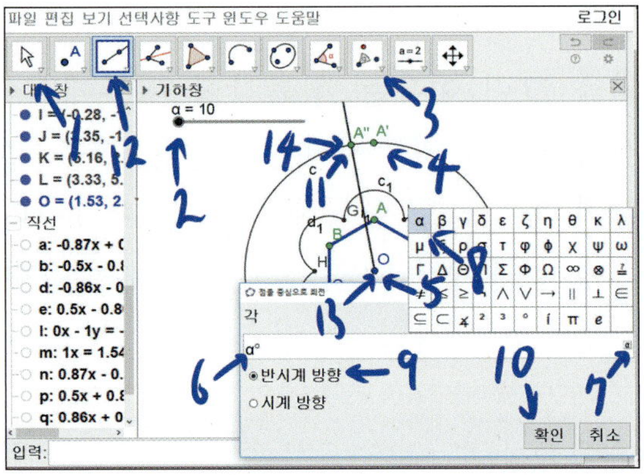

그림과 같이 6개의 반원을 작도하기 위해 그렸던 보조적인 기하적 대상들을 보이지 않게 합니다. '이동' 도구를 선택합니다. 수 α를 선택하고 오른쪽 방향키를 활용하여 값을 10으로 합니다. '점을 중심으로 회전' 도구를 선택합니다. 점 A'을 선택하고 점 O를 선택하면 새 창이 나타납니다. 여기에 각을 $\alpha°$로 하고 반시계 방향을 체크하고 확인을 누르면 점 A''가 생깁니다. 즉, 각 $A'OA''$가 10°인 위치의 점 A'가 만들어 졌다고 보면 됩니다. '반직선' 도구를 선택합니다. 점 O를 선택하고 점 A''를 선택하여 반직선를 작도합니다. 반직선의 이름을 보이지 않게 합니다.

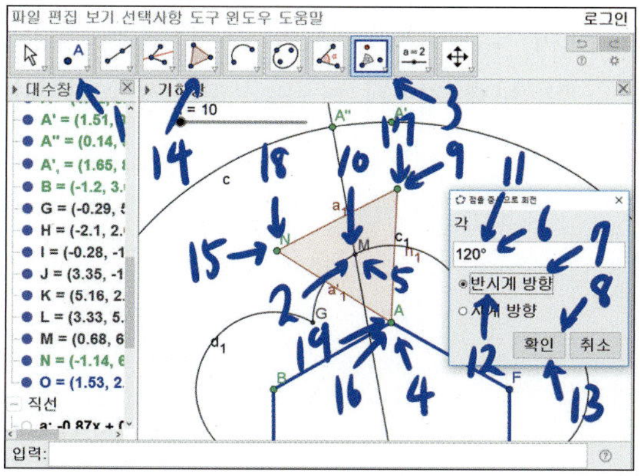

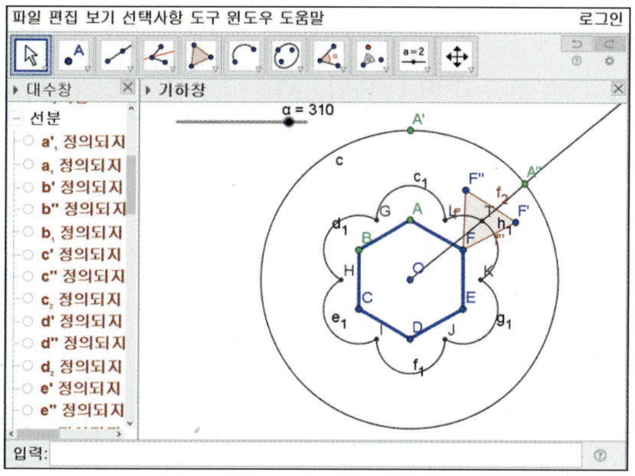

'점' 도구를 선택합니다. 반직선 OA″과 반원 GL과의 교점 M을 선택합니다. '점을 중심으로 회전' 도구를 선택합니다. 점 A을 선택하고 점 M를 선택하면 새 창이 나타납니다. 여기에 각을 120°로 하고 반시계 방향을 체크하고 확인을 선택하면 점 A'_1가 생깁니다. 즉, 각 $A'MA'_1$가 120°인 위치의 점 A'_1가 만들어 졌다고 보면 됩니다. 점 A'_1을 선택하고 점 M를 선택하면 새 창이 나타납니다. 여기에 각을 120°로 하고 반시계 방향을 체크하고 확인을 선택하면 점 N이 생깁니다. 각 A'_1MN가 120°인 위치의 점 N가 만들어 졌다고 보면 됩니다. '다각형' 도구를 선택합니다. 점 A을 선택하고 점 A'_1을 선택하고 점 N을 선택하고 다시 점 A를 선택하여 삼각형 AA'_1N을 만듭니다. 수 α가 70, 130, 190, 250, 310일 때 마찬가지 방식으로 차례대로 삼각형들을 작도합니다.

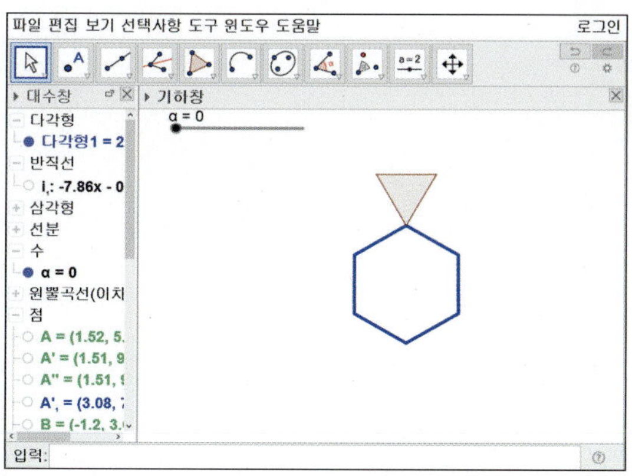

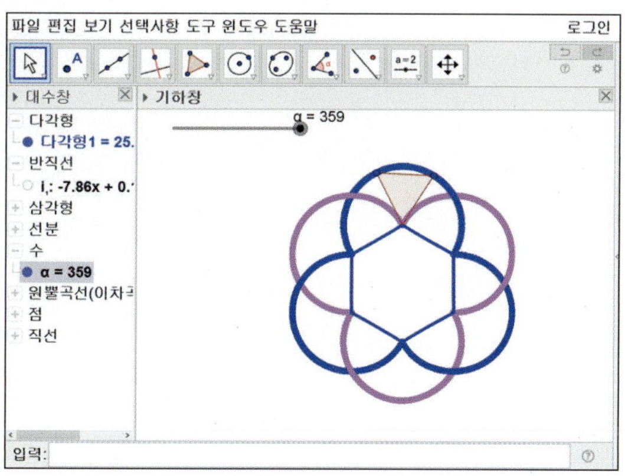

정육각형과 정삼각형만 놓아두고 나머지 기하적 대상은 다 보이지 않게 합니다. 또한 위와 같이 삼각형의 꼭짓점에 '자취 보이기 기능'을 쓰면 경로가 아름답게 그려짐을 보실 수 있습니다.

제5장

Geogebra를 활용한 방과후 활동

Geogebra와 수학의 시각화

5.1 스트링 아트

String art는 직선 또는 선분을 이용하여 부드러운 곡선의 모양을 표현해 내는 기법입니다. 직선을 구부리지 않고도 부드럽게 휘어진 곡선을 표현할 수 있다는 것이 바로 String art의 매력입니다. 이러한 String art는 이스라엘 예루살렘의 코드 브리지(The Jerusalem Chords Bridge)와 같이 도시에 세워진 교각이나 건축물 혹은 일상 용품들의 디자인 등에서 찾아볼 수 있습니다. 또한 각종 수학체험전에서도 빠지지 않는 소재로 등장하는데 보통은 종이에 직접 그리거나 고정된 못 혹은 압정에 실로 팽팽하게 연결하는 방법으로 이를 표현하는 것이 일반적입니다. 그러나 이 장에서는 기존의 방법과는 다르게 Geogebra를 사용하여 String art를 표현해 보고자 합니다.

5.1.1 다각형 만들기

Geogebra를 실행하면 기하창에 좌표축과 격자가 함께 나타납니다. 이번 장에서는 좌표축과 격자를 사용하지 않을 것이므로 기하창의 설정사항으로 들어가 '축 보이기'와 '격자 보이기'를 해제합니다.

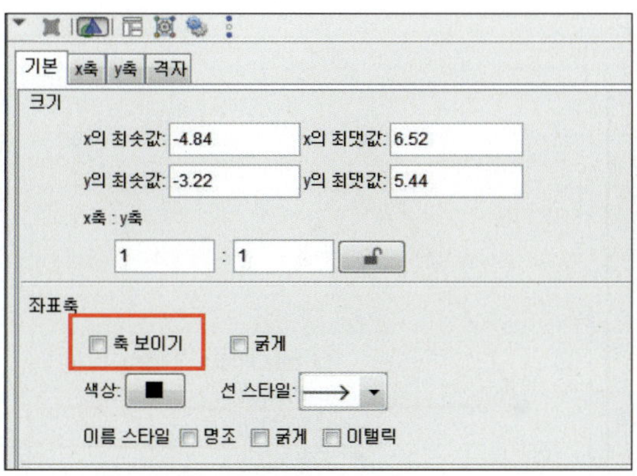

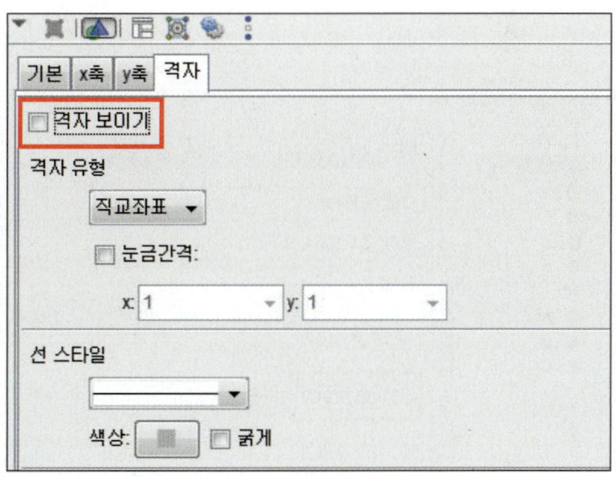

기하창에 정삼각형을 그리겠습니다. '다각형' 도구를 아래로 펼쳐보면 '정다각형' 도구가 있습니다. 이것을 선택하고, 기하창에 두 점을 찍으면 아래 그림과 같이 점의 개수를 입력하는 창이 나옵니다. 여기에 3을 입력하고 확인을 클릭하면 기하창에 정삼각형이 그려집니다.

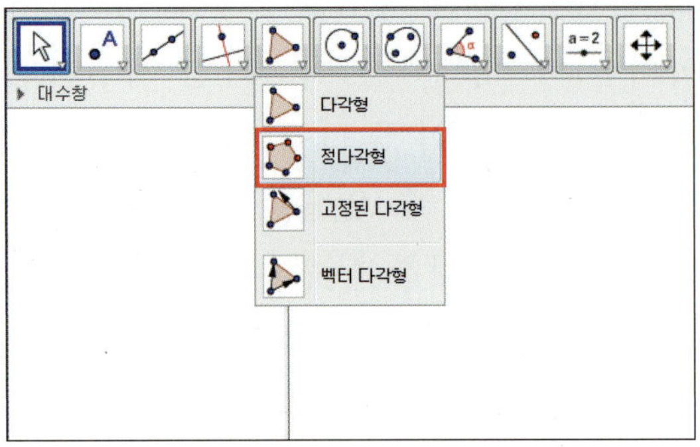

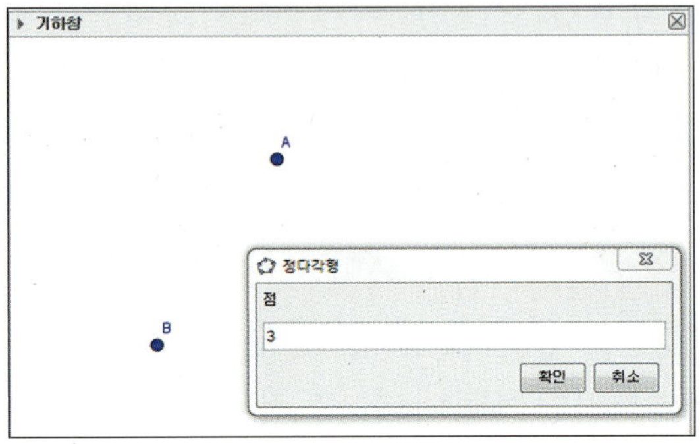

같은 방법으로 '정다각형' 도구를 이용하면 정 n각형을 간단히 그릴 수 있습니다. 정다각형의 꼭짓점 중 파란색 점과 검은색 점이 있는데, '이동' 도구로 파란색 꼭짓점을 움직여 주면 도형이 회전하거나 도형의 크기가 확대 축소됩니다. 다음으로 기하창에 보이는 다각형의 이름을 안 보이게 설정하겠습니다. 다각형 위에 마우스 포인터를 올려놓고 오른쪽 버튼을 클릭하여 다각형의 설정사항으로 들어갑니다. 아래 왼쪽 그림과 같이 '이름 보이기'의 체크 상자를 해제함으로써 대상의 이름이 보이지 않도록 설정합니다.

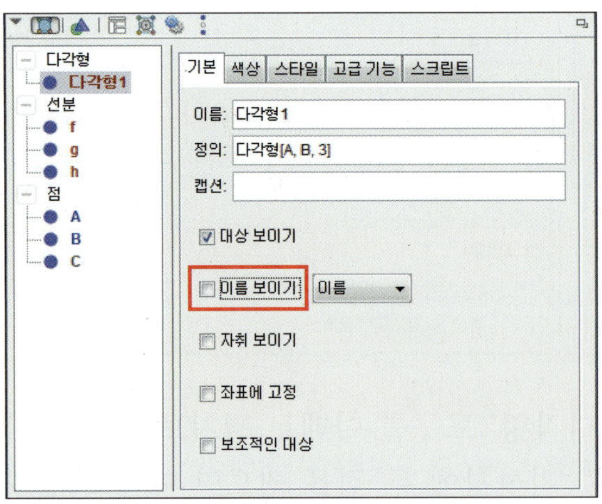

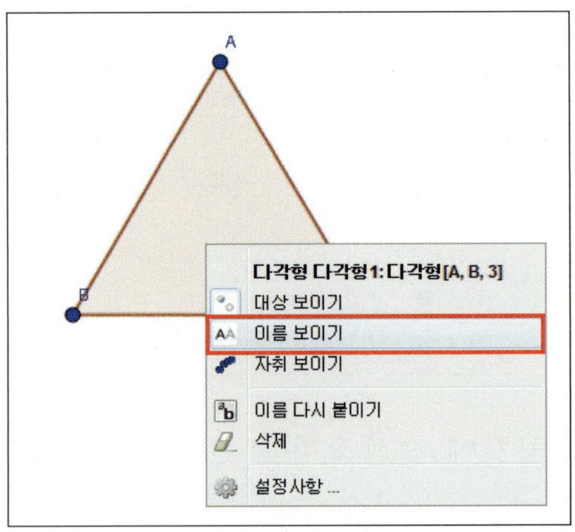

또는 위의 오른쪽 그림과 같이 대상에 마우스 포인터를 올려놓고 마우스의 오른쪽 버튼을 클릭할 때 나타나는 항목 중 이름보이기를 선택함으로써 이름이 보이지 않게 설정할 수도 있습니다. 그리고 삼각형의 내부에 선분들을 그릴 것이기 때문에 불투명도를 0으로 하여 흰색의 배경이 보이도록 하겠습니다. 다각형의 설정사항 중 색상 항목에서 이를 조정할 수 있습니다.

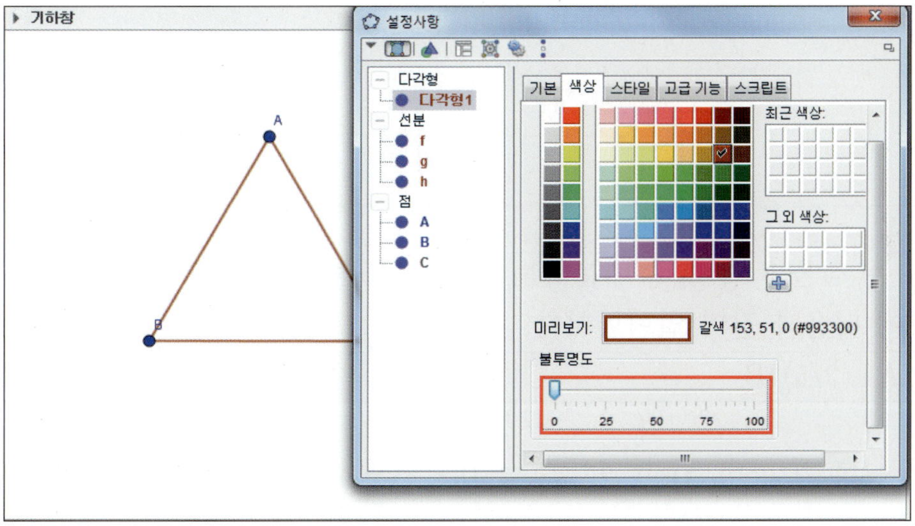

5.1.2 각 변을 n등분하는 점 표시하기

점 A(x_1, y_1)와 점 B(x_2, y_2)를 1 : 2로 내분하는 점의 좌표는 $\left(\dfrac{x_2+2x_1}{1+2}, \dfrac{y_2+2y_1}{1+2}\right)$ 입니다. 이 사실을 바탕으로 입력창에 다음과 같이 입력합니다.

```
(2/3)*A+(1/3)*B
```

그러면 변 AB위에 내분점 D가 찍힙니다. 이와 같이 좌표에 실수를 곱하고 좌표끼리 덧셈 연산이 가능한 것으로 보아 경우에 따라 점의 좌표를 벡터의 성분으로도 사용할 수 있다는 것을 알 수 있습니다.

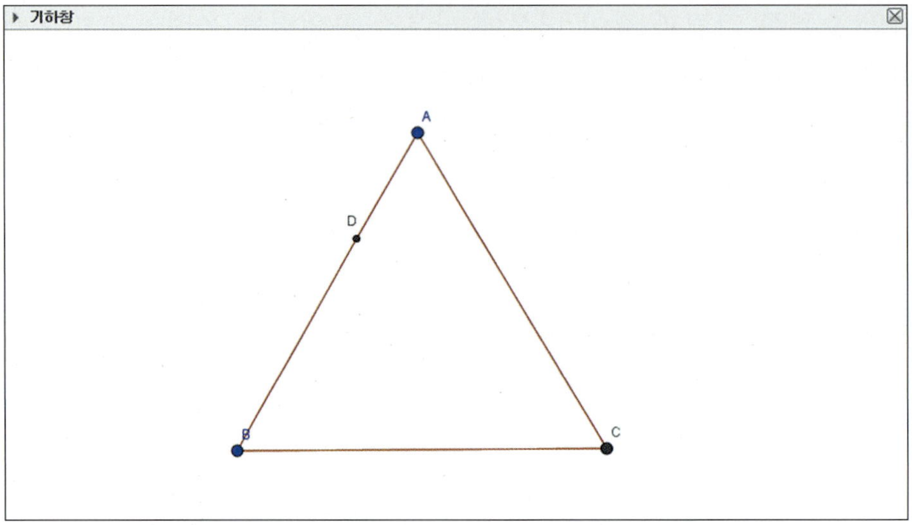

그러면 두 점을 2 : 3 으로 내분하는 점의 좌표는 어떻게 나타낼 수 있을까요? 입력창에 다음과 같이 입력합니다.

```
(3/5)*A+(2/5)*B
```

아래 그림과 같이 변 AB를 2 : 3으로 내분하는 점 E가 나타납니다.

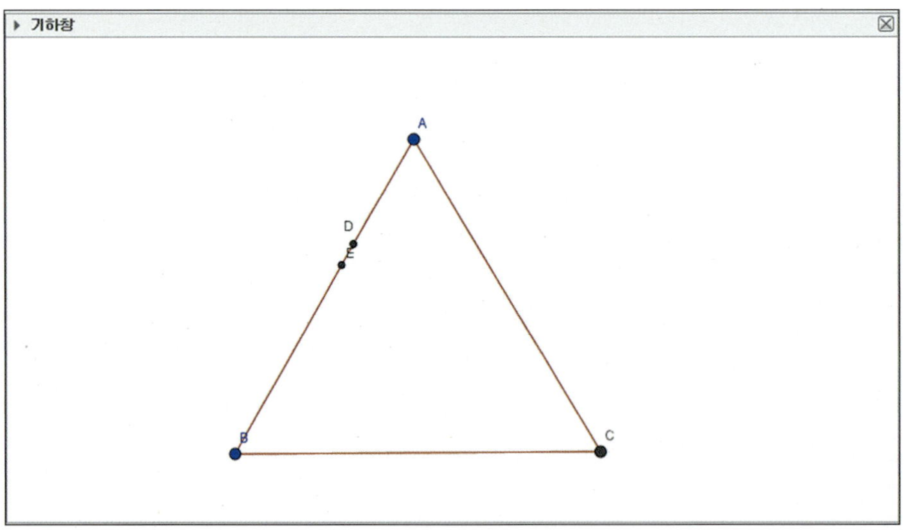

그러면 지금부터 변 AB를 n등분하는 점들을 찍어 보겠습니다. 먼저 바로 전에 찍은 두 내분점은 모두 삭제합니다. 그리고 최솟값을 3, 최댓값을 50으로 하는 n이란 이름의 정수 형태의 슬라이더를 만들어 줍니다.

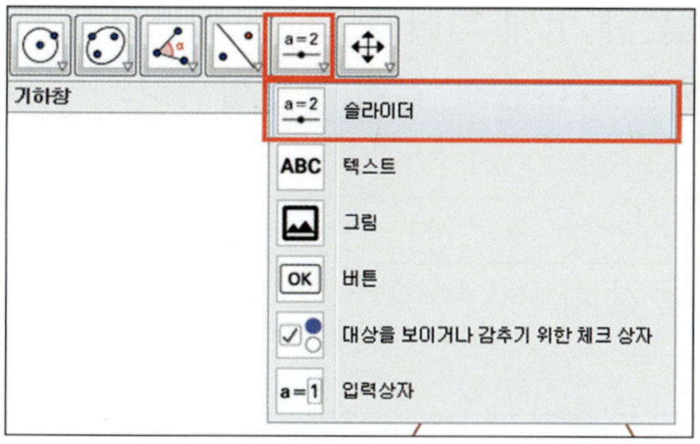

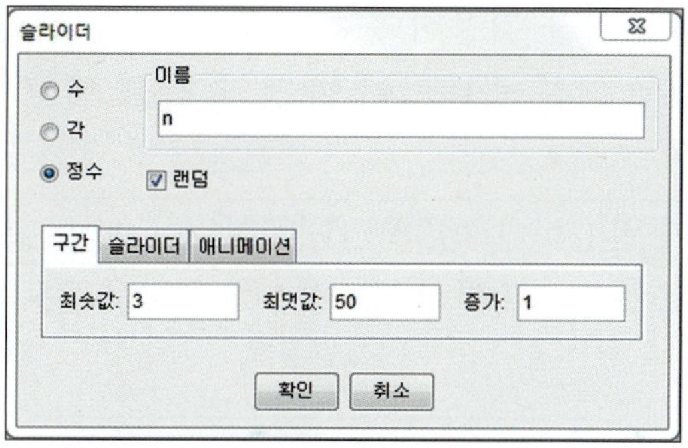

만들어진 슬라이더의 값을 바탕으로 변 AB를 1 : n − 1로 내분하는 점을 찍어 보겠습니다. 입력창에 다음과 같이 입력합니다.

```
((n-1)/n)*A+(1/n)*B
```

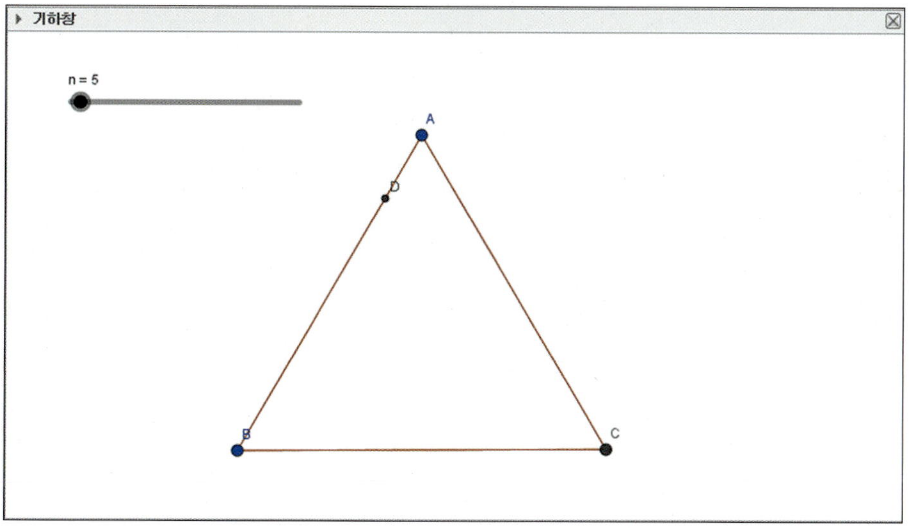

위의 그림에서는 변 AB를 1 : n − 1로 내분하는 점 하나만 찍혔습니다. 그런데 String art를 그리기 위해서는 변 AB를 n등분하는 모든 점들이 필요합니다. 따라서 변 AB를 1 : n − 1, 2 : n − 2, 3 : n − 3, ⋯ , n − 1 : 1로 내분하는 점들을 모두 찍어주어야 합니다. 이는 동일 규칙의 반복적인 작업이므로 '수열' 명령어를 활용하여 해당되는 모든 점들을 한 번에 찍어주도록 하겠습니다. 점 D를 더블 클릭하여 재정의 창을 열고 내용을 다음과 같이 수정합니다.

수열[((n-t)/n)*A+(t/n)*B,t,1,n-1]

※수열[<표현식>,<변수>,<처음값>,<끝값>]

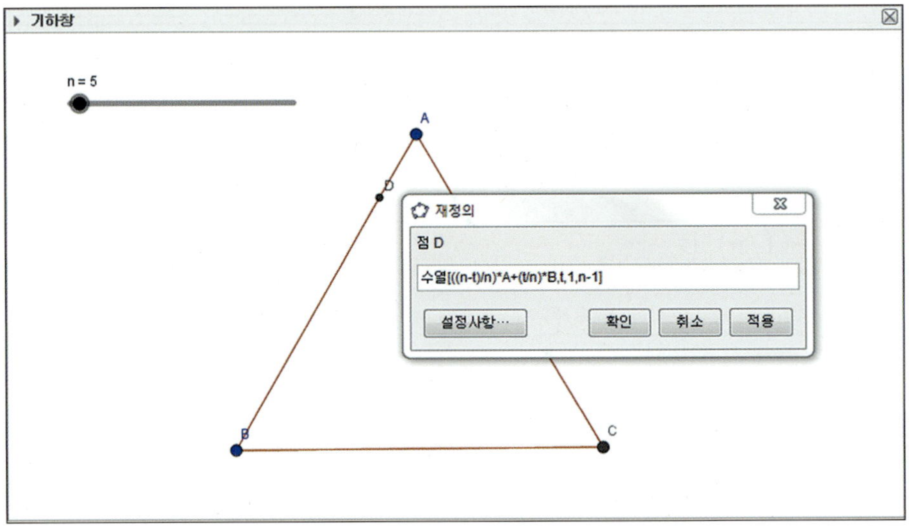

'수열'이란 명령어에 의해 표현식의 변수 t에 1부터 n − 1까지의 정수가 차례로 입력됩니다. 그리고 입력의 결과들은 하나의 리스트로 만들어집니다. 대수창에서 생성된 리스트의 이름을 P1으로 수정합니다.

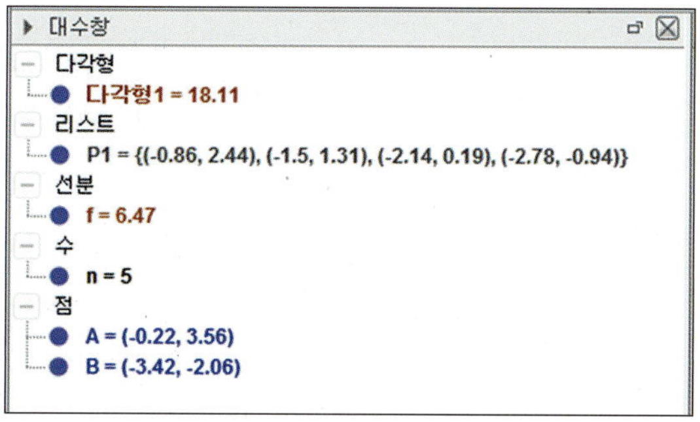

이제 변 AB를 n등분하는 점들이 모두 생성되었습니다. 슬라이더를 좌우로 이동해 보면 각각의 값에 해당하는 점들이 나타남을 확인할 수 있습니다. 변 BC와 변 CA에 대해서도 같은 방법으로 내분점들을 만들어 줍니다. 이 때, 점의 순서는 반드시 B→C 그리고 C→A 이어야 합니다.

```
수열[((n-t)/n)*B+(t/n)*C,t,1,n-1]
```

```
수열[((n-t)/n)*C+(t/n)*A,t,1,n-1]
```

각 변을 n등분하는 점들이 모두 생성되었습니다. 변 BC와 변 CA에 생성한 내분점 리스트의 이름을 P2, P3로 바꾸어 줍니다.

5.1.3 대응하는 점을 선분으로 연결하기

마지막 절에서는 대응하는 점들을 선분으로 연결해 보겠습니다. 입력창에 다음과 같이 입력합니다.

```
선분[원소[P1,1],원소[P2,1]]
```

※원소[<리스트>,<원소의 위치>]

P1의 첫 번째 원소와 P2의 첫 번째 원소를 선분으로 연결한다는 의미입니다. 이 명령으로 두 점을 연결하는 선분이 생성되었습니다.

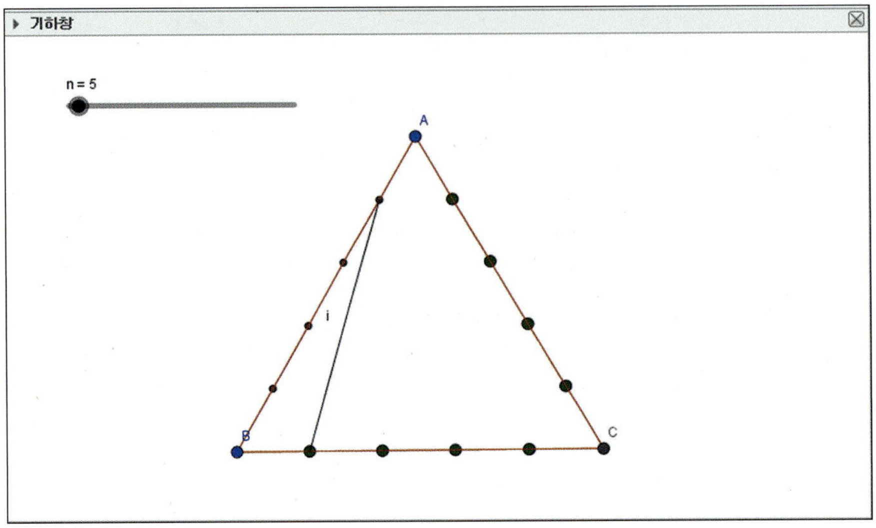

그러면 대응하는 모든 점들을 선분으로 연결하려면 어떻게 해야 할까요? 내분점들을 찾았던 방법과 같은 방법으로 '수열' 명령어를 이용합니다. 지금 그린 선분을 더블 클릭하여 내용을 다음과 같이 수정합니다.

수열[선분[원소[P1,t],원소[P2,t]],t,1,n-1]

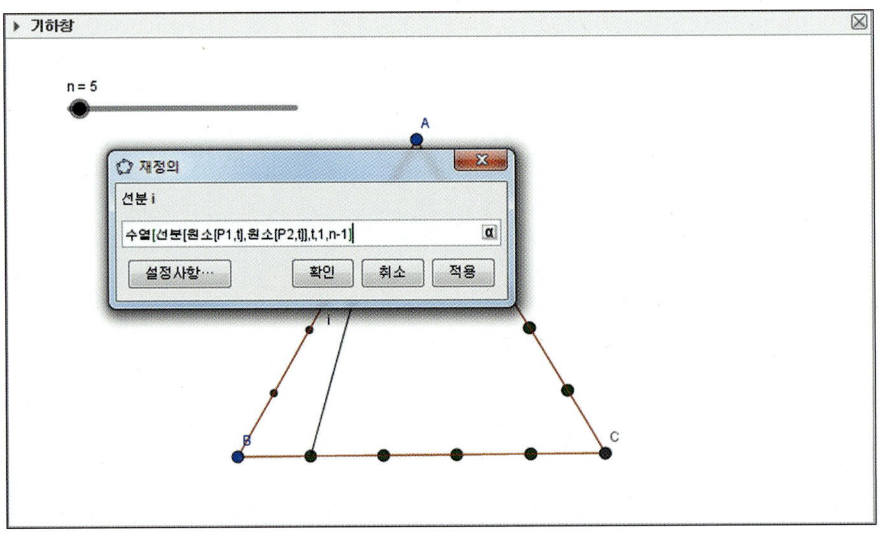

슬라이더를 움직여 n값을 바꾸어 봅니다.

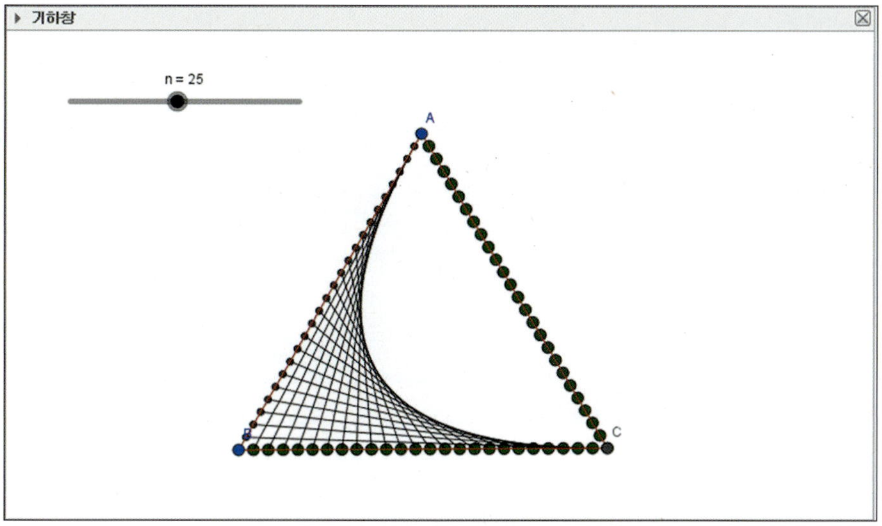

같은 방법으로 변 BC와 변 CA를 잇는 선분을 그려주고, 변 CA와 변 AB를 잇는 선분도 그려줍니다.

```
수열[선분[원소[P2,t],원소[P3,t]],t,1,n-1]
```

```
수열[선분[원소[P3,t],원소[P1,t]],t,1,n-1]
```

마지막으로 점들을 모두 안 보이게 설정하면 String art 작품이 완성됩니다. 여기에 텍스트를 이용하여 제목을 붙여주고 선분과 배경의 색상을 조화롭게 설정해 주면 자료의 완성도를 더욱 높일 수 있습니다.

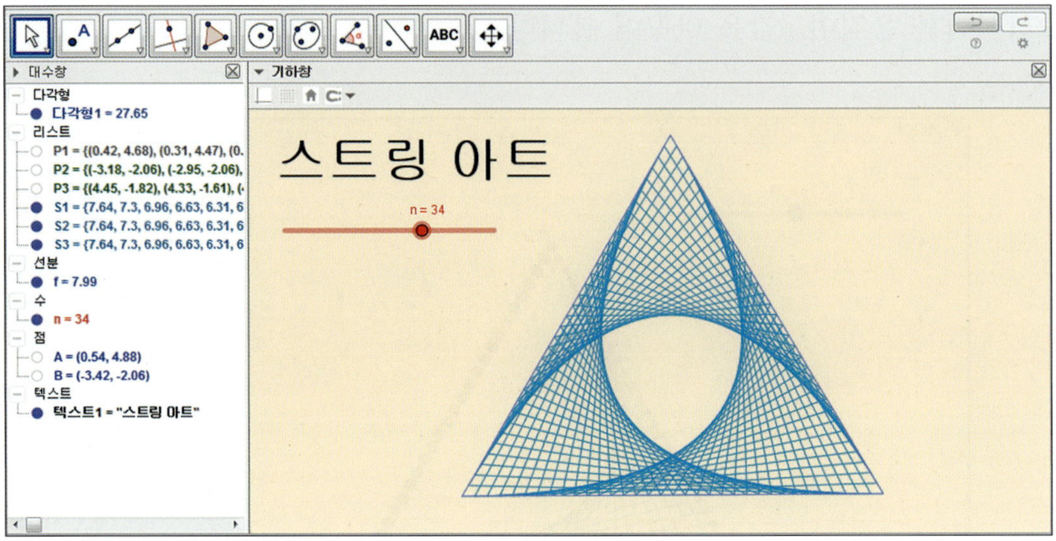
대수창
다각형
다각형1 = 27.65
리스트
P1 = {(0.42, 4.68), (0.31, 4.47), (0.
P2 = {(-3.18, -2.06), (-2.95, -2.06),
P3 = {(4.45, -1.82), (4.33, -1.61), (
S1 = {7.64, 7.3, 6.96, 6.63, 6.31, 6
S2 = {7.64, 7.3, 6.96, 6.63, 6.31, 6
S3 = {7.64, 7.3, 6.96, 6.63, 6.31, 6
선분
f = 7.99
수
n = 34
점
A = (0.54, 4.88)
B = (-3.42, -2.06)
텍스트
텍스트1 = "스트링 아트"
기하창
스트링 아트
n = 34
ABC

5.2 사이클로이드

사이클로이드는 원이 직선 위를 굴러갈 때 원 위의 한 정점이 그리는 자취입니다. 사이클로이드는 같은 높이에서 가장 빠르게 내려올 수 있는 경로라 하여 최단강하곡선이라 불립니다. 실제로 하늘에서 지면에 있는 먹잇감을 빠르게 낚아채기 위해 매가 이동하는 경로라고 하며, 아이들이 즐겁게 노는 놀이터의 미끄럼틀도 사이클로이드로 만드는 경우가 있다고 합니다. 이번 장에서는 사이클로이드를 Geogebra를 이용하여 그려 보고자 합니다.

5.2.1 x축에 접하는 원 만들기

x축에 접하면서 굴러가는 원을 만들기 위해서 먼저 x축에 접하는 원을 그려 보겠습니다. 원의 반지름을 1이라 한다면 중심은 항상 $y = 1$위에 있으므로 입력창에 다음을 입력하여 직선을 그려줍니다.

```
y=1
```

그리고 이어서 '중심과 반지름이 있는 원' 도구를 이용하여 중심이 $y = 1$ 위에 있고 반지름이 1인 원을 그려줍니다.

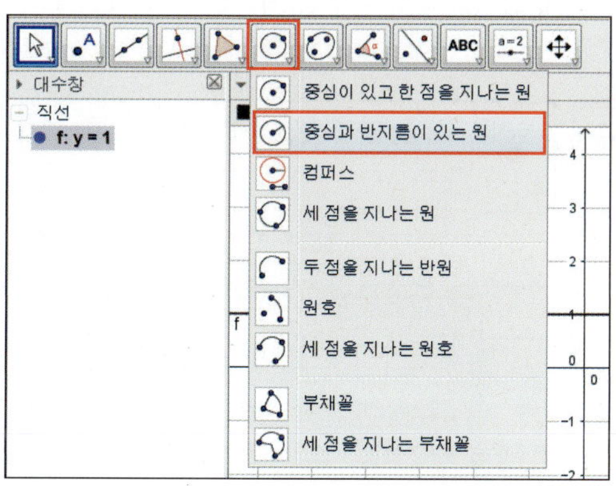

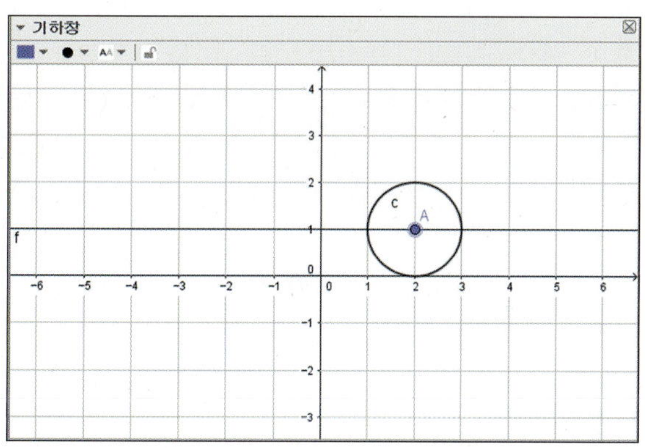

이제 원의 중심을 잡고 움직여 보면 원이 항상 x축에 접하면서 움직이는 것을 볼 수 있습니다.

5.2.2 굴러가는 원 표현하기(1)

이제 x축 위를 굴러가는 원을 표현해 보도록 하겠습니다. 우선 '교점' 도구를 이용하여 축과 원의 교점을 찍습니다. 점 B가 생성되었습니다. 이 점을 기준으로 원의 둘레를 회전하는 점을 표현할 것입니다. 아래와 같이 최솟값을 0, 최댓값을 5π로 하는 각 형식의 슬라이더를 생성합니다.

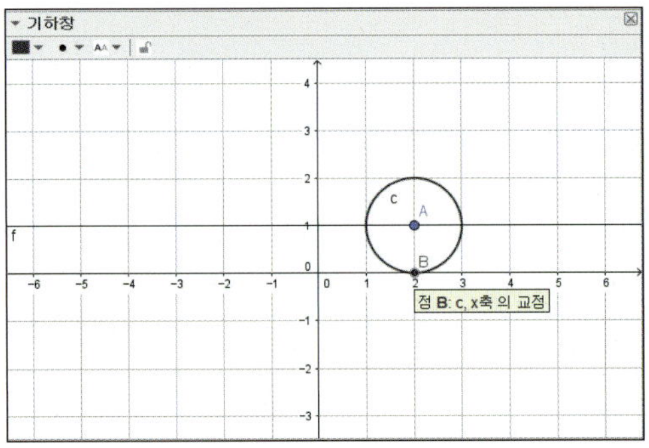

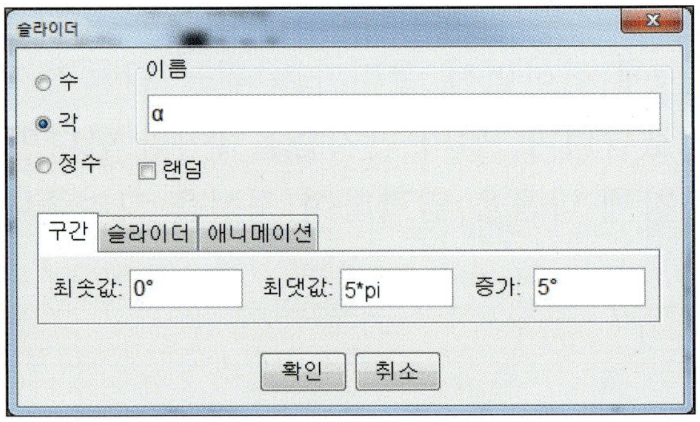

'주어진 크기의 각' 을 선택하여 점 B와 점 A의 순서로 클릭해 주면 각을 설정하는 창이 나타납니다. 슬라이더의 값인 α를 입력하고, 시계방향을 선택합니다. 이는 점 B를 점 A를 기준으로 α만큼 시계방향으로 회전하라는 것입니다.

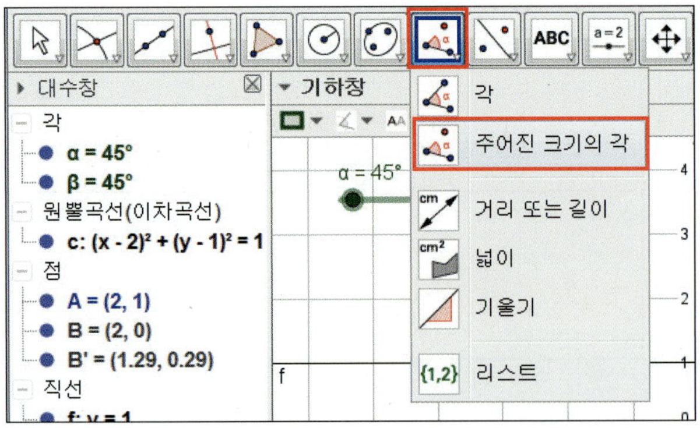

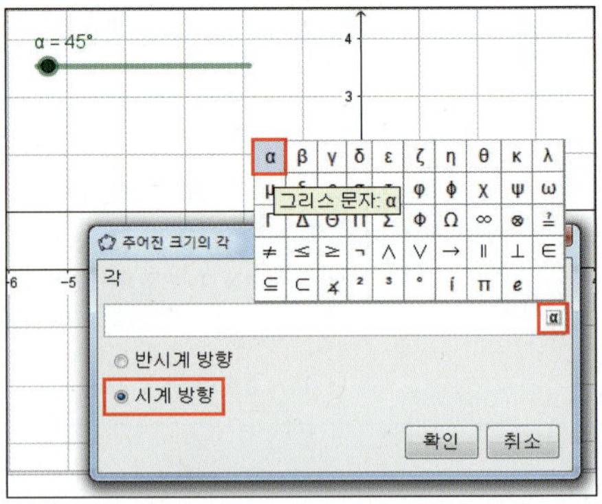

그러면 점 B′이 해당 각만큼 회전된 위치에 생성되며, 슬라이더를 움직이면 점 B′도 함께 움직이게 됩니다. 다음 절에서는 α가 커짐에 따라 원이 앞으로 나아가는 것을 표현해 보도록 하겠습니다.

5.2.3 굴러가는 원 표현하기(2)

앞 절에서 원 위를 회전하는 점을 만들어 보았습니다. 이제 슬라이더가 움직일 때, 원이 앞으로 나아가면 마치 원이 굴러가는 것처럼 보이게 될 것입니다. 그러면 점 B′이 점 B를 출발하여 α만큼 회전했을 때, 원은 얼마나 앞으로 나아가야 하는 걸까요? 반지름이 1이므로 B′이 α만큼 회전할 때, 원도 α만큼 앞으로 나아가야 합니다. (호도법의 정의) 즉, 처음에 원의 중심이 $(0, 1)$이었다면 $\angle BAB' = \alpha$일 때, 원의 중심의 위치는 $(\alpha, 1)$이 됩니다. 따라서 점 A의 좌표는 $(\alpha, 1)$이 됩니다. 그러면 점 A를 두 번 클릭하여 $(\alpha, 1)$로 재정의 하겠습니다.

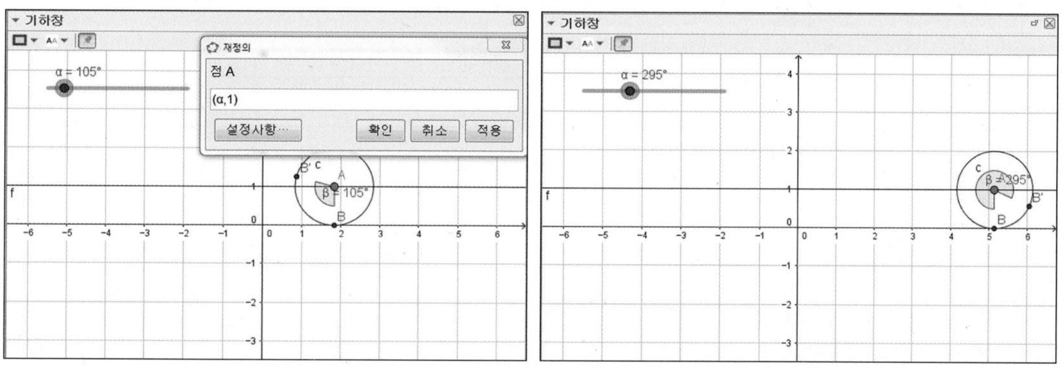

슬라이더를 움직여보면 원이 앞으로 나아가는 것을 볼 수 있습니다. 그리고 더 이상 원의 중심이 $y = 1$에 의존하지 않으므로 직선 $y = 1$은 삭제합니다. 그리고 아래 왼쪽 그림과 같이 원, 원의 중심, 점 B′ 그리고 x축 이외의 모든 대상을 보이지 않게 처리합니다. 점 B′을 오른쪽 마우스로 클릭하여 자취 보이기를 선택하고 슬라이더를 움직여주면 아래 오른쪽 그림과 같이 사이클로이드 곡선이 그려지게 됩니다.

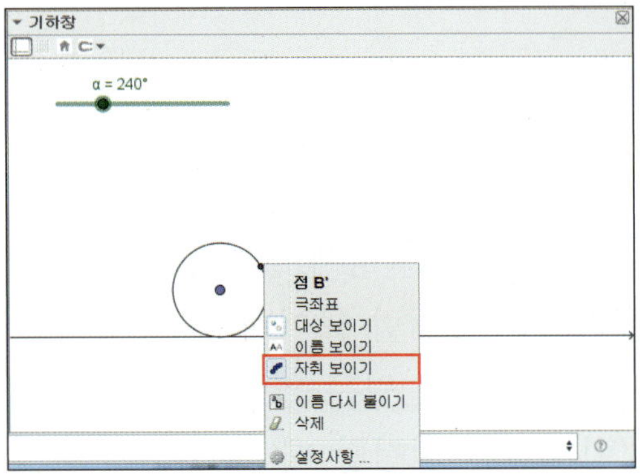

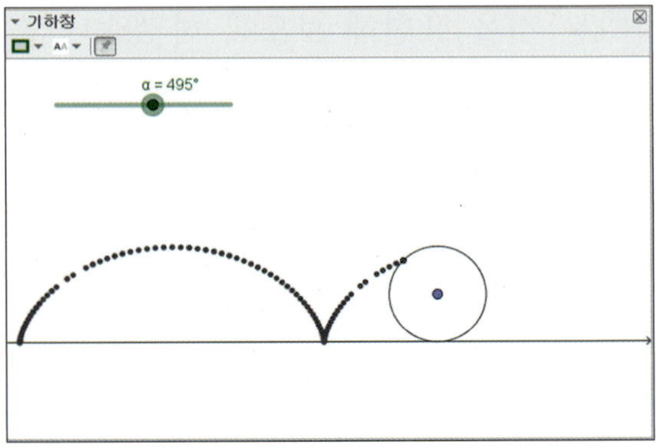

5.2.4 바퀴살 만들기(1)

바퀴살을 만들어 보겠습니다. 점 B′을 점 A를 기준으로 $\frac{\pi}{6}$만큼 회전하기 위해 아래와 같은 명령어를 입력창에 입력해 줍니다.

```
회전[B′,pi/6,A]
```

※회전[<대상>,<각>,<회전축>]

이렇게 $\frac{\pi}{6}$씩 회전하면서 12개의 점들을 찍어야 하는데, 이 때 수열 명령어를 활용하면 12개의 점들을 한 번에 찍을 수 있습니다. B″을 두 번 클릭하여 다음과 같이 재정의를 해 줍니다.

```
수열[회전[B′,(pi/6)*t,A],t,1,12]
```

※수열[<표현식>,<변수>,<처음값>,<끝값>]

이는 표현식의 변수 t에 1부터 12까지를 넣으라는 의미가 되므로 아래와 같이 12개의 점들이 $\frac{\pi}{6}$간격으로 찍히게 됩니다.

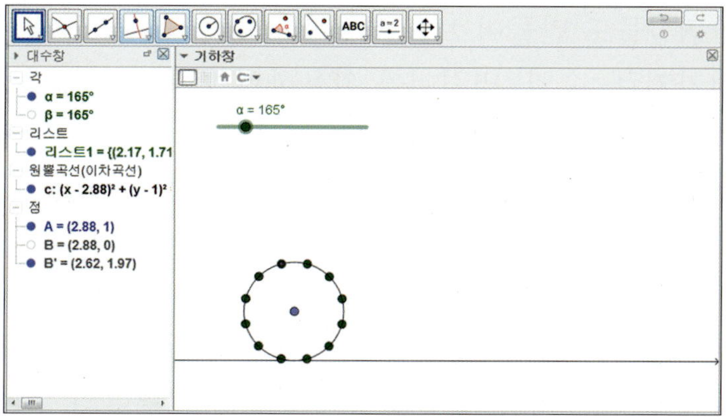

슬라이더를 움직여보면 12개의 점들이 함께 회전함을 확인할 수 있습니다. 이는 12개의 점들이 모두 점 B′에 의해 정의된 점들이기 때문입니다.

5.2.5 바퀴살 만들기(2)

점 A와 B″의 각 점들을 선분으로 연결하면 바퀴살이 만들어 질 것입니다. 입력창에 다음과 같이 입력합니다. 아래 왼쪽 그림과 같이 점 A와 B″의 한 점을 잇는 선분이 그려졌음을 볼 수 있습니다. 슬라이더를 이용하여 원을 굴려보면 이 선분도 함께 회전하게 됩니다.

```
선분[A,원소[B″,1]]
```

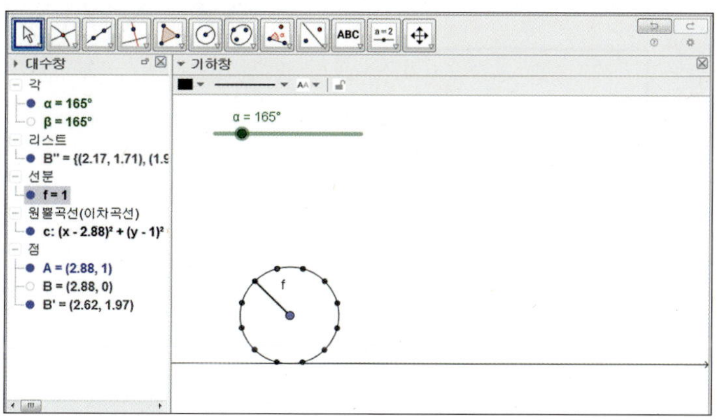

이제 나머지 바퀴살들도 만들어 보도록 하겠습니다. 원주 위에 12개의 점들을 찍을 때와 마찬가지로 '수열' 명령어를 활용하면 반복된 작업을 줄일 수 있습니다. 위에서 만든 선분을 두 번 클릭하여 다음과 같이 재정의해 줍니다.

```
수열[선분[A,원소[B″,t]],t,1,12]
```

그러면 반복 작업을 하지 않고도 모든 바퀴살을 그릴 수 있게 됩니다. 마지막으로 바퀴 위의 점들을 보이지 않게 설정하고 원과 바퀴살의 두께 등을 적당히 설정해 주면 아래 그림과 같이 조금 더 완성된 형태의 자료가 만들어 집니다.

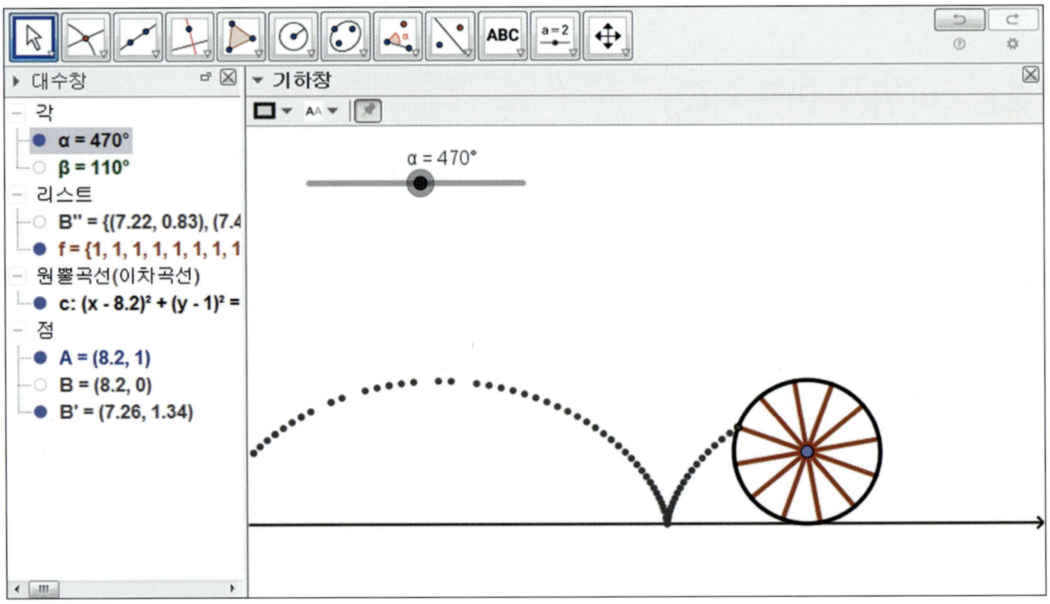

참고로 사이클로이드의 매개변수 표현은 (r(t-sin(t)),r(1-cos(t)))입니다. 입력창에 다음과 같이 입력하여 r=1 일 때의 사이클로이드를 그려보며 이번 장을 마치겠습니다.

```
곡선[t-sin(t), 1-cos(t),t,0,4*pi]
```

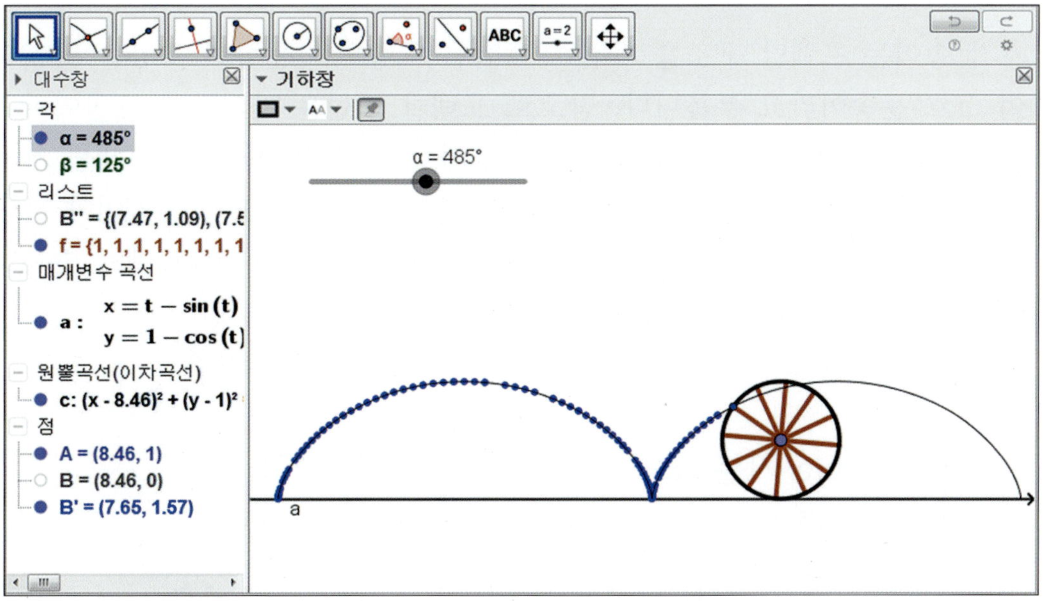
대수창
기하창
각
α = 485°
β = 125°
리스트
B'' = {(7.47, 1.09), (7.5
f = {1, 1, 1, 1, 1, 1, 1, 1
매개변수 곡선
a :
x = t − sin(t)
y = 1 − cos(t)
원뿔곡선(이차곡선)
c: (x - 8.46)² + (y - 1)²
점
A = (8.46, 1)
B = (8.46, 0)
B' = (7.65, 1.57)
α = 485°
a

5.3 프렉탈 코흐 눈송이

코흐 눈송이는 프렉탈 구조를 가진 대표적인 도형으로 눈송이 모양을 닮았다 하여 코흐 눈송이라고 부릅니다. 참고로 프렉탈 도형은 자기복제 도형이라고도 불리며 이는 프렉탈이 부분적으로 자기 자신인 전체와 동일한 형태를 가지고 있기 때문입니다. 코흐 눈송이를 만들려면 자기복제 도형을 만들어야 하나 Geogebra 에는 이를 위한 마땅한 도구가 없습니다. 사실 Geogebra에는 반복명령어가 스크립트로 숨겨져 있습니다. 또한 도구를 활용하여 이 반복을 간단히 구현할 수 있습니다. 지금부터 코흐 눈송이를 만들어 보겠습니다.

5.3.1 Geogebra 기본 도구로 코흐 눈송이 만들기

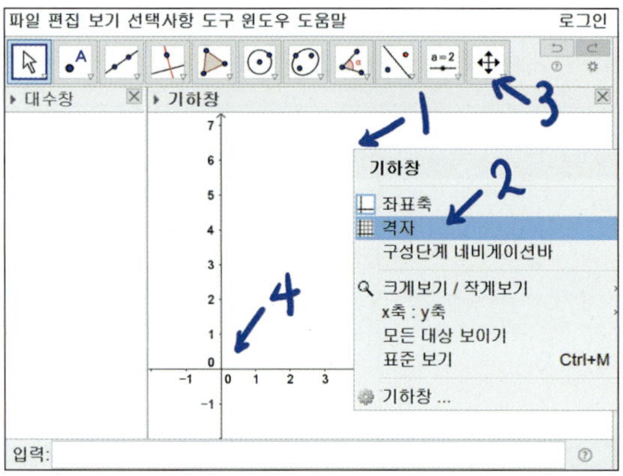

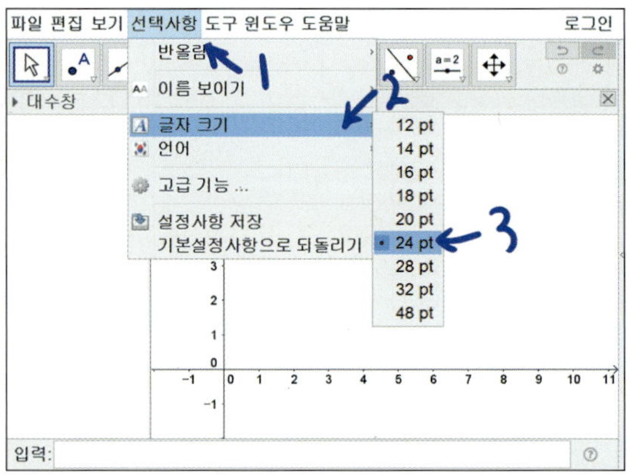

기하창에서 오른쪽 마우스 버튼을 클릭하고 격자를 선택합니다. '기하창 이동' 도구를 선택하고 원점을 좌측 하단에 위치하도록 합니다. 창 상단의 선택사항을 선택하고 글자크기에서 24pt를 선택합니다.

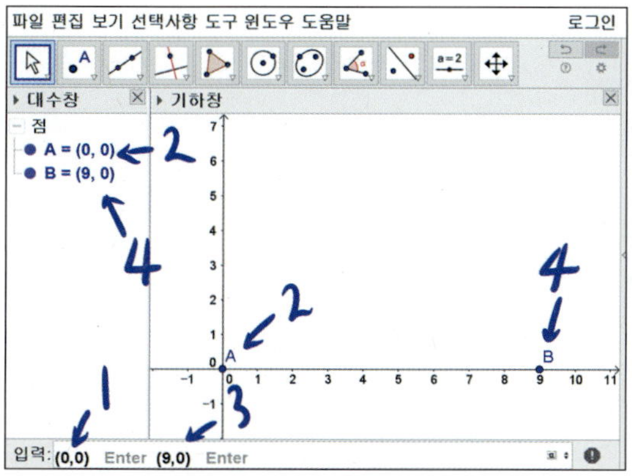

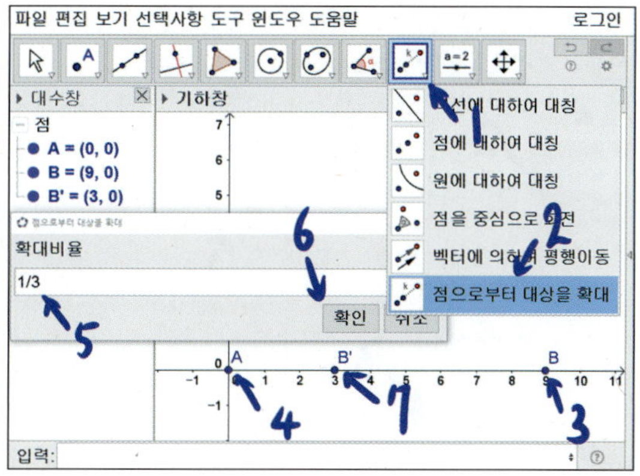

입력창에 (0, 0)과 (9, 0)을 차례로 입력하면 대수창에 A = (0, 0), B = (9, 0)이 생성됩니다. '점으로부터 대상을 확대' 도구를 선택합니다. 점 B를 선택하고 점 A를 선택하면 '점으로부터 대상을 확대'라는 대화상자에 확대비율을 입력하는 빈칸이 생성됩니다. 여기에 1/3을 입력하고 확인을 선택하면 점 B′가 생성됩니다.

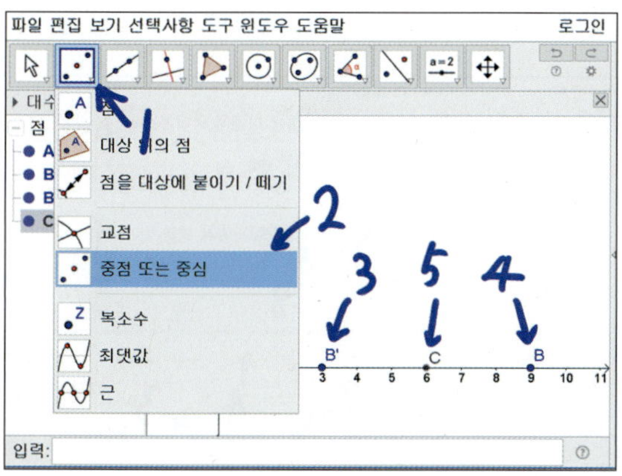

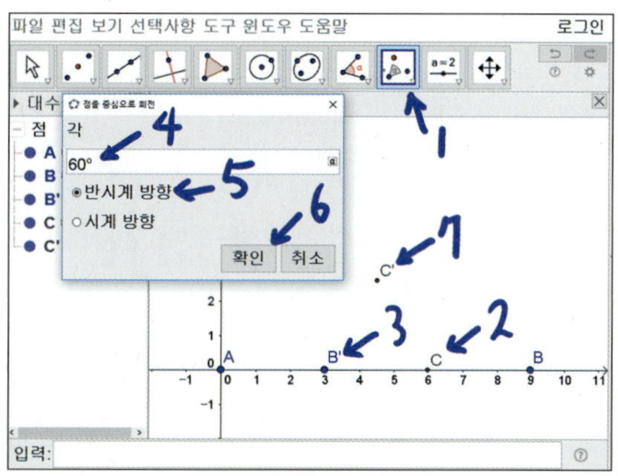

'중점 또는 중심' 도구를 선택하고 점 B′와 점 B를 선택하면 점 C가 생성됩니다. '점을 중심으로 회전' 도구를 선택하고 점 C를 선택하고 점 B′를 선택하면 점 주위로 회전 대화상자가 나타납니다. 각에 60°를 입력하고 반시계 방향을 선택하고 확인을 선택하면 C′가 생성됩니다.

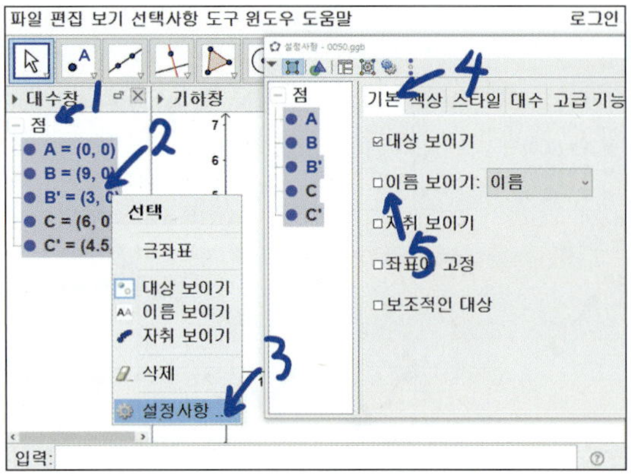

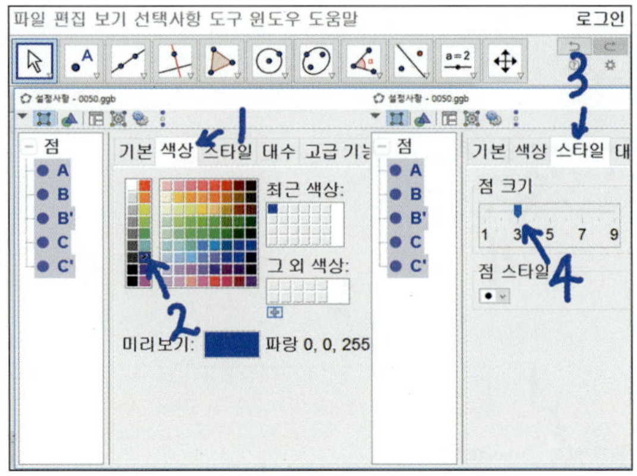

대수창에서 점을 선택하면 지금까지 생성한 점들이 모두 선택됩니다. 선택된 중간에 마우스를 놓고 오른쪽 버튼을 클릭하고 설정사항을 선택합니다. 설정사항의 기본 탭에서 이름보이기 체크상자를 해제합니다. 설정사항의 색상 탭에서 파란색을 선택합니다. 설정사항의 스타일 탭에서 점 크기를 3으로 조절하고 설정사항 창을 닫습니다. 점들이 모두 파란색의 크기가 3인 점이 되었고, 이름은 안 보이게 되었습니다.

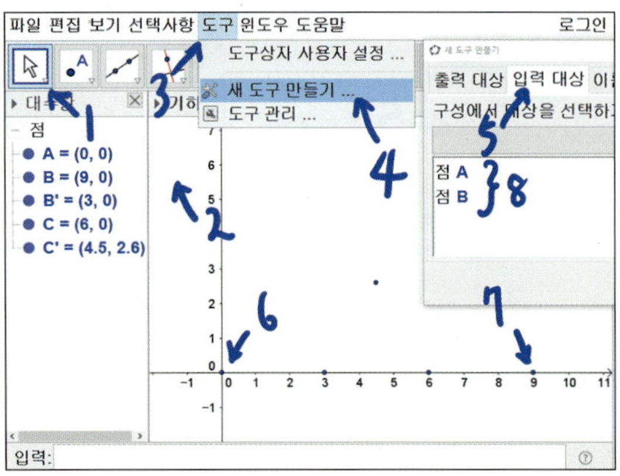

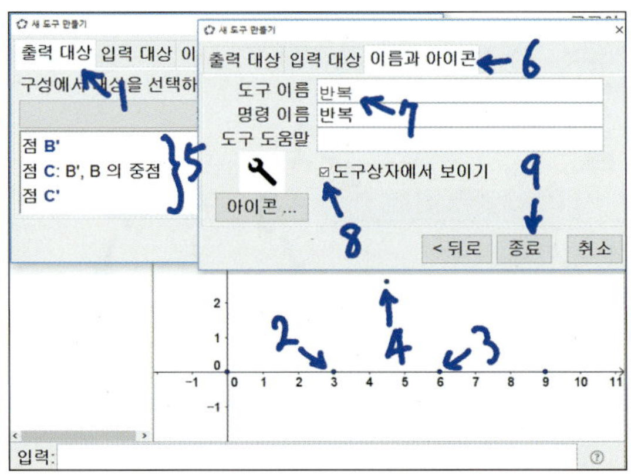

상단의 파일, 편집, 보기, 선택사항, 도구, 윈도우, 도움말에서 도구를 선택하고 새 도구 만들기를 선택합니다. '새 도구 만들기' 창의 입력 대상 탭에서 이름은 보이지 않지만 그림처럼 점 A와 점 B를 선택합니다. '새 도구 만들기' 창의 출력대상 탭에서 이름은 보이지 않지만 그림처럼 점 B′, 점 C′, 점 C를 선택합니다. 나중에 자세히 설명하겠지만 점 A와 점 B가 결정되면 점 B′, 점 C′, 점 C가 만들어지게 된다는 뜻입니다. '새 도구 만들기' 창의 이름과 아이콘 탭에서 도구 이름에 반복이라고 넣습니다. 도구 상자에서 보이기를 체크하시고 종료를 선택합니다.

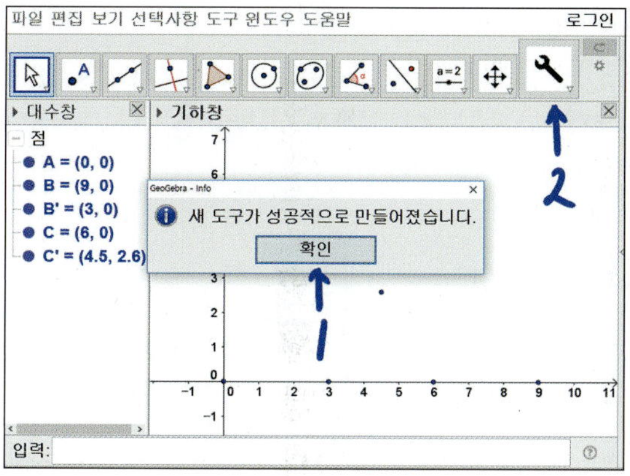

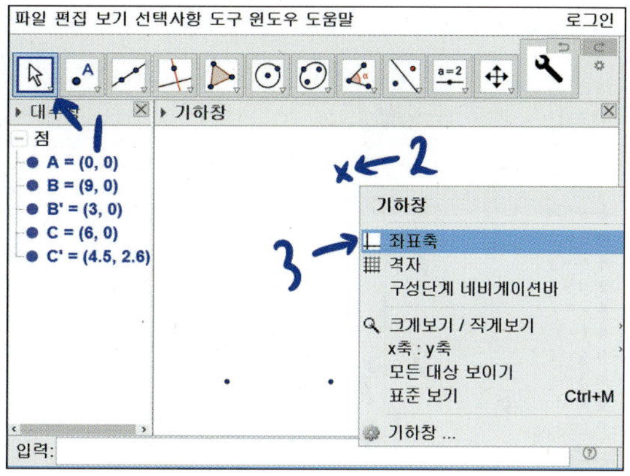

확인을 선택합니다. 도구들이 있는 곳에 반복이라는 새 도구가 생성되었습니다. '이동' 도구를 선택합니다. 기하창 중간에 마우스를 위치시키고 마우스 오른쪽 버튼을 클릭합니다. 좌표축을 선택하면 화면에 좌표축이 보이지 않게 됩니다.

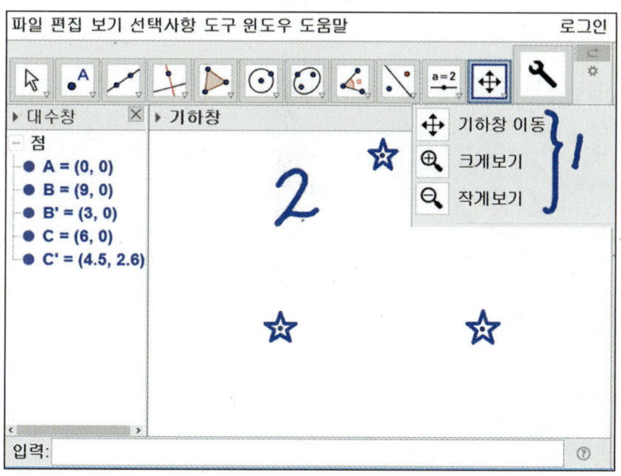

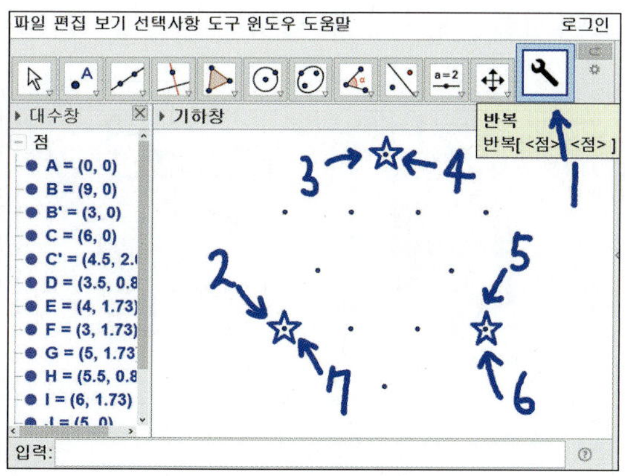

'기하창 이동' 도구와 '크게보기' 도구를 사용하여 중앙 3개의 점이 화면에 꽉 차게 위치시킵니다. 마우스 휠을 사용하면 '크게보기' 도구를 사용하지 않더라

도 확대시킬 수 있습니다. 도구를 사용해 보겠습니다. 새 도구를 선택합니다. '반복' 이라고 이름 붙여진 것을 확인할 수 있습니다. 별 표시한 가운데 3개의 점들을 그림과 같은 순서대로 선택합니다. 자동으로 새로운 점들이 생성됨을 볼 수 있습니다.

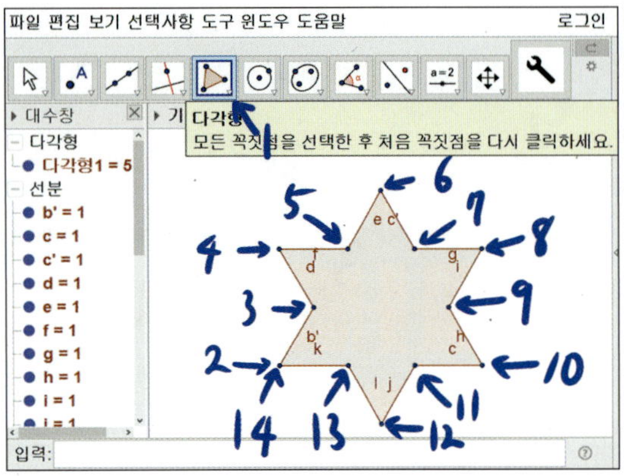

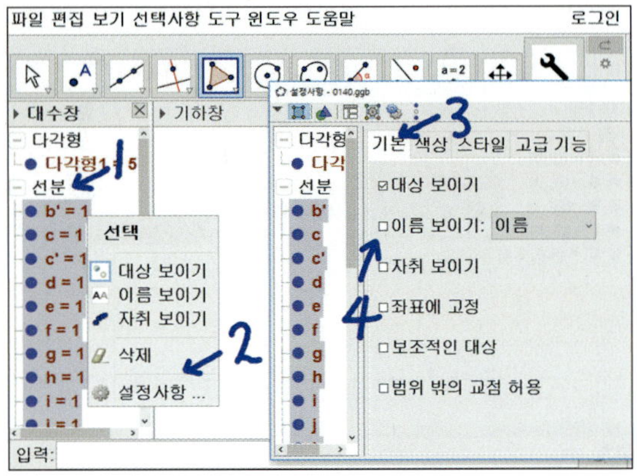

'다각형' 도구를 선택하고 점을 차례로 선택합니다. 선택할 때 처음 선택한 점을 마지막에 선택해야 다각형이 완성됩니다. 대수창의 선분을 선택하면 모든 선분이 선택됩니다. 선택된 대상의 중간에 마우스 포인터를 놓고 마우스 오른쪽 버튼을 클릭하고 설정사항을 선택합니다. 설정사항 창의 기본 탭에서 이름 보이기를 체크해제 합니다.

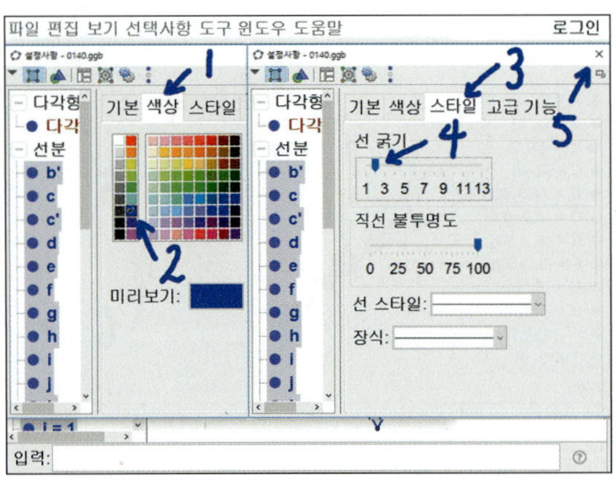

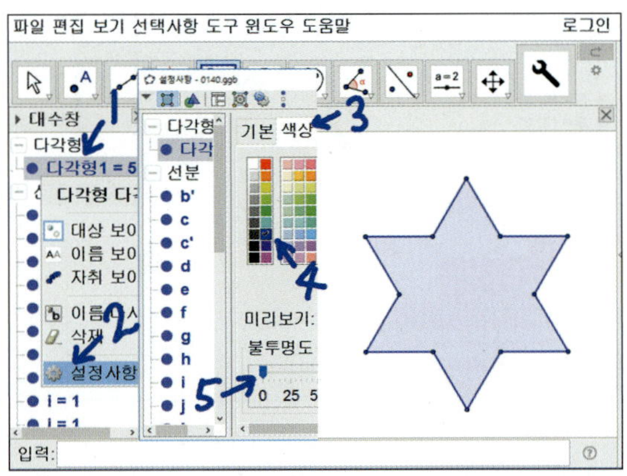

설정사항 창의 색상 탭에서 파란색을 선택합니다. 설정사항 창의 스타일 탭에서 선 굵기를 2로 하고 설정사항 창을 닫습니다. 마우스 포인터를 다각형1에 위치시키고 마우스 오른쪽 버튼을 클릭합니다. 설정사항을 선택합니다. 설정사항 창의 색상 탭에서 파란색을 선택합니다. 불투명도를 0으로 합니다. 2단계의 코흐 눈송이가 완성되었습니다.

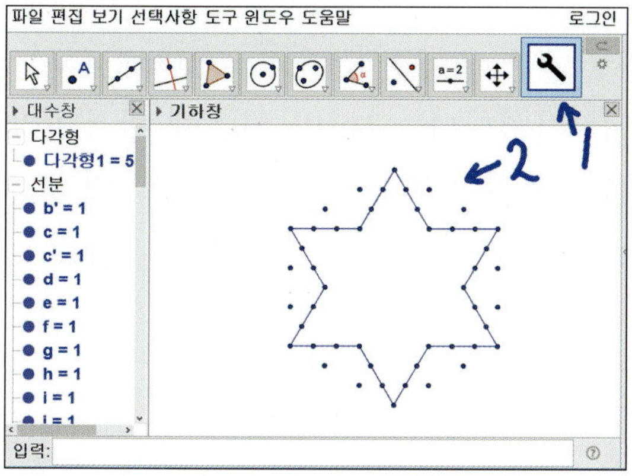

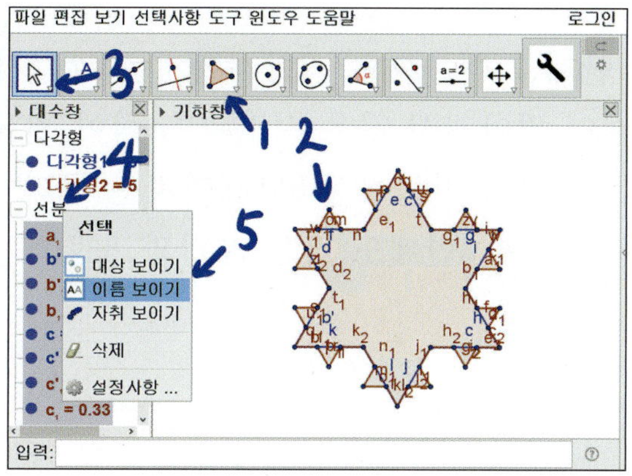

새로 만든 '반복' 도구를 선택하고 위와 같은 방식대로 3단계의 점을 생성합니다. '다각형' 도구를 선택하여 3단계의 코흐 눈송이를 만듭니다. 지저분하게 보이는 선분의 이름을 보이지 않게 하겠습니다. 대수창의 선분을 선택하고 마우스 오른쪽 버튼을 클릭하고 '이름 보이기'를 선택합니다. 아마도 2단계의 선분의 이름도 전부 나타날 것입니다.

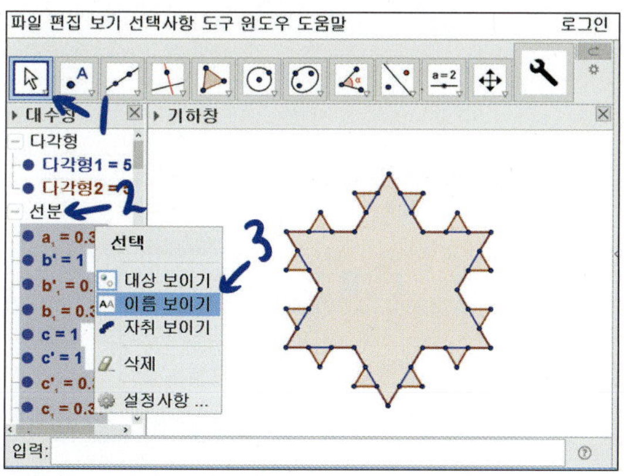

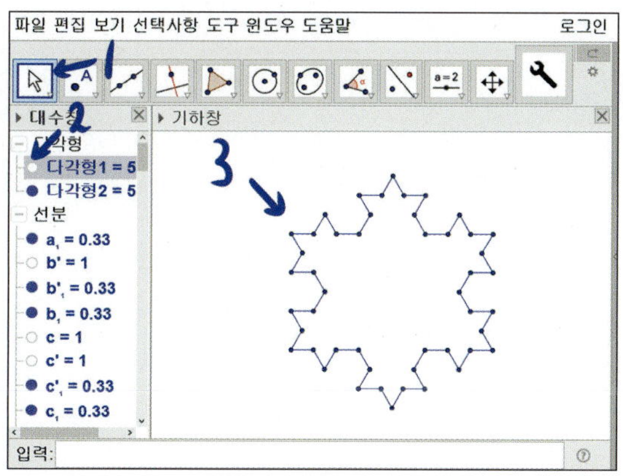

다시 선분을 선택하고 마우스 오른쪽 버튼을 클릭하고 '이름 보이기'를 선택하면 원하는 대로 이름이 모두 보이지 않게 됩니다. 대수창의 다각형1의 왼쪽 파란색 원을 선택하면 2단계의 그림이 보이지 않게 됩니다. 3단계의 그림도 색상을 파란색으로 하고 불투명도를 0으로 만들도록 하여 3단계 코흐 눈송이를 완성하도록 하겠습니다.

4단계를 해볼까요? 3단계까지는 그럭저럭 할만 했지만, 4단계는 3단계보다도 점이 많아져서 많은 시간과 노력이 필요할 것입니다. 그나마 처음에 반복이라는 도구를 만들어서 3단계까지는 무리 없이 했지만 반복이라는 도구를 만들지 않았다면 3단계도 많은 시간과 노력이 필요했을 것입니다.

5.3.2 Geogebra 스크립트를 활용한 프로그래밍으로 코흐 눈송이 만들기

그렇다면, 4단계 이상을 위와 같은 방법으로 할까요? 우리는 컴퓨터를 사용하고 있습니다. 컴퓨터에 자동으로 위와 같은 반복적인 일을 할 수 있게 프로그래밍을 할 수 있습니다. 지금부터는 Geogebra 스크립트 기능을 활용하여 프로그래밍을 하겠습니다.

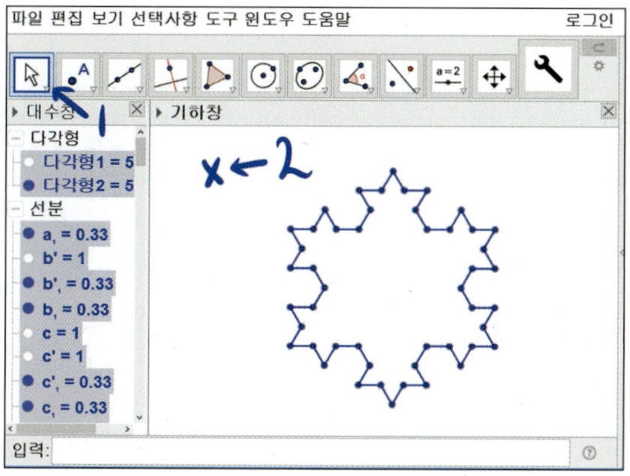

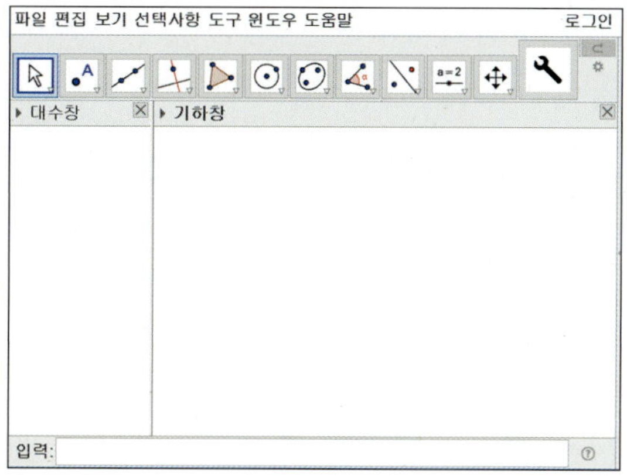

기하창의 빈 공간을 선택합니다. [Ctrl] 를 누른 상태에서 A를 누르면 지금까지 만들었던 기하적 대상이 모두 선택됩니다. [Delete] 를 눌러 삭제합니다.

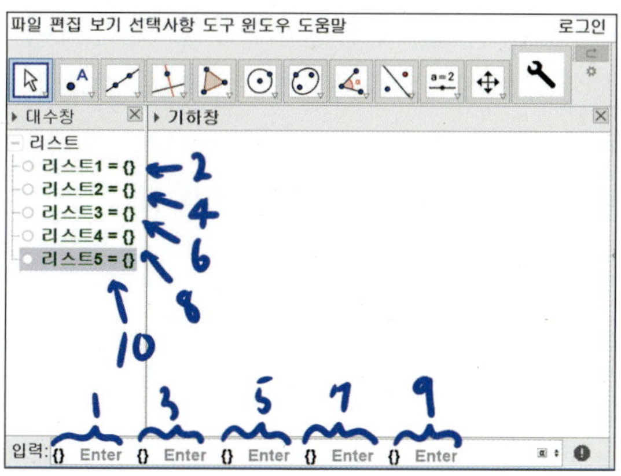

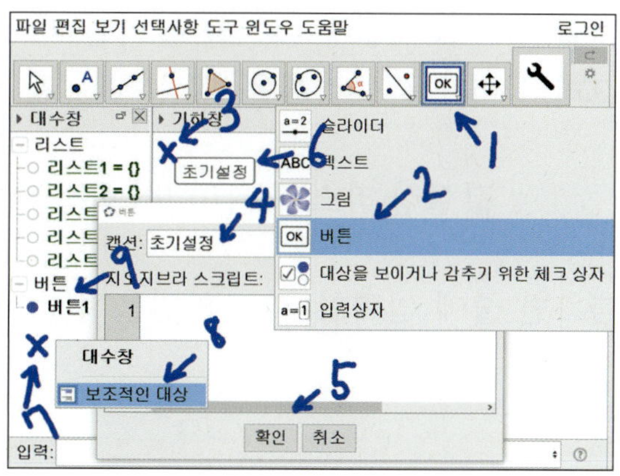

입력창에 중괄호 {}를 입력하고 [Enter] 를 누르면 리스트1 = {}이 나타납니다. 같은 방법으로 4회 반복해서 입력하여 리스트2 = {}, 리스트3 = {}, 리스트4 = {}, 리스트5 = {}가 나타나도록 합니다. '버튼' 도구를 선택합니다. 기하창에 'x' 표시한 곳을 선택하면 버튼 창이 나타납니다. 캡션에 초기설정이라고 입력하고 확인을 선택하면 대수창에 버튼1 이 만들어지고 기하창에 초기설정이란 이름의 버튼이 생성됩니다. 만약 대수창에 버튼1이 보이지 않는다면 대수창 빈 공간에 마우스 오른쪽 버튼을 클릭하고 보조적인 대상을 선택하면 버튼1이 나타날 것입니다.

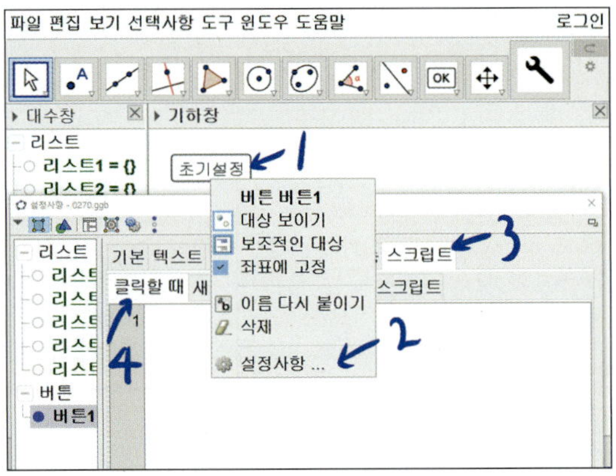

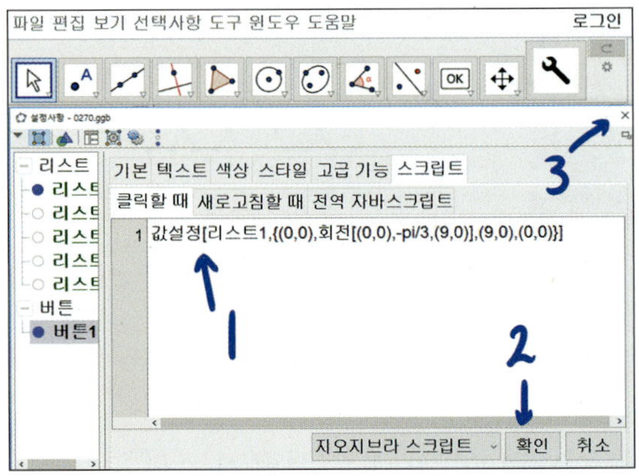

초기설정 버튼의 설정사항으로 들어가서 스크립트 탭에서 '클릭할 때'탭을 선택합니다. 초기설정 버튼을 클릭할 때 실행되어야 할 내용을 작성할 것입니다. 그리고 버튼을 클릭했을 때 실행은 첫 줄에서부터 순차적으로 이루어집니다.

$$\text{값설정}[\text{리스트1}, \{(0,0), \text{회전}[(0,0), -\mathrm{pi}/3, (9,0)], (9,0), (0,0)\}]$$

를 1번 줄에 입력합니다. 확인을 선택하고 설정사항 창을 닫습니다.

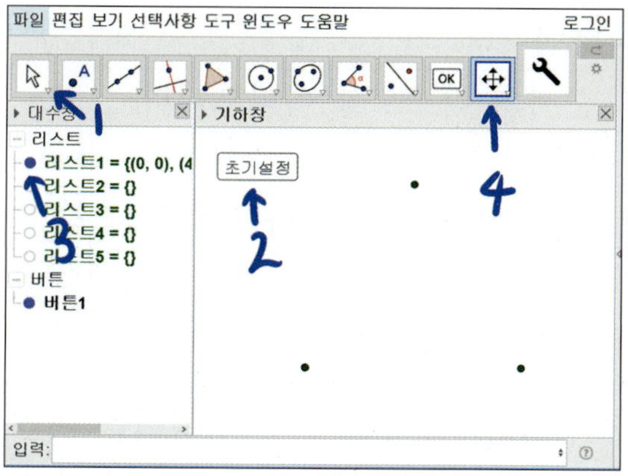

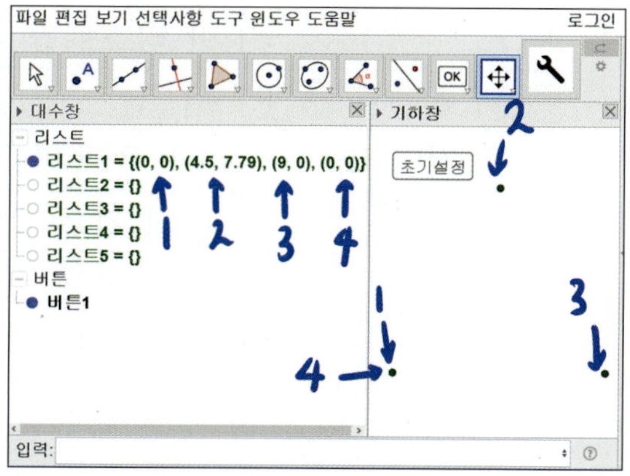

초기설정 버튼을 선택합니다. 만약 버튼2가 생성된다면 [Ctrl] + [Z]를 눌러 이전 작업을 취소하고 [Esc] 키를 누르거나 '이동' 도구를 선택하고 초기설정 버튼을 선택합니다. 대수창 리스트1의 앞에 있는 동그라미를 선택하여 동그라미가 채워지도록 합니다. '기하창 이동' 도구, '크게보기' 도구, '작게보기' 도구를 활용하여 세 점이 화면에 배치되도록 만듭니다. 리스트1은 점들을 모아둔 집합으로 보일 것입니다. 하지만 수학에서 말하는 집합은 아니고 순서가 있는 나열이라고 보시면 됩니다.

1번 줄 : 값설정[리스트1, {(0, 0), 회전[(0, 0), −pi/3, (9, 0)], (9, 0), (0, 0)}]
—> 리스트1 = {(0, 0), (4.5, 7.79), (9, 0), (0, 0)}

회전[(0, 0), −pi/3, (9, 0)]은 점 (0, 0)을 점 (9, 0)을 기준으로 $-\frac{\pi}{3}$라디안만큼 회전한 점 (4.5, 7.79)를 나타냅니다. 즉, 리스트1을 {(0, 0), (4.5, 7.79), (9, 0), (0, 0)}으로 만듭니다. 위에서 쓰인 명령어를 보다 자세히 설명하겠습니다.

{}	빈 리스트를 나타냅니다.
$\{A_1, A_2, \cdots, A_n\}$	$A_1, A_2, \cdots, A_n$ 순서의 리스트를 나타냅니다.
값설정[A, B]	A를 B로 만듭니다.
(a, b)	x좌표가 a이고 y좌표가 b인 점을 나타냅니다.
회전[A, α, (c, d)]	대상 A를 점 (c, d)를 기준으로 α라디안 회전한 대상이 됩니다.

지금 이 명령어들이 낯선 것은 당연한 것입니다. 아마도 이런 명령어를 여러 번 입력하여 사용해보고 시행착오를 겪어야 완전히 자신의 것이 될 것입니다. 일단 실제로 작성해서 하나씩 만들어 나가면 이해하기 쉬울 것입니다. 다시 진행하겠습니다.

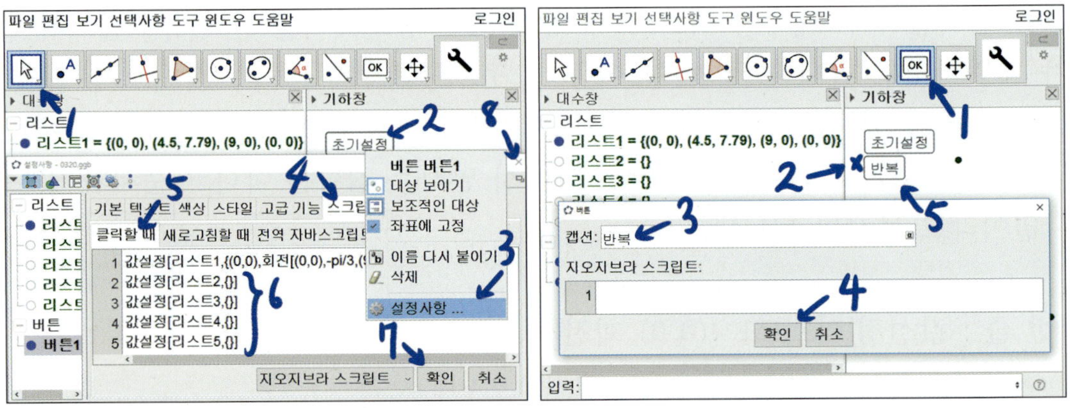

'이동' 도구를 선택하고 초기설정 버튼에서 마우스 오른쪽 버튼을 클릭합니다. 설정사항을 선택하고 스크립트 탭에서 '클릭할 때'탭으로 들어갑니다.

2번 줄 : 값설정[리스트2, {}]
3번 줄 : 값설정[리스트3, {}]
4번 줄 : 값설정[리스트4, {}]
5번 줄 : 값설정[리스트5, {}]

를 입력하고 확인을 선택한 후 설정사항 창을 닫습니다. '버튼' 도구를 선택한 후 'x' 표시 위치를 선택합니다. 버튼 창의 캡션에 반복이라고 입력합니다. 확인을 선택하면 초기설정 아래에 반복 버튼이 생깁니다. 초기설정 버튼을 눌렀을 때 다음과 같이 실행 결과가 나타납니다.

1번 줄 : 값설정[리스트1, {(0, 0), 회전[(0, 0), −pi/3, (9, 0)], (9, 0), (0, 0)}]
—> 리스트1 = {(0, 0), (4.5, 7.79), (9, 0), (0, 0)}
리스트1을 {(0, 0), (4.5, 7.79), (9, 0), (0, 0)}으로 만듭니다.

2번 줄 : 값설정[리스트2, {}]
—> 리스트2 = {}
리스트2를 비어있는 리스트인 {}으로 만듭니다.

3번 줄 : 값설정[리스트3, {}]
—> 리스트3 = {}
리스트3를 비어있는 리스트인 {}으로 만듭니다.

4번 줄 : 값설정[리스트4, {}]
—> 리스트4 = {}
리스트4를 비어있는 리스트인 {}으로 만듭니다.

5번 줄 : 값설정[리스트5, {}]
—> 리스트5 = {}
리스트5를 비어있는 리스트인 {}으로 만듭니다.

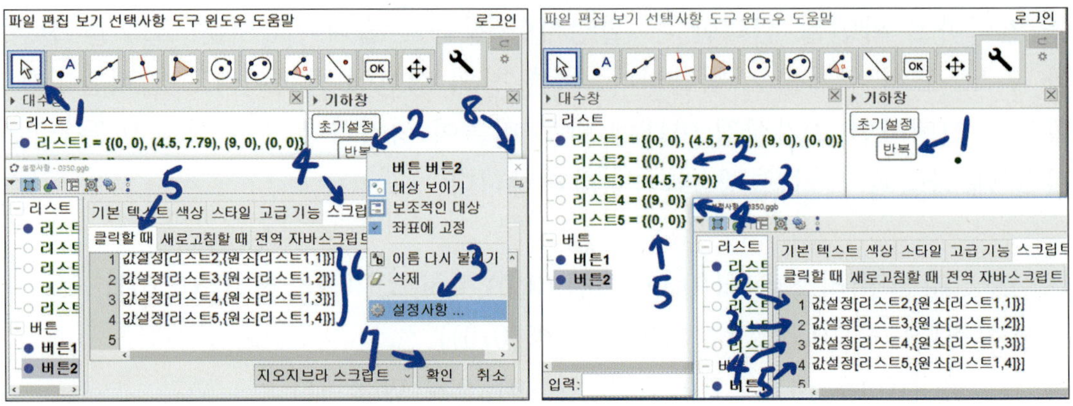

마우스 포인터를 반복 버튼 위에 놓고 마우스 오른쪽 버튼을 클릭하여 설정사항을 선택합니다. 설정사항 창의 스크립트 탭에서 '클릭할 때'탭을 선택하고

1번 줄 : 값설정[리스트2, {원소[리스트1, 1]}]
2번 줄 : 값설정[리스트3, {원소[리스트1, 2]}]
3번 줄 : 값설정[리스트4, {원소[리스트1, 3]}]
4번 줄 : 값설정[리스트5, {원소[리스트1, 4]}]

에 입력하고 확인을 선택하고 설정사항 창을 닫습니다.

반복버튼을 클릭하면 대수창에서 각각의 리스트들의 원소가 바뀐 것을 볼 수 있습니다. 그리고 각각의 명령어가 대수창의 리스트2, 리스트3, 리스트4, 리스트5를 다음과 같이 바꿀 것입니다.

1번 줄 : 값설정[리스트2, {원소[리스트1, 1]}]
$\longrightarrow$ 리스트2 $= \{(0,0)\}$
리스트2를 리스트1의 첫 번째 원소를 가지는 리스트로 만듭니다.

2번 줄 : 값설정[리스트3, {원소[리스트1, 2]}]

$\longrightarrow$ 리스트3 = {(4.5, 7.79)}
리스트3를 리스트1의 두 번째 원소를 가지는 리스트로 만듭니다.

3번 줄 : 값설정[리스트4, {원소[리스트1, 3]}]
$\longrightarrow$ 리스트4 = {(9, 0)}
리스트4를 리스트1의 세 번째 원소를 가지는 리스트로 만듭니다.

4번 줄 : 값설정[리스트5, {원소[리스트1, 4]}]
$\longrightarrow$ 리스트5 = {(0, 0)}
리스트5를 리스트1의 네 번째 원소를 가지는 리스트로 만듭니다.

위에서 쓴 명령어의 설명을 보고 명령어가 어떻게 작동했는지를 알 수 있을 것입니다. 새로 쓴 명령어를 설명하겠습니다.

원소[리스트, n]	리스트라는 이름의 리스트의 n번째 원소를 나타냅니다.

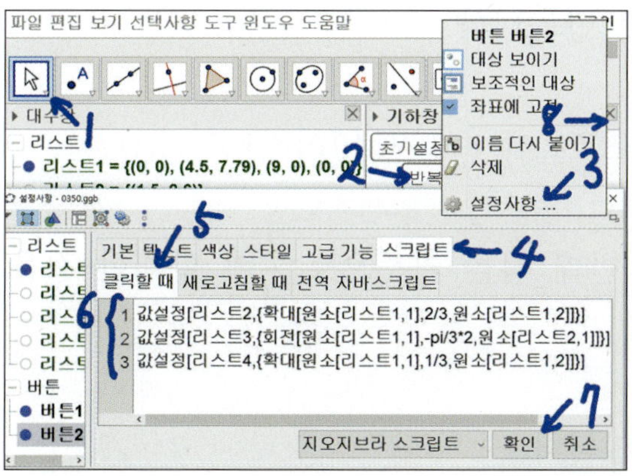

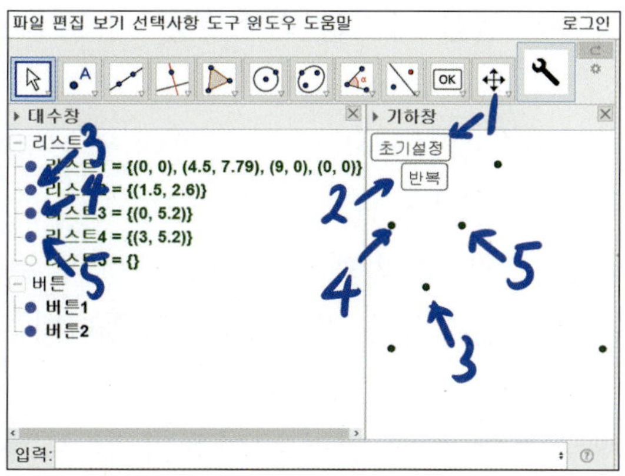

반복 버튼의 스크립트에서 기존의 내용을 다음과 같이 수정합니다.

1번 줄 : 값설정[리스트2, {확대[원소[리스트1, 1], 2/3, 원소[리스트1, 2]]}]
2번 줄 : 값설정[리스트3, {회전[원소[리스트1, 1], −pi/3 ∗ 2, 원소[리스트2, 1]]}]

3번 줄 : 값설정[리스트4, {확대[원소[리스트1, 1], 1/3, 원소[리스트1, 2]]}]

을 클릭할 때의 1번째 줄에서 4번째 줄에 있던 명령어들을 다 지우고 1번 줄에서 3번 줄까지 작성합니다. 다 작성 후 확인을 누르고 설정사항 창을 닫습니다. 초기설정 버튼을 선택하고 반복 버튼을 선택합니다. 그리고 각각의 명령어가 대수창의 리스트2, 리스트3, 리스트4, 리스트5를 다음과 같이 바꿀 것입니다.

1번 줄 : 값설정[리스트2, {확대[원소[리스트1, 1], 2/3, 원소[리스트1, 2]]}]
$\longrightarrow$ 리스트2 = {(1.5, 2.6)}
리스트1의 첫 번째 점을 리스트1의 두 번째 점을 기준으로 $\frac{2}{3}$배 확대한 점을 가지는 리스트를 리스트2로 만듭니다.

2번 줄 : 값설정[리스트3, {회전[원소[리스트1, 1], −pi/3 ∗ 2, 원소[리스트2, 1]]}]
$\longrightarrow$ 리스트3 = {(0, 5.2)}
리스트1의 첫 번째 점을 리스트2의 첫 번째 점을 기준으로 $-\frac{2\pi}{3}$라디안 만큼 회전한 점을 가지는 리스트를 리스트3로 만듭니다.

3번 줄 : 값설정[리스트4, {확대[원소[리스트1, 1], 1/3, 원소[리스트1, 2]]}]
$\longrightarrow$ 리스트4 = {(3, 5.2)}
리스트1의 첫 번째 점을 리스트1의 두 번째 점을 기준으로 $\frac{1}{3}$배 확대한 점을 가지는 리스트를 리스트4로 만듭니다.

새로 쓰인 확대 명령은 다음과 같은 뜻입니다.

확대[A, r, (c, d)]	대상 A를 점 (c, d)를 기준으로 r배 확대한 대상

사실 리스트1의 1번째와 2번째, 2번째와 3번째, 3번째와 4번째 점에 대하여서도 위와 같이 반복적으로 만들어서 리스트2, 리스트3, 리스트4에 차례대로 넣

어야 합니다. 일일이 명령어를 써서 만들 수 있지만, Geogebra는 자동적으로 이러한 작업을 할 수 있는 명령어를 제공합니다.

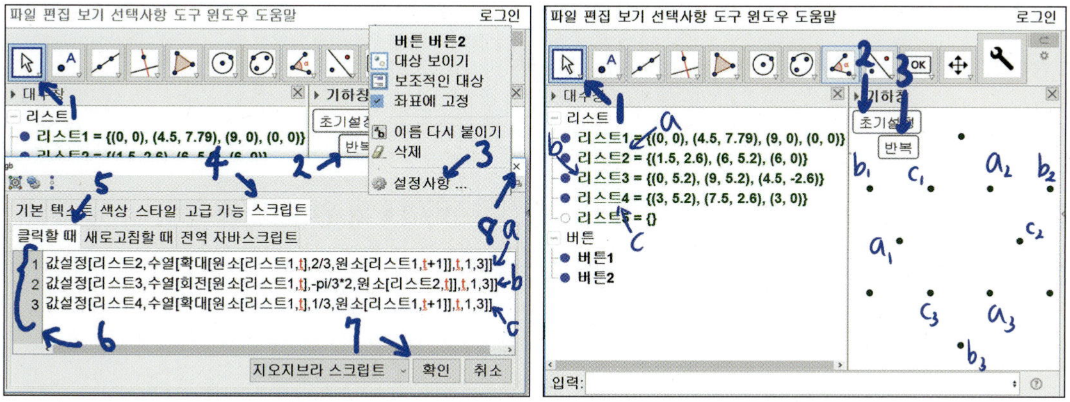

'이동' 도구를 선택합니다. 반복버튼에 마우스 포인터를 위치시켜 놓고 오른쪽 버튼을 클릭한 후 설정사항으로 들어갑니다. 스크립트 탭에서 '클릭할 때'탭을 선택합니다.

1번 줄 :

값설정[리스트2, 수열[확대[원소[리스트1, t], 2/3, 원소[리스트1, t + 1]], t, 1, 3]]

2번 줄 :

값설정[리스트3, 수열[회전[원소[리스트1, t], −pi/3 ∗ 2, 원소[리스트2, t]], t, 1, 3]]

3번 줄 :

값설정[리스트4, 수열[확대[원소[리스트1, t], 1/3, 원소[리스트1, t + 1]], t, 1, 3]]

을 클릭할 때의 1번 줄에서 3번 줄에 있던 명령어를 위와 같이 수정합니다. 모두 작성 후 확인을 누르고 설정사항 창을 닫습니다. 초기설정 버튼을 선택하고 반복버튼을 선택합니다. 그리고 각각의 명령어가 대수창의 리스트2, 리스트3, 리스트4, 리스트5를 다음과 같이 바꿀 것입니다.

1번 줄 :
값설정[리스트2, 수열[확대[원소[리스트1, t], 2/3, 원소[리스트1, t + 1]], t, 1, 3]]
$\longrightarrow$ 리스트2 = {(1.5, 2.6), (6, 5.2), (6, 0)}

2번 줄 :
값설정[리스트3, 수열[회전[원소[리스트1, t], −pi/3 ∗ 2, 원소[리스트2, t]], t, 1, 3]]
$\longrightarrow$ 리스트3 = {(0, 5.2), (9, 5.2), (4.5, −2.6)}

3번 줄 :
값설정[리스트4, 수열[확대[원소[리스트1, t], 1/3, 원소[리스트1, t + 1]], t, 1, 3]]
$\longrightarrow$ 리스트4 = {(3, 5.2), (7.5, 2.6), (3, 0)}

각각에 대하여 자세히 설명하기 전에 새로 쓰인 명령어를 먼저 소개하겠습니다.

수열[A(t), t, m, n)]	{A(m), A(m + 1), A(m + 2), · · · , A(n)}를 나타냅니다.

수열[확대[원소[리스트1, t], 2/3, 원소[리스트1, $t + 1$]], t, 1, 3] 은

{확대[원소[리스트1, 1], 2/3, 원소[리스트1, 2]],
확대[원소[리스트1, 2], 2/3, 원소[리스트1, 3]],
확대[원소[리스트1, 3], 2/3, 원소[리스트1, 4]]}

의 줄인 표현입니다. t, t + 1에서 t = 1 일 때 1, 2로 t = 2 일 때 2, 3으로 t = 3 일 때 3, 4로 각각이 변하여 위와 같은 리스트를 만들어 내는 것입니다. 나머지 2번 줄과 3번 줄의 명령어도 같은 경우입니다.

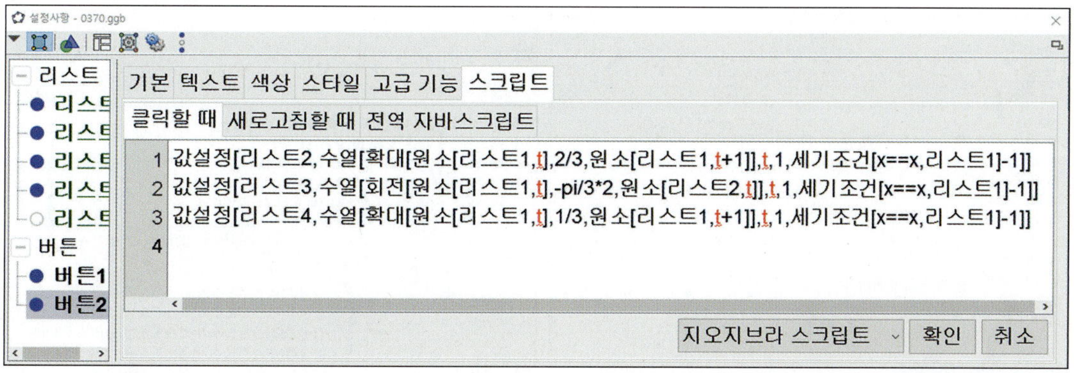

사실, 위와 같이 입력하기를 바랐지만, 너무 복잡할 것 같아서 나누어 입력합니다. 반복버튼에 위치시켜 놓고 마우스 오른쪽 버튼을 클릭하고 설정사항으로 들어갑니다. 스크립트 탭의 '클릭할 때'탭을 선택합니다. 1, 2, 3번째 줄 명령어 입력한 것의 끝부분의 $t, 1, 3]$에서 3을 세기조건$[x == x$, 리스트1$] - 1$으로 바꿉니다. 각각에 대하여 자세히 설명하기 전에 새로 쓰인 명령어를 먼저 소개하겠습니다.

세기조건[조건(x), 리스트7]	리스트7의 원소 중 조건(x)를 만족하는 원소의 개수입니다.

세기조건$[x == x$, 리스트1]은 리스트1의 원소 중 조건 $x == x$(x와 x가 같다.)를 만족하는 원소의 개수입니다. 다시 말해서 리스트1의를 원소의 개수 4를 나타냅니다.

이제 마자막 단계입니다. 리스트1은 현 단계의 코흐눈송이 도형의 둘레로 차례로 배열한 점의 리스트입니다. 리스트1, 리스트2, 리스트3, 리스트4에 있는 점들을 다 모으면 다음 단계의 코흐눈송이 도형의 점입니다. 이 점들을 재배열하여 다음 단계의 코흐눈송이 도형의 둘레로 차례로 배열한 점의 리스트5를 만들겠습니다.

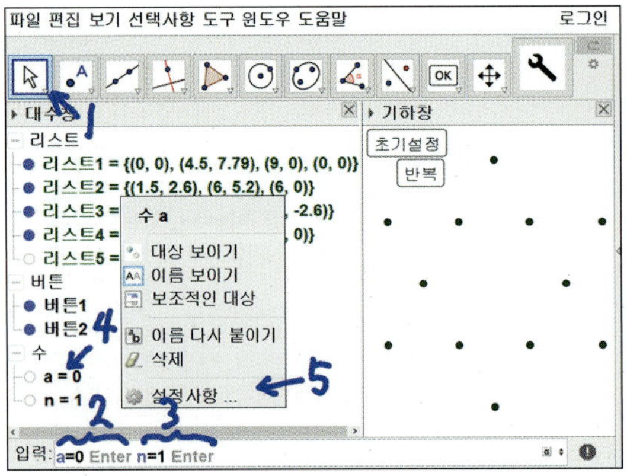

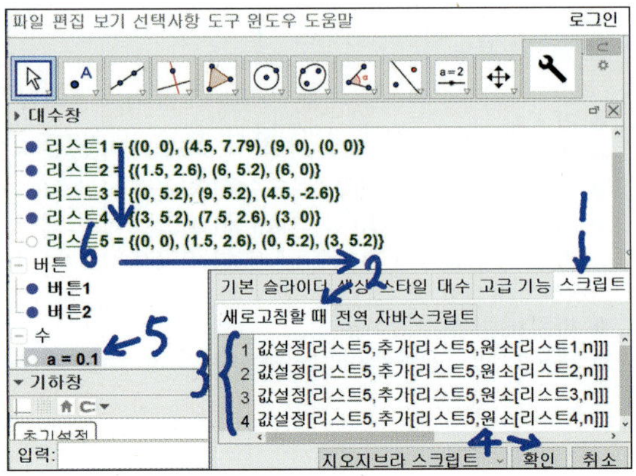

입력창에 a = 0을 입력하고 [Enter]를 누릅니다. n = 1을 입력하고 [Enter]키를 누릅니다. 대수창에 수 a = 0, n = 1이 만들어집니다. 대수창에 수 a = 0에 마우스 포인터를 올려 놓고 오른쪽 버튼을 클릭하여 설정사항을 선택합니다. 설정사항 창이 나타나면 스크립트 탭에서 '새로고침할 때'탭을 선택합니다.

1번째 줄 : 값설정[리스트5, 추가[리스트5, 원소[리스트1, n]]]
2번째 줄 : 값설정[리스트5, 추가[리스트5, 원소[리스트2, n]]]
3번째 줄 : 값설정[리스트5, 추가[리스트5, 원소[리스트3, n]]]
4번째 줄 : 값설정[리스트5, 추가[리스트5, 원소[리스트4, n]]]

을 클릭할 때의 1번째 줄에서 4번째 줄에 명령어를 작성합니다. 확인을 선택하고 설정사항 창을 닫습니다. 대수창에 a = 0을 선택한 후 방향키를 누르면 a의 값이 변합니다. 동시에 리스트5 = $\{(0,0),(1.5,2.6),(0,5.2),(3,5.2)\}$로 리스트5가 변경되었습니다.

1번째 줄 : 값설정[리스트5, 추가[리스트5, 원소[리스트1, n]]]
$\longrightarrow$ 리스트5 = $\{(0,0)\}$
리스트1의 n번째 원소를 리스트5에 추가시킨 리스트를 리스트5로 만듭니다.

2번째 줄 : 값설정[리스트5, 추가[리스트5, 원소[리스트2, n]]]
⟶ 리스트5 = $\{(0,0),(1.5,2.6)\}$
리스트2의 n번째 원소를 리스트5에 추가시킨 리스트를 리스트5로 만든다.

3번째 줄 : 값설정[리스트5, 추가[리스트5, 원소[리스트3, n]]]
⟶ 리스트5 = $\{(0,0),(1.5,2.6),(0,5.2)\}$
리스트3의 n번째 원소를 리스트5에 추가시킨 리스트를 리스트5로 만든다.

4번째 줄 : 값설정[리스트5, 추가[리스트5, 원소[리스트4, n]]]
⟶ 리스트5 = $\{(0,0),(1.5,2.6),(0,5.2),(3,5.2)\}$
리스트4의 n번째 원소를 리스트5에 추가시킨 리스트를 리스트5로 만든다.

각각에 대하여 자세히 설명하기 전에 새로 쓰인 명령어를 먼저 소개하겠습니다.

추가[리스트7, a]	리스트7의 마지막에 a를 추가하여 새로운 리스트를 만듭니다.

각각의 명령어가 실행되면서 리스트5에 리스트1에서 리스트4의 n번째 원소를 차례로 추가하게 됩니다. 여기서 지금 n이 1이므로 1번째 원소를 차례로 추가하게 된 것입니다.

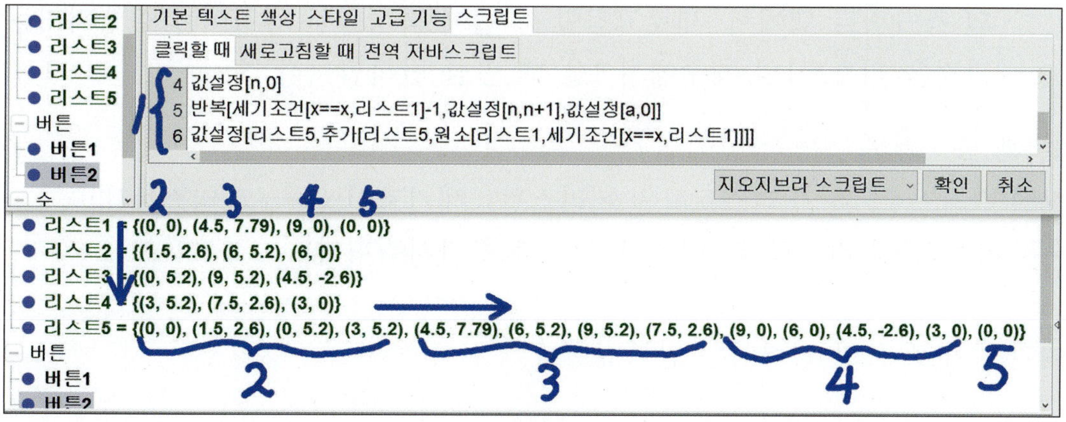

반복 버튼의 스크립트 탭에서 '클릭할 때'탭에

4번째 줄 : 값설정[n, 0]
5번째 줄 : 반복[세기조건[x == x, 리스트1] − 1, 값설정[n, n + 1], 값설정[a, 0]]
6번째 줄 :
값설정[리스트5, 추가[리스트5, 원소[리스트1, 세기조건[x == x, 리스트1]]]]

을 입력합니다. 확인을 누르고 설정사항 창을 닫습니다. 초기설정을 누르고 반복버튼을 눌러봅니다. 리스트5가 변경되었습니다. 상당히 긴 줄입니다. 잘 보시면 리스트1에서 리스트4까지의 1번째 원소, 2번째 원소, 3번째 원소 그리고 리스트1의 마지막 원소가 차례대로 나열된 리스트로 변경되었을 것입니다.

4번째 줄 : 값설정[n, 0]
⟶ n = 0
n의 값을 0으로 만듭니다.

5번째 줄 : 반복[세기조건[x == x, 리스트1] − 1, 값설정[n, n + 1], 값설정[a, 0]]

⟶ 리스트1에서 리스트4까지의 1번째 원소, 2번째 원소, 3번째 원소를 나열한 리스트5를 만듭니다. n을 1을 증가시킨 후 a에 0을 새로 넣고 이 때 a의 스크립트 탭에서 '새로고침할 때'탭에 작성했던 명령어를 실행시키는 과정을 리스트1의 개수에서 1을 뺀 만큼 반복합니다.

6번째 줄 :
값설정[리스트5, 추가[리스트5, 원소[리스트1, 세기조건[x == x, 리스트1]]]]
⟶ 리스트5에 리스트1의 마지막 원소를 추가시킵니다.

여기에 새로 쓰인 명령어는 반복입니다.

반복[n, 명령어1, ⋯ , 명령어m]	명령어1부터 명령어m까지 순서대로 n회 반복합니다.

반복의 명령어가 실제로 어떻게 쓰였는지 위의 실행결과를 보면 이해할 수 있을 것입니다. 차분히 코드를 보셔야 할 것 같습니다.

그런데 여기서 초기설정 버튼을 누르지 않고 반복버튼을 누르면 위의 리스트5의 내용이 두 번 반복된 리스트5가 생깁니다. 이것을 방지하기 위해서는 리스트5를 초기화하여 빈 리스트로 만들어야 합니다. 또한 리스트5의 결과를 다시 리스트1에 반영해야 반복 버튼을 누르면 리스트5가 변하게 됩니다. 자 아래와 같이 마지막 단계를 해 보겠습니다.

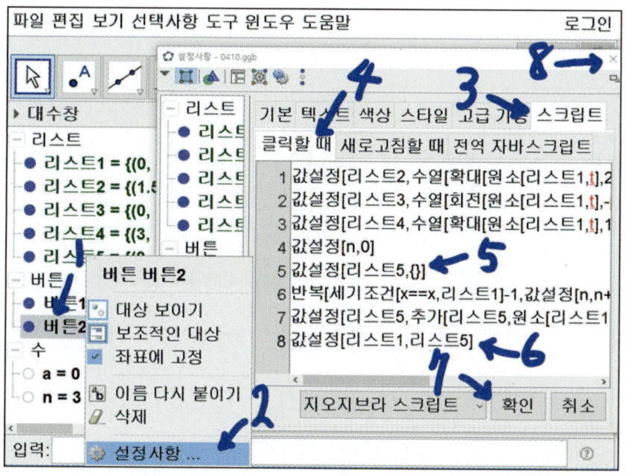

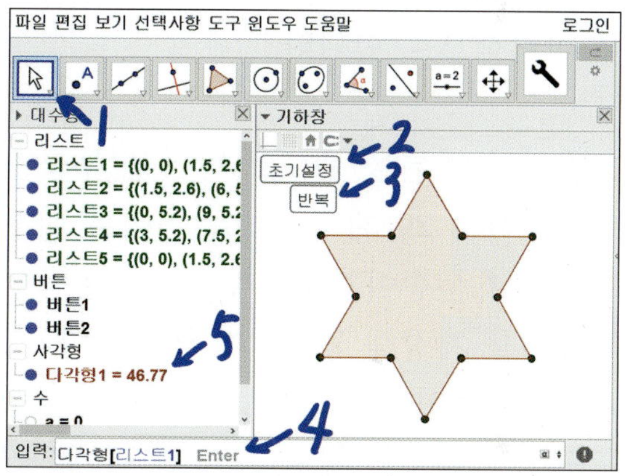

반복의 스트립트의 클릭할 때에 4번째 명령어의 끝에 커서를 옮겨놓고 [Enter] 키를 누릅니다. 5번째 줄이 빈 공간이 되고 기존 5번째 줄이 6번째 줄로 기존 6번째 줄이 7번째 줄로 바뀐 것을 보실 수 있습니다.

5번째 줄 : 값설정[리스트5, {}]

8번째 줄 : 값설정[리스트1, 리스트5]

을 입력합니다. 확인을 누르고 설정사항을 닫습니다. 초기설정 버튼과 반복버튼을 차례로 선택합니다. 입력 창에 다각형[리스트1]을 입력합니다.

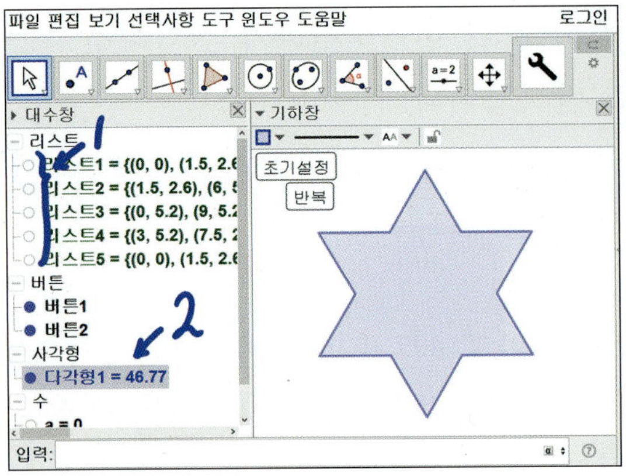

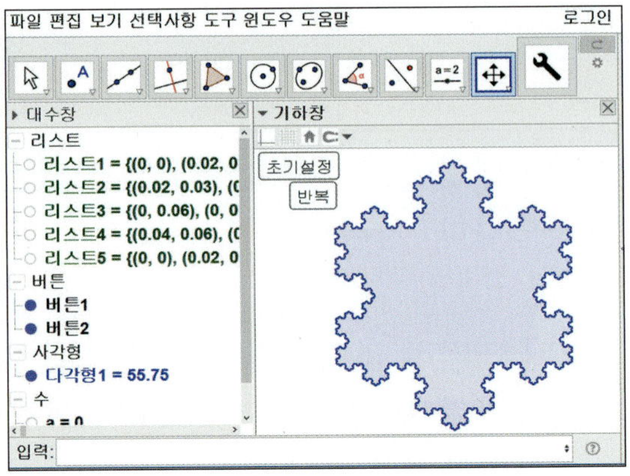

리스트1부터 리스트5의 이름 앞쪽 동그라미를 비워지게 만듭니다. 참고로 마우스를 선택할 때마다 동그라미가 채워지고 비워지게 됩니다. 다각형1의 색상을 파란색으로 합니다.

초기설정 버튼을 누르고 반복을 누릅니다. 다시 반복을 누릅니다. 1단계의 코흐눈송이가 2단계의 코흐눈송이로 바뀝니다. 다시 반복 버튼을 누릅니다. 2단계의 코흐눈송이가 3단계의 코흐눈송이가 될 것입니다. 여기서 여러분의 코흐눈송이를 저장해 놓으시기 바랍니다. 그리고 반복을 누릅니다. 결과가 점점 늦게 나올 것입니다. 그러다가 멈춰 버릴 것입니다. 아마도 리스트의 한계치에 도달했기 때문일 것입니다. 각 단계의 코흐 눈송이가 만들어지는 것입니다. 여기까지 따라와서 명령어들을 읽으시느라 고생 많이 하셨습니다. 앞에서도 말했지만, 프로그래밍 능력을 갖추고 있어야 이해가 바로 될 것입니다. 그렇다고 실망하지 마시기 바랍니다. 위의 과정대로 여러 번 해보시고 각각의 명령어의 뜻과 여기에 쓰인 명령어가 어떤 결과를 가져오게 되었는지 생각해 보시면 쉽게 프로그래밍을 이해하실 수 있을 것입니다.

제6장

Geogebra를 활용한 시험문제 제작

Geogebra와 수학의 시각화

이번 장에서는 시험문제에 사용할 그림을 그려 보고 또, 이 그림을 한글과 같은 워드프로세서에 붙여 넣는 방법을 소개합니다.

6.1 평면도형

6.1.1 기본도형 그리기

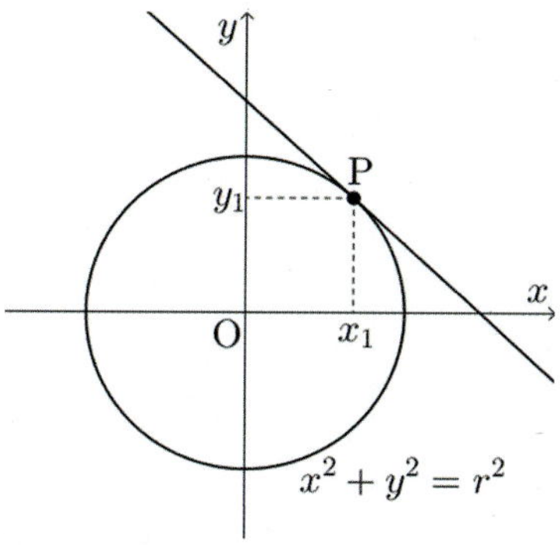

위의 그림을 그리기 위해 먼저 필요한 도형들을 모두 그려야 합니다. 입력창에 다음을 입력하여 원을 그립니다.

```
x^2+y^2=1
```

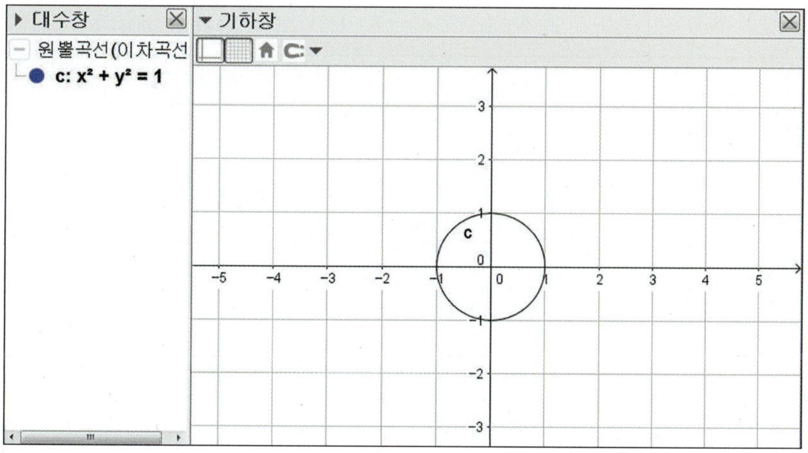

그림을 보면 직선이 1사분면에서 원과 접하고 있습니다. 이 접선을 그리기 위해 '점' 도구를 이용하여 1사분면의 원 위에 점을 찍어 줍니다. 그리고 '접선' 도구를 이용하여 점과 원을 차례로 선택합니다. 그러면 아래 오른쪽 그림과 같이 점 A를 접점으로 하는 접선이 그려집니다.

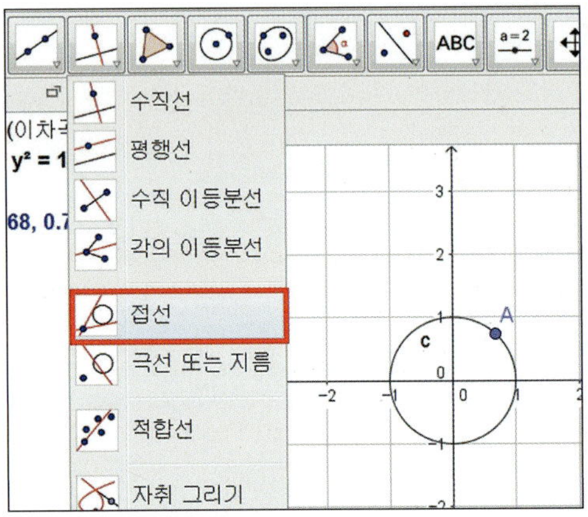

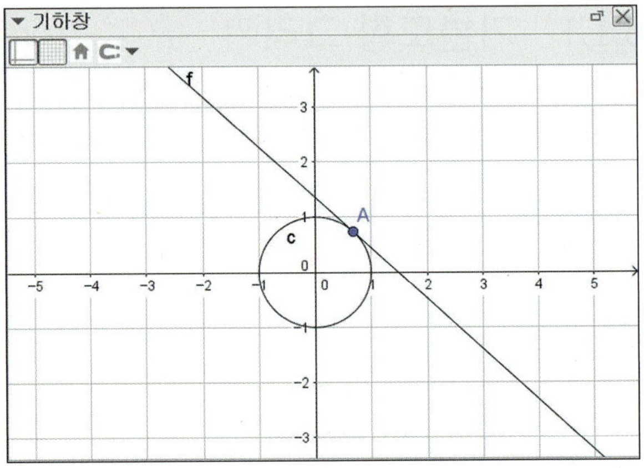

그리고 접점에서 x축과 y축에 내린 수선을 그리기 위해 수선의 발을 점으로 찍어 주어야 합니다. 입력창에 다음을 입력합니다.

```
(x(A),0)
```

※x(A) : 점 A의 x좌표

```
(0,y(A))
```

※y(A) : 점 A의 y좌표

위의 수식으로 수선의 발을 찍어 주었다면 '선분' 도구를 이용하여 접점과 수선의 발을 이어줍니다.

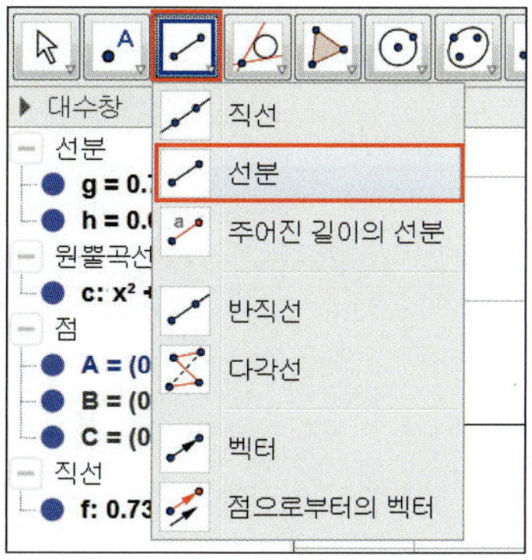

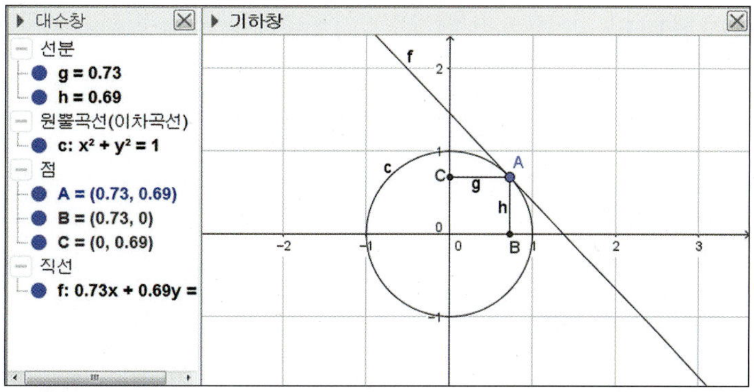

6.1.2 도형의 기본설정 및 좌표축 설정하기

다음으로 기하창의 격자와 축의 눈금 그리고 축 위의 숫자들을 보이지 않게 설정하겠습니다. 기하창의 여백을 마우스의 오른쪽 버튼으로 클릭하였을 때 나타나는 항목들 중 기하창 설정사항을 선택합니다. 그리고 탭에서 숫자 보이기 상자를 체크 해제하고 눈금형태를 빈 상자로 설정합니다. 축도 같은 방법으로 설정해 줍니다. 그리고 격자 탭에서는 격자 보이기를 체크 해제합니다.

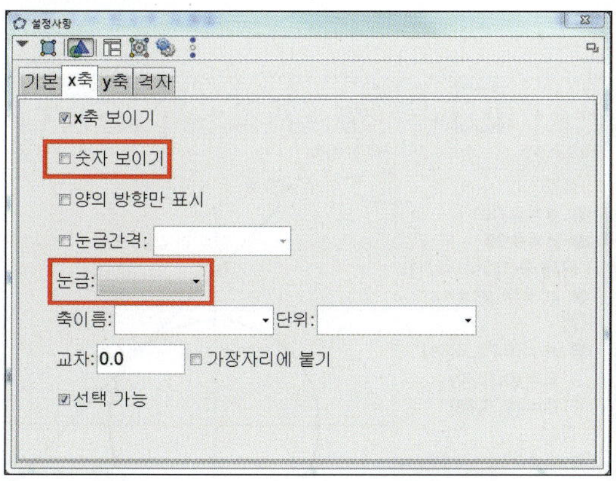

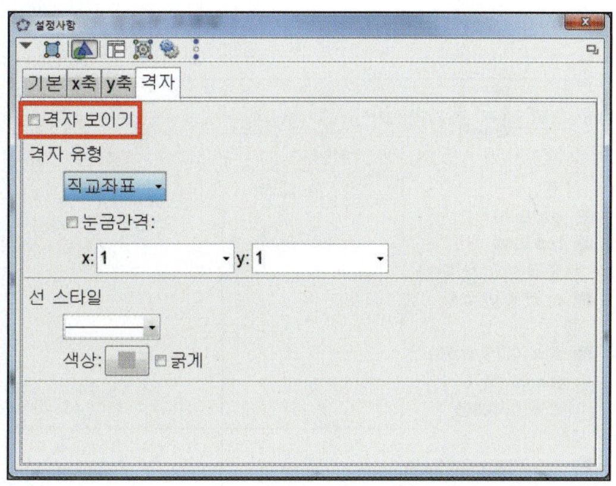

그리고 원, 직선, 점 등의 모든 도형의 이름을 보이지 않게 설정하겠습니다. 아래 그림과 같이 [Ctrl]+[A]를 눌러 모든 대상을 선택하고 오른쪽 마우스를 클릭하여 이름보이기를 선택하면 모든 대상들의 이름이 한 번에 보이지 않게

처리됩니다.

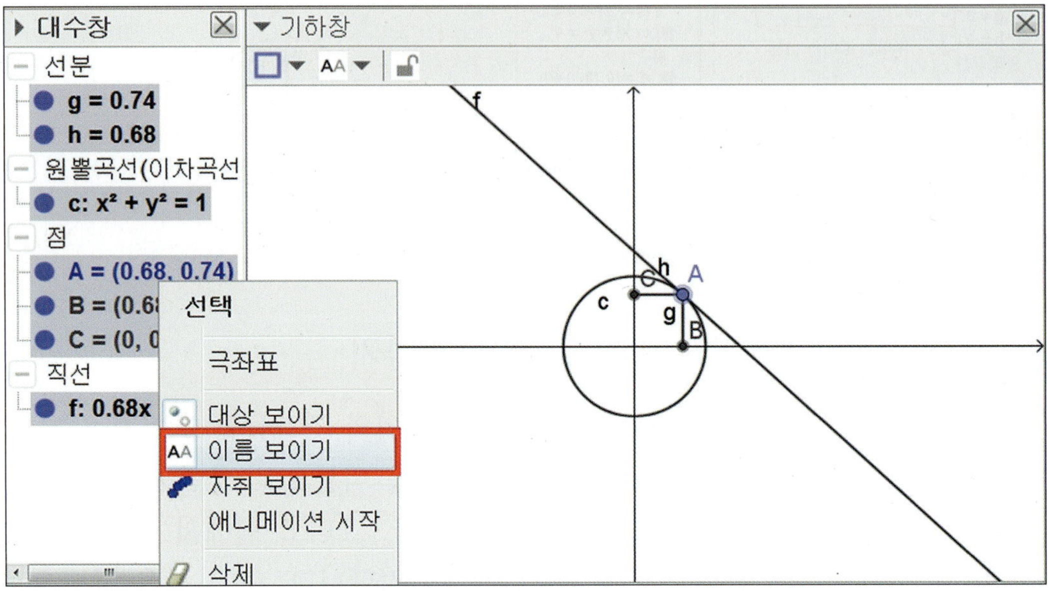

다음으로 수선의 발을 보이지 않게 설정합니다. 그리고 마우스의 스크롤을 이용하여 기하창을 확대하고 창의 크기를 그림의 크기에 맞게 조절해 줍니다.

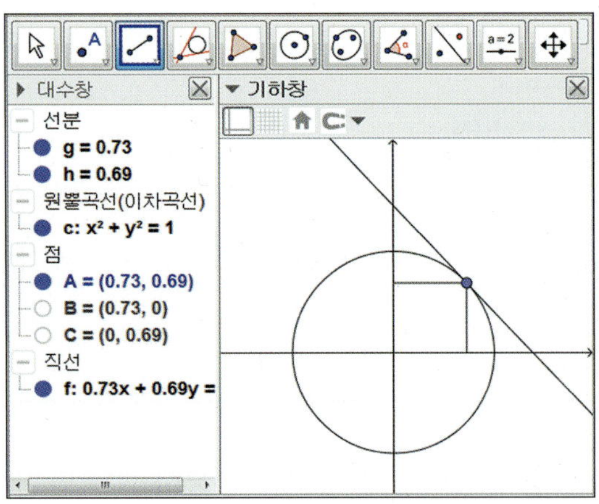

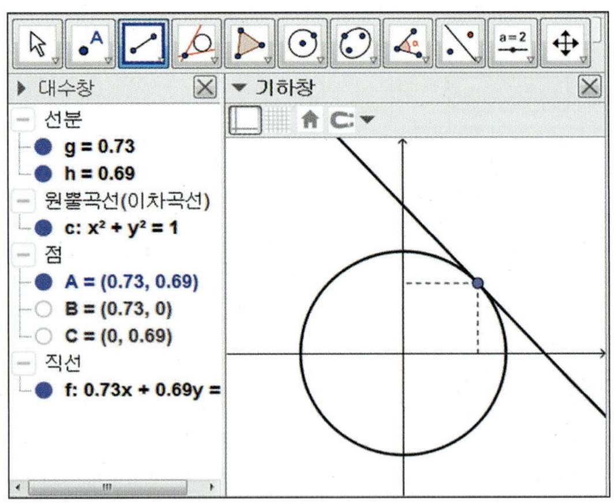

그리고 접점에서 각 축에 내린 수선을 점선으로 설정해 주고 원과 직선을 좀 더 굵게 설정해 주면 위의 오른쪽 그림을 얻을 수 있습니다.

6.1.3 도형의 이름 설정하기

다음으로 축의 이름과 눈금 값 그리고 점의 이름을 차례로 만들어 보겠습니다. 기하창에 문자열을 표시하는 도구는 '텍스트' 도구입니다.

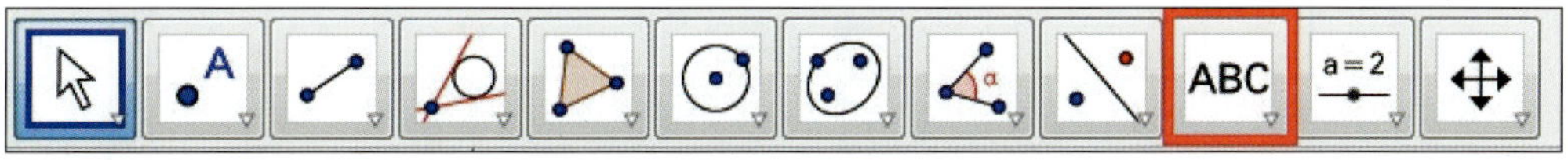

'텍스트' 도구를 클릭하고 기하창의 여백을 클릭하면 텍스트 편집창이 나타납니다. 아래 그림과 같이 편집창에 x, y를 입력하여 축의 이름을 만들어 줍니다. 이때, LaTeX 수식을 체크하면 그림에서 쓰이는 글씨체를 표현할 수 있습니다. 기하창에 만들어진 텍스트는 '이동' 도구를 이용하여 적당한 위치로 옮겨줍니다.

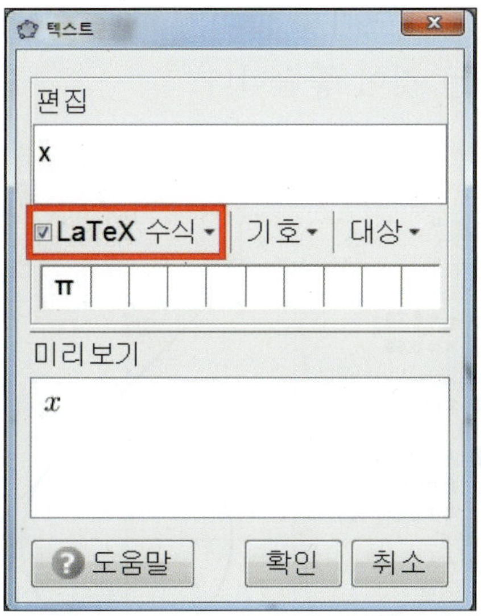

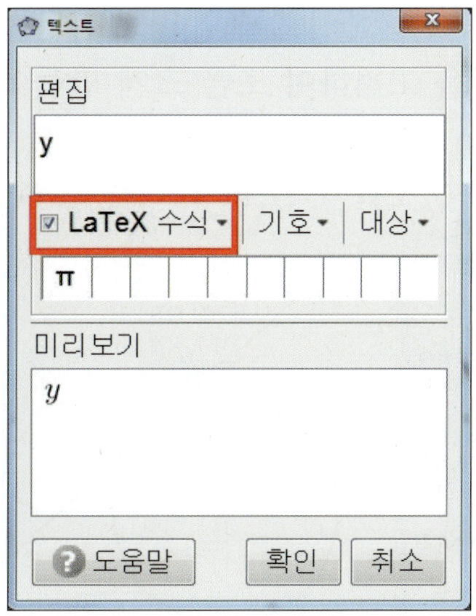

다음으로 접점의 x좌표와 y좌표를 만들어 보겠습니다. 마찬가지로 '텍스트' 도구를 이용하여 다음과 같이 입력합니다.

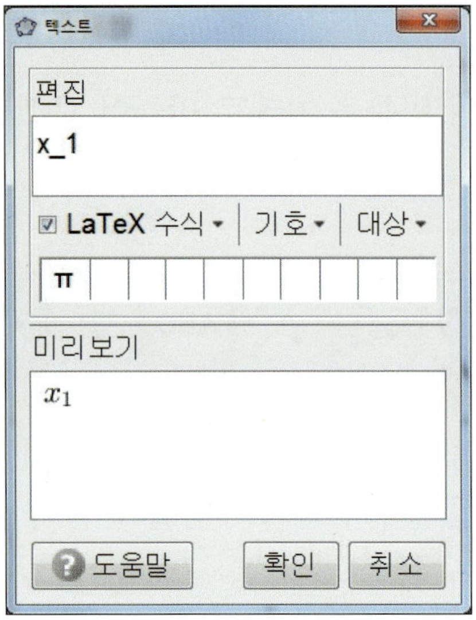

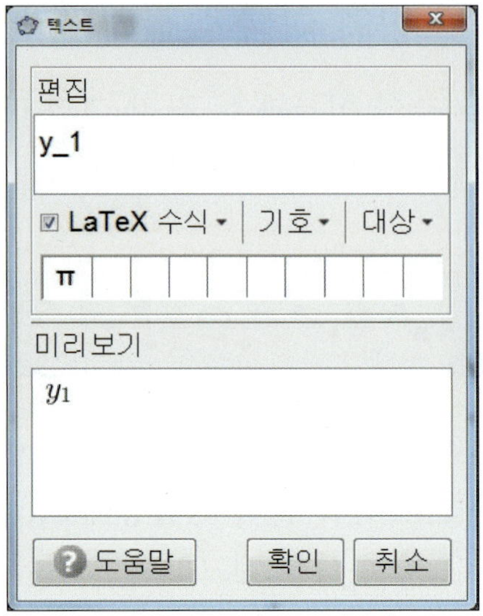

만들어진 문자열들을 '이동' 도구를 이용하여 적당한 위치로 옮겨 줍니다. 그리고 아래 그림과 같이 글자의 크기를 그림의 크기에 어울리도록 조절해 줍니다. 보통 한글문서로 그림을 가지고 온 후 그 크기를 줄이기 때문에 글씨크기는 이것을 고려하여 조금 크게 만들어 주는 것이 좋습니다.

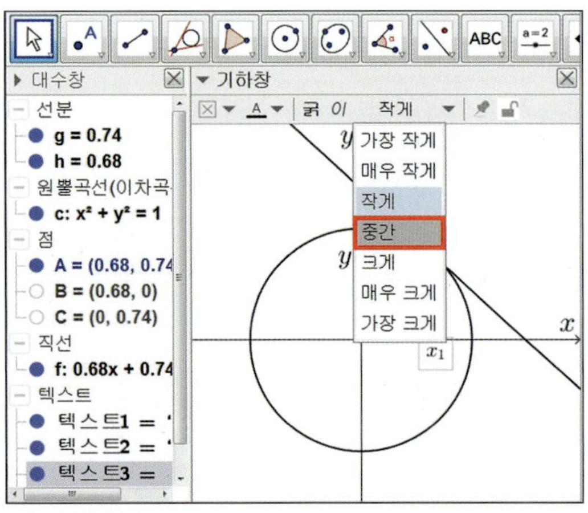

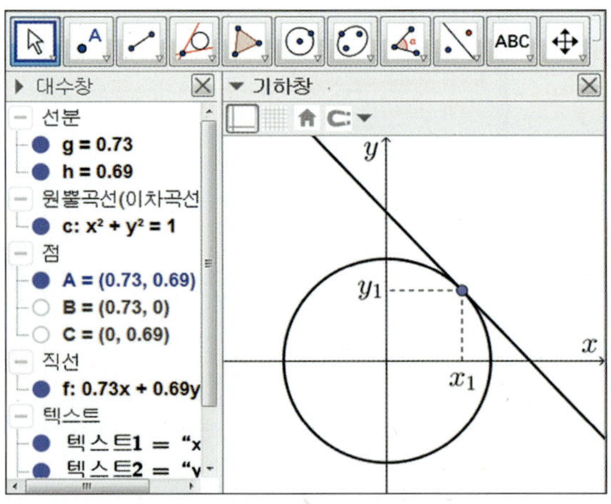

축의 이름이나 방정식에서 쓰는 문자 형태와는 다르게 점의 이름으로는 로만체를 사용합니다. 지금부터는 '텍스트' 도구를 이용하여 로만체를 표현하는 방

법을 알아보도록 하겠습니다. '텍스트' 도구를 클릭하고 편집창에 다음과 같이 입력합니다.

```
$\mathrm{P}$
```

```
$\mathrm{O}$
```

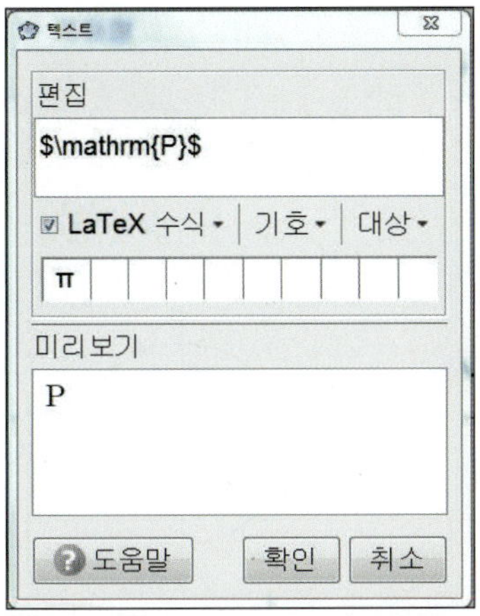

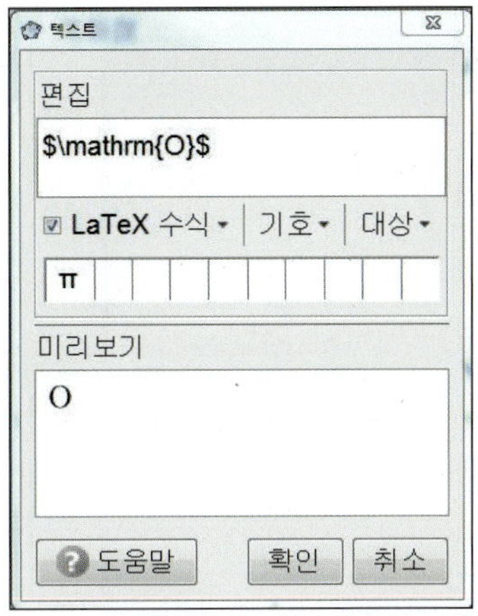

마지막으로 방정식을 나타내 보도록 하겠습니다. 텍스트 편집창을 열고 다음과 같이 입력합니다.

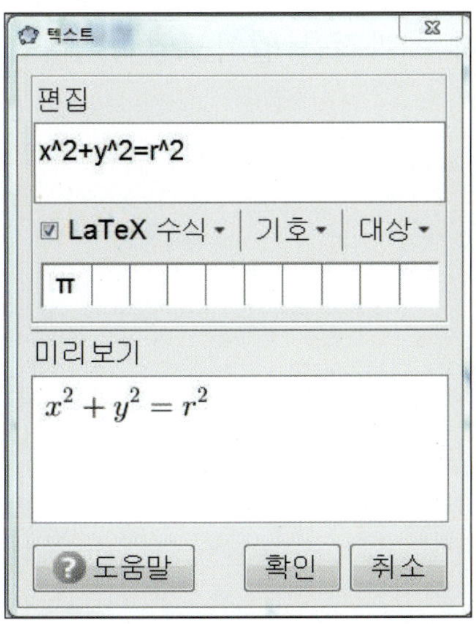

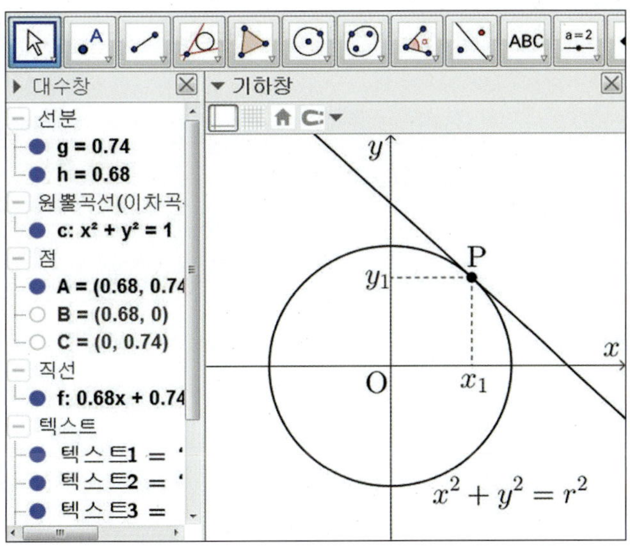

6.1.4 워드문서에 그림 붙이기

지금까지 그린 그림을 한글문서로 옮겨보도록 하겠습니다. 도구상자 위의 '파일' 항목에서 '내보내기' 항목의 '기하창을 클립보드로 복사' 를 선택합니다. 그러면 기하창에서 보이는 부분 만큼만 그림으로 복사가 됩니다.

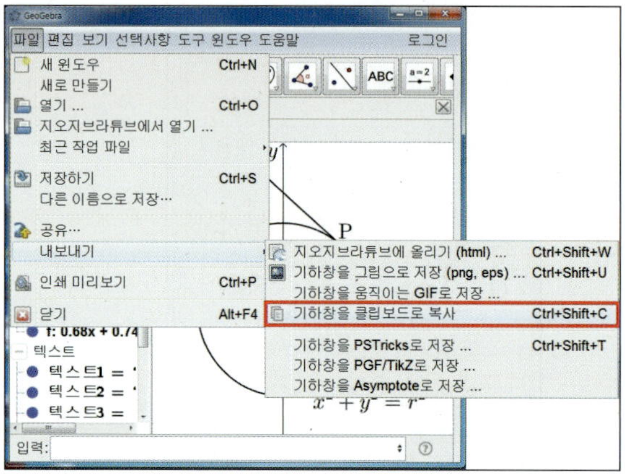

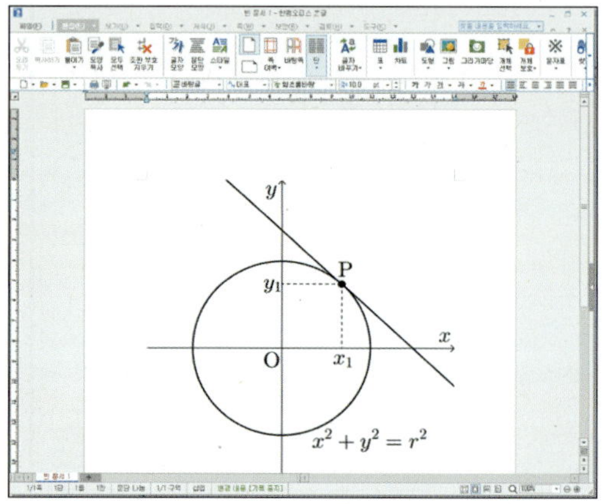

이제 한글문서를 열고 키보드에서 [Ctrl] + [v]를 입력하면 다음과 같이 그림이 한글문서에 복사가 됩니다. 이제 복사된 그림의 크기를 적당히 조절하여 사용하면 됩니다. 이번 장에서는 시험문제에 들어가는 그림을 그리는 방법과 Geogebra에서 그린 그림을 워드프로세서로 옮기는 과정을 알아보았습니다.

6.2 공간도형

6.2.1 기본도형 그리기

이번 장에서는 공간도형을 주제로 하여 앞 절의 시험문제 만들기 내용을 이어 나가 보겠습니다. 새롭게 만들어 볼 도형은 아래와 같은 육각기둥입니다.

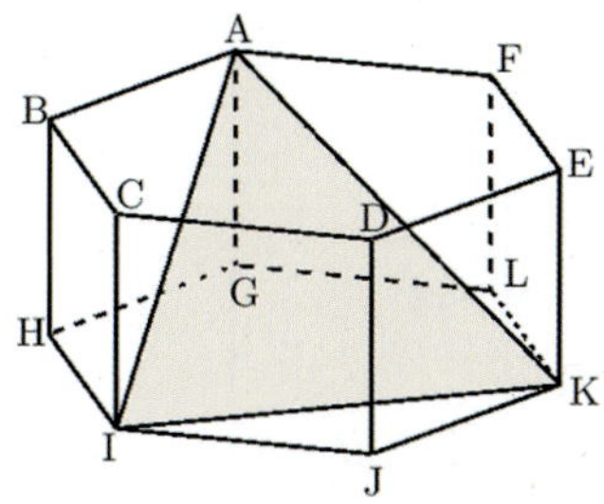

Geogebra에는 공간도형을 그릴 수 있는 3차원 기하창이 있습니다. 아래 왼쪽 그림과 같이 보기에서 3차원 기하창을 선택하면 세 개의 좌표축을 가진 기하창이 새롭게 열리는데 이것이 3차원 기하창입니다.

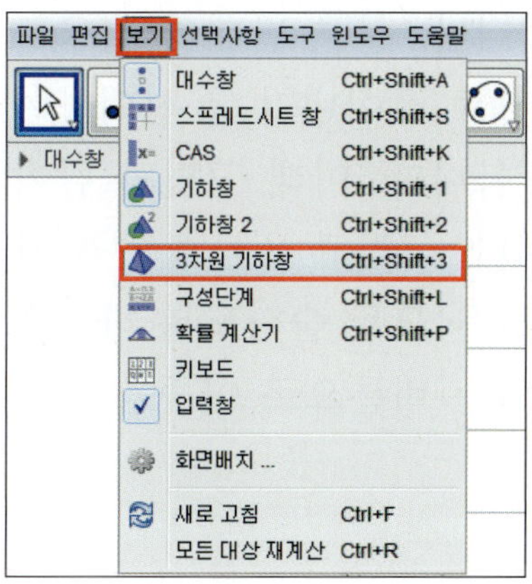

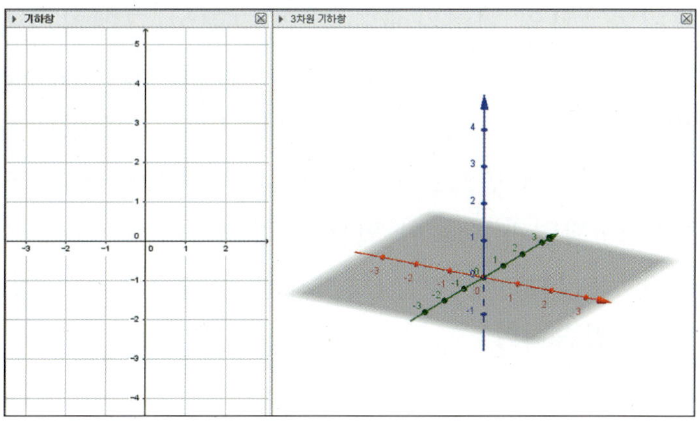

여기서 빨간색 축이 x축, 초록색 축이 y축, 파란색 축이 z축입니다. 3차원 기하창의 여백을 클릭해 보면 도구 상자들이 3차원 기하창에 어울리는 도구들로 변경되는 것을 볼 수 있습니다. 특히, 아래 왼쪽 그림은 입체도형을 그릴 수 있는 도구들입니다. 도구의 설명을 보면 알 수 있듯이 여기서 그릴 육각기둥은 육각형을 그린 후 그것을 끌어내는 방법으로 그려야 합니다. 따라서 먼저 아래 오른쪽 그림과 같이 2차원 기하창에 정육각형을 그리도록 하겠습니다.

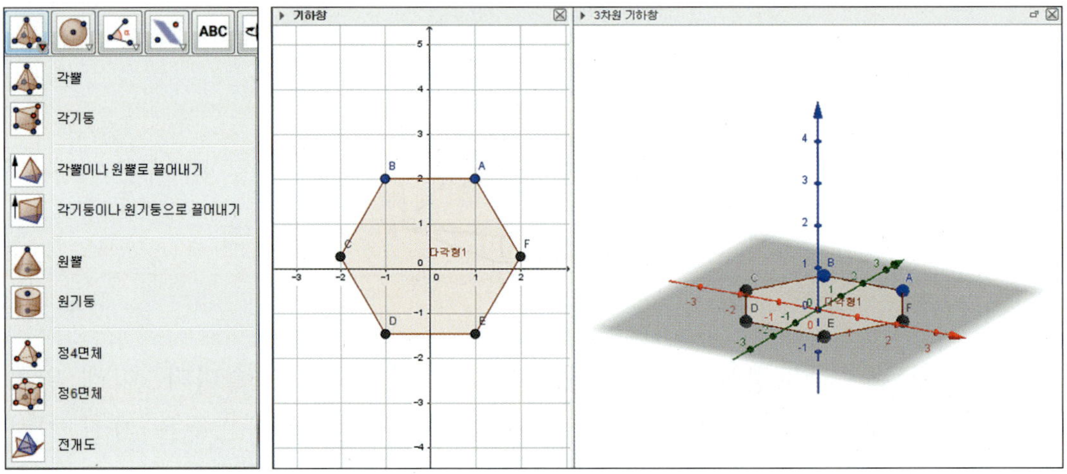

3차원 기하는 2차원 기하와 서로 연동이 되기 때문에 2차원 기하창에 도형을 그리면 3차원 기하창에도 같은 그림이 그려지게 됩니다. 물론 반대의 경우도 마찬가지입니다. 도구상자에서 '각기둥이나 원기둥으로 끌어내기'를 선택하여 3차원 기하창의 정육각형을 잡고 밑으로 끌어내려 봅니다. 아래 그림과 같이 정육각형을 밑면으로 하는 육각기둥이 만들어졌습니다. 그리고 우리가 만들 자료는 xy평면과 축들이 필요가 없습니다. 따라서 이들을 모두 숨기도록 하겠습니다. 2차원과 마찬가지로 3차원 기하창의 상단에 있는 버튼으로 이들을 설정할 수 있습니다.

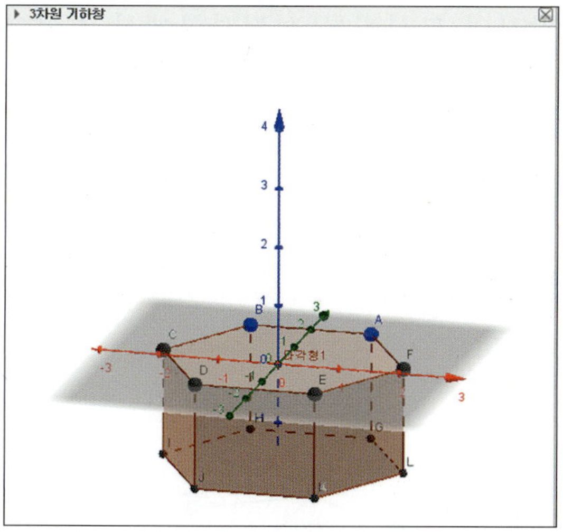

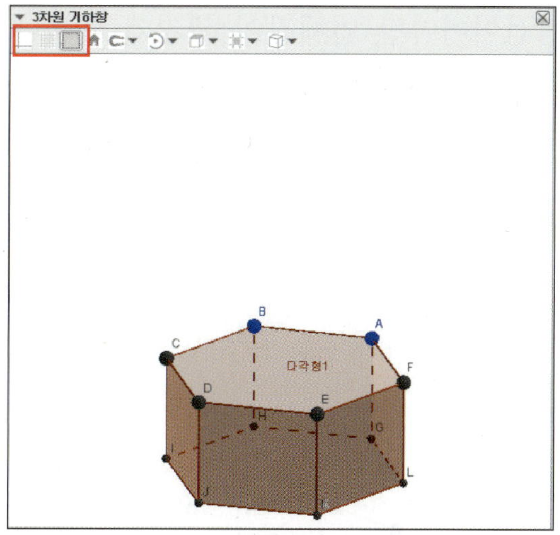

다음으로 다각형 도구를 이용하여 육각기둥 내부에 삼각형을 그려줍니다.

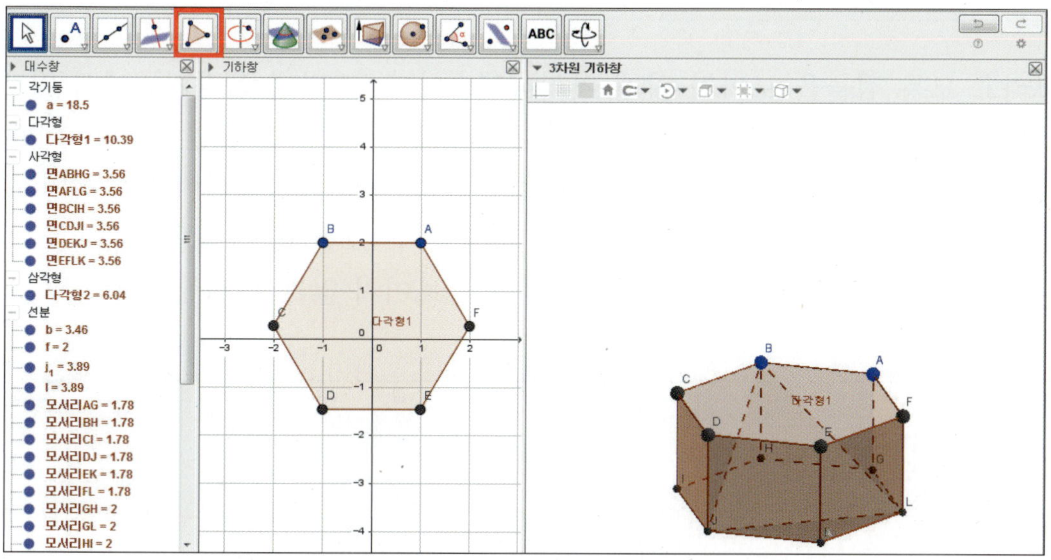

이제 사각형 면과 위쪽 밑면인 다각형1 그리고 아래쪽 밑면인 육각형 면의 설정사항에서 불투명도를 모두 0으로 바꾸어줍니다. 그러면 아래 그림과 같이 옆면과 윗면에 가려져서 점선이었던 모서리들이 모두 실선으로 바뀌게 됩니다. 불투명도가 0이면 투명한 면으로 간주되기 때문입니다. 그러나 이 모서리들이 점선이어야만 입체감이 생기기 때문에 각각의 모서리를 설정사항에서 점선으로 바꾸어 주도록 합니다.

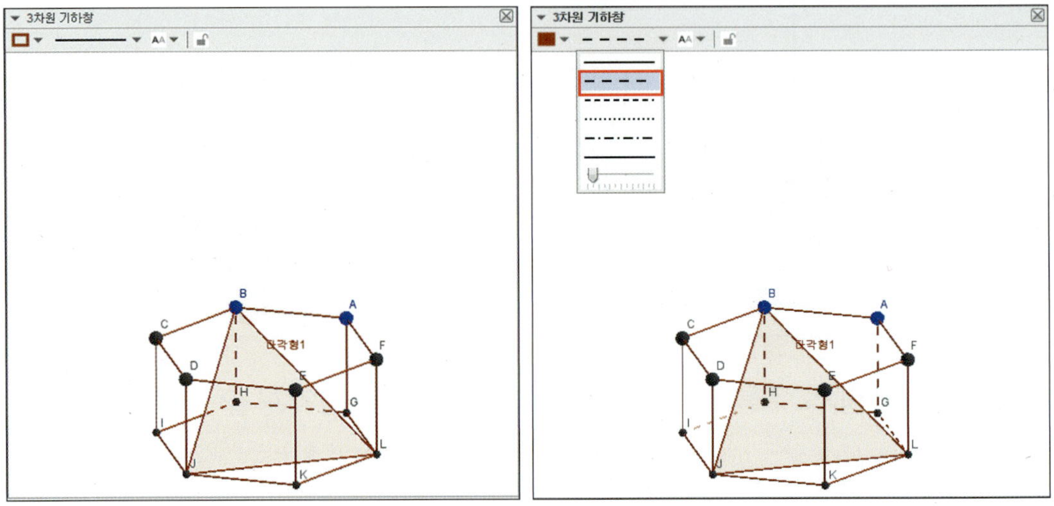

그리고 모든 점들을 보이지 않게 처리하겠습니다. 그런데 육각기둥에서 아랫면의 작은 점들은 보조적인 대상으로 대수창에 나타나 있지 않습니다. 이때, 아래 왼쪽 그림과 같이 대수창에서 마우스 왼쪽 버튼을 클릭하여 보조적인 대상들까지도 대수창에 나타나도록 할 수 있습니다. 그런 다음 점들을 [Shift] 키를 이용하여 모든 점들을 선택한 후 한 번에 보이지 않게 설정합니다.

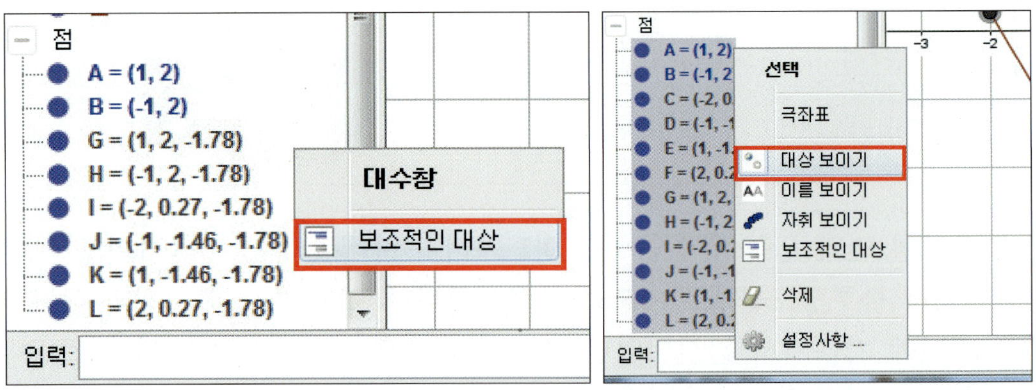

이제 육각기둥의 위치를 가운데로 옮겨 주도록 하겠습니다. 도구상자에서 '기하창 이동' 도구를 선택합니다.

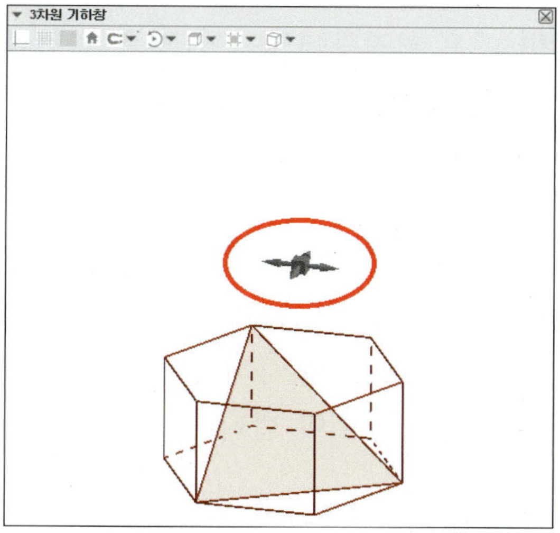

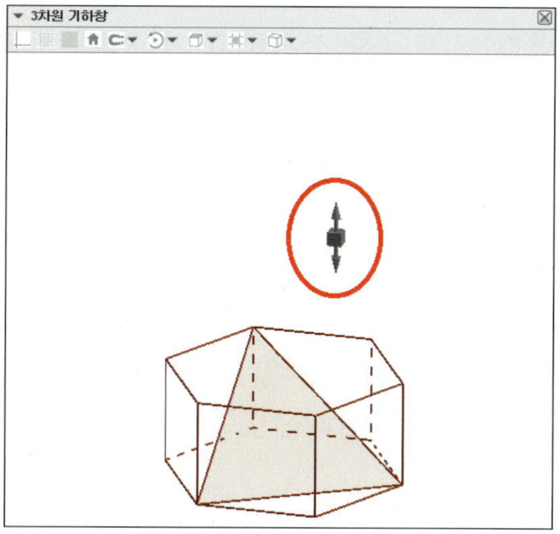

기하창에 마우스 포인터를 올리면 위의 왼쪽 그림과 같이 표시가 됩니다. 이때, 마우스 왼쪽 버튼을 클릭하여 움직여주면 기하창은 상하좌우 방향으로 xy 평면에 평행하게 이동이 됩니다. 마우스를 한번 더 클릭하면 위의 오른쪽 그림과 같이 표시가 되는데 이때 마우스로 클릭하여 움직이면 기하창은 상하 방향으로 이동이 됩니다. 그림을 중앙에 위치시키고 마우스의 스크롤을 이용해 그림이 기하창에 가득 차게 만들겠습니다.

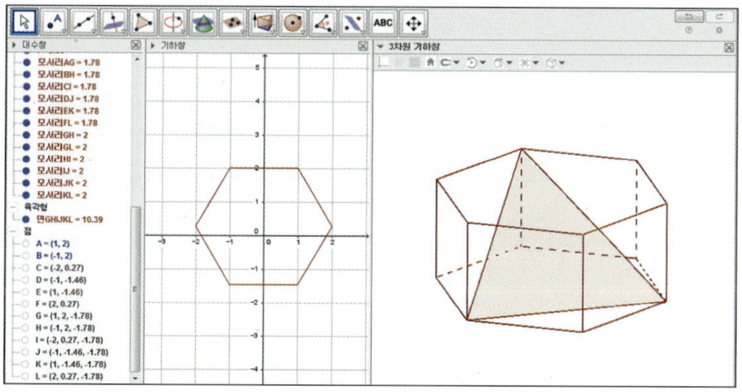

6.2.2 점의 이름 설정하기

이번 절에서는 도형에 이름을 붙여 보도록 하겠습니다. 평면도형에 대한 시험 문제 부분에서 한 것과 마찬가지로 '텍스트' 도구를 이용하여 이름을 만듭니다. '텍스트' 도구를 선택하고 기하창을 클릭한 다음 편집창에 다음 내용을 입력합니다.

```
$\mathrm{A}$
```

12개의 점들에 대해서 같은 방법으로 점의 이름을 붙여 줍니다. 이때, 반복적인 작업을 피할 수 있는 방법은 만들어 놓은 텍스트를 복사해서 사용하는 것입니다. 물론 이때에도 편집창에서 이름은 수정해 주어야 합니다.

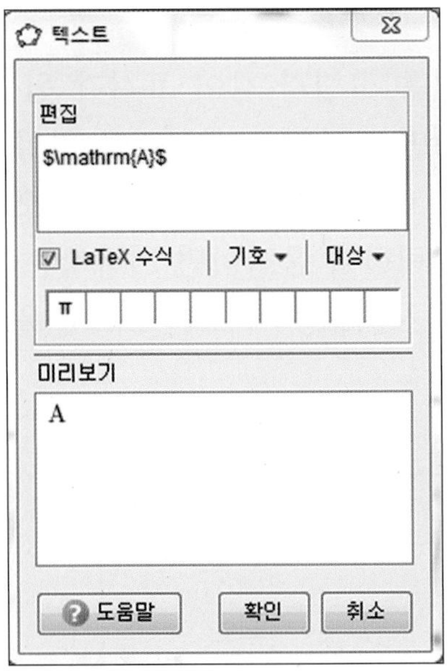

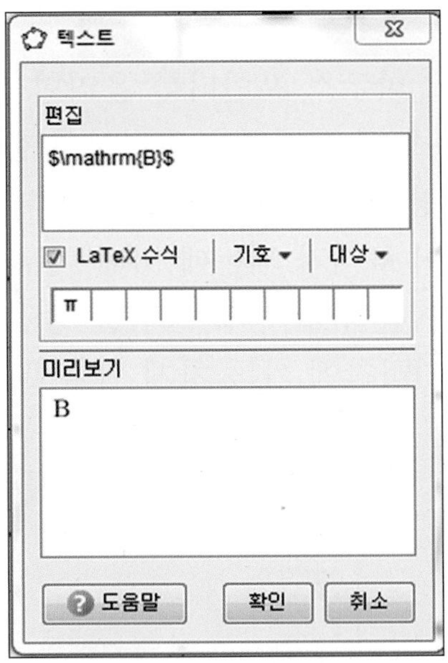

한글문서로 옮겼을 때 그림을 줄일 것을 고려하여 글자의 크기는 충분히 크게 만들어 줍니다.

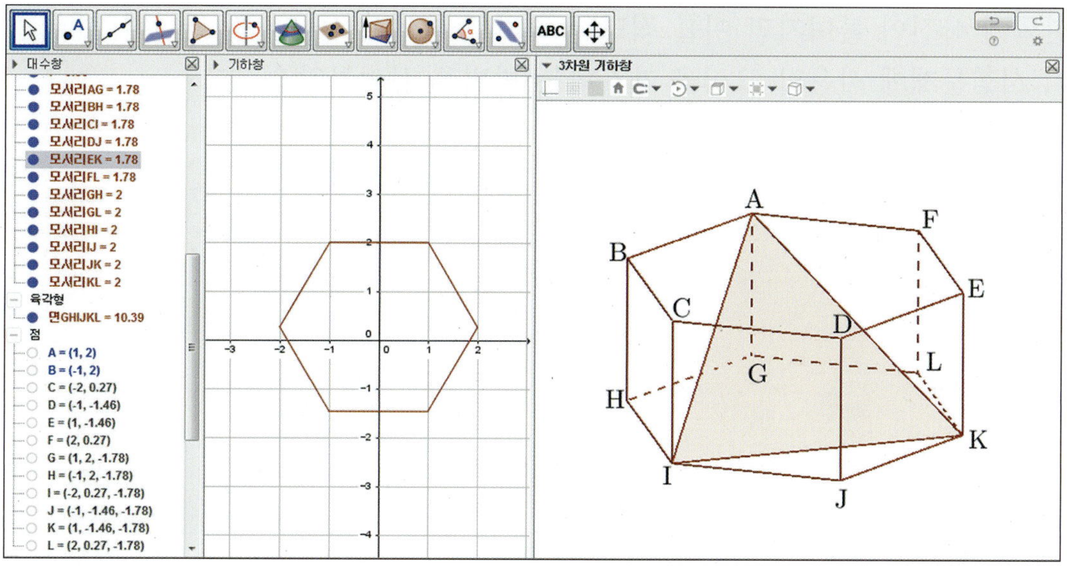

6.2.3 워드문서에 그림 붙이기

마지막으로 지금까지 그린 그림을 복사하여 한글문서에 붙이도록 하겠습니다. 기하창2를 선택한 상태에서 아래 왼쪽 그림과 같이 '기하창을 클립보드로 복사'를 클릭하여 한글문서에 붙여넣기를 해 줍니다.

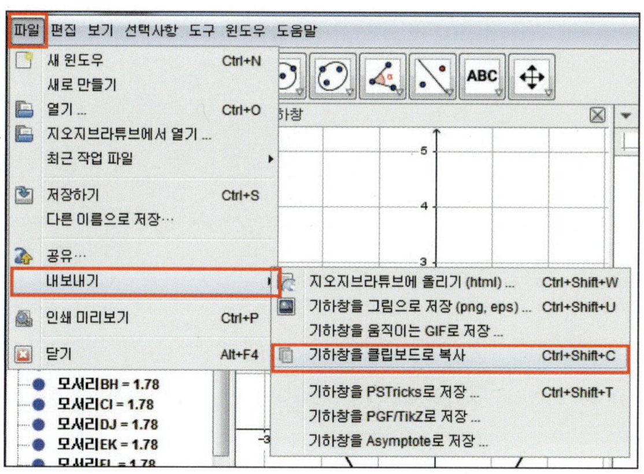

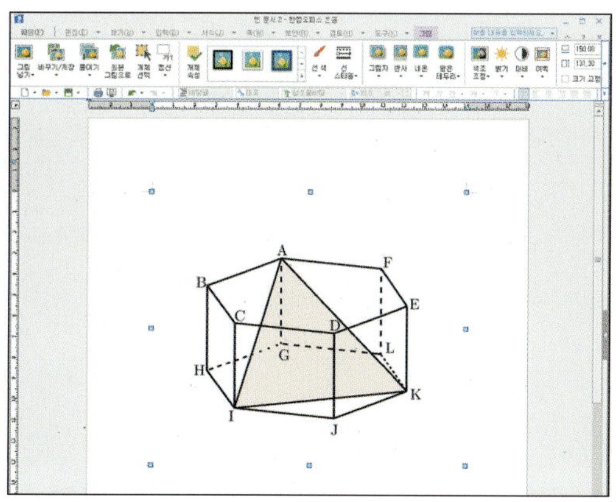

한글에 사진이 붙여지면 이를 적당한 크기로 줄여서 사용하면 됩니다. 지금까지 시험문제에 사용할 그림을 제작하는 방법을 살펴보았습니다.

제 7 장

Geogebra를 활용한 연구활동

Geogebra와 수학의 시각화

7.1 타원 내부에서의 포락선

2017년 경남과학고 수학과 선생님들과 학생들에게 수학에서의 연구라는 주제로 강의를 준비하며 그동안 만든 자료를 다시 보는 계기가 되었습니다. 아마도 여러분께 수학에서의 연구에 대한 경험을 들려주는 것이 앞으로의 연구에 도움되리라 생각되어 실제 연구 주제로 생각했던 내용을 재구성하여 강의하겠습니다. 이 연구의 내용은 부산 덕문여자고등학교 정봉균 선생님이 연구한 내용을 듣고 Geogebra로 선생님의 연구에 도움을 드렸던 이야기입니다. 이 강의록을 작성하면서 결국 수학적으로 문제를 해결하게 된 이야기까지 하도록 하겠습니다.

7.1.1 연구하게 된 과정

2016년 2월경 부산 덕문여자고등학교에 근무하시는 정봉균 선생님과 Geogebra에 대하여 이야기를 나눈 일이 있습니다. 선생님께서는 그간 여러 가지 학생지도 경험을 말씀해 주셨습니다. 그 가운데 학생들과 연구활동 했던 경험도 들려주셨습니다. 선생님은 타원내부에서의 빛 반사 실험을 직접 해보셨다고 합니다. 초점에서 빛을 쏘았을 때 빛이 다른 초점으로 가는 것은 잘 알려진 사실입니다. 이런 성질을 직접 구현하기 위해 타원면을 만들고 레이저 포인터를 활용하여 빛 반사 실험을 실제로 해보면서 초점에서 빛을 쏘면 초점으로 가는지를 실험해 보셨다고 합니다. 이 실험을 하는 중에 빛이 타원과 만나면서 계속 반사하게 되는데 빛이 지나는 부분과 지나지 않는 부분의 경계가 어떤 모양이 되는지에 대해 의문을 가지셨다고 합니다. 기하작도 소프트웨어를 활용하여 하나씩 하나씩 여러 번에 걸쳐서 직접 작도를 해보았더니 경계가 재미있는 곡선에 가까이 가는 것을 관찰할 수 있었다고 합니다. 재미있는 것은 초점과 초점사이로 빛을 보내면 빛이 지나는 곳과 지나지 않는 곳의 경계선이 쌍곡선과 비슷한 모양을 이루고 초점과 초점사이 밖으로 빛을 보내면 빛이 지나는 곳과 지나지 않는 곳의 경계가 타원과 비슷한 모양을 이루는 것을 관찰했다고 합니다. 빛이 반사한다는 간단한 아이디어였고 이는 수학적 대상이었습니다. 선생님의 이야기를 듣고 빛이 반사한다는 것은 쉽게 원리를 알 수 있지만 머릿속으로 타원속에서 빛이 지나는 부분과 그렇지 않은 부분의 경계가 무엇이 될지 그려지지 않았습니다. 정봉균 선생님께서는 "Geogebra로 빛 반사를 무한히 반복하는 것을 해 볼 수 있겠는가?" 하고 물으셨고 "시도해 보겠습니다." 하고 답하였습니다. 선생님과 헤어진 뒤 Geogebra로 수학적 사고실험을 해보기로 마음먹었고 많은 고민 끝에 실험에 성공했습니다.

이 경계선은 포락선에 해당합니다. 포락선의 정의를 위키피디아에서 찾아보니『포락선(envelope, 包絡線)은 어떤 단일 매개변수에 따라 정의된 무한개의 곡선이 있을 때 그 곡선군의 모든 곡선에 접하는 곡선을 이르는 말이다.』로 되어 있습니다. 이 정의로 봤을 때 경계선의 방정식을 구한다면 이 빛이 지나는 경로는 접선에 해당하는 것이므로 경계선은 빛이 지나는 선에 접하는 포락선으로 볼 수 있는 것입니다.

위의 포락선의 정의로 보면 단일 매개변수로 정의되는 곡선군을 만들어야 합니다. 빛 반사로 만들어지는 선들은 어쩌면 이산적인 대상인데 무한히 반사되면서 연속적인 것으로 바뀐 것입니다. 매개변수로 정의되는 연속적인 곡선군을 찾는 것이 어렵고 포락선의 방정식을 찾는 것이 쉽지는 않을 것이라고 보여집니다. 즉 실험을 통해서가 아니면 이 포락선을 쉽게 볼 수 없을 것 같습니다. 수학에서 실험이란 것을 할 수 있구나! 수학에서 연구를 보는 시각이 많이 바뀌게 되었습니다. 순수수학을 많은 시간 공부한 경험 때문인지 수학에서는 보통 이데아적인 것에 가치를 두어 생각만으로 연구 활동을 할 것이라고만 생각했습니다. 이 타원 안에서의 실험을 통해 수학에서는 이데아적인 생각이 컴퓨터를 활용하여 Geogebra라는 소프트웨어를 통해 수학에서 실험이라는 것을 가능하게 한 것입니다.

여기까지의 내용은 2017학년도 경남과학고등학교 수학과 현장연구 특강 강의록에 작성했던 내용입니다. 이후 포락선이 주어진 타원과 같은 초점의 타원과 쌍곡선이란 것을 예측하고 Geogebra로 확인했습니다. 이제 남은 것은 수학적 증명입니다. 증명도 Geogebra의 동적기하를 활용하여 관찰하며 해냈습니다.

Geogebra로 경계선에 대한 작도 방법만을 소개하면 되겠지만 이러한 아이디어를 생각하게 된 계기가 어쩌면 더 중요하다고 생각되어 정봉균 선생님과의 에피소드를 적게 되었습니다. 다들 알고 있는 것을 직접 실험을 해보신 것입니다. 그러다가 새로운 아이디어를 얻어 발전시킨 것입니다. 그동안 Geogebra를 많이 사용했지만 수학에서 실험을 할 수 있다는 경험을 직접 얻은 것은 처음입니다. 지금부터 Geogebra를 활용하여 위의 아이디어를 직접 실험을 통해 해보도록 하겠습니다. 수학적 증명까지 보여드리도록 하겠습니다.

7.1.2 Geogebra 기본 도구로 타원 내부에서의 빛 반사

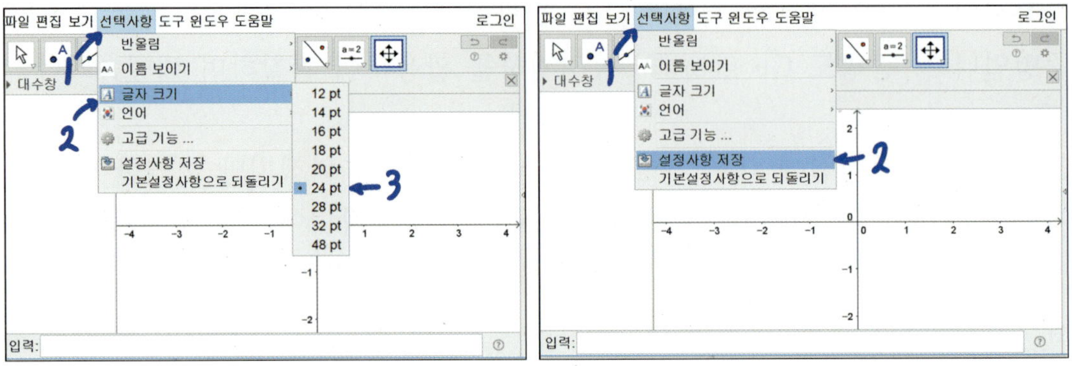

가독성이 좋도록 선택사항을 선택하고 글자 크기를 선택하고 24pt로 선택합니다. 다음에 실행할 때 설정이 유지되도록 선택사항을 선택하고 설정사항 저장을 선택합니다.

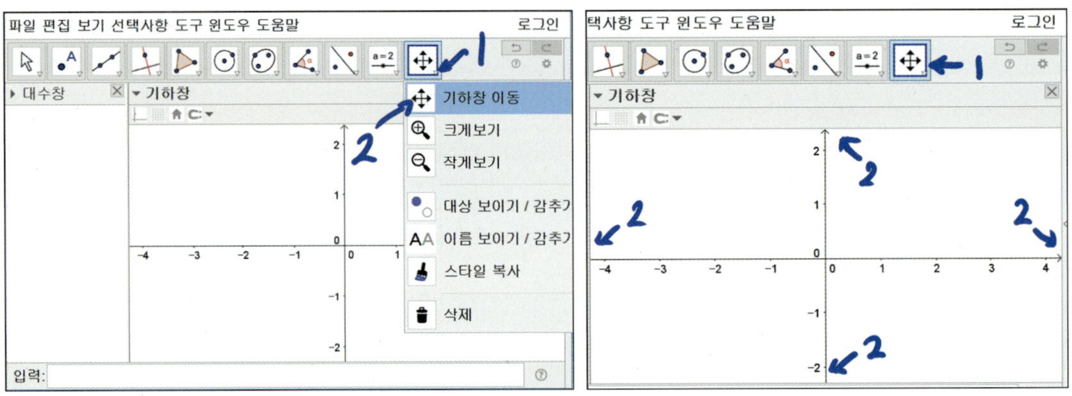

'기하창 이동' 도구를 선택하고 기하창의 직교좌표의 원점을 가운데로 위치시키고 '크게보기' 또는 '작게보기' 도구를 사용하여 기하창을 확대하거나 축소해서 x축의 범위가 -4.3에서 4.3이 되도록 하고 y축의 범위가 -2.3에서 2.3이 되도록 합니다.

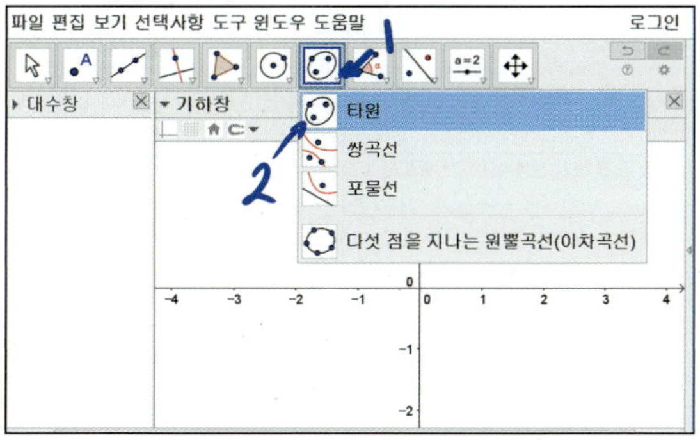

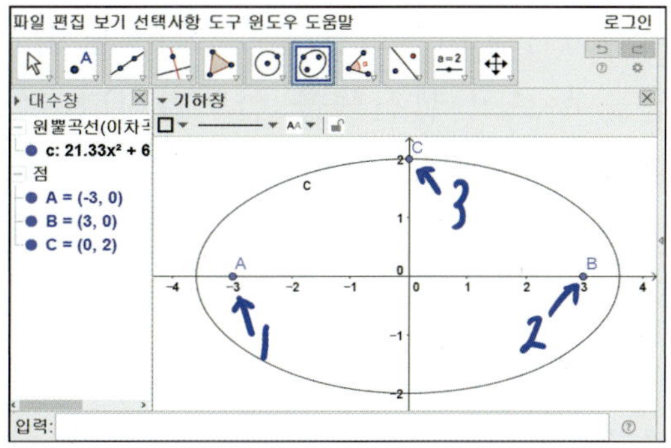

'타원' 도구를 선택합니다. $(-3, 0)$을 선택하고 $(3, 0)$을 선택하고 $(0, 2)$를 선택하면 타원이 그려집니다.

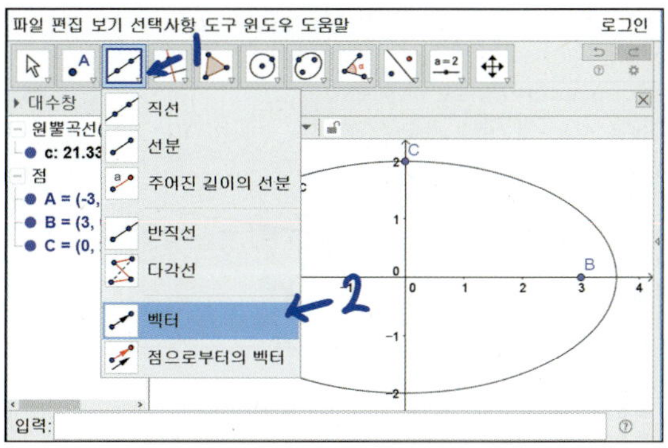

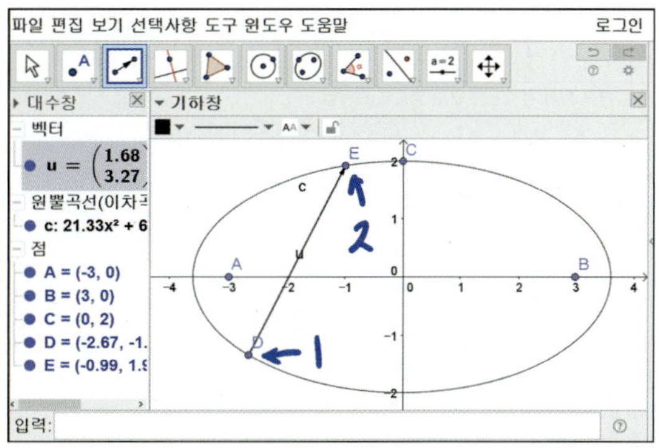

'벡터' 도구를 선택합니다. 3사분면 쪽의 타원 위에 점을 찍고 2사분면 쪽의 타원 위에 점을 찍으면 벡터가 만들어 집니다.

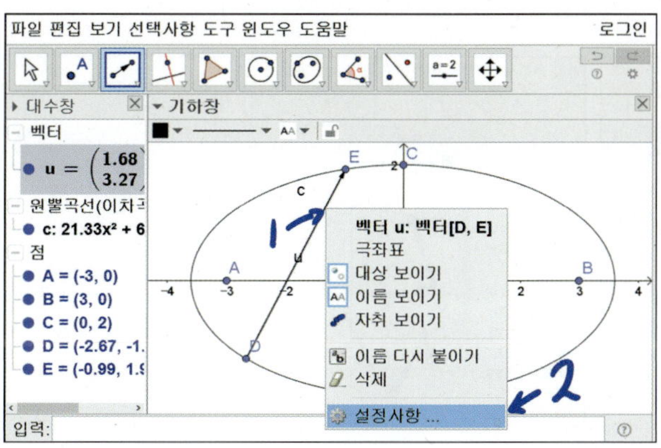

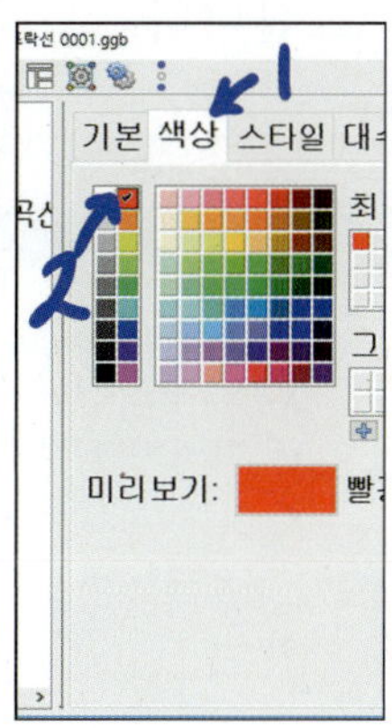

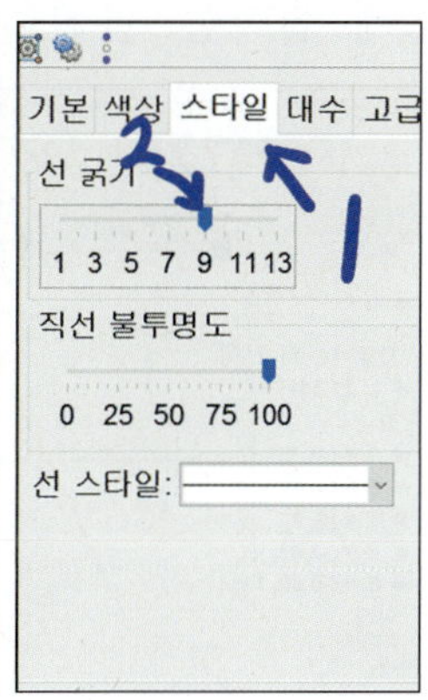

벡터 u위에 마우스를 놓고 오른쪽 버튼을 클릭하고 설정사항을 선택합니다. 색상을 누르고 빨간색을 선택합니다. 스타일을 누르고 선 굵기를 9로 합니다.

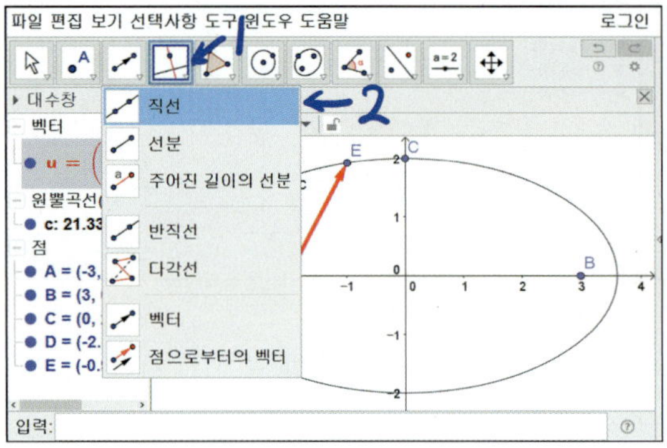

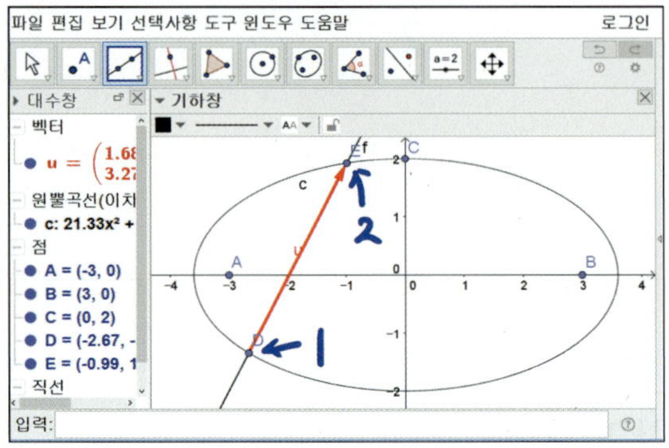

'직선' 도구를 선택합니다. 차례로 점 D와 점 E를 선택하여 직선을 그립니다.

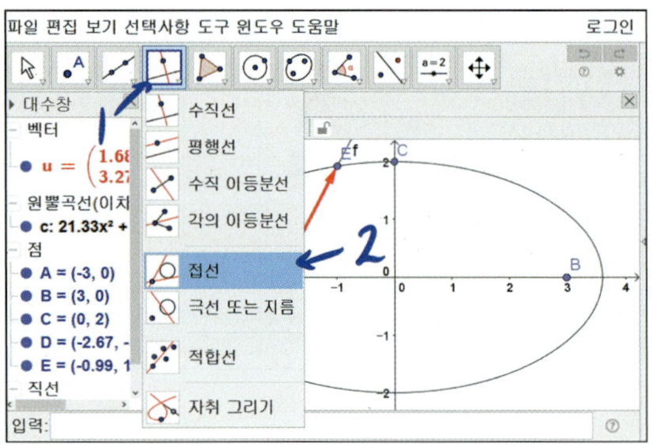

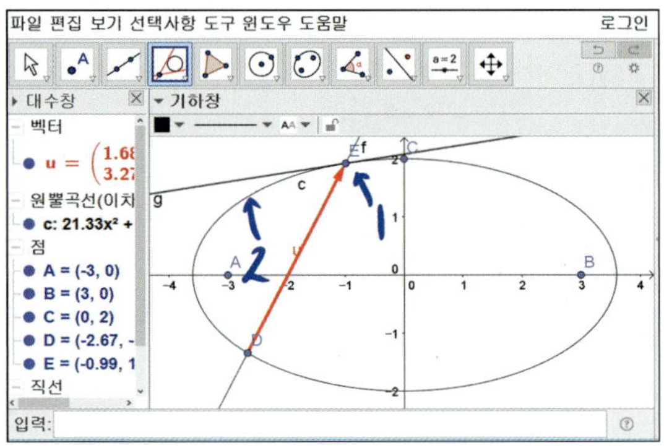

'접선' 도구를 선택합니다. 차례로 점 E와 타원 c를 선택하여 타원 c 위의 점 E에 접하는 접선을 그립니다.

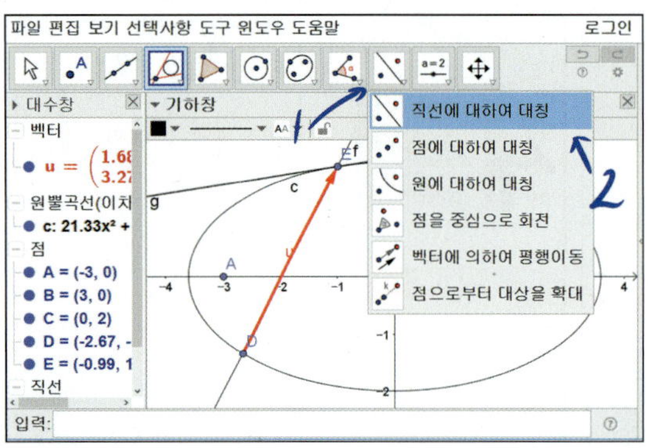

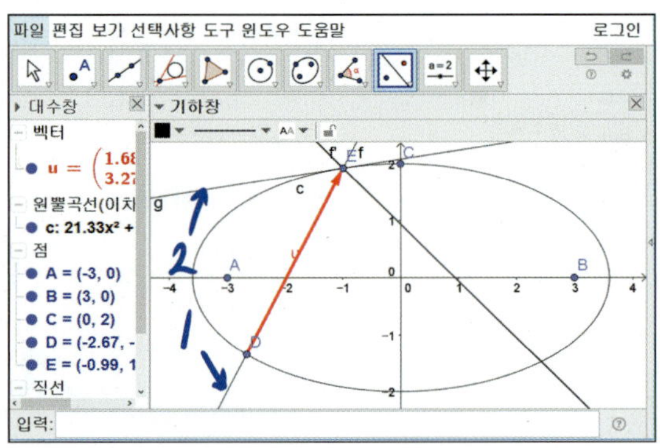

'직선에 대하여 대칭' 도구를 선택합니다. 차례로 직선 f와 직선 g를 선택하여 직선 f를 직선 g에 대칭시킨 직선 f′를 그립니다.

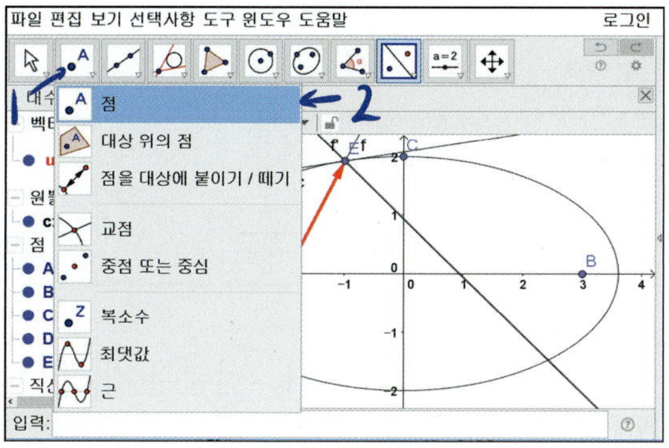

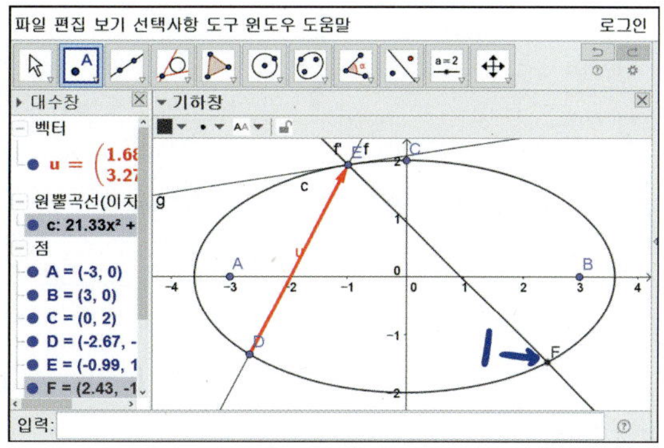

'점' 도구를 선택합니다. 마우스를 직선 f′과 타원 c의 교점에 가져가면 직선 f′과 타원 c가 동시에 진하게 강조됩니다. 이때 마우스를 클릭하면 직선 f′과 타원 c의 교점 F가 그려집니다.

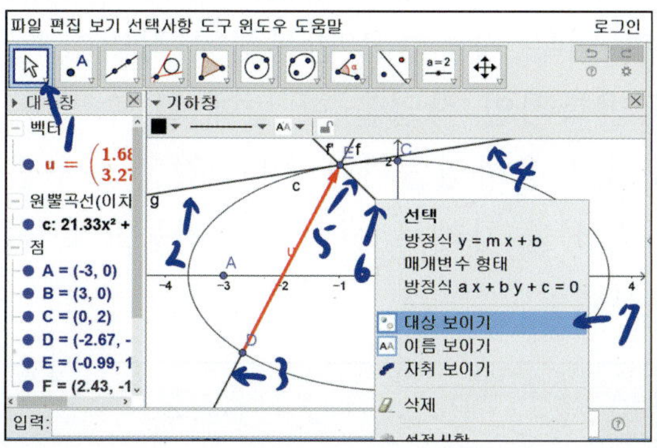

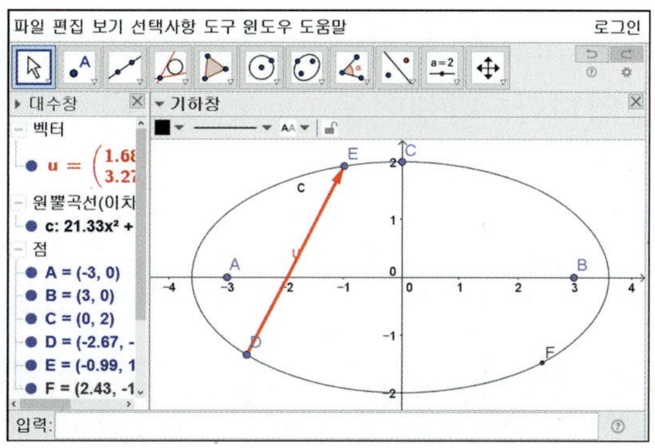

'이동' 도구를 선택합니다. [Ctrl]를 누른 상태에서 선 g, 선 f, 선 f′을 차례로 선택합니다. 선 g, 선 f, 선 f′이 동시에 진하게 강조되면서 선택이 됩니다. 이때 선 f′ 위에 마우스를 놓고 오른쪽 버튼을 클릭하고 대상 보이기를 선택하면 선 g, 선 f, 선 f′이 화면에서 사라집니다. 절대로 삭제를 선택하지 마시기 바랍니다. 만약 삭제를 선택하면 이 선들에 의존한 점 F도 삭제됩니다.

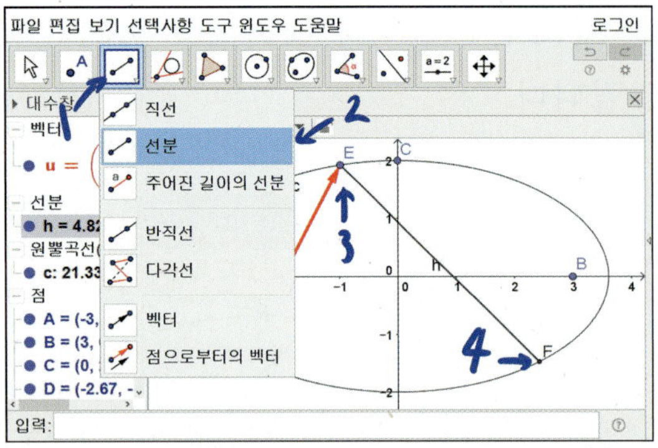

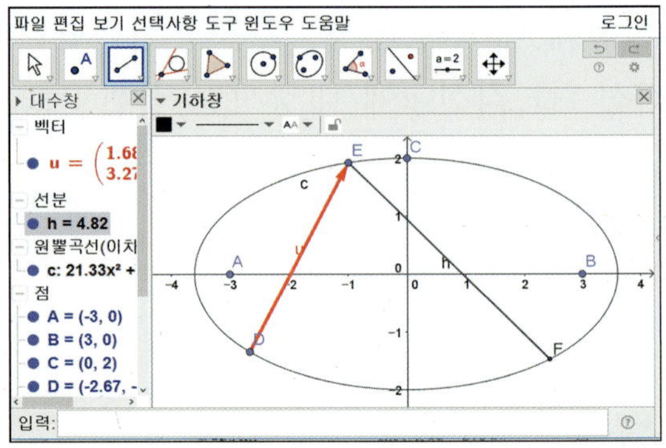

'선분' 도구를 선택합니다. 점 E와 점 F를 차례로 선택합니다. 선분 h가 그려집니다.

지금까지 한 것은 타원내부에서 빛이 점 D에서 벡터 u 방향으로 빛을 쏘았을 때 점 E에서 반사되어 점 F에 빛이 도달한 것을 나타내 보았습니다. 위와 같은 방법으로 이번에는 점 E를 시작점으로 하고 점 F를 도달점으로 보고 빛의 다음 도달점을 찾을 수 있습니다. 하지만 너무 지루하고 반복적인 작업이 될 것입니다. 다행이도 Geogebra에는 이런 반복적인 작업을 한 번에 할 수 있는 방법이 있습니다. 지금까지 몇 가지 도구를 사용하였습니다. 이와 같은 도구를 만들 수 있는 기능이 있습니다. 점 D와 점 E를 차례로 선택하면 자동으로 점 F와 선분 EF가 그려지도록 할 수 있습니다.

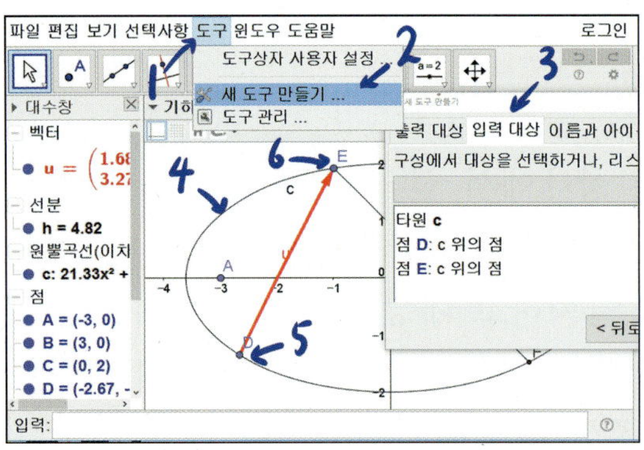

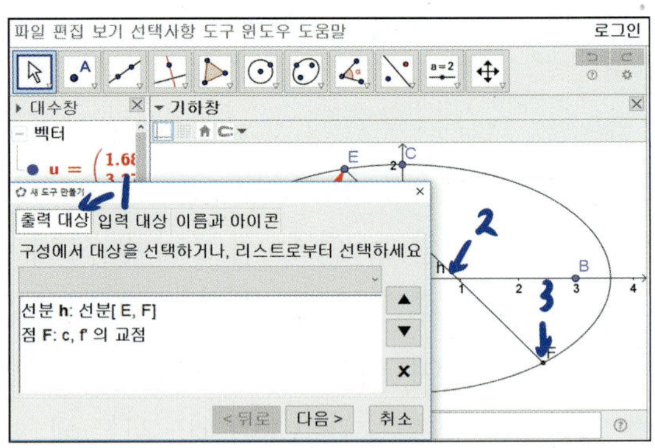

맨 상단에 있는 파일, 편집, 보기, 선택사항, 도구, 윈도우, 도움말 중 도구를 선택하고 새 도구 만들기를 선택합니다. 새 도구 만들기 창에 입력대상을 선택합니다. 기하창에 타원 c, 점 D, 점 E를 차례로 선택합니다. 출력 대상을 선택합니다. 선분 h와 점 F를 선택합니다.

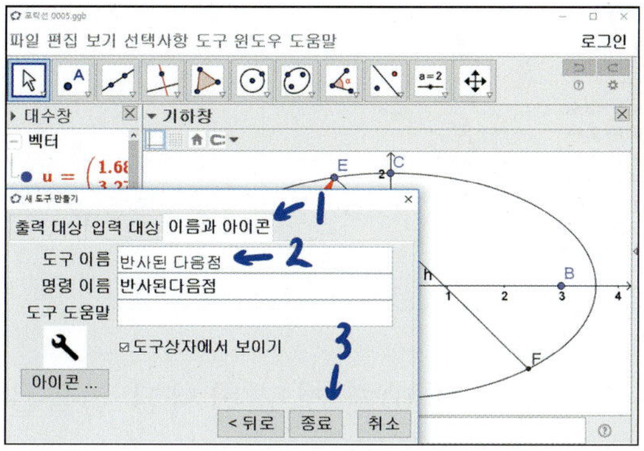

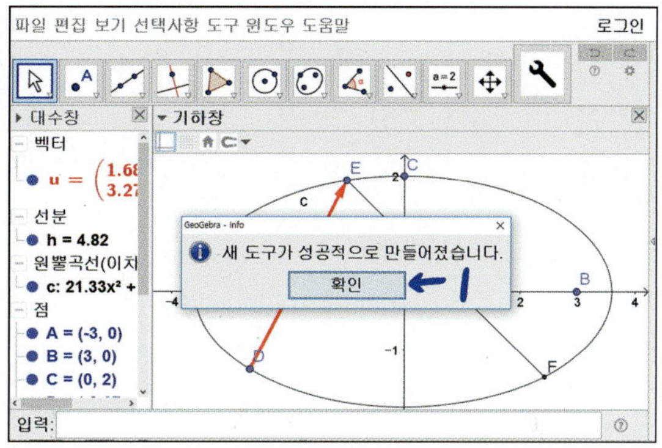

이름과 아이콘을 선택합니다. 도구 이름에 '반사된 다음점'이라고 입력합니다. 종료를 누릅니다. 확인을 누릅니다. 도구가 만들어 졌습니다. 도구들이 위치해 있는 곳에 지금 만든 '반사된 다음점' 도구가 있는 것을 확인할 수 있습니다.

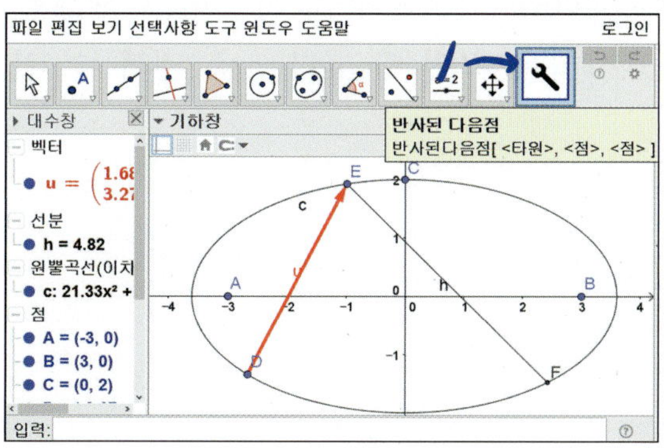

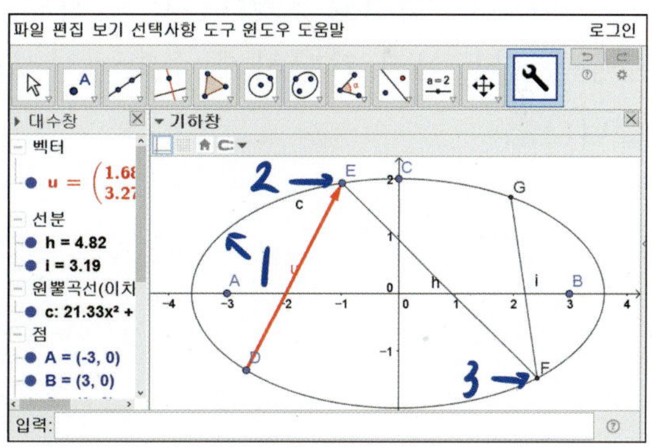

'반사된 다음점' 도구를 선택합니다. 친절하게도

반사된다음점[< 타원 >, < 점 >, < 점 >]

이 보입니다. 타원 c, 점 E, 점 F를 차례로 선택합니다. 선분 i와 점 G가 자동으로 그려집니다.

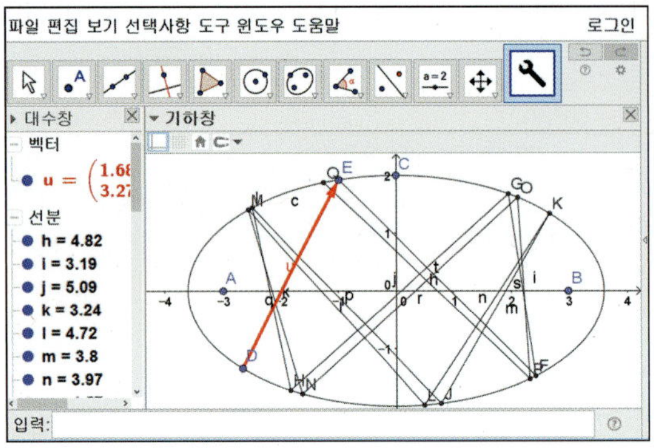

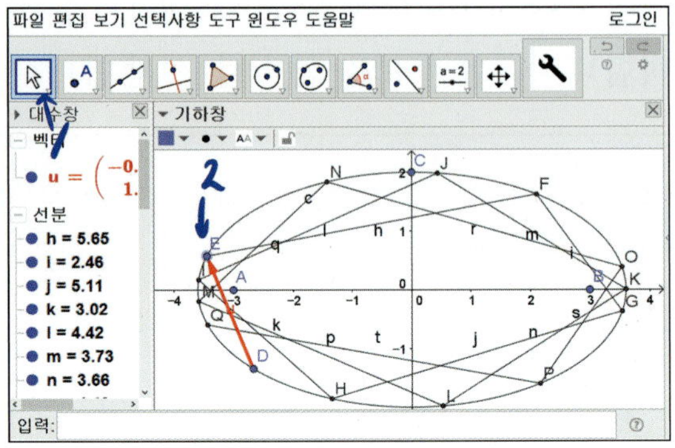

이와 같은 방법으로 '반사된 다음점' 도구를 사용하여 10개 정도 반사된 점들을 차례로 더 그립니다. 도구를 만들지 않았다면 지루한 작업이 되었을 것입니다. 빛이 지나는 곳과 빛이 지나지 않는 경계가 마치 쌍곡선의 일부가 되는 것으로 보여집니다. '이동' 도구를 선택합니다. 점 E를 초점 A와 초점 B 사이 밖으로 빛이 지나가도록 위치시켜 봅니다. 빛이 지나는 곳과 빛이 지나지 않는 경계가 마치 타원인 것처럼 보입니다. 이처럼 Geogebra 기본도구를 사용하고 새로운 도구를 만들어서 간단하게 수학에서 사고실험을 직접 Geogebra로 해볼 수 있습니다.

7.1.3 Geogebra 스크립트를 활용한 프로그래밍으로 타원 내부에서의 빛 반사

위의 결과물이 마음에 들지 않는다면 반사된 점들을 더 많이 그려보면 더 명확하게 볼 수 있을 것입니다. 100개 정도만 도구를 사용하더라도 많은 시간이 걸립니다. 컴퓨터를 활용하는 이유가 반복적인 작업의 자동화일 것입니다. 이제부터는 Geogebra 스크립트를 활용하여 약간의 프로그래밍을 해보도록 하겠습니다.

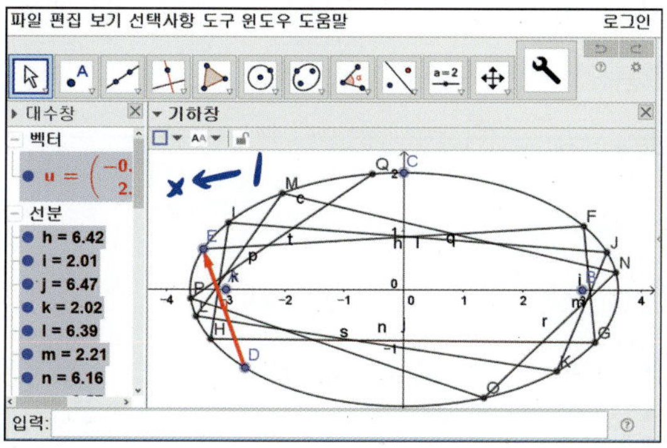

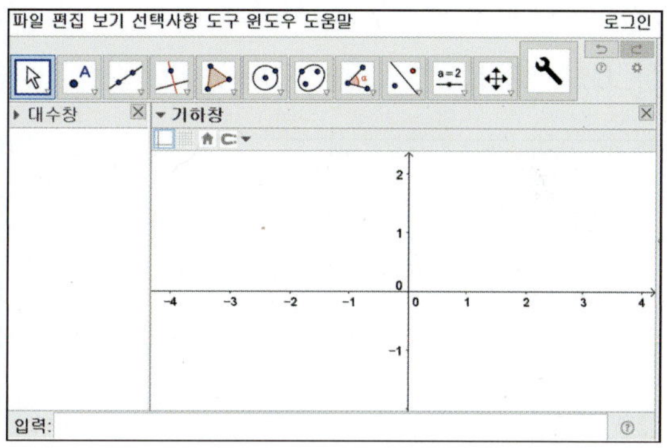

기하창 빈곳에 마우스를 위치시키고 선택합니다. [Ctrl]를 누른 상태에서 [A]를 누릅니다. 모든 개체들이 선택될 것입니다. [Delete]를 누릅니다. 그동안 했던 작업이 사라졌습니다.

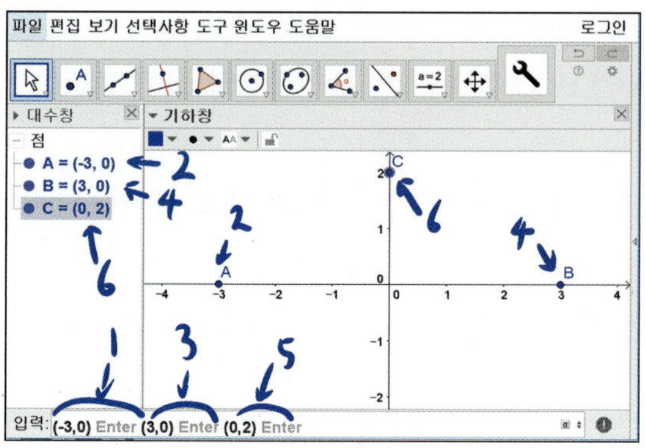

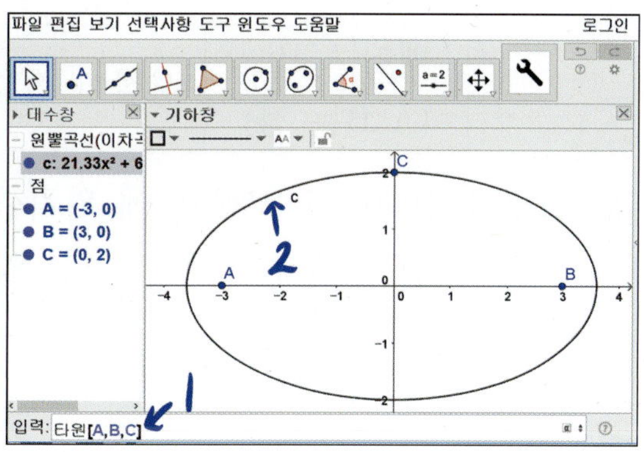

쓰일 명령어는 다음과 같습니다.

(a, b) (a, b는 실수)	x좌표가 a이고 y좌표가 b인 점
타원[A, B, C] (A, B, C는 점)	점 A와 점 B를 초점으로 하고 점 C를 지나는 타원

이번에는 명령어 입력으로 타원을 만들어 보겠습니다. 입력에 (−3, 0)을 넣고 [Enter] 를 누릅니다. 입력에 (3, 0)을 넣고 [Enter] 를 누릅니다. 입력에 (0, 2)을 넣고 [Enter] 를 누릅니다. 점의 좌표를 입력하고 [Enter] 를 누르면 점이 만들어 집니다. 타원[A, B, C]를 입력에 넣고 [Enter] 를 누릅니다. 초점을 점 A와 점 B로 하고 점 C를 지나는 타원 c가 만들어 졌습니다.

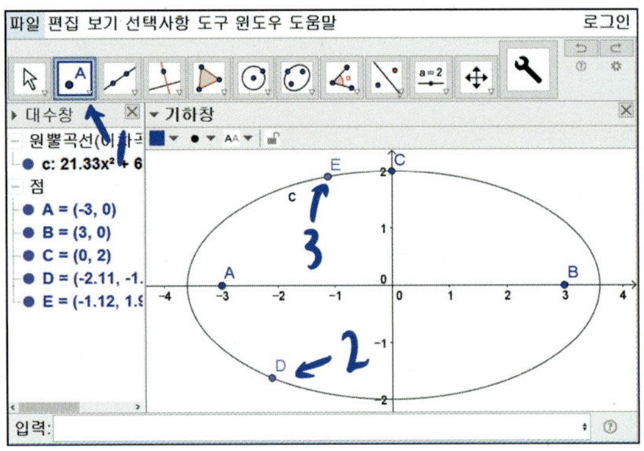

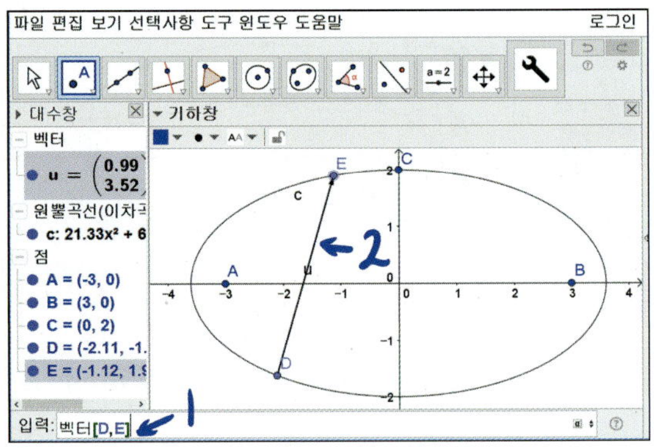

쓰일 명령어는 다음과 같습니다.

벡터[A, B] (A, B는 점)	시점이 점 A이고 종점이 점 B인 벡터

'점' 도구를 선택하고 3사분면에 위치한 타원 위에 점을 하나 찍고 2사분면에에 위치한 타원 위에 점을 찍습니다. 입력창에 벡터[D, E] 를 입력하고 [Enter] 를 누릅니다. 점 D를 출발점으로 하고 점 E를 끝점으로 하는 벡터 u가 그려졌습니다.

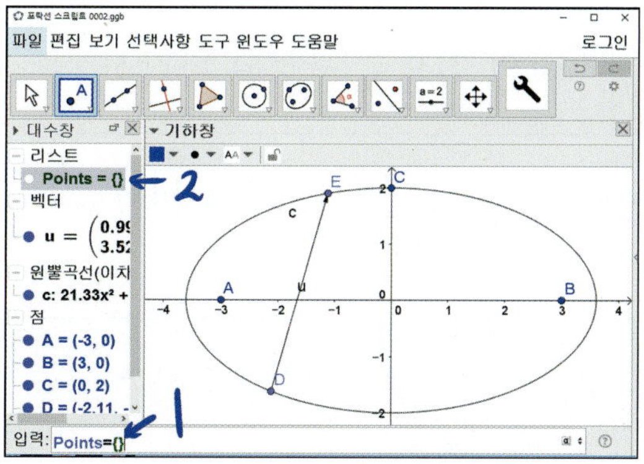

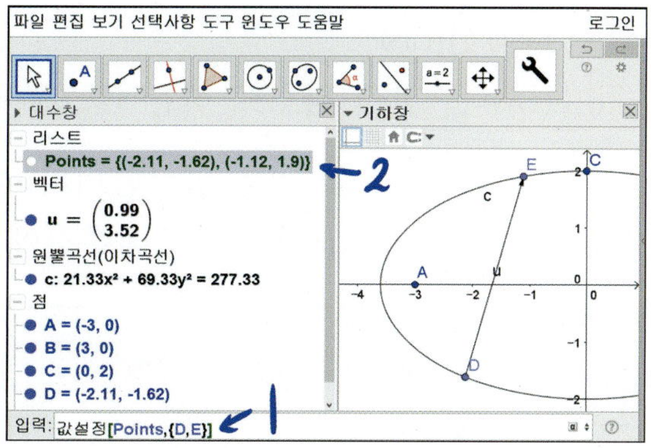

쓰일 명령어는 다음과 같습니다.

{}	빈 리스트
$\{A_1, A_2, \ldots, A_n\}$ ($A_1, A_2, \ldots, A_n$는 개체)	$A_1, A_2, \ldots, A_n$ 순서의 리스트
값설정[A, B] (A, B는 개체)	A를 B로 만듦

입력창에 Points = {}를 입력합니다. 리스트에 Points = {}라는 리스트가 생성됩니다. 리스트는 집합과 비슷하지만, 원소의 내용을 넣은 순서대로 위치하고 중복이 가능합니다. 입력창에 값설정[Points, {D, E}]를 입력합니다. 리스트 Points의 내용은 $\{(-2.11, -1.62), (-1.12, 1.9)\}$라고 변경됩니다.

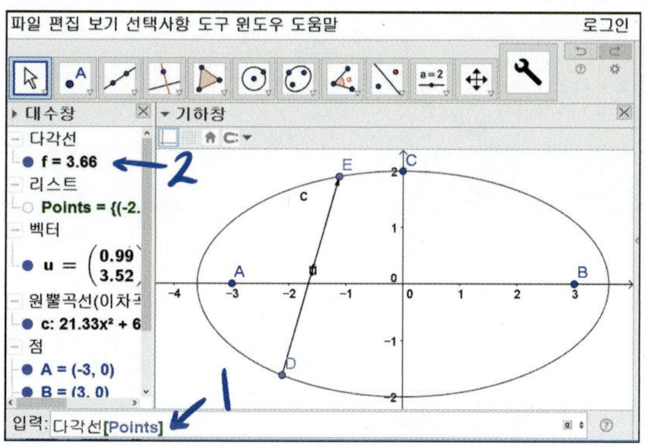

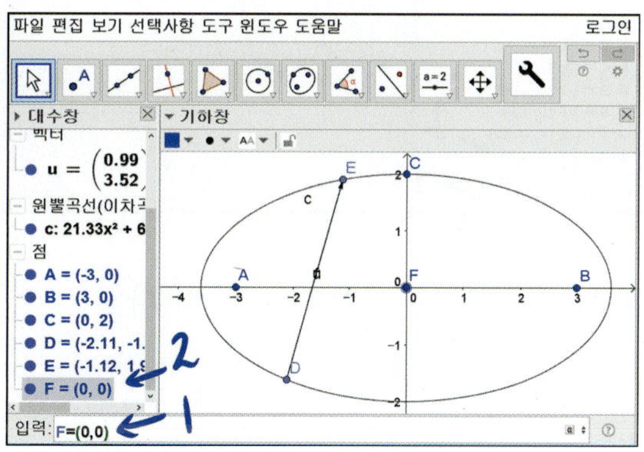

쓰일 명령어는 다음과 같습니다.

다각선[List] (List는 점을 원소로 하는 리스트)	List의 점으로 구성된 다각선

입력창에 다각선[Points]를 입력합니다. 대수창에 다각선 f가 생성됩니다. 입력창에 F = (0, 0)을 입력합니다. 대수창에 점 F가 생성됩니다.

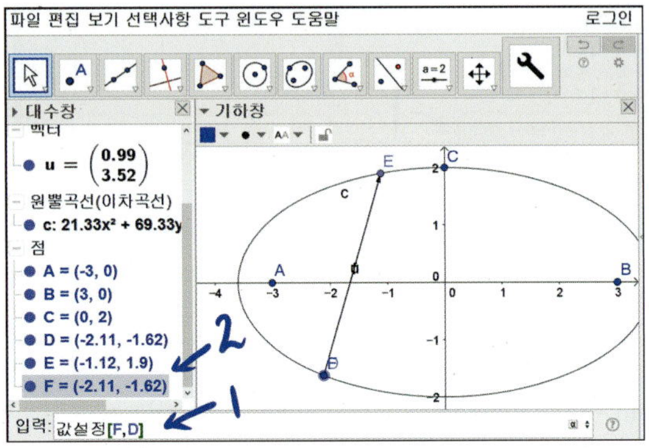

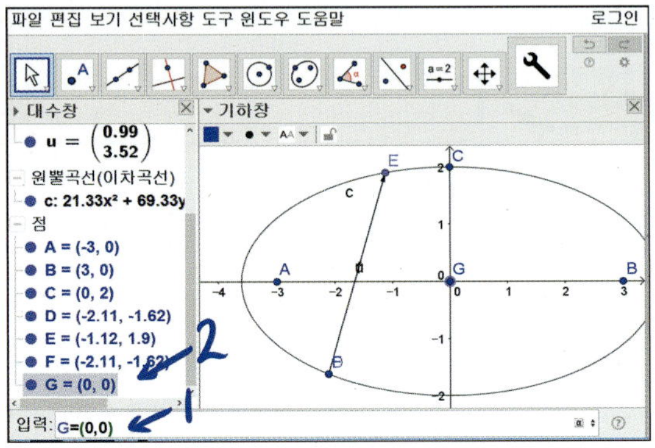

입력창에 값설정[F, D]를 입력합니다. 점 F의 위치가 점 D의 위치로 바뀝니다. 입력창에 G = (0, 0)을 입력합니다. 대수창에 점 G가 생성됩니다.

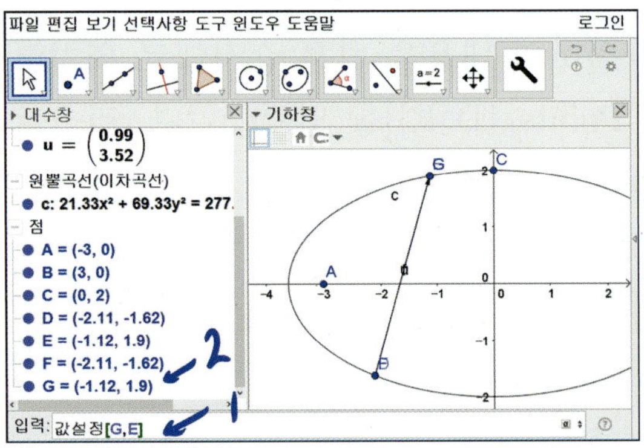

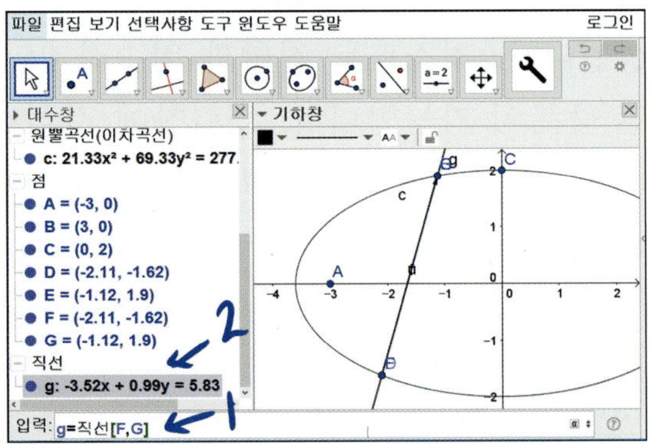

쓰일 명령어는 다음과 같습니다.

직선[A, B] (A, B는 점)	점 A와 점 B를 지나는 직선

입력창에 값설정[G, E]를 입력합니다. 점 G의 위치가 점 E의 위치로 바뀝니다. 입력창에 g = 직선[F, G]를 입력합니다. 대수창에 점 F, 점 G를 지나는 직선 g가 생성됩니다.

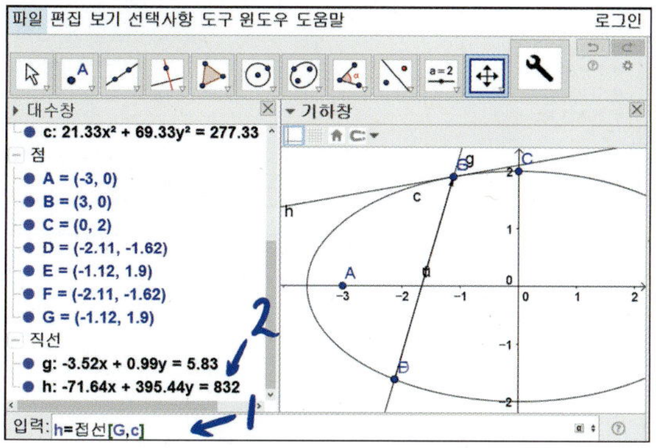

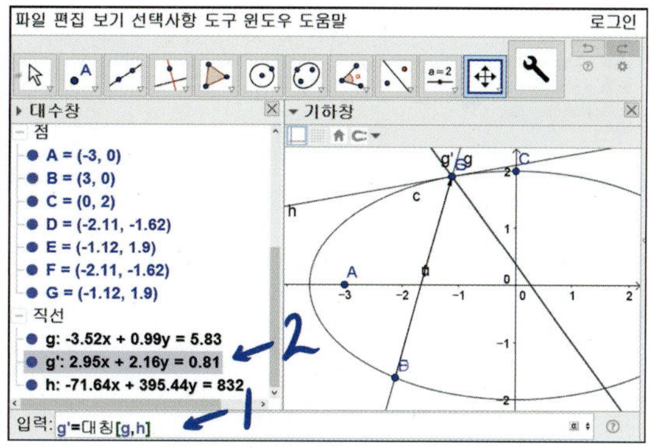

쓰일 명령어는 다음과 같습니다.

접선[A, c] (A는 점, c는 곡선)	– 점 A가 곡선 c 위에 있을 때 : 점 A에서 곡선 c에 접하는 접선 – 점 A가 곡선 c 위에 있을 때 : 점 A에서 곡선 c에 접하는 접선들의 리스트
대칭[A, g] (A는 개체, a는 직선)	개체 A가 직선 g에 대칭인 개체

입력창에 h = 접선[G, c]를 입력합니다. 대수창에 점 G에서 타원 c에 접하는 접선 h가 생성됩니다. 입력창에 g′ = 대칭[g, h]를 입력합니다. 대수창에 직선 g를 직선 h에 대칭인 직선 g′가 생성됩니다.

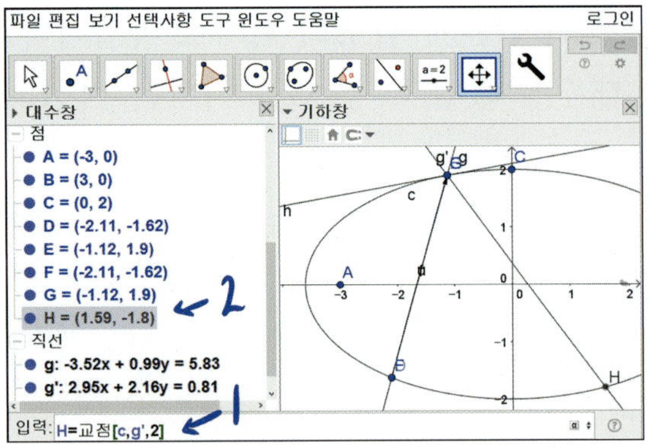

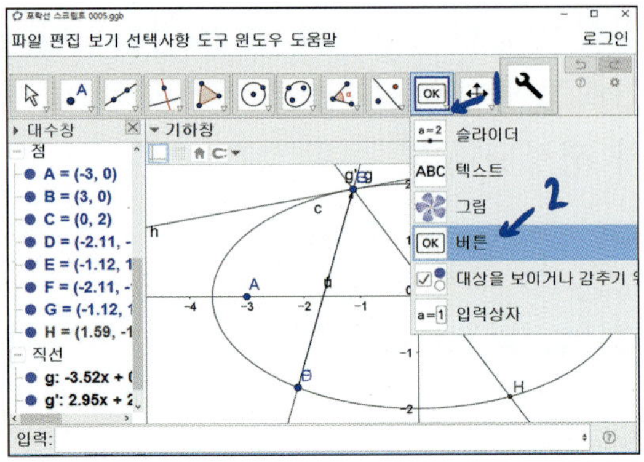

쓰일 명령어는 다음과 같습니다.

교점[g, c, n] (g는 선, c는 곡선, n는 자연수)	g와 c의 n번째 교점

입력창에 H = 교점[c, g′, 2]를 입력합니다. 타원 c와 직선 g′의 교점들 중 2번째 점 H가 생성 됩니다. '버튼' 도구를 선택합니다. 첫 번째 교점과 두 번째 교점을 말하려면 직선에 방향성이 있어야 합니다. 직선[A, B]와 직선[B, A]로 같은 직선을 정의하더라도 겉모습은 똑 같지만 내부적으로 처리될 때 A에서 B라는 방향과 B에서 A 라는 방향을 포함하고 있다고 보면 이해할 수 있을 것 같습니다.

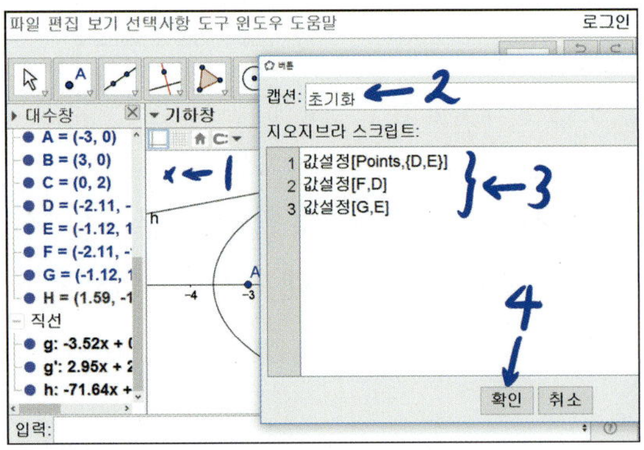

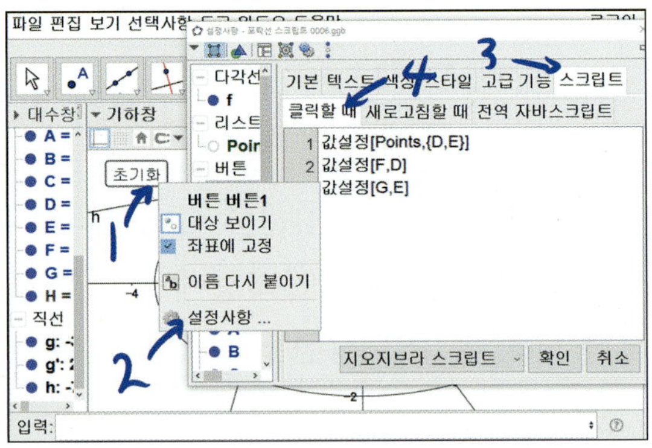

'x' 표시한 곳에 마우스를 위치시키고 선택합니다. 버튼창의 캡션에 초기화라 입력합니다. Geogebra 스크립트에

1 번째 줄 : 값설정[Points, {D, E}]
2 번째 줄 : 값설정[F, D]
3 번째 줄 : 값설정[G, E]

을 1번째 줄에서 3번째 줄까지 입력합니다. 확인을 선택합니다. 기하창에 초기화 버튼이 생깁니다. 초기화 버튼에 마우스를 위치시키고 오른쪽 버튼을 클릭합니다. 설정사항을 선택합니다. 설정사항 창에서 스크립트 탭에 '클릭할 때' 탭을 선택하면 입력한 스크립트를 확인할 수 있습니다.

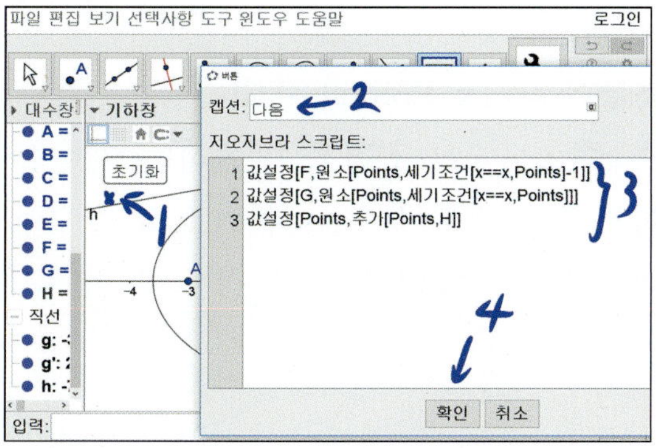

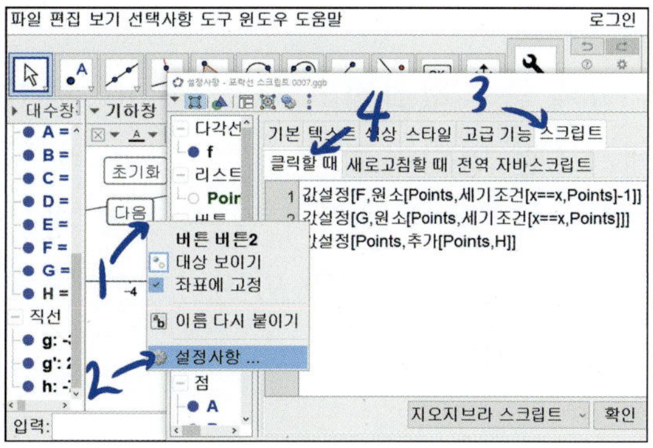

쓰일 명령어는 다음과 같습니다.

명령어	설명
원소[List, n] (List는 리스트, n는 자연수)	List의 n번째 원소
세기조건[조건(x), List] (조건(x)는 x의 조건부 명제 , List는 리스트)	List의 원소 중 조건(x)를 만족하는 만족하는 원소의 개수
추가[List, A] (List는 리스트, A는 개체)	List에 A를 마지막에 추가한 리스트

'x' 표시한 곳에 마우스를 위치시키고 선택합니다. 버튼창의 캡션에 '다음' 이라 입력합니다. Geogebra 스크립트에

1 번째 줄 : 값설정[F, 원소[Points, 세기조건[x == x, Points] − 1]]
2 번째 줄 : 값설정[G, 원소[Points, 세기조건[x == x, Points]]]
3 번째 줄 : 값설정[Points, 추가[Points, H]]

을 1 번째 줄에서 3번째 줄까지 입력합니다. 확인을 선택합니다. 기하창에 다음 버튼이 생깁니다. 다음 버튼에 마우스를 위치시키고 오른쪽 버튼을 클릭합니다. 설정사항을 선택합니다. 설정사항 창에서 스크립트 탭에 '클릭할 때' 탭을 선택하면 입력한 스크립트를 확인할 수 있습니다. 각 줄의 의미를 살펴보겠습니다.

1 번째 줄 : 값설정[F, 원소[Points, 세기조건[x == x, Points] − 1]]
세기조건 명령어로 리스트 Points의 원소 중 x == x 조건을 만족하는 개수를 구합니다. 자기 자신과 같은 것의 개수이므로 리스트 Points의 원소의 개수에 해당합니다. Points의 마지막에서 두 번째 원소인 점의 위치를 점 F에 위치시킨다는 의미입니다.

2 번째 줄 : 값설정[G, 원소[Points, 세기조건[x == x, Points]]]
Points의 마지막 원소인 점의 위치를 점에 위치시킨다는 의미입니다.

3 번째 줄 : 값설정[Points, 추가[Points, H]]
추가 명령어를(명령어 명칭이 추가임) 사용하여 리스트 Points의 마지막에 점 H의 위치를 추가한 리스트를 다시 리스트 Points로 리스트의 내용을 바꾸란 의미입니다.

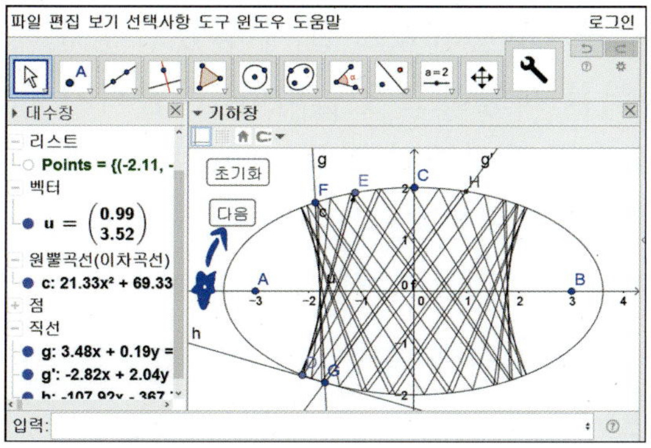

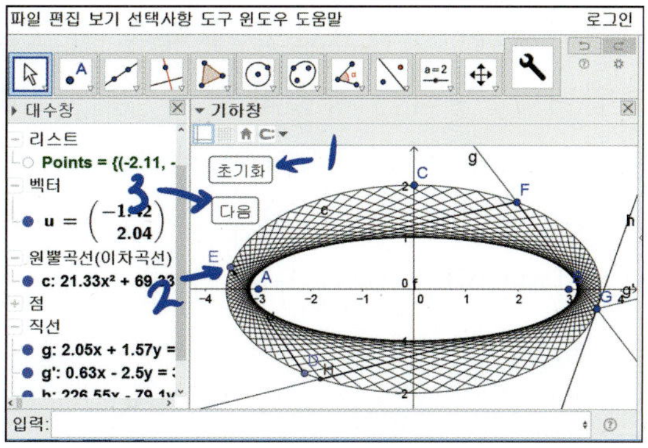

위에서 만든 다음 버튼을 눌러보시기 바랍니다. 한 번 눌렀을 때는 똑 같아 보일 것이지만 두 번째 눌렀을 때는 직선 g, 직선 h, 직선 g′, 점 H, 다각선 f가 바뀌는 것을 볼 수 있습니다. 계속 눌러보시기 바랍니다. 새 도구를 만들었을 때처럼 반사된 다음 점과 선분이 그려집니다. 편리하게도 점이나 타원을 선택하지 않아도 다음 점과 반사된 선이 그려집니다. 다음 버튼을 백번 또는 천번을 누르면 백번 또는 천번 실행해서 얻은 반사된 결과를 볼 수 있습니다. 앞에서 힘들여서 했었는데 너무 쉽습니다. 이렇게 결과가 나온 것은 직선 g, 직선 h, 직선 g′, 점 H 을 만들 때 점 F와 점 G에 의해서 결정되어지기 때문입니다. 점 F와 점 G를 리스트 Points의 마지막 두 점의 위치로 바꾸어 주기만 하면 반사된 마지막 점 H가 결정되고 이 점 H의 위치를 리스트 Points의 마지막 위치에 추가해주면 다각선이 추가된 점까지 그려지는 것입니다. 이번에는 초점 밖으로 빛이 지날 경우의 빛이 지나는 위치를 보겠습니다. 우선 초기화 버튼을 누릅니다. 조금 전 다음 버튼으로 그려졌던 선들이 없어졌습니다. 초기화 버튼의 스크립트 내용을 다시 보면 왜 그렇게 되는지는 알 수 있습니다. 이제 점 E를 움직여 벡터 u가 두 초점에 해당한 점 A와 점 B 밖으로 지나게 위치하게 합니다. 다음 버튼을 적당히 눌러서 빛의 경로를 관찰합니다. 빛이 초점 사이로 가는 경우와 초점 밖으로 가는 경우 각각은 빛이 지나는 부분과 지나지 않은 부분이 다음을 누른 횟수가 많을수록 어떤 포락선이 됨을 좀 더 명확히 보여집니다.

지금까지 한 것만으로도 수학적 사고실험을 Geogebra로 잘 수행했고 충분해 보입니다. 우리는 자동화할 수 있는 컴퓨터를 사용하고 있습니다. 지금까지 버튼에 스크립트를 입력하여 간단한 프로그램을 작성해서 자동화 되었지만 다음 버튼을 백번까지는 눌러볼 수 있겠지만 천번, 만번은 생각해봐야 할 것 같습니다. 이제부터는 버튼 누르지 않고 자동으로 그려지도록 해 보겠습니다.

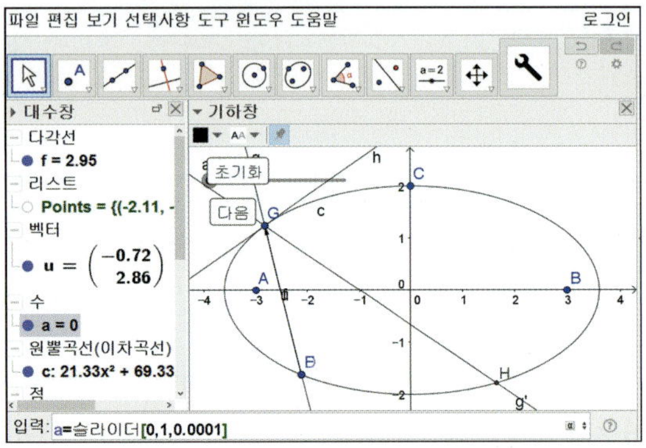

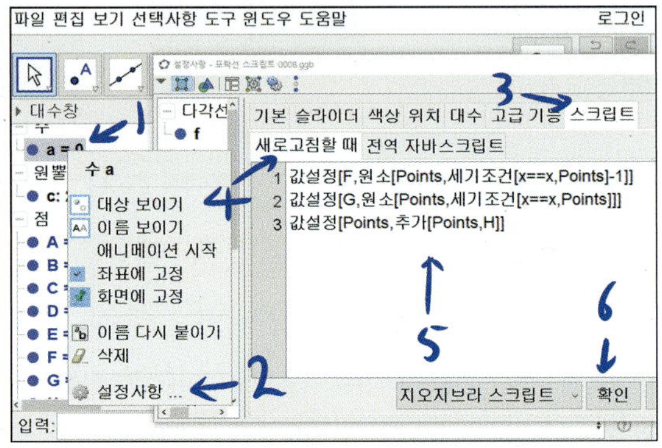

쓰일 명령어는 다음과 같습니다.

슬라이더[a, b, c] $(a < b, c > 0)$	구간 [a, b]에 증가분 c를 가지는 슬라이더

입력창에 a = 슬라이더[0, 1, 0.0001]을 입력합니다. 대수창에 수 a가 만들어 집니다. 대수창의 수 a에 마우스를 위치해 놓고 마우스 오른쪽 버튼을 클릭합니다. 설정사항을 선택합니다 스크립트 탭에 '새로고침할 때' 탭을 선택합니다.

1 번째 줄 : 값설정[F, 원소[Points, 세기조건[x == x, Points] − 1]]
2 번째 줄 : 값설정[G, 원소[Points, 세기조건[x == x, Points]]]
3 번째 줄 : 값설정[Points, 추가[Points, H]]

을 직접 입력하거나 다음 버튼의 설정사항에 있는 스크립트 탭에 '클릭할 때' 탭의 내용을 복사해서 입력합니다. 확인을 선택합니다. 수 a의 값이 변하면 새로고침할 때에 입력한 스크립트가 실행이 되도록 한 것입니다.

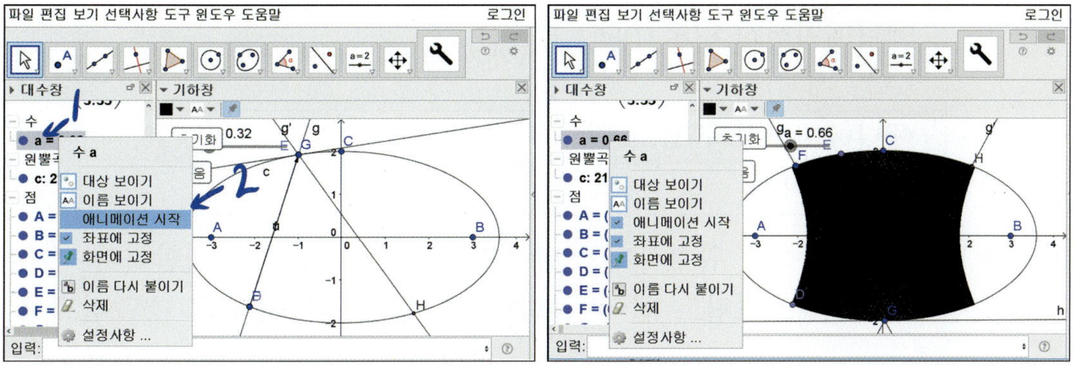

대수창의 수 a에 마우스를 위치해 놓고 오른쪽 버튼을 클릭합니다. 애니메이션 시작을 선택합니다. 수 a의 값이 변하면서 자동으로 빛의 경로가 그려지는 것이 보여집니다. 어느 정도 지나면 빛이 지나는 곳이 색칠을 한 것처럼 채워집니다. 이제 다시 대수창의 수 a에 마우스를 위치해 놓고 오른쪽 버튼을 클릭합니다. 현재 상태는 애니메이션 시작이 선택되어 체크된 상태입니다. 다시 애니메이션 시작을 선택하면 체크가 해제되면서 수 a가 변하지 않게 됩니다. 이것으로 충분하다고 생각할 수 있지만 아직 마지막 단계가 남았습니다. 수 a 값이 변하게 하는 자동 버튼과 멈춤 버튼을 만들고 초기화 스크립트에 수 a의 값이 변하지 않도록 하는 명령어를 추가하도록 하겠습니다.

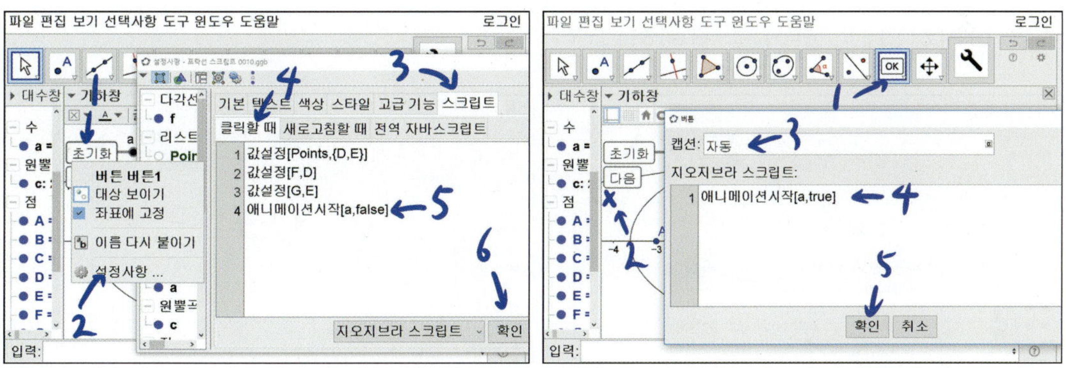

쓰일 명령어는 다음과 같습니다.

애니메이션시작[A, true] (A는 개체)	A개체의 애니메시션을 시작
애니메이션시작[A, false] (A는 개체)	A개체의 애니메시션을 멈춤

초기화 버튼에 마우스를 위치시키고 마우스 오른쪽 버튼을 클릭합니다. 설정사항을 선택합니다. 스크립트 탭에 '클릭할 때' 탭을 선택합니다. 스크립트에

1 번째 줄 : 값설정[Points, {D, E}]
2 번째 줄 : 값설정[F, D]
3 번째 줄 : 값설정[G, E]
4 번째 줄 : 애니메이션시작[a, false]

와 같이 4 번째 줄을 추가로 입력합니다. 확인을 선택합니다. '버튼' 도구를 선택합니다. 마우스를 'x' 표시한 곳을 선택합니다. 캡션에 자동이라고 적고 Geogebra 스크립트에

1 번째 줄 : 애니메이션시작[a, true]

라고 입력합니다. 확인을 선택합니다.

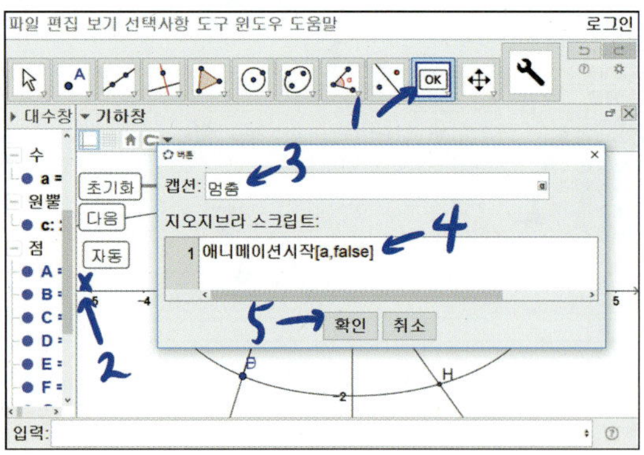

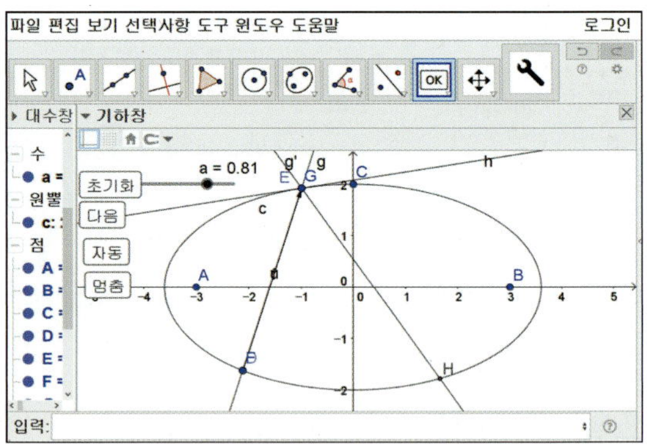

'버튼' 도구를 선택합니다. 마우스를 'x' 표시한 곳을 선택합니다. 캡션에 멈춤

이라고 적고 Geogebra 스크립트에

1 번째 줄 : 애니메이션시작[a, false]

라고 입력합니다. 확인을 선택합니다. 기하창에 초기화, 다음, 자동, 멈춤 버튼을 완성한 상태입니다. 버튼을 눌러 실행하시면 원하는 결과를 얻을 수 있습니다. 이제 다음 그림처럼 최종적으로 꾸며 보겠습니다.

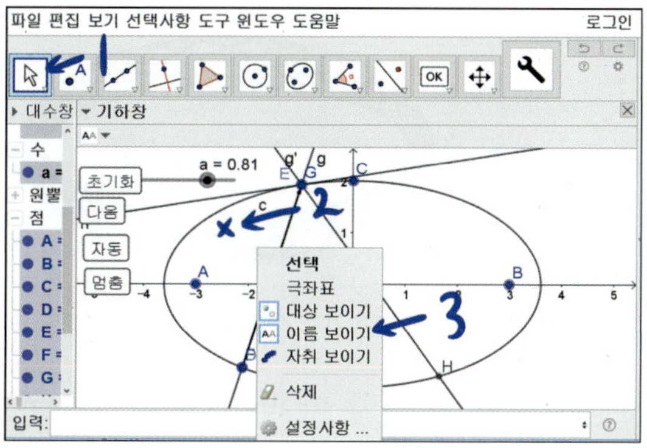

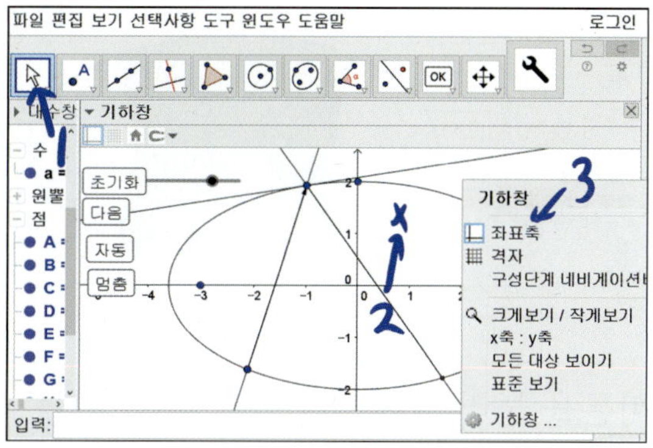

'이동' 도구를 선택합니다. 기하창 빈 곳을 선택합니다. [Ctrl]를 누른 상태에서 [A]를 누릅니다. 기하창의 모든 개체가 선택될 것입니다. 마우스 오른쪽 버튼을 클릭합니다. 이름 보이기를 선택합니다. '이동' 도구를 선택합니다. 기하창 빈 곳을 선택합니다. 마우스 오른쪽 버튼을 클릭합니다. 좌표축을 선택합니다.

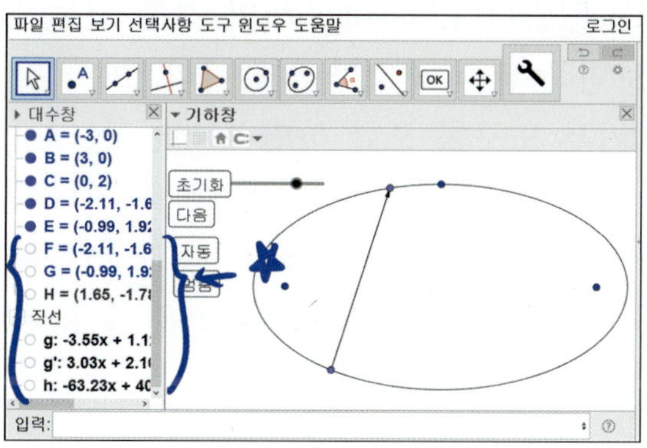

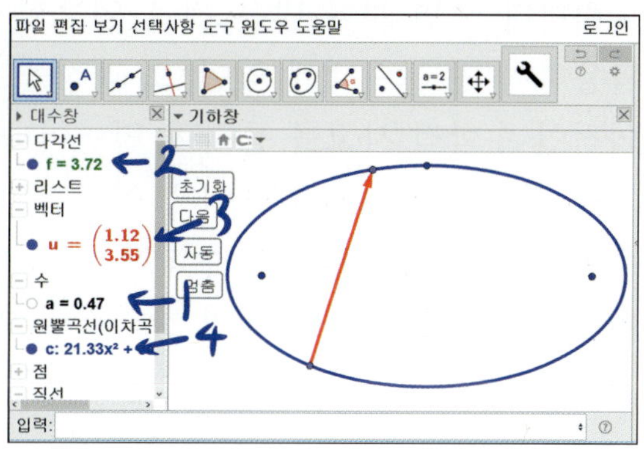

대수창에 점 F, 점 G, 점 H, 선 g, 선 g′, 선 h 앞에 색칠된 파란색 작은 원을 선택하여 채워지지 않게 합니다. 기하창에서는 동시에 점 F, 점 G, 점 H, 선 g, 선 g′, 선 h 가 보이지 않게 됩니다. 수 a도 마찬가지로 보이지 않게 합니다. 다각선 f의 색을 녹색으로 합니다. 벡터 u의 색을 빨간색으로 합니다. 타원 c를 파란색으로 합니다. 색은 자신의 취향에 따라 바꾸셔도 됩니다.

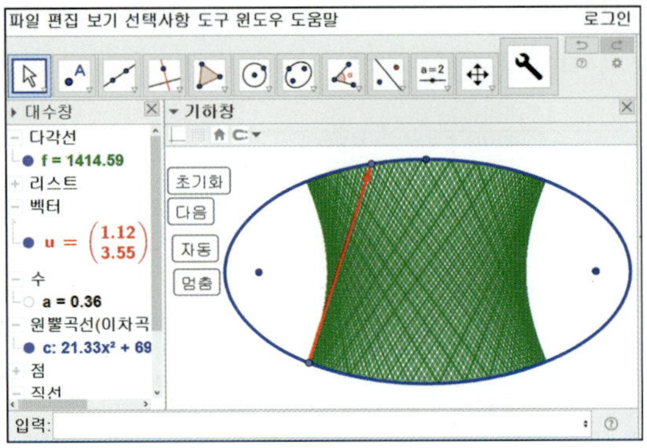

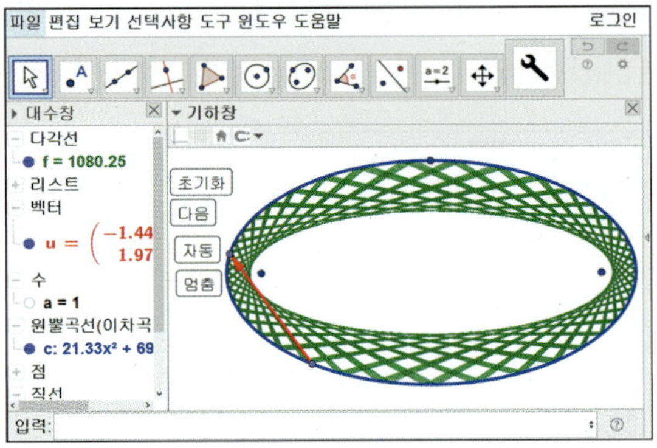

버튼을 눌러 실행시켜 봅시다. 초점들 사이에 빛이 통과할 때와 초점들 밖으로 빛을 쏘았을 때의 두 가지 경우가 잘 보입니다. 수학에서의 실험을 했습니다.

Geogebra 스크립트를 활용한 프로그래밍으로 위의 결과를 만들었습니다. 아마도 프로그램을 처음 접하는 경우에는 조금 힘들 수 있겠습니다. 위의 내용을 처음부터 차근차근 다시 따라가 보고 만들어 보고 각각에 대하여 분석하려고 노력하다 보면 보다 많은 것을 얻으실 수 있습니다. Geogebra의 기본 기능을 활용하여 만드는 데에 있어 그 과정을 보면 논리적 구조가 있습니다. 또한 창의적인 수학적 사고를 통하여 명령어나 기본 도구를 조합 하면 이러한 논리구조를 만들 수 있습니다. 이제 여러분이 가지고 있는 수학적 창의력을 하나씩 수학문제 풀듯이 풀어서 수학적 사고과정을 Geogebra의 기본 기능과 조합하여 무엇인가를 만들어 내면 창의적인 연구에서 원하는 결과물을 얻을 수 있을 것입니다.

7.1.4 타원 내부에서의 빛 반사에 의한 포락선에 대한 예측

포락선의 정체를 타원 또는 쌍곡선이라고 예측만 한 상태로 2017학년도 경남과학고등학교 수학과 현장연구 특강 강의록이 완성되었고 강의록을 완성하면서 타원에서는 빛 반사에 대한 문제를 다시 정리하는 기회가 되었고 더 깊게 이해가 되었습니다. 문제를 아주 단순하게 바꿔 생각해 보았습니다. 원에서 빛을 반사시킨다면 이 빛이 지나는 곳과 지나지 않는 경계는 즉 포락선이 동심원이 된다는 사실을 생각하고 이러한 성질이 타원에서도 유사하지 않을까 하는 생각에서 다음과 같은 예측을 했습니다.

타원 내부에서의 빛 반사에 의한 포락선은 초점이 그대로 유지되는 타원 또는 쌍곡선이 된다.

수학적으로 증명하기 전에, 이 예측이 맞는지에 대한 실험을 지금부터 시도해보겠습니다.

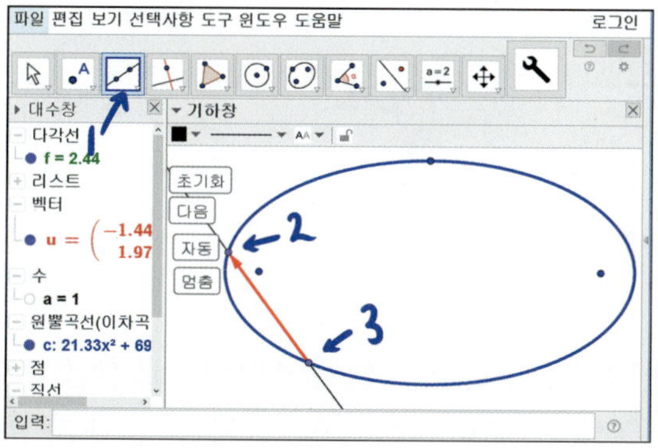

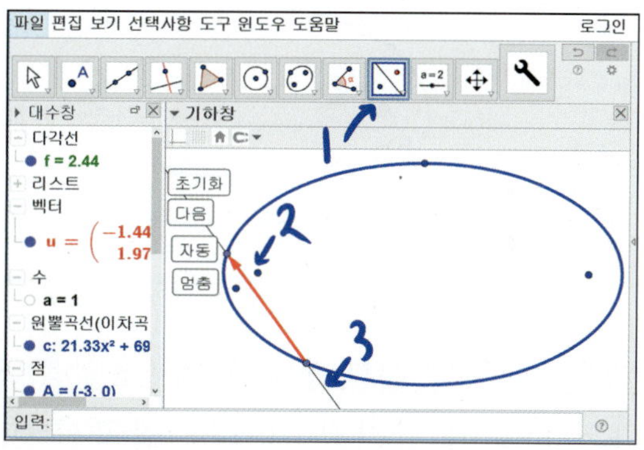

이미 만들어 놓은 자료를 실행시킵니다. '직선' 도구를 선택합니다. 빛의 시점과 종점을 차례로 선택하여 직선을 만듭니다. '직선에 대하여 대칭' 도구를 선택합니다. 초점을 선택하고 직선을 선택합니다. 초점의 직선에 대칭인 점이 그려졌습니다.

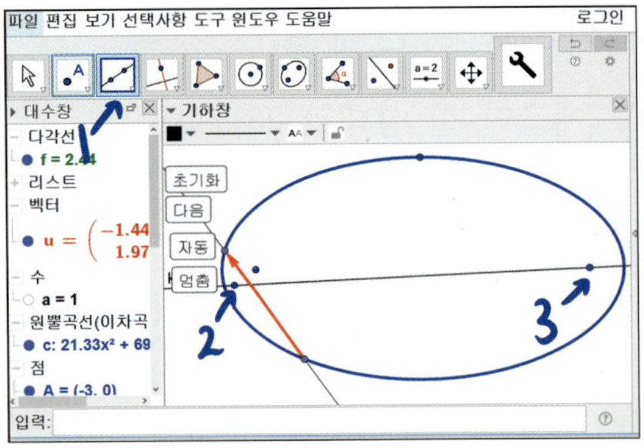

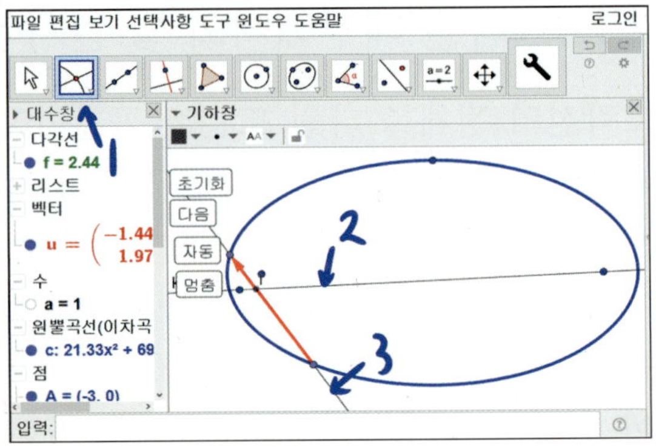

'직선' 도구를 선택합니다. 직선에 의해 반사된 점을 선택하고 다른 초점을 선택합니다. 다른 직선이 그려졌습니다. '교점' 도구를 선택합니다. 이 두 직선을 선택합니다. 교점이 그려졌습니다.

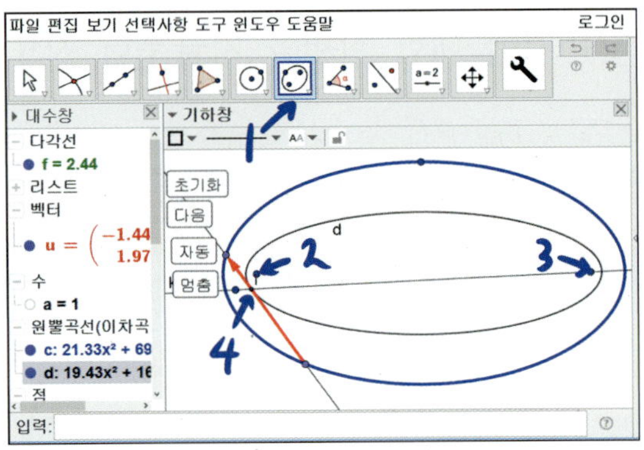

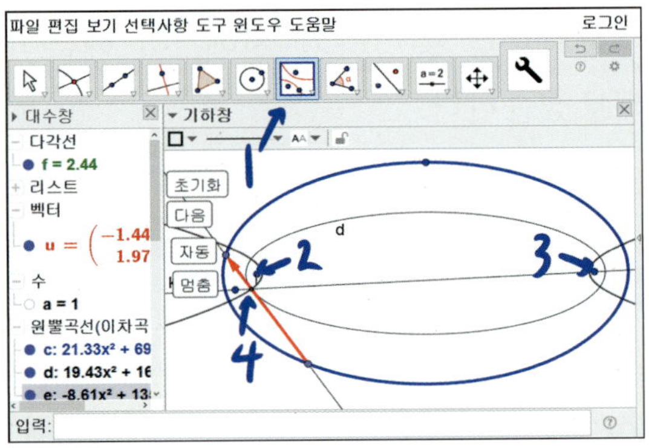

'타원' 도구를 선택합니다. 두 초점을 선택하고 교점을 선택합니다. 교점을 지나는 타원이 그려졌습니다. '쌍곡선' 도구를 선택합니다. 두 초점을 선택하고 교점을 선택합니다. 교점을 지나는 쌍곡선 그려졌습니다. 광선을 쏘는 위치에 따라서 교점이 생기지 않는 특수한 경우도 생길 수 있습니다.

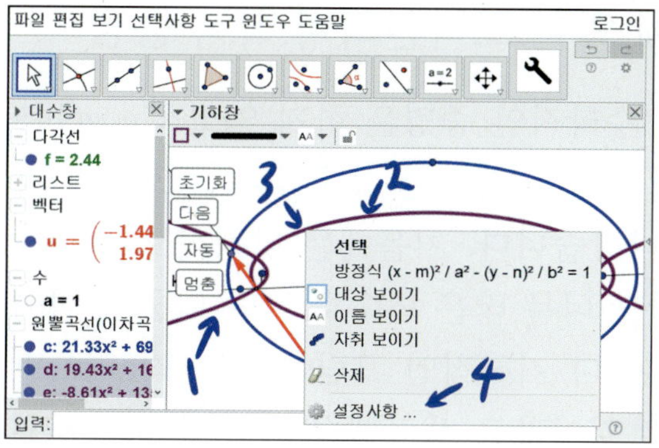

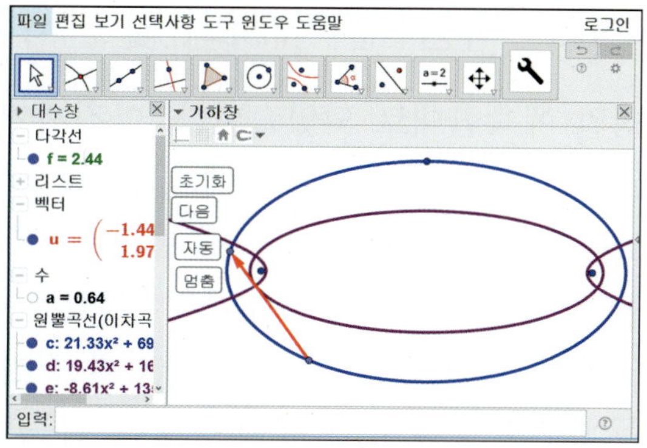

[Ctrl]를 누른 상태에서 작은 타원과 쌍곡선을 선택하면 타원과 쌍곡선이 동시에 진해집니다. 계속 [Ctrl]를 누른 상태에서 진한 타원위에 마우스를 위치하고 마우스 오른쪽 버튼을 클릭하면 메뉴가 보입니다. 설정사항에 들어가서 색상을 자주색을 선택하고 스타일에 들어가서 선 굵기를 9로 해줍니다. 타원과 쌍곡선이 굵은 자주색 선이 되었습니다. 이 타원과 쌍곡선을 그리기 위해 만들었던 두 직선과 직선에 대칭한 점, 교점을 보이지 않게 합니다.

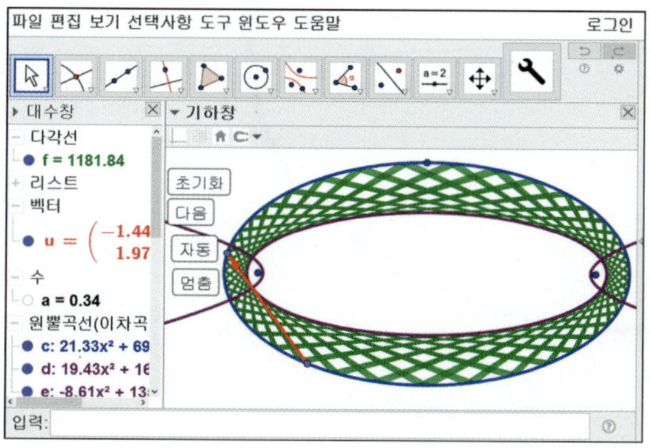

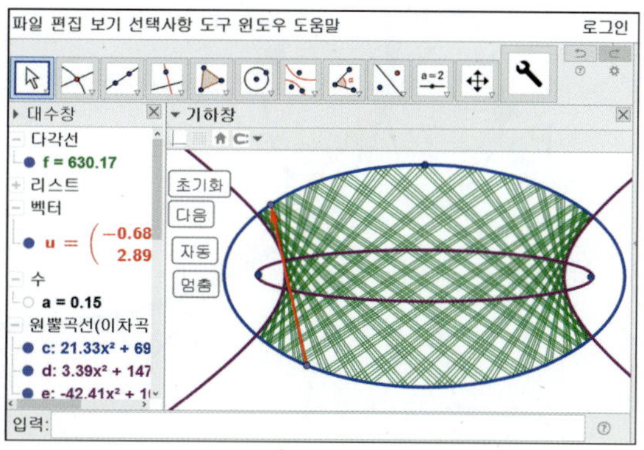

빛을 두 초점 사이 밖에 위치시킨 다음 실행해 봅니다. 작은 타원이 포락선과 딱 맞아 떨어졌습니다. 빛을 두 초점 사이에 위치시킨 다음 실행해 봅니다. 쌍곡선과 포락선이 딱 맞아 떨어졌습니다.

7.1.5 타원 내부에서의 빛 반사에 의한 포락선의 수학적 증명

정말 예측한대로 되었습니다. 아직까지 수학적인 증명은 하지 않고 Geogebra로 결과를 예측했고 예측에 대한 수학적 실험이 성공한 상태입니다. 포락선 자료를 가만히 들여다보며 또 한 주가 지나갔습니다. 처음에는 방정식으로 증명을 해볼까 생각했으나 성공할 수 있겠지만 너무 많은 변수로 일단 다른 방식이 있을까 고민했습니다. 지금까지의 결과가 다 기하적인 그림에 대한 작도로 만든 그림이므로 작도로써 증명이 가능할 것이라고 생각했습니다. Geogebra의 동적 기하를 이용하여 여러 가지 그림을 그려보고 점도 움직여 보며 고민을 했습니다. 여러 가지 고민한 끝에 아래와 같은 그림을 생각하게 되었습니다.

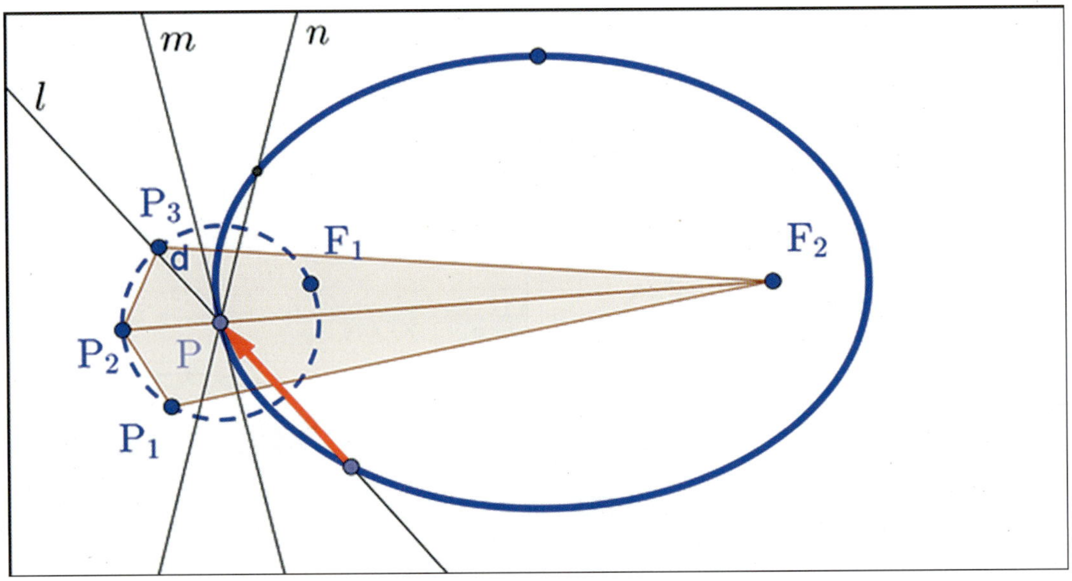

타원의 초점사이 밖으로 빛을 쏜 경우는 위와 같은 그림으로 이유가 설명됩니다. 점 F_1의 점 P에 접하는 타원의 접선 m, 점 P를 향하여 처음 빛을 쏜 직선 l, 그리고 점 P에서 반사된 직선 n에 대한 대칭점을 각각 점 P_2, 점 P_1, 점 P_3라고 하면 타원상의 점 P를 지나는 직선에 다 반사된 점들이므로 이들 반사된 점들은 접점 P에서 같은 거리에 떨어져 있습니다. 이 그림에는 선을 그려 놓지 않았지만 직선 PF_1 과 직선 l이 이루는 각은 당연히 직선 PP_1과 직선 l이 이루는 각하고 같습니다. 마찬가지로 직선 $\mathrm{PF_1}$과 직선 m이 이루는 각은 당연히 직선 $\mathrm{PP_2}$과 직선 m이 이루는 각과 같고 직선 $\mathrm{PF_1}$과 직선 n이 이루는 각은 당연히 직선 $\mathrm{PP_3}$과 직선 n이 이루는 각이 같습니다. 점 $\mathrm{F_2}$가 타원의 초점이므로 직선 $\mathrm{PF_1}$과 직선 m이 이루는 각은 당연히 직선 $\mathrm{PF_2}$과 직선 m이 이루는 각하고 같습니다.

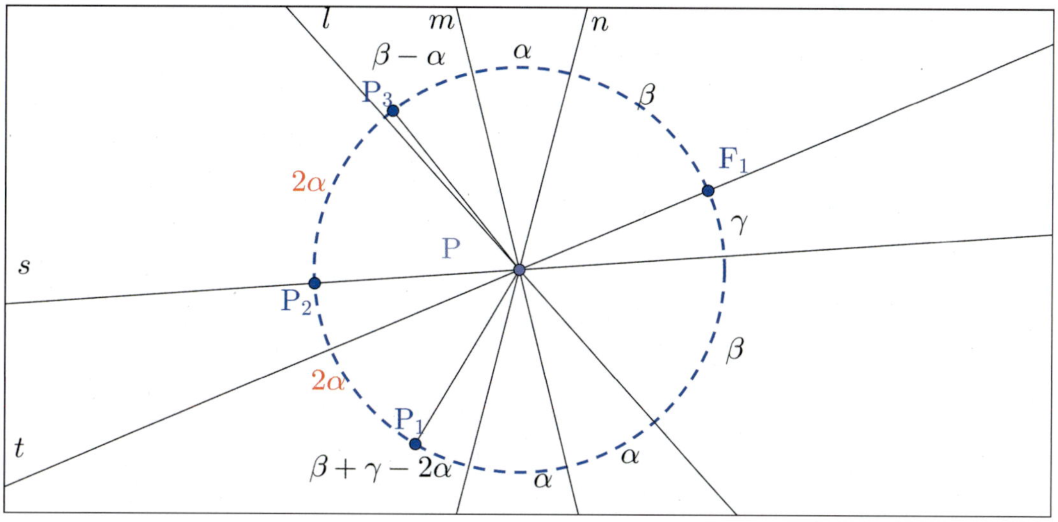

점 P의 주위를 확대해서 보이지 않지만 직선 $\mathrm{PP_2}$는 점 $\mathrm{F_2}$를 지나고 있습니다. 이를 잘 활용하여 증명을 하면 그림처럼 각 $\mathrm{P_2PP_3}$와 각 $\mathrm{P_2PP_1}$이 같아지므로 빛이 반사된 후에도 초점 $\mathrm{F_1}$과 초점 $\mathrm{F_2}$에서 직선 l과 반사되어 만들어진 직선 n위의 한 점에서의 최소 거리의 합이 같아집니다. 다시 말해 선분 $\mathrm{P_1F_2}$와 선분 $\mathrm{P_3F_2}$의 길이가 같아집니다. 이 말은 같은 타원에 모든 반사된 선들이 접한다는 말이 되므로 작은 타원이 포락선이 되는 것입니다.

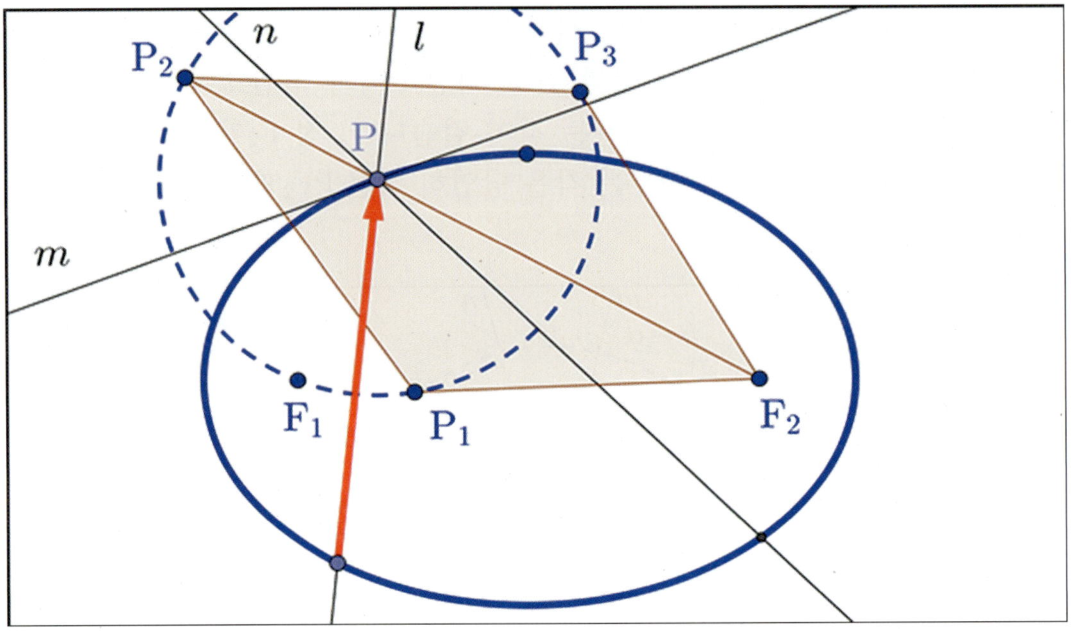

타원의 초점사이로 빛을 쏜 경우는 위와 같은 그림으로 이유가 설명됩니다. 점 F_1의 점 P에 접하는 타원의 접선 m, 점 P를 향하여 처음 빛을 쏜 직선 l, 그리고 점 P에서 반사된 직선 n에 대한 대칭점을 각각 점 P_2, 점 P_1, 점 P_3라고 하면 타원상의 점 P를 지나는 직선에 다 반사된 점들이므로 이들 반사된 점들은 접점 P에서 같은 거리에 떨어져 있습니다. 이 그림에는 선을 그려 놓지 않았지만 직선 PF_1 과 직선 l이 이루는 각은 당연히 직선 PP_1과 직선 l이 이루는 각하고 같습니다. 마찬가지로 직선 PF_1과 직선 m이 이루는 각은 당연히 직선 PP_2과 직선 m이 이루는 각과 같고 직선 PF_1과 직선 n이 이루는 각은 당연히 직선 PP_3과 직선 n이 이루는 각이 같습니다. 점 F_2가 타원의 초점이므로 직선 PF_1과 직선 m이 이루는 각은 당연히 직선 PF_2과 직선 m이 이루는 각하고 같습니다.

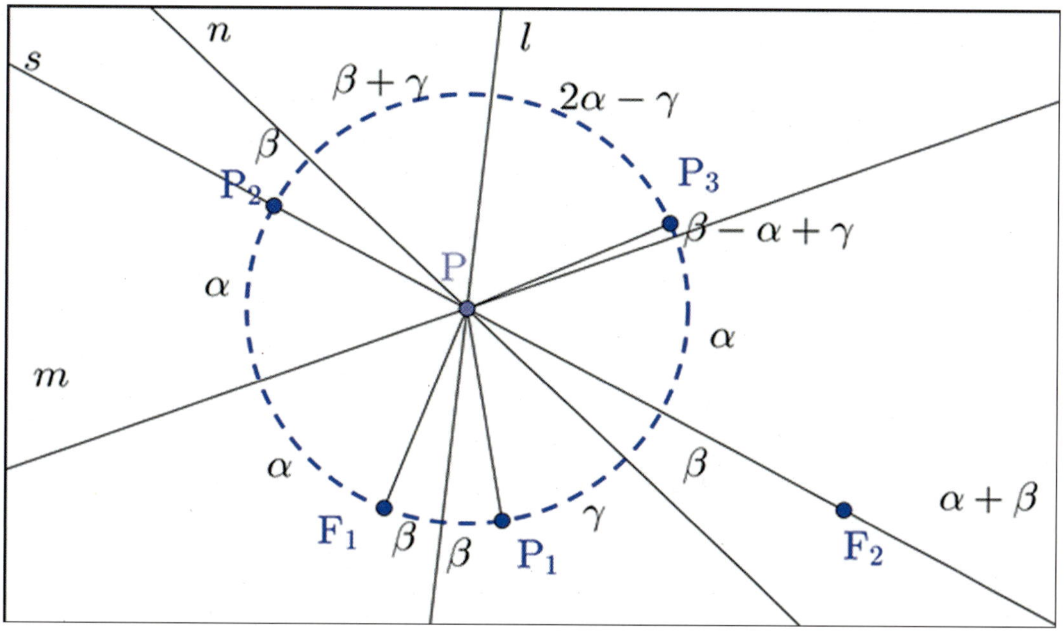

점 P의 주위를 확대해서 보이지 않지만 직선 PP_2는 점 F_2를 지나고 있습니다. 이를 잘 활용하여 증명을 하면 그림처럼 각 P_2PP_3와 각 P_2PP_1이 같아지므로 빛이 반사된 후에도 초점 F_1과 초점 F_2에서 직선 l과 반사되어 만들어진 직선 n위의 한 점에서의 거리의 차의 최대가 같아집니다. 다시 말해 선분 P_1F_2와 선분 P_3F_2의 길이가 같아집니다. 이 말은 같은 쌍곡선에 모든 반사된 선들이 접한다는 말이 되므로 작은 쌍곡선이 포락선이 되는 것입니다.

이 결과물을 덕문여자고등학교 정봉균 선생님이 보시고 흡족해 하셨고 저도 또한 이러한 연구과정의 결과물을 만들 기회를 가지게 되어 만족스러웠습니다. 여러분들도 정봉균 선생님과 민은기 선생님과의 이야기를 통하여 많은 영감을 가졌으면 하는 바램입니다. 앞으로 여러분도 수학에서의 기하에 대한 연구를 한다면 Geogebra를 활용해 보시기 바랍니다.

[Geogebra 교사연수 및 학생지도]
강원도교육연수원 수학과 1급 정교사 자격연수(2013년 8월)
강원도교육연수원 수학과 1급 정교사 자격연수(2014년 8월)
강원도교육연수원 수학과 1급 정교사 자격연수(2015년 8월)
아주대학교 과학영재교육원 학생지도(2015년 9월)
남원주중학교 교과교실제 교원연수(2015년 12월)
강원도교육연수원 좋은 수업 만들기 직무연수(2016년 1월)
강원대학교사범대학부설고등학교 스마트수학(지오지브라)연수(2016년 6월)
강원도교육연수원 수학과 1급 정교사 자격연수(2016년 8월)
교육부 중앙교육연수원 [융합과 미래] 콘텐츠 개발 (2016년 10월)
세종창의 과학캠프(수학)특강(2017년 1월)
경남과학고등학교 수학과 현장연구 특강(2017년 5월)
원주수학교사연구회 현장맞춤형 직무연수(2017년 5월)

[참고]
민은기 선생님의 수학자료실
http://min7014.iptime.org
민은기 선생님의 페이스북 수학자료실
https://www.facebook.com/mineungimath
이경수 선생님 블로그
http://blog.naver.com/evening07
Geogebra 공식 홈페이지
http://www.geogebra.org
GeoGebra 5.0.363.0-3D (03 June 2017) 설치파일
https://goo.gl/YvjsCV (From Home Page)
https://goo.gl/n69yEl (From Google Drive)

https://ggbm.at/gsARCQs5

책자료실(지오지브라 튜브)

찾아보기

ㅌ

ㅍ

ㅎ